도면과 사진으로 보는 설계 · 시공 사례 House and Home Plan 200

전원주택 홈플랜 200

한문화사

도면과 사진으로 보는 설계·시공 사례   House and Home Plan 200

전원주택 홈플랜 200

6판 발행 | 2024년 2월 20일

저　자 | 류명, 한문화사 편집부 공저

발행인 | 이인구
편집인 | 손정미
도　면 | 엔디건축사
디자인 | 나정숙

출　력 | ㈜삼보프로세스
종　이 | 영은페이퍼㈜
인　쇄 | ㈜웰컴피앤피
제　본 | 신안제책사

펴낸곳 | 한문화사
주　소 | 경기도 고양시 일산서구 강선로 9, 1906-2502
전　화 | 070-8269-0860
팩　스 | 031-913-0867
전자우편 | hanok21@naver.com
등록번호 | 제410-2010-000002호

ISBN | 978-89-94997-31-5 13540
가 격 | 48,000원

들어가는 말

자연, 인간, 공간이 아우러진 전원주택은 좋은 기술력과 목수의 정성만으로 완성되는 것이 아닌 건축주 개개인의 선택에 의한 창조적 콘텐츠이다. 아파트와는 다르게 전원주택은 주문형 주택으로, 아파트 모델하우스처럼 언제든지 내가 원하는 때에 방문하여 '나는 이런 구조, 이런 평면, 이런 평형대라면 좋겠다.'라고 하는 선택적 개념이 아니라, 처음부터 끝까지 오로지 건축주의 주문에 의해서만 완성되는 맞춤형 주택개념이다.

그러다 보니 개인적으로 집을 짓고 싶어 하는 건축주는 처음부터 끝까지 모든 것을 스스로 구상하고 결정해야 하는 부담감을 안게 되고, 이를 풀어가기 위해서는 결국 전문가를 찾아가 의존할 수밖에 없는 것이 현실이다. 그러나 그런 전문가들 역시 자신의 전문적인 사업영역이나 경험치를 들어 조언하기 때문에, 전문기반이 취약한 건축주는 정작 자신이 원하는 방향이 아닌 전문가의 의도나 그들의 색깔에 맞는 결정을 하게 되어 원치 않는 집을 짓게 되는 경우를 배제할 수 없는 것 또한 현실이다.

그러나 생에 단 한 번뿐일 수도 있는 '내 집 마련의 기회'를 오로지 전문가의 손에만 맡겨 결정할 수는 없는 노릇이다. 현장의 건축일이야 시공업체에 맡길 수밖에 없다 하더라도, 자신의 개성과 취향에 맞는 집을 선택하고 주문하는 것은 오로지 건축주의 몫이다. 그러므로 건축주는 자신이 원하는 스타일의 집을 결정하기까지 스스로 발품을 팔아 전원주택 단지를 둘러보거나 책을 보면서 자신이 원하는 집에 대하여 고민하고 그 해답을 찾아가야 한다. 이러한 노력이 궁극적으로 내 집 마련이라는 꿈이 성공적인 행복한 보금자리가 되어 건축주에게 큰 선물로 돌아가게 되는 것이다.

「전원주택 홈플랜 200」은 '내가 원하는 집을 어떻게 설계하고 어떻게 지을까?' 이런 행복한 고민을 하는 건축주들이 참고할 만한 유익한 전원주택 실용서이다. 「전원주택 홈플랜 100」과 2014년 세종도서로 선정된 「전원주택 조경플랜 100」에 이어 이번에는 전원주택을 총결집해 놓은 「전원주택 홈플랜 200」을 출간하게 되었다.

전원주택 설계사례 125채, 시공사례 75채, 모두 200채에 달하는 방대한 양의 주택사례를 도면과 함께 평형대별로 구분하여 집대성하였다. 예비건축주들이 궁금해 하는 전원주택 설계과정과 330컷에 달하는 사진과 함께 목조주택, 철근콘크리트주택의 시공과정에 대해서도 자세하게 소개하고 있다. 또한, 설계상담 진행과정과 설계개요 및 건축용어도 알기 쉽게 해석해 놓았다. 200채에 달하는 다양한 사례는 예비건축주들의 발품 파는 수고를 덜어주고 많은 간접경험을 통해 내 집 마련의 꿈을 좀 더 구체적으로 현실화시켜주는 안내자이자 지침서가 되어줄 것이다.

끝으로 이 책의 발간을 위해 오랫동안 쌓아온 소중한 자료들을 모으고 정리하는 데 온 힘을 다 쏟아준 엔디건축사(주) 임직원 여러분과 책의 완결을 위해 시종일관 많은 노력과 시간을 아끼지 않은 관계자 여러분, 특히 본서의 자료취재를 위해 흔쾌히 섭외에 응하고 협조해 주신 많은 건축주 여러분께 지면을 통해 심심한 감사의 마음을 전한다. 이 책이 새로운 집을 꿈꾸고 있는 많은 예비건축주에게 꿈이 현실로 다가올 수 있는 좋은 길잡이가 되어 줄 것을 희망한다.

CON-TENTS

도면과 사진으로 보는 설계·시공 사례

전원주택 홈플랜 200

설계사례   40 평형대

CONTENTS

CONTENTS

Four-Seasons Garden Design for People and Planet
사람과 ☀록

젊은 디자이너들의 감각있는 가든 디자인 스튜디오

(주)사람과초록은 '대한민국 코리아가든쇼' 등 국내 유수의 정원 공모전에서 다년간 수상한 경력을 보유하고 있는 청년 디자이너들의 가든 디자인 스튜디오입니다. 정원디자인/설계, 시공, 정원 관리 및 보수, 정원 특화식물 재배 및 판매, 정원교육프로그램, 정원 미디어 컨텐츠 등 '정원'을 중심으로 사람과 자연이 함께 공생할 수 있는 지속가능한 라이프스타일을 추구합니다.

젊고 감각있는 아이디어와 함께, 자체운영 중인 민간정원 및 재배시설 기반으로 구축해온 탄탄한 현장경험 및 데이터를 바탕으로 전문성을 확보함과 동시에, AI 및 그래픽 기술을 활용한 온라인 기반의 '정원 올인원 서비스(Gardenstep)'를 통해 누구나 쉽고 편리하게 정원을 즐길 수 있는 서비스를 제공합니다.

사업분야

정원디자인 및 전문 시공 (개인주택, 상업공간)

정원식물 연구 및 생산재배

정원 교육 아카데미 (가든디자인, 가드닝)

수상 경력

2019 순천만국가정원 한평정원페스티벌 작가부 대상 (강희원)

2020 코리아가든쇼 '한 그루의 사과나무를 위한 정원' 2020년의 작가상 (강희원)

2021 코리아가든쇼 '구름에 달 가듯이' 최고작가상 (권지민)

2022 코리아가든쇼 '오색 오감 꽃, 별이 되는 정원' 우수상 (강희원)

활동 경력

2017 경북 민간정원 2호 '위토피아가든' 지정
      (자체보유한 정원디자인 연구, 아카데미 기반으로서 생활형 정원 조성 및 운영 중)

2019 우리내일스마트팜 창업 (2021 '(주)사람과초록' 법인 전환)

2019-2021 국립백두대간수목원 지역 상생 위탁재배사업 참여

2020 경상북도 녹색학교 가꾸기 사업 3개소 디자인 및 시공

2021 전남 고흥 녹동신항 '공동체 정원' 기본계획 용역

2021-2022 의성 이웃사촌 골목정원 기본 및 실시설계, 시공매니징 용역

2021 해남 솔라시도 골프 클럽하우스 특화식재 디자인 및 시공

2022 경상북도 녹색 학교 가꾸기 사업 포항 흥해공고 설계 및 시공

2022 한국수목원정원관리원 '생활밀착형 숲' 충북권역 기본계획 및 시민정원사 교육

2023 한국수목원정원관리원 '생활밀착형 숲' 경북권역 기본/실시설계 및 시민정원사 교육

2023 해남 파인비치 골프 링크스 특화식재 기본 및 실시설계 용역

2023 한국수목원정원관리원 '정원드림프로젝트' – 대전권역 배재대학교 학생정원 조성 멘토링

2023 완주초등학교 휴게정원 조성 / 의성 대곡사 사찰정원 조성

2024 충주 카페 '호슬로' 정원 설계 및 시공

Seasons of Harmony,
Gardens for Life and Earth

정원디자인&시공 올인원 솔루션

Gardenstep

사람과 ❀록

"정원도 인테리어입니다"

자연과 사람이 어우러지는 공간으로서
정원은 나의 삶과 라이프스타일을 반영하여
디자인-설계되어야 합니다.

올바르게 디자인-설계되어
올바르게 시공된 정원은
세월을 더할수록 아름다워지고
자연히 그 가치가 올라갑니다.

가든스텝은 온라인 기반의 체계적인 공정안내,
투명한 견적확인 및 고객소통시스템,
10일 이내 A/S 원칙의 신뢰있는 사후관리,
초록 멤버십 혜택 제공을 통해
기대이상의 결과와 품질로
고객만족을 추구하는 서비스입니다.

디자인은 세상을 변화시킵니다.
나의 공간과 함께 삶이 변화하는
건축 인테리어처럼,
정원도 우리의 삶을 변화시킵니다.

가든스텝과 함께 더욱 편리하게
나만의 초록 싱그러움을 가꾸어보세요!

온라인
간편견적확인
서비스
gardenstep.co.kr

➡

오프라인
쇼가든 운영
자재선택부터
견적상담까지

➡

신뢰있는
시공과정 &
사후관리
10일 A/S 원칙

➡

가든스텝
멤버십 혜택
가드닝용품/식물
회원가 구매 등

"우리 집에는
사계절 꽃피는 정원이 있어요"

나만의 집, 건축-인테리어와 함께
정원디자인-시공 올인원 솔루션 '가든스텝'으로
당신의 삶 속에 초록 싱그러움을 더하세요!

사계절 피고 지며 변화하는 꽃과 식물들은 일상의 소소한 기쁨을 주고,
정원을 가꾸며 몸을 움직이고 땀 흘리는 가드닝은 삶의 힐링이 됩니다.
가든스텝은 정원과 함께하는 삶을 선택한 여러분의
행복한 365일을 위한 솔루션입니다.

사람과초록이 '가든스텝'을 통해 전달하고자 하는 가치

1 사계절 아름다운 식재 디자인

정원디자이너들의 손길로 계절마다
변화하는 자연의 아름다움을 담은
정원 식재디자인을 구현합니다.
식물의 식생을 고려한 생태기반의 식재
설계를 통해 정원주가 쉽게 관리하고,
오래도록 풍성하게 즐길 수 있는
정원디자인을 추구합니다.

2 사람 중심의 디자인, 사람 중심의 서비스

정원주의 취향과 개성, 스토리텔링과 함께
이용자들의 경험(User Experience)를
반영한 **사람 중심의 디자인**을 추구합니다.
'정원을 의뢰하는 과정부터 정원 완성까
지'의 체계적이고 투명한 프로세스를 도입
하여 정원주가 신뢰할 수 있는 **사람 중심
의 서비스**를 제공합니다.

3 젊은 시각과 접근, 독창적인 아이디어

사람과초록은 인문학에 기초한 융합예술
로서의 정원디자인을 추구합니다. 독창적
인 아이디어와 함께 AI 기술의 적용, 3D
그래픽 비쥬얼을 통한 고객소통으로 '정원
산업'의 발전을 꿈꿉니다.

chapter 1

전원주택 설계의 이해

1

설계 상담 진행과정

1_ 설계의 중요성

집은 가족의 삶과 생활방식, 사고와 철학, 삶의 이야기 등 우리 일상의 모든 것을 담아내는 그릇이다. 어울리지 않는 공간에 제법 큰 규모의 집을 떡 하니 들여앉혀 불필요하게 공간을 낭비하는 경우를 자주 접하게 되는데, 이런 결과는 설계단계부터 공을 들이지 않았기 때문으로 본다. 설계는 앞으로 내 집이 어떻게 지어질지, 공간을 어떻게 나누고 배치할지를 보여주는 지침서이자 안내서로써 설계의 중요성은 아무리 강조해도 지나치지 않는다.

모던 주택. 집은 우리 일상을 담아내는 그릇이다.

집을 짓는 일은 옷을 만드는 일과 비슷하다. 몸에 딱 맞는 편안한 옷을 만들기 위해 정확한 재단이 필요한 것처럼 집도 제대로 지으려면 기초가 되는 정확한 도면이 필요하다.

2_ 설계 진행과정

설계 · 시공에 관한 계약이 체결되면 가장 먼저 담당 설계사가 배정되고, 담당 설계사는 고객지원실에서 계약 체결한 내용을 바탕으로 건축주와 함께 주택설계를 위한 미팅을 준비한다. 미팅과 현장방문을 통해 얻어진 주택계획안의 제안은 평 · 입면도 및 3D 투시도 작업을 통해 건축 전문가가 아니더라도 집의 디자인 및 실 배치 등을 쉽게 이해할 수 있도록 하고, 원하는 방향으로 수정이 쉽도록 제안하여 최적의 결과물을 도출한다. 도면의 수정과 개선을 위한 이견조율은 횟수 및 기간에 제한 없이 진행되므로, 설계기간은 될 수 있으면 넉넉히 잡고 계약에 임하는 것이 더욱 완성도 높은 내 집 마련 방법이라는 점을 염두에 두고 계획수립에 들어가야 한다.

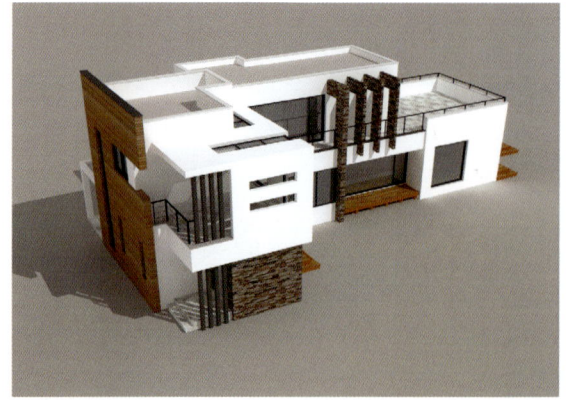

평택 지산동주택의 3D 투시도

건축설계가 제대로 잘 나오기 위해서는 설계자와 건축주 간의 의사소통이 무엇보다도 중요하다. 건축주는 자신이 무엇을 원하는지 계획하고 깊이 염두에 두었던 전부를 끌어내어 설계자에게 전달해야 하고, 설계자는 이 모든 것을 열린 마음으로 받아들여 건축주의 입장에서 창의적인 활동을 통해 제대로 된 설계가 이루어지도록 해야 한다.

설계안이 이미 마련되어 있고 시공계약만 진행하는 경우에는 수립된 설계에 관한 전문가 검토과정이 필요하다. 목조주택이나 ALC주택 등은 기존의 철근콘크리트 주택이나 조적조 주택과 설계 및 시공에서 적잖은 차이점이 있다. 따라서 검토를 통해 이러한 부분에 대한 주택 구조의 안정성 등을 극대화할 수 있는 대책을 마련한 후 착공에 임하게 되는데, 정확한 주택의 배치를 위해 건축주는 이 단계에서 해당 토지 관할 지적공사에 경계측량을 신청해야 한다.

설계 진행의 흐름

01 설계의뢰

02 설계계약

03 1차 설계안 : 건물배치, 기본평면계획

04 2차 설계안 : 평면 수정 및 공간 제안

05 3차 설계안 : 구체적인 평면 및 실의 위치 및 입면 계획

06 4차 협의 : 입면 수정과 외관 자재 협의

07 5차 협의 : 허가도서, 시공도면 작성(구조, 전기, 설비, 통신 등)

08 허가, 시공도면 완성 : 견적도출 및 내·외부 자재 확정

09 인허가 : 인허가 필증, 착공서류 준비하여 제출

10 완료 : 제출한 서류의 승인

11 착공

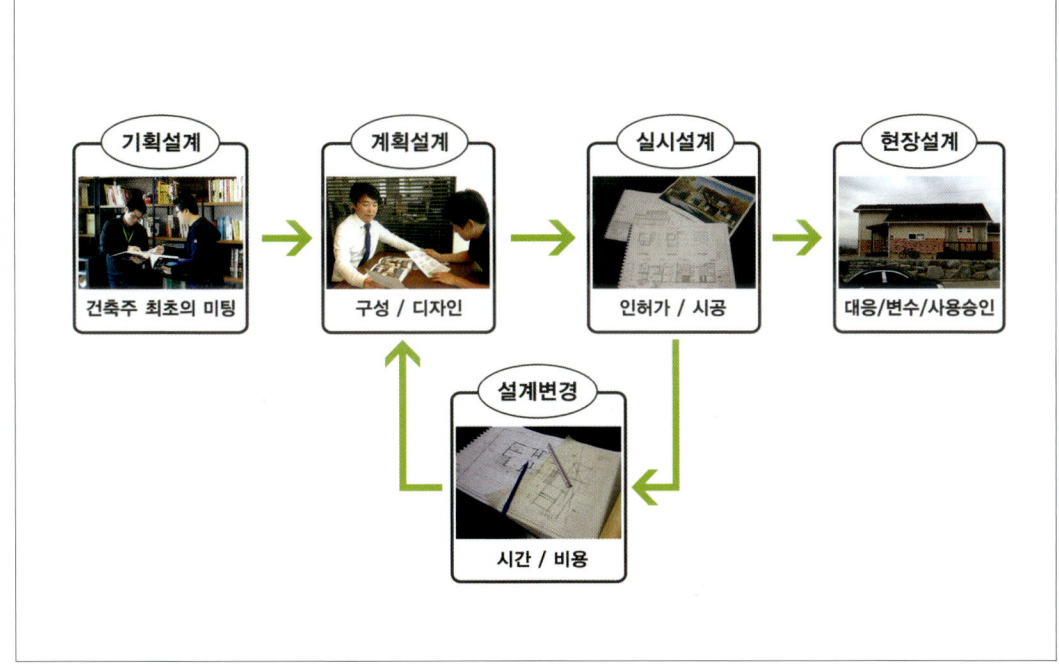

설계진행 흐름도

(1) 기획설계

건축주와 미팅을 통해 신뢰와 믿음을 다져가는 단계

건축주의 생각을 듣고 의견을 나누며 현재와 미래에 대한 구상을 함께 나누는 것이다. 사전에 관련법규를 충분히 검토하고 현장방문을 통해 방위, 각 실의 채광, 진입로, 주요동선 등 가상의 설계를 하는 단계로, 이해를 돕기 위해 여러 사례와 경험 등을 토대로 의견을 나누는 시기이기도 하다. 시작이 반이라는 말이 있다. 이 반을 위해서 건축주는 자신의 집에 대한 생각을 빠짐없이 낱낱이 열거해 주어야 일이 순탄하게 진행되어 차질 없이 일정에 맞출 수 있다.

건축주와 상담하는 모습

건축주와 건축예정지 답사를 통해 주변 경관을 자세히 분석하고 이를 토대로 주택의 배치 및 디자인을 계획하게 된다. 배치와 디자인은 수많은 회의를 통해 건축주가 원하는 방향의 의견을 반영해 도출하고, 많은 분석과 연구를 통해 건축주가 계획하는 주택의 용도, 가족 구성원, 생활방식 등을 반영하여 최적의 주택계획안을 제안하게 된다.

건축주와 건축예정지를 답사하는 모습

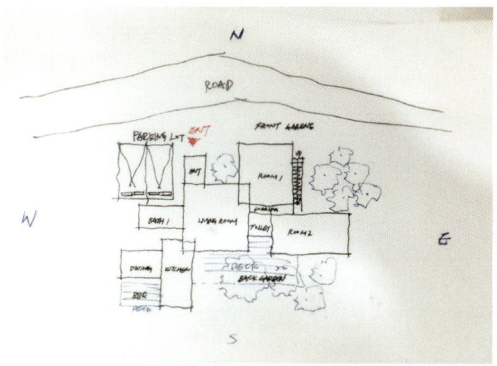

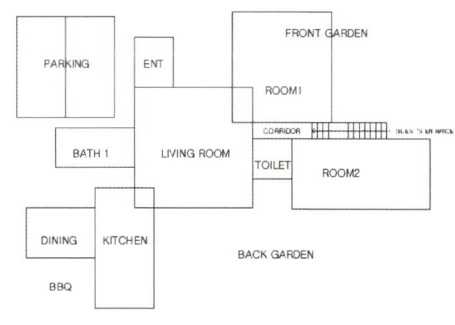

기획설계 단계로 주택배치와 평면구성을 스케치하였다.

설계 전에 미리 검토해야 할 가장 중요한 사항은 해당 토지에 건축물을 어떻게 지을 수 있는 지다. 이를 알아보기 위해서 토지이용계획원을 살펴보는 것은 기본이고, 인터넷을 통해 각 지자체의 자치법규를 살펴보면서 더욱더 세밀하게 파악해야 한다. 먼저 '건축조례' 중에 대지 안의 공지나 건축지정선을 보면 대지 경계선이나 도로 경계선으로부터 얼마나 떨어져야 하는지를 확인하여 건축물의 배치 및 모양을 가늠할 수 있고, 건폐율과 용적률은 '도시조례'를 찾아보면 알 수 있다.

또한, 건축물을 지을 때 토지소유관계로 인한 분쟁을 사전에 예방하는 목적도 있다. 타인 명의로 등기된 토지에 건물을 짓고자 할 때는 토지 소유자의 인감날인이 된 동의서와 증명서가 필요하며, 직계가족이라 할지라도 그에 따른 이해 동의서가 반드시 필요하다. 인접한 도로 역시 마찬가지이며 도시지역의 경우 진입도로가 현황도로일 때(지적도 상 도로 아님)는 도로에 대해 토지형질변경을 해야 한다. 다시 말해 지목이 '전'인 도로의 지목을 '도로'로 변경하는 행위를 말하며, 사전에 전문가를 통한 검토가 충분히 이루어져야 한다.

기획설계는 쉽게 말해 건축주의 생각에 살을 붙이고 불필요한 살은 정리하는 단계로 이해하면 된다. 신뢰와 믿음은 서로 간의 존중에서 비롯되고, 그 결과가 궁극에 서로 만족할 수 있는 설계로 이어지는 것이다.

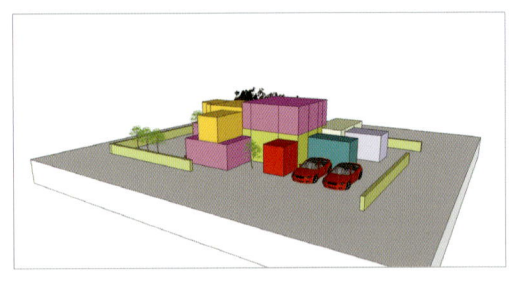

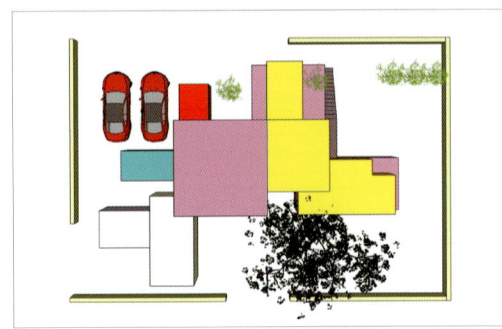

공간구성을 한 평면을 3D로 입체화하였다.

(2) 계획설계

다진 기초에 뼈대를 형성하는 단계

이 단계에서는 더욱 많은 정보가 필요하다. 방의 개수, 주요 활동 공간, 거실 크기, 화장실 크기 등 건축주의 라이프스타일이 그대로 반영된다. 건폐율, 용적률, 주차대수 등 법령적 용도 더욱 세밀해지면서 집의 유형과 디자인이 이때 결정된다. 집의 유형은 그동안 상담했던 고객의 선호도에 따라 투시도를 데이터베이스화 하여 건축주에게 선택 자료로 제공하고 있다.

계획설계 시에 건축주의 라이프스타일을 반영한다.

시간이 많이 소요되는 단계이기도 하다. 여러 평면, 입면 유형의 디자인을 받아보고 건축주의 갈등이나 가족구성원 간에 논쟁이 생기기도 하는 시점인데, 이런 일이 발생하지 않도록 설계자의 조정자 내지는 유도자로서의 역할이 매우 중요하다. 건축주의 집에 대한 확고한 주관과 목적, 미래에 대한 구상이 충분히 되어있다면 이런 불필요한 소요단계는 얼마든지 사전에 차단할 수 있다.

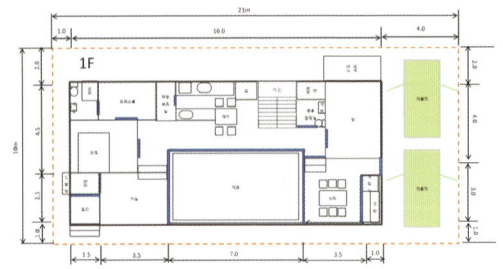

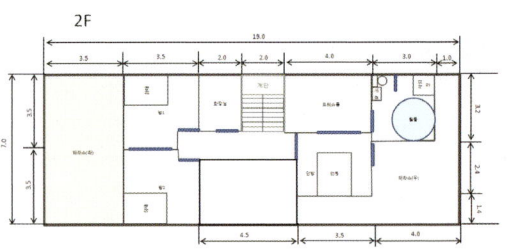

건축주의 의견을 반영한 1,2층 컨셉안 짜기

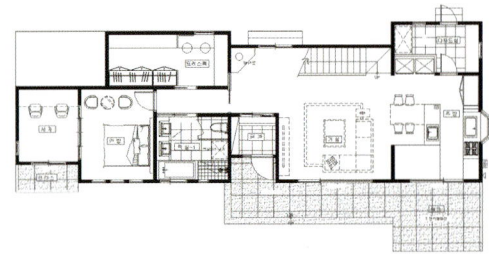

컨셉 안을 바탕으로 구체적인 평면도를 작성한다.

평면도를 바탕으로 3D를 완성한다.

Tip1 건축 인허가란?

건축 인허가 부분은 크게 신고와 허가 부분으로 나눈다. 주택설계에서 가장 많이 접하는 부분으로 도시지역 중 연면적 100㎡ 이하(비도시지역 200㎡ 이하)의 건축은 건축신고로 분류되며, 해당 면적이 초과하는 부분이나 지구단위계획구역 내 건축은 건축허가사항이 된다. 자세한 내용은 '건축법 시행령 제11조 2항'에서 확인할 수 있으며, 두 가지의 큰 차이는 건축신고는 감리지정 대상으로 건축사 업무대행에서 제외된다는 점이다.

(3) 실시설계

완성된 뼈대에 옷을 입히고 꾸미는 단계

허가를 받기 위한 목적도 있지만, 집의 완성에 관여하는 모든 사람을 위한 설계이다. 토목과 구조에서 안전성을, 설비와 조경에서 라이프스타일에 맞는 환경을 중시한 설계를 진행한다. 인허가 행정의 원활한 진행을 위해 충분한 지식과 예산에 맞춘 우수한 디자인으로 설계사가 최대의 역량을 발휘하는 단계이다.

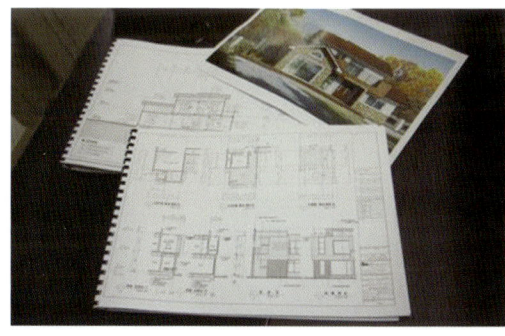

실시설계 단계에 대해서 살펴보자.

01. 토목도면

① 개발, 개척사업 등 대지에 관련된 지반개량의 계획이 토목설계의 범주 안에 들어간다.

② 토목 전문가에 의한 대지의 측량, 토지이용계획, 상하수도 현황 등 건축분야 이전의 모든 제반 사항을 검토하여 효율적인 대지이용을 추구한다.

③ 대지조성 및 안전에 대한 구조물의 유형과 방침을 도서에 반영하여 토목공사 예상비용 산정 및 대지의 안전성 검토를 쉽게 한다.

02. 건축도면

① 확정된 계획 설계에 따라 계획 시 빠진 내용을 보완하거나 요구조건사항을 조정한다.

② 더 자세한 표현과 치수기재를 통해 토목, 구조, 설비 등의 척도를 지정한다.

③ 계획한 외관디자인 구상 하에 건축조형을 구체화한다.

④ 인허가와 공사 시행, 시공자의 내역명세를 포함한 설계 도서를 작성한다.

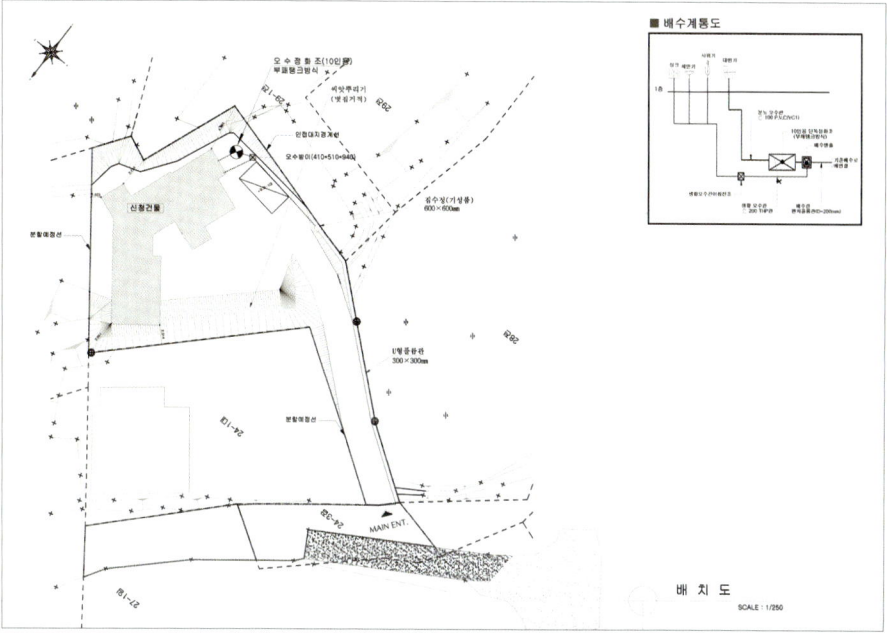

배치도

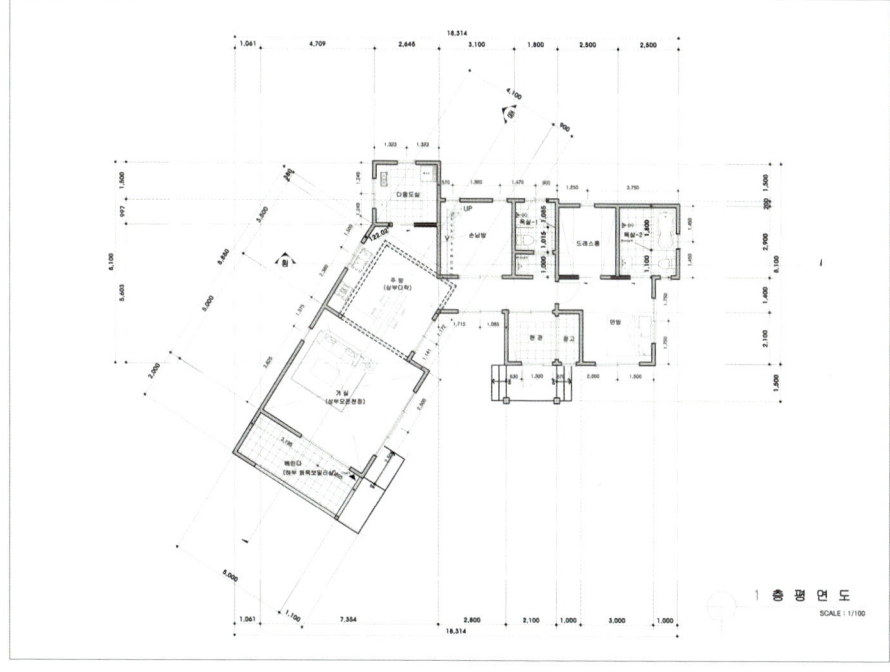

평면도

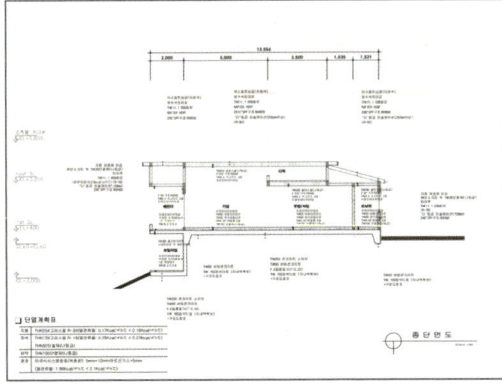

단면도

03. 구조도면

① 결정된 구조에 의한 구조계획 및 구조계산을 통해 안전성을 검토한다.
② 구조 전문가의 최적화된 설계로 경제성, 안전성을 추구한다.

04. 설비도면 (기계, 전기, 통신, 소방 등)

① 주거환경의 편리하고 개선된 환경조성을 위한 시설을 검토한다.
② 인체의 위생 및 건강유지를 위해 건축물에 설치하는 공작물을 배치한다.
③ 설비 전문가에 의한 설비계획 및 설비 관련 용량과 열량 계산을 통한 에너지 절약 및 주거환경을 조성한다.
④ 설비공사 설계도서(설계도, 시방서)에 의한 시공지침을 제시한다.

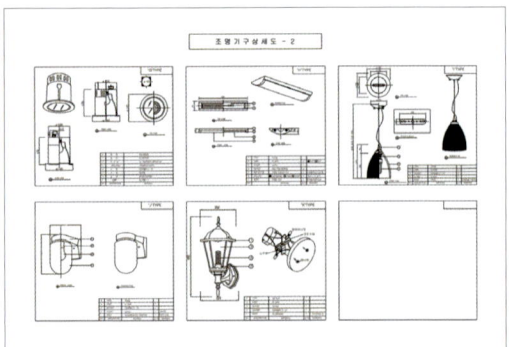

조명기구 도면

05. 조경도면

① 해당 대지환경에 잘 적응할 수 있는 식재를 선정하고 배치한다.

② 건물, 주변 환경과 조화를 이루면서 특색 있는 외부공간 연출, 미니동산, 산책로, 연못, 조경석 등을 배치한다.
③ 계절 변화에 맞는 수종 및 위치를 결정한다.
④ 사후 관리를 계획한다.

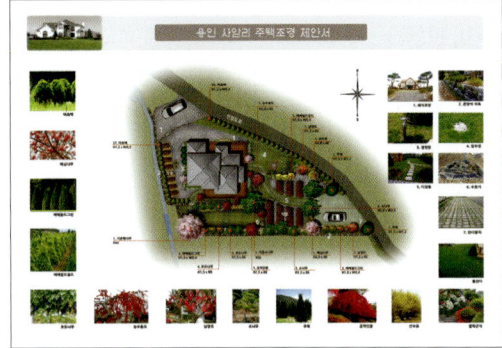

용인 사암리주택

(4) 설계변경

건축주의 요구사항을 충분히 반영하는 단계

설계변경은 주로 건축주의 변심, 현장 조건에 따른 변수, 예산조정에 따른 변경 등으로 하게 되는 데, 공사 도중의 설계변경은 부득이한 경우가 아니라면 반드시 지양해야 한다. 해보고 안 되면 바꾼다는 생각은 결국 자재의 손실은 물론 설계변경에 따른 자재의 수급 때문에 발생하는 공기 지연, 재시공에 의한 자재비와 인건비 등의 손실을 가져온다. 또한, 다른 공정과의 연계성 때문에 마무리가 조잡해질 수 있고 재시공이 반복되면 눈에 보이지 않는 현장기술인력 개개인의 의욕감소와 사기저하로 불성실한 시공을 가져올 수도 있다. 이를 사전에 방지하기 위해서는 건축주의 요구사항이 충분히 반영된 정확한 설계가 이루어져야 한다.

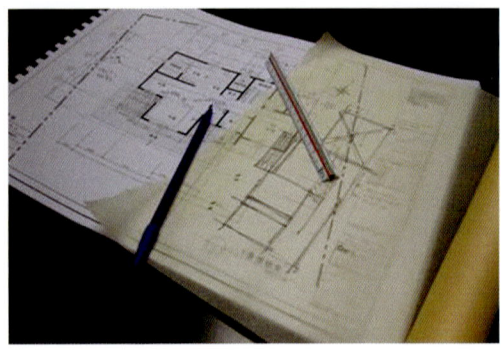

설계변경. 공사 전에 건축주의 요구사항이 충분히 반영된 설계를 한다.

(5) 현장 설계

원하는 옷을 제대로 입혔는지, 단추는 잘 채워졌는지 마무리 검사 단계

공사 진행 과정 중 변경되는 부분이나 세부적 접근이 필요한 단계로 무분별한 시공을 막고 합리적인 공사가 이루어지도록 필요시에 작성되는 도면이며 사용승인 목적으로도 사용한다.

합리적인 공사가 이루어지도록 현장에서 설계를 점검한다.

공사 중에 진행되는 행정 및 설계에 관하여 놓치기 쉬운 부분을 살펴보자.

01. 현장 변수에 따른 수정도면

건축주와 현장관계자, 감리자가 협력하여 인허가 도면 이후에 설계변경사항이 반영된 최종공사 완료도서를 말한다.

02. 토지분할 측량

분할 측량은 목적행위를 하여야 할 수 있다. 건축물을 지을 목적이라면 대행업체(건축사 사무소, 토목측량 사무소)를 통해 분할된 배치로 지자체로부터 인허가를 받은 뒤, 주로 지적공사를 통해 측량이 이루어진다. 분할 측량이 이루어진 성과도는 추후 공부정리를 위해 필요하며 이런 과정은 으레 착공 중에 진행된다.

최소 분할면적

① 주거지역 : 60㎡
② 상업지역 : 150㎡
③ 공업지역 : 150㎡
④ 녹지지역 : 200㎡
⑤ ①부터 ④까지의 규정에 해당하지 아니하는 지역 : 60㎡

분할측량 신청도서

① 건축허가 필증
② 지적 상 분할하려는 곳이 명시된 배치도

③ 분할 면적이 명시된 설계개요

④ 분할 신청서(지자체 구비)

03. 건물현황 측량

건축현황 측량의 목적은 건축물 사용승인 검사 시, 건축물이 신고 또는 허가 시의 배치에 맞게 위치하는지 확인하는 과정이다. 주로 허가권자나 건축사 업무대행자가 확인하며, 이격거리와 관련하여 법적 검토에 문제가 없는지 확인하여 사전에 이웃과의 분쟁을 차단하는 예방적 차원도 있다. 지적공사에 의뢰하여 측량이 이루어지며 건축물 벽면 마감기준으로 측량이 진행된다. 그 이후 발행되는 성과도는 근거자료로 쓰이며 건축공사에서 반드시 거쳐야 하는 측량이라 할 수 있다.

04. 착공 전 준비사항

 ① 건축허가 또는 신고

착공 전에 건축허가 또는 건축신고가 먼저 되어야 한다. 미리 해놓는 경우도 많지만, 신고일 경우는 시공사에 업무 편의를 요청할 수 있다. 건축허가 사항이냐, 건축신고 사항이냐 하는 것은 각 주택의 위치 및 건축물의 규모에 따라 다르다. 이 중 주택의 위치에 따른 내용은 국토이용관리법상의 지역을 확인하는 것으로, 해당 관청(구청 혹은 군청)에서 토지이용계획 확인서를 발급받아 확인할 수 있다.

② 착공 신고

건축허가를 받고 본격적인 착공에 들어가기 전에 건축주는 착공계를 제출해야 한다. 착공계를 제출할 경우 해당 공사 감리자를 지정하여야 하나 신고인 경우는 그렇지 아니하다. 건설산업기본법에 의해 주거용 건축물로서 연면적이 661㎡(200평)를 초과하거나 주거용 이외의 건축물로서 연면적이 495㎡(150평)를 초과하는 건축물의 건축(건설)공사는 건설업자를 공사 시공자로 지정하여야 하며, 구조, 기계설비 및 전기설비 도면 등 실시설계도서도 제출해야 한다. 공사 감리자와 공사 시공자의 지정 여부를 착공신고서에 함께 기록하고, 각각의 계약서 사본도 증빙으로 제출해야 한다. 공사 감리자는 일반적으로 설계자(건축사)인 경우가 대부분이나 필요에 따라 건축주가 별도의 건축사를 공사 감리자로 지정할 수도 있다. 그러나 건축신고의 경우 공사 감리자나 공사 시공자를 별도로 지정할 필요가 없으므로 실시설계도서의 제출 의무 또한 없다.

③ 경계 측량

토지의 경계가 명확하지 않거나 인접 주택이 있으면 경계측량을 먼저하고 착공에 들어가야 한다. 인접 주택이 있으면 측량한다는 것을 미리 이웃에 알려주어 입회하도록 하는 것이 향후 민원을 예방하는 데 도움이 된다. 측량이 끝나면 경계 말뚝이 분실되지 않도록 말뚝의 보호조치를 하고, 분실되더라도 다시 찾을 수 있도록 인근의 지형, 지물을 이용해 연장선상에 별도의 표식을 해두는 것이 좋다.

Tip2 허가신고사항 변경이란?

실시설계를 함에 있어 가장 난해한 부분이 바로 설계변경이다. 건축법적 용어로는 '허가신고사항 변경'이라고 하는데 '건축법시행령 12조'를 보면 자세히 알 수 있다. 주택설계 중 가장 많은 사례는 배치이동으로 1M 이상 이동 시 허가신고사항 변경에 해당한다. 흔히 재허가로 지자체의 모든 인허가 진행은 선 행정 후 시공을 원칙으로 하며 이를 어길 시 해당 설계, 감리자와 건축주에게 불이익이 돌아갈 수 있다. 따라서 설계변경은 시간과 비용부담뿐만 아니라 진행상 번거로움이 발생하여 공사 진행에 차질이 빚어질 수 있으므로, 이를 사전에 방지하기 위해서는 계획설계부터 명확한 의사표현과 많은 소통이 이루어져야 한다.

Tip3 사용승인(준공) 절차란?

건물이 완공되었다 하여 바로 사용할 수 있는 것이 아니다. 사용승인(준공) 절차를 거쳐 건물이 허가사항에 맞게 지어졌는지, 법적인 사항이 제대로 적용되었는지 확인하는 절차로 건축행정의 마지막 단계이다. 건축허가사항은 건축사업무대행 제도가 적용되는데, 지자체 허가권자보다 전문지식을 가진 제3의 건축사가 나와 '사용승인검사'를 하게 된다. 이는 매우 중요한 과정으로 추후 문제 발생 시 그 내용에 따라 제3의 건축사와 함께 연대책임을 지기 때문에 예방을 위해서는 현장설계 시 철저한 감리와 지도가 필요하다.

Tip4 설계를 완성한 주택의 투시도 사례

집의 유형은 고객의 선호도에 따라 투시도를 데이터베이스화하였다. 투시도 사례는 모던형, 클래식형, 지중해풍, 일본풍으로 분류하여 건축주에게 선택 자료로 제공하고 있다.

모던형

클래식형

일본풍

지중해풍

2

건축개요 및 건축용어 해설

1_ 건축개요 바로 알기

공사현장과 모든 설계도서의 첫 장을 넘기면 마주하게 되는 건축개요는 설계도면의 기본사항을 일목요연하게 표로 작성한 것이다. 주택의 대지위치와 주변 환경, 대지면적, 주택면적, 주택의 구조 및 용도 등을 포함한다. 내 집을 위한 설계, 그 올바른 이해를 위해 다음의 내용을 살펴보자.

건 축 개 요

공 사 명	경기도 양평군 서종면 문호리 단독주택 신축공사		
(1) 대지위치	경기도 양평군 서종면 문호리 OO번지		
(2) 대지면적	563.00㎡		
(3) 지역지구	계획관리지역, 수질보전 특대책지역 1권역		
(4) 용 도	단독주택		
규 모	주택 1동		
(5) 구 조	일반목구조, 철근콘크리트구조		
(6) 건축면적	123.93㎡		
(7) 연 면 적	구 분	면 적 (㎡)	용 도
	지상 1층	94.68	단독주택
	지상 2층	38.91	단독주택
	차 고	29.25	차 고
	합 계	163.04	
연 면 적 (용적율 산정용)	133.59㎡		
(8) 건 폐 율	22.01% (법정 40% 이하)		
(9) 용 적 율	23.73% (법정 100% 이하)		
설 계 사	엔디건축사(주)		
시 공 사	엔디하임(주)		
건축상담	건축매니저 김남윤 T.1544-6455		

건축개요. 설계도면의 기본사항을 표로 작성한다.

(2) 대지위치

지적도에 올라 있는 해당 대지의 지번을 말한다. 건축법에서 대지란 건축 가능한 모든 토지를 말한다. '대'는 지적법에서 정한 28개 지목 중 하나이다. 지목이 농지인 '전'과 '답'이라면 농지전용허가를, 산지인 '임'이라면 산림훼손허가를 받아 지목을 대지로 변경해야만 건축할 수 있다.

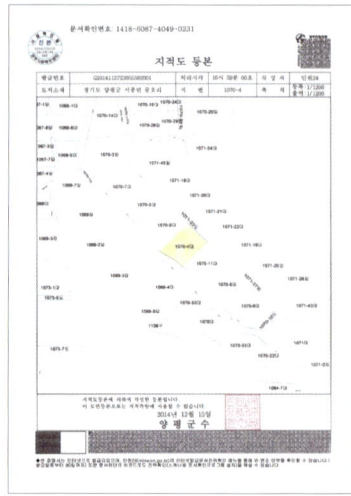

지적도. 양평 문호리주택

(2) 대지면적

건축법상 건축할 수 있는 대지의 넓이를 말하는 것으로, 건축물에 필요한 최소의 공지를 확보하여 일조, 채광, 통풍의 편리를 도모하는 목적으로 구획된 토지다. 대지면적은 하늘에서 내려다보는 대지의 수평투영면적으로 하되, 대지 안에 도로의 소요폭에 미달하여 건축선이 지정되거나 도로모퉁이에 건축선이 지정되어 있는 경우에는 그 건축선과 도로와의 사이 면적은 포함되지 않는다.

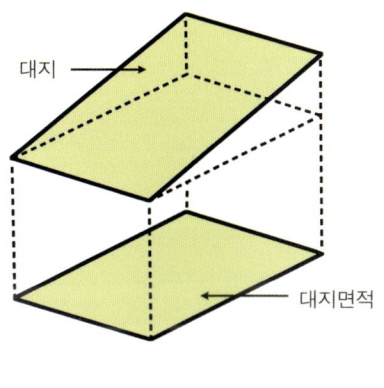

대지면적

(3) 지역지구

'국토의 계획 및 이용에 관한 법률'에서 용도지역을 도시지역, 관리지역, 농림지역, 자연환경지역으로 구분하여 토지의 이용 및 건축물의 용도, 건폐율, 용적률, 높이 등을 제한한다. 이 가운데 전원주택과 밀접한 관리지역은 다시 보전·생산·계획관리 지역으로 나뉜다. 2007년까지 농지전용허가 업무는 기초자치단체의 농지계가 담당하던 것을 개발행위 신고제로 바뀌면서 담당 부서도 도시계로 바뀌었으며, 농지를 전용하기 위해서는 기존의 전용절차와 건축허가도 함께 받아야 하므로 건축행위 규제도 더욱 강화되었다고 볼 수 있다.

Tip5 한계농지(限界農地)란?

경사도가 15도 이상이거나 농지가 모여 있는 규모가 2ha(6,000평) 미만인 농지를 말하며, 주로 산골짜기 같은 곳에 있는 농지로 아주 후미진 곳이 아니면 해당되지 않는다. 일반적으로 한계농지는 평지에 있는 농지보다 값이 저렴하여 도로만 있다면 개발이 오히려 더 쉬울 수도 있다.

---

❶ **보전관리지역** 관리지역 중 하나로 자연환경 보호, 산림 보호, 수질오염 방지, 녹지공간 확보 및 생태계 보전 등을 위해 보전이 필요하나, 주변 용도지역과 관계 등을 고려할 때 자연환경 보전지역으로 지정 관리하기 어려운 지역을 말한다.
❷ **생산관리지역** 농업·임업·어업 생산 등을 위하여 관리가 필요하거나, 주변 용도지역과의 관계 등을 고려할 때 농림지역으로 지정하여 관리하기 곤란한 지역을 말한다. ❸ **계획관리지역** 도시지역으로의 편입이 예상되는 지역 또는 자연환경을 고려해 제한적으로 이용·개발하려는 지역으로 계획적이고 체계적인 관리가 필요한 지역을 말한다.

수변구역. 양평 대심리

Tip6 수변구역(水邊區域)이란?

환경부에서 수립한 팔당호 등 한강수계상수원 수질관리 특별대책의 하나로 팔당호와 남·북한강, 경안천의 양쪽 1Km~500m 이내 지역을 수변구역으로 지정·고시하고, 상수원수질관리에 직접 영향을 미치는 공장, 축사, 음식점, 목욕탕 등 오염물질을 많이 배출하는 시설은 새로 들어서지 못하게 한 것이다. 물론 수변구역 대상지역이라도 이 법보다 더 엄격한 건축 및 시설입지제한을 받고 있는 수도법에 의한 상수도 보호구역이나 도시계획법에 의한 개발제한구역, 군사기밀보호법에 의한 군사시설보호구역은 중복규제라는 점에서 수변구역에서 제외된다.

Tip7 농지조성비란?

농지를 다른 용도로 바꾸는 사업자에게 정부가 징수하는 부담금으로 2002년부터 '농지전용부담금'이란 것과 '대체농지조성비'를 통합하여 '농지조성비'라고 부른다. 나라에서는 이 돈을 다른 농지조성에 사용하는 데, 조건에 따라 차이가 있지만 일반적으로 경지정리가 안 된 농지를 전용하는 데는 ㎡당 10,300원(평당 약 34,000원) 정도의 비용이 든다.

Tip8 농지취득 자격증명이란?

농지를 구매하여 취득하려면 '농지취득자격증명서'를 발부받아야 한다. 토지거래 허가구역 내에서의 농지는 1,000㎡ 미만은 이 증명서를 발부받는 데 문제가 없지만, 이보다 큰 토지는 토지거래허가를 득하지 못하면 '농지취득자격증명서'도 발급받을 수 없다고 보면 틀림없다. 참고로 토지거래허가는 시청이나, 군청의 민원실에서 받게 되고 '농지취득 자격증명서'는 읍·면사무소의 농지담당 부서에서 직접 신청, 발급받을 수 있다.

(4) 용도

건축물의 용도를 나타낸다. 주택법상 주택은 세대원이 장기간 독립된 주거생활을 영위하는 구조로 된 건축물(이에 부속되는 일단의 토지를 포함한다.) 또는 건축물 일부를 말하며 이를 단독주택과 공동주택으로 구분한다.

(5) 주요구조

구조의 종류로는 구성방식에 따라 가구식, 조적식, 일체식, 조립식, 절충식으로 구분한다.
❶ **가구식구조** 가늘고 긴 부재를 짜 맞추어 지은 구조로 목구조와 철골구조가 대표적이다. 조적식 구조로는 돌, 벽돌, 콘크리트 블록 등을 쌓아 올려서 벽을 만든 구조로 내구성은 우수하지만, 지진 등에 의한 수평 방향의 외력에 약한 단점이 있다. ❷ **일체식구조** 철근콘크리트구조 또는 철골철근콘크리트구조와 같이 주 구조부를 다른 재료로 접합하지 않고 기초에서 지붕에 이르기까지 일체를 이루는 형태다.
❸ **조립식구조** 주요 구조재를 공장에서 생산하여 현장에서 조립하는 구조이다. ❹ **절충식구조** 철근콘크리트 라멘조나 기둥-보 방식의 목구조 등에서 보이는 것처럼 하중을 지지하는 기둥과 기둥 사이를 벽돌, 돌, 블록 등을 쌓거나 형틀에 콘크리트를 부어 벽체를 만드는 방식이다.

가구식 구조. 실용적인 주택보다는 감성적이며 로맨스가 깃든 경량목구조로 지은 주말주택.

현재 국내에서 주택건축에 많이 사용하고 있는 구조공법으로는 목조주택, 철근콘크리트주택, 스틸하우스, 조적조주택, ALC주택, 조립식주택 등이 있다.

❶ 목조주택 기둥, 보, 내력벽, 서까래, 장선 등의 주요구조가 목재로 구축되는 가구식 건축구조를 말한다. 목재는 가볍고 가공성이 좋아 다양한 형태의 조형미를 표현하는 데 유리하고 자연재료로써 쾌적한 실내 환경을 유지하는 데 도움이 된다. 따라서 웰빙 트랜드에 맞는 구조로 도심지보다는 전원에 많이 지어지고 있다. 구조재로 사용된 목재의 규격, 크기 및 시공방법에 따라 일반목구조(경량목구조_light weight-wood frame structure), 기둥-보 구조(post & beam structure), 통나무구조(log structure) 등으로 분류된다.

경량목구조. 전원주택에서 가장 널리 쓰이는 2×4인치(혹은 6인치)의 각재를 사용한 주택으로 주변의 자연환경과 어우러져 편안함이 느껴진다.

경량목구조. 양평 문호리주택의 벽체를 시공 중이다.

기둥-보 구조. 목재를 짜 맞춰 지은 팀버프레임으로 외·내부에서 중목구조의 무게감과 중후함이 느껴진다.

기둥-보 구조. 인테리어 없이도 아름다운 실내를 표현한 서까래가 노출된 중목구조의 내부이다.

❷ 철근콘크리트주택(RC주택) 기둥, 보, 내력벽, 바닥 슬라브 등의 주요 구조부가 철근 콘크리트로 시공되는 일체식 구조를 말한다. 철근은 인장력에 강하고 콘크리트는 압축력에 강하다. 또한, 이들의 팽창계수가 유사하여 하나의 일체화된 구조를 이룰 때 우수한 구조 성능을 발현하게 된다. 이러한 재료의 특징을 이용한 구조법이 철근콘크리트구조이다. 철근콘크리트구조는 구조 강성이 크고 내구성, 내화성, 내진성, 차음성능이 좋으며 각종 중·소규모 건물, 아파트, 빌라, 단독주택 등에 보편화하여 가장 많이 적용되는 공법이다.

1층은 철근콘크리트구조로 하고 2,3층은 일반목구조로 이루어진 하이브리드 모던하우스이다.

콘크리트 타설하기 전 거푸집을 대고 철근을 배근하고 단열재를 보강한 모습이다.

❸ ALC주택 석회에 시멘트와 기포제를 넣어 다공질화 한 혼합물을 고온고압에서 증기 양생시킨 경량기포콘크리트의 일종으로 콘크리트의 1/4 정도로 가벼워 공사기간 단축, 작업 효율성이 높아 경제적이고 우수한 단열성능을 지니고 있는 공법이다.

경사지의 고저 차를 이용한 주택과 앞마당이 잘 연결된 웅장한 이미지의 ALC주택이다.

ALC는 경량성, 단열성, 내화성, 차음성, 가공성, 내구성이 뛰어난 자재이다.

❹ 스틸하우스 미국의 전통적인 목조주택 공법에서 유래된 것으로 주요 구조부가 두께 1mm 내외의 냉간성형한 아연도금 경량형강을 주로 사용하고 있다. 소재만 다를 뿐 목조의 경량목구조와 형식이 같다. 무게와 비교하면 강도가 크고, 구조재의 내화성, 자원의 재활용성이 우수한 공법이다. 이외에도 건물의 벽체, 기초 등의 주요 구조부의 조적재인 시멘트 벽돌, 치장벽돌, 석재, 시멘트 블록 등으로 몰탈과 같은 접합재료를 사용해 부착시켜 쌓아 올려 만드는 조적조주택과 경제적인 이유로 경량 샌드위치 패널을 이용한 조립식주택 등의 공법이 있다.

(6) 건축면적

건축물이 땅 위를 차지한 면적으로 건폐율을 산정하는 데 사용되며 법적으로는 외벽기둥의 중심선으로 둘러싸인 수평투영면적을 말하나, 건축물의 외벽에 처마, 차양, 부연 등은 외벽으로부터 1m를 제외한 나머지를 건축면적에 합산한다. 그러나 한옥은 처마길이 예외 인정으로 2m까지 건축면적에 합산하지 않는다.

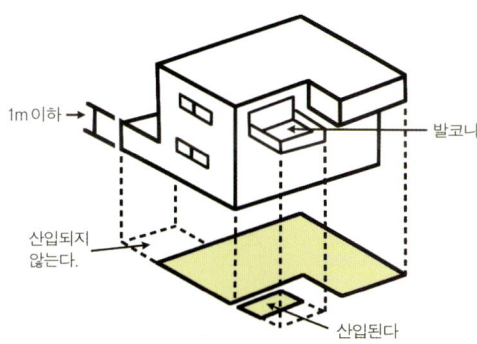

건축면적의 범위

(7) 연면적

사람이 실제 사용하는 부분의 면적으로 각층 바닥면적의 합계를 연면적이라고 한다. 동일 대지 내 2동 이상의 건축물이 있는 경우 각종 연면적을 합한 것을 연면적의 합계라고 한다. 용적률 산정 시에는 지하층 면적과 지상층에 설치한 건축물 부설 주차장의 면적을 제외한 나머지 지상층 연면적만으로 산정한다.

(8) 건폐율

대지 크기와 비교하여 건물이 얼마나 차지하고 있는지를 나타낸다. 즉 건물이 들어선 대지 면적에 대한 건물의 건축면적의 비율을 의미한다. 예를 들어 100평짜리 대지에 바닥면적이 60평인 단독주택이 들어섰다면 건폐율은 60%가 된다.

건폐율=건축면적/대지면적 X 100

(9) 용적률

땅 크기와 비교하여 얼마나 많은 면적이 이용되는지를 나타낸다. 즉, 대지면적에 대한 건축물의 연면적 비율을 의미한다. 단, 지하실 면적은 용적률에서 제외된다. 예를 들어 330.6㎡(100평) 대지에 용적률이 300%의 3층 건물을 짓는다고 가정하면 각층 바닥면적을 330.6㎡(100평)씩 연면적 991.8㎡(300평)까지 지을 수 있다.

용적률=연면적/대지면적 X 100

(10) 도로 관계

주택을 지을 때 도로는 절대 조건이다. 건축법상 인정하는 도로는 폭이 4m 이상이어야 한다. 여기에 미달하면 건축주가 폭 4m 도로를 개설해야 건축허가를 받을 수 있다. 또한, 큰 도로에서 대지까지 막다른 도로일 경우 도로 길이 10m 이내까지는 2m, 35m까지는 3m, 35m 이상이면 6m의 도로 폭을 확보해야 한다. 단, 도시지역이 아닌 경우 막다른 도로 규정을 받지 않고 2m 폭의 도로가 대지에 접해야 한다는 건축법 '접도 의무' 규정만 적용을 받는다. 참고로 맹지는 타인의 토지에 둘러싸여 도로에 어떤 면도 접하지 않은 토지로 여기에 건축하려면 법적 보완장치가 선행되어야 한다.

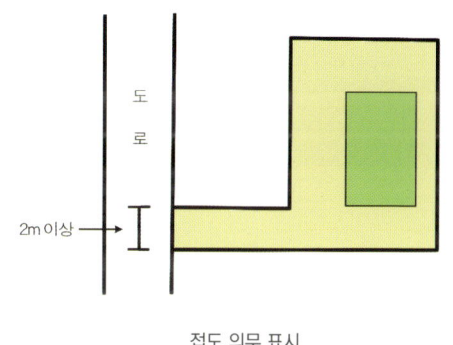

접도 의무 표시

(11) 최고 높이

지표면으로부터 당 건축물의 최상단까지의 높이. 전면도로에 면한 경우는 전면도로 중심선에서 건축물 최상단까지의 높이를 말하며 전면도로 노면에 고저 차가 있을 경우는 건축물이 접하는 대지 부분 전면도로의 가중 평균 수평면에서의 높이를 말한다. 반대로 대지가 전면도로보다 높은 경우는 높이의 1/2만큼 상승하는 것으로 보아 가상 도로 면을 설정하고 이를 기준으로 한다. 일조 확보를 위한 건축물의 높이 산정은 대지와 인접 대지의 지표면 간 높거나 낮으면 그 지표면의 평균 수평면을 기준으로 한다.

(12) 정화조

건축허가 대상 건축물은 정화조 관련 서류를 첨부한다. 건축허가 대상 건축물에는 도시지역은 바닥 면적이 100㎡(약 30평)를 초과하는 경우이며 기타 구역은 200㎡(약 60평) 이상이거나 3층 이상인 경우가 해당한다.

(13) 조경면적

200㎡ 이상인 대지에 건축할 때 건축조례로 정한 기준에 따라 식수 등 조경에 필요한 시설을 한다. 이를 법정조경이라고 하는데 이때 조경면적은 지방자치단체 조례에 따른다.

부천 작동주택. 아기자기하게 잘 가꾼 싱그러운 조경이 집에 생동감과 활력을 불어넣는다.

거제 아주동주택. 1층의 조경과 테라스의 조경수로 포인트를 주어 고급스러움을 더한 주택이다.

(14) 주차

단독주택은 시설면적이 50㎡(약 15평) 초과하고 150㎡(약 45평) 이하면 1대가 기본이다. 시설 면적이 150㎡를 초과하면 기본 1대에 초과 면적 100㎡당 1대를 더한다.

큐브 형태로 특색을 살린 119㎡(36평)의 주택으로 1대의 주차공간을 확보했다.

2_ 알기 쉬운 건축용어 해설

단독주택을 지을 때는 아파트에 살 때와는 달리 알아야 할 전문용어들이 많다. 건축주가 알아두면 좋은 기본적인 건축용어를 건축개요에 이어서 설명하고자 한다.

(1) 배치도

대지 안 건축물의 위치 및 점유 부분, 그 밖의 부속건물의 상호 위치, 방위, 지형형상, 통로, 건축선, 조경 등을 평면으로 나타낸 도면이다. 인접 대지와의 경계선과 인접도로의 너비 등을 통해 허가에 관계된 사항도 알아볼 수 있다.

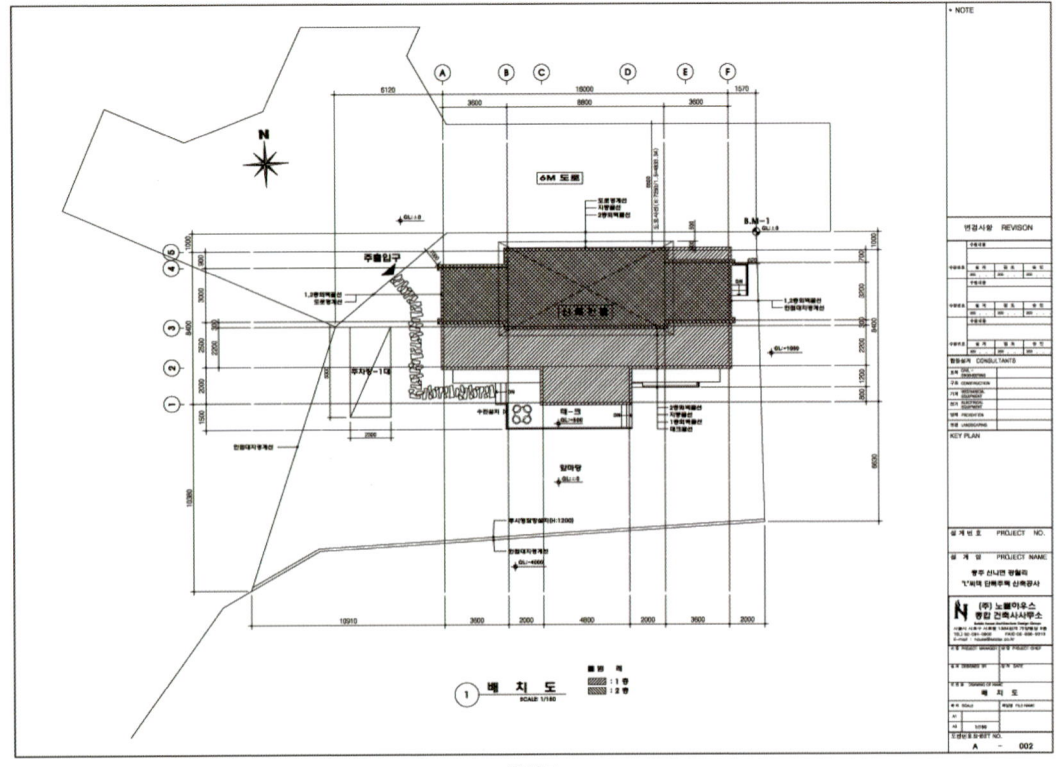

배치도

❶ **부지관계** 방위, 표준지반의 기준위치, 부지의 고저, 부지면적 계산표, 인접도로의 너비 및 길이, 도로 면과 지방도로 면과의 관계 등
❷ **건물관계** 부지 내 건물, 인접 대지 경계선이나 도로 경계선과의 거리, 증축예정 부분, 지붕, 차양의 윤곽, 대문, 담장, 대지 내의 통로 등
❸ **시설관계** 옥외 상하배수 계통도, 옥외 인입전선 계통도, 우편함, 국기게양대, 식수계획 등
❹ **기타** 부근 안내도 및 부지위치, 허가사항.
배치도 내 평면도에는 벽중심선, 기둥중심선, 칸막이벽, 창, 출입구 위치 및 종류, 계단의 위치 및 오르내린 방향, 바닥

마무리, 바닥 고저 치수, 부대설비 등을 표시하며 건물의 규모 및 종류에 따라 생략되기도 한다.

Tip9 지도의 방위를 보는 방법

지도를 보면서 방향을 아는 방법은 아주 쉽고 간단하지만, 지도를 자주 접하지 않는 사람은 볼 때마다 헷갈린다. 지적도, 임야도, 지도책 등 지도를 볼 때 지도의 글자나 숫자의 윗부분을 북쪽으로 알면 간단하다. 글자의 아랫부분은 남쪽이고 오른쪽은 동쪽이고 왼쪽은 서쪽이다.

(2) 평면도

건물을 층의 중간에서 수평으로 자르고, 내려다보고 그린 도면으로 각 실의 배치, 출입구, 창의 위치와 벽의 배치를 표시한 도면이다.

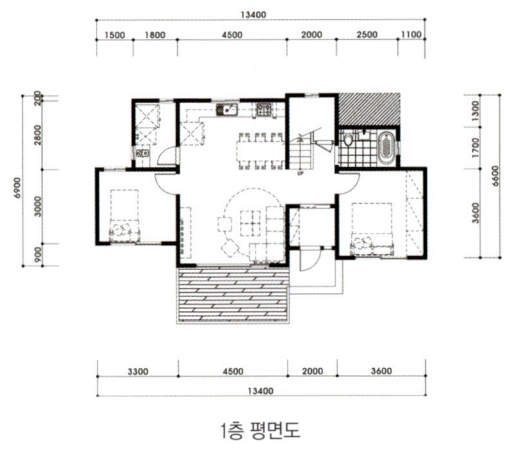

1층 평면도

(3) 입면도

건물의 외관을 동서남북의 각 면에서 본 것을 그린 도면으로 때에 따라서는 배경이나 음영을 그려 넣어 입체감이나 이미지를 강조한 도면이 있다. 건물의 남쪽에서 본 도면은 정면도, 동쪽은 우측면도, 서쪽은 좌측면도, 북쪽은 배면도라 하고 일반적으로 치수는 기재하지 않는다.

정면도

(4) 단면도

건물을 수직으로 절단하고, 그 면을 수평 방향에서 본 것을 그린 도면으로 지붕물매, 층높이, 천장높이, 창 높이 등의 높이 관계의 치수, 차양, 처마 등의 돌출치수를 기재한 도면이다.

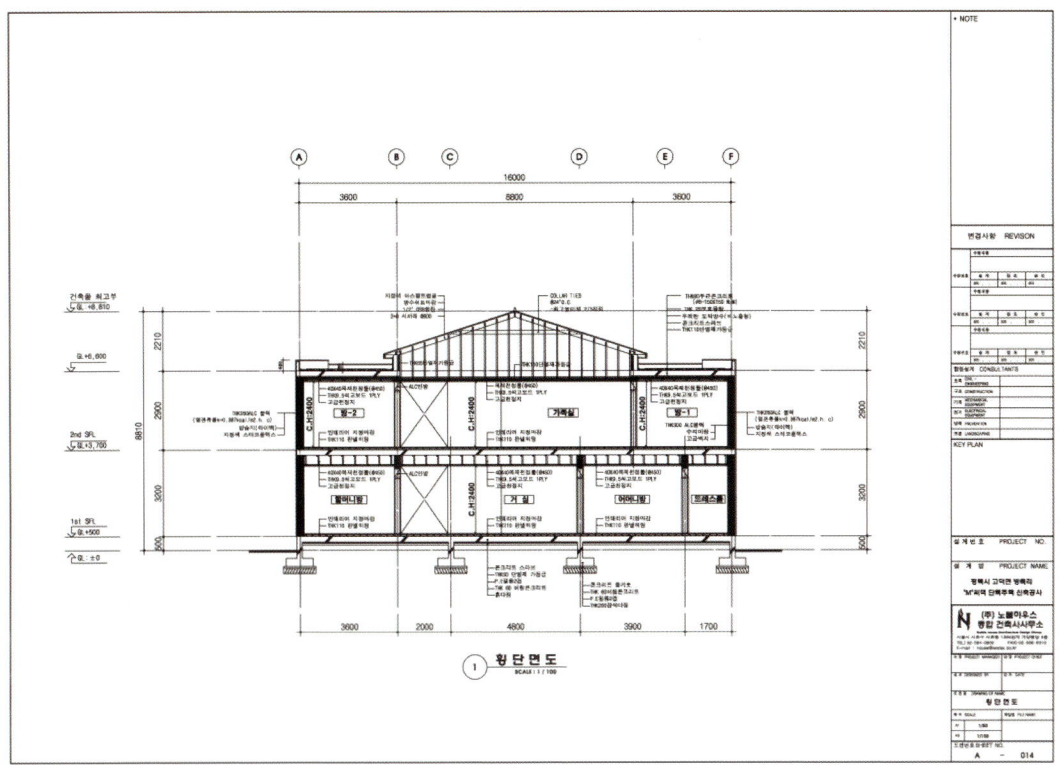

단면도

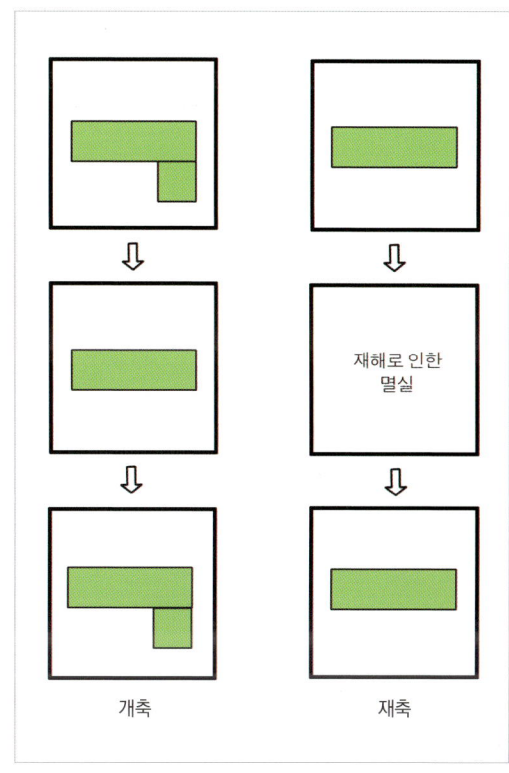

(5) 신축

건축물이 없는 대지에 새로이 건축물을 축조하는 것을 말한다.

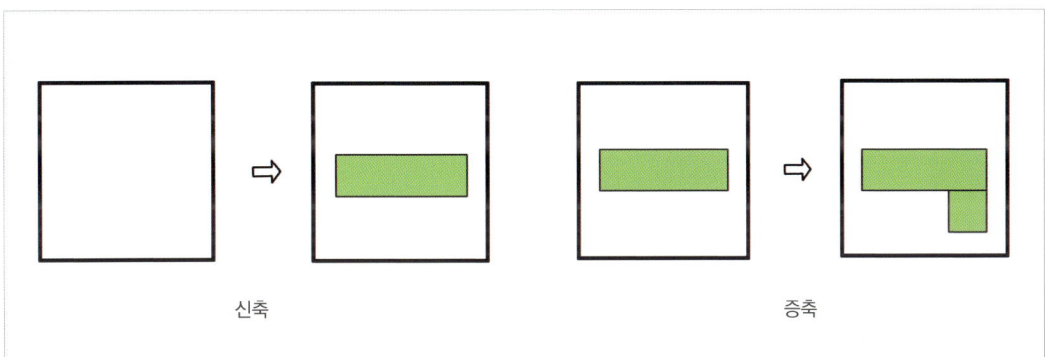

신축   증축

(6) 증축

기존 건축물이 있는 대지 안에서 건축물의 건축면적, 연면적 또는 높이를 증가시키는 것을 의미한다. 기존 건축물이 있는 대지에 건축하는 것은 기존 건물에 붙여서 건축하거나 별도로 건축하거나 관계없이 증축으로 본다.

(7) 개축

기존 건축물의 전부 또는 일부를 철거하고 그 대지 안에 종전과 같은 규모의 범위 안에서 건축물을 다시 축조하는 것을 말한다. 건축물의 위치변경, 구조는 문제가 되지 않고 건물의 규모가 종전과 같거나 적으면 개축이 된다.

(8) 재축

건축물이 천재지변 기타 재해 때문에 없어졌을 때 그 대지 안에 종전과 같은 규모의 범위 안에서 건축물을 다시 축조하는 것을 말한다.

(9) 대수선

건축물의 주요 구조부에 대한 수선 또는 변경과 외부형태의 변경 대수선이 이루어질 때에는 건축신고만 하면 가능하다.

대수선 범위

01. 내력벽 30㎡ 이상 해체하여 수선 또는 변경
02. 기둥 3개 이상 해체하여 수선 또는 변경
03. 보 3개 이상 해체하여 수선 또는 변경
04. 지붕을 3개 이상 해체하여 수선 또는 변경
05. 방화벽, 방화구획을 위한 바닥, 벽을 해체하여 수선 또는 변경
06. 주계단, 피난계단, 특별피난계단을 해체하여 수선 또는 변경
07. 미관지구 안에서 건물 외부형태(담장 포함)변경
08. 다가구주택의 가구 간 경계벽 또는 다세대주택의 세대 간 경계벽을 증설 또는 해체하거나 수선 또는 변경

(10) 데크(Deck)

사전적 의미의 데크는 배의 갑판이라는 뜻으로 배 위에 나무나 철판을 깔아놓은 넓고 평평한 바닥을 말한다. 데크는 마당이나 정원, 현관 출입구 등의 건축물의 내·외부를 자연스럽게 연결해 주는 역할을 한다. 바닥 마감은 자연 친화적인 목재를 주로 사용하지만, 석재나 타일, 벽돌 등의 다양한 재료로 마감한 것도 넓은 의미의 데크라 할 수 있다.

목재데크. 건물의 앞쪽 정면에 내·외부를 자연스럽게 연결해 주는 넓은 데크를 설치했다.

석재데크. 외부 데크는 하이랜드스톤 블록으로 난간을 세우고 규격화한 석재로 바닥을 시공했다.

데크 뼈대를 스테인리스 각재로 튼튼하게 구성하고 그 위에 합성목재를 대어 시공하였다.

그림으로 베란다, 발코니, 포치, 데크의 차이점을 알 수 있다

두 가지 톤으로 시공한 현무암 돌계단과 중앙에 적삼목사이딩으로 시공한 데크로 주택에 고급스러움을 더했다.

(11) 베란다(Veranda)

베란다는 발코니와 자주 혼용되고 있지만, 엄연히 따져보면 다른 공간이다. 일반적으로 1층 면적이 넓고 2층 면적이 작을 때 1층의 지붕 부분이 남게 되는데 그 위에 지붕이 없는 이곳을 활용한 것을 베란다라고 한다.

2층에 전망대와 같은 베란다를 만들어 주변 자연풍광을 만끽할 수 있게 했다.

(12) 발코니(Balcony)

거실공간을 연장하는 개념으로 건축물의 외부로 돌출되게 단 부분을 의미한다. 지붕이 있고 난간이 있으며 보통 2층 이상에 설치한다.

웅장하면서도 절제된 세련미를 지닌 주택으로 2층의 좌·우로 형성된 발코니를 통해 균형감을 더했다.

2층에는 시선을 끄는 웅장한 발코니를 두어 비나 눈을 피하고, 언제든지 외부 조망을 즐길 수 있는 휴식공간을 마련했다.

(13) 테라스(Terrace)

정원 일부를 높게 쌓아올린 대지로서 거실이나 식당에서 정원으로 직접 나가게 하거나 실내의 생활을 옥외로 연장할 수 있게 한 공간을 말한다. 테이블을 놓거나 어린이들의 놀이터, 일광욕 등을 할 수 있는 장소로 쓰이고, 건물의 안정감이나 정원과의 조화를 위해 만들기도 한다. 일반적으로 지붕이 없고 실내 바닥보다 20cm 정도 낮게 하여 타일이나 벽돌·콘크리트블록 등으로 조성한다.

이 집의 매력 포인트는 2층의 테라스로, 기능적인 면뿐만 아니라 디자인적으로도 멋지게 완성한 주택이다.

연립주택의 테라스하우스 개념으로 2층뿐만 아니라 1층 테라스에도 화단을 꾸미거나 나무를 심어 정원처럼 사용할 수 있게 디자인했다.

(14) 포치(Porch)

건물의 현관 또는 출입구의 바깥쪽에 튀어나와 지붕으로 덮인 부분을 말하는데, 입구에 가깝게 세운 차에 승강(乘降)할 때나, 걸어서 입구에 도달한 사람들이 우선 비바람을 피하기 위한 목적 등으로 설치한다.

아치형 포치로 입구를 강조하고 고풍스러운 목재 현관문을 설치해 고급스럽고 말끔한 분위기이다.

그리스 신전과 같이 웅장한 열주와 아치형 포치가 포인트인 주택으로 경건한 분위기를 느끼게 한다.

(15) 선큰가든(Sunken Garden)

지하실과 연결된 지상보다 한층 이상 낮은 정원을 말하며 채광이나 통풍이 어려운 지하 공간의 불리한 조건을 개선한 공간이 된다.

(16) 필로티(Pilotis)

건물의 전체 또는 일부를 2층 높이까지 들어 올려 건물을 지상에서 분리함으로써 만들어지는 공간이며 주로 주차장이나 보행통로로 이용한다.

집의 전망을 살리기 위해 1층을 필로티로 띄워 창고로 활용하고 있다.

(17) 파고라(Pergola)

파고라는 휴게시설의 일종으로 사방이 트여 있고 골조가 있는 지붕이 있어서 햇볕이나 비를 가릴 수 있으며 앉을 자리가 있는 시설물을 말한다.

데크와 이어진 파고라를 설치해 연못과 조화를 이루며 여유로운 휴식 공간이 되도록 했다.

Tip10 면적 계산법(㎡와 평)

본서에서는 1평(py)=3.305785㎡를 대입하고 소수점 둘째 자리에서 반올림하여 수치의 정확도를 높였다. 각종 면적을 나타내는 단위로 '㎡(제곱미터)'와 '평(py)'을 쓰고 있으며, ㎡는 건축용어로 '헤베'라 읽는다. 사방 1m의 면적을 ㎡라 한다. 1평은 약 3.3㎡로 본래 한 사람이 편히 눕거나 앉아서 책을 볼만한 면적을 말한다. 주택이나 소규모 상가는 대체로 평 단위로 계산하여 거래가 이루어진다.

c h a p t e r **2**

전원주택 형태별 시공과정

1

목조주택 시공과정

1_ 목조주택 시공사례 소개

구체적이고 체계적으로 전원의 꿈을 실현한 젊은 부부

처음 만난 건축주는 전원의 꿈을 비교적 구체적이고 체계적으로 구상하고 있는 젊은 부부였다. 거실, 주방 및 식당, 침실, 욕실, 서재, 손님방, 온실 등 주택 각 부분에 대한 이미지를 미리 생각하고, 스스로 공부를 하여 주택건축에 대한 논리와 개념을 정확하게 이해하고 있는 잘 준비된 건축주였다.

대지는 현장을 종단면으로 봤을 때 전면도로와 후면도로의 높이차가 무려 9m로 4단 처리되어 있었는데, 먼저 건물배치와 진입로 설정이 중요한 문제였다. 3개월간 서로 간에 깊이 있는 논의와 협의를 거쳐 기본계획이 수립되었다. 젊은 건축주 내외는 서두르지 않고 차분하고 꼼꼼하게 하나하나 확인해 가면서 인내심을 발휘했다.

수차례의 협의 끝에 ㄷ자형의 집으로 출발한 주택의 주요 핵심은 전면도로에서부터 6m 높이차를 극복하고 현관으로 진입하는 자연스러운 동선을 유도하는 것이었다. 또한, 지하주차장을 설치하고 상부를 조경으로 꾸며 유효 부지를 최대화하려는 노력도 기울였다. 전면도로, 마당, 정원, 건물, 후면도로로 이어지는 높이차를 체계화하기 위해 토목·조경팀과 3차례에 걸친 심도 있는 회의를 통해 옥외 공간 연출에 대한 조정을 마치고 건축주와의 합의에 도달할 수 있었다.

설계 개요

위 치	경기도 양평군 서종면 문호리
건축면적	78.85㎡(23.85py)
연 면 적	113.96㎡(34.47py)
1층 면적	76.24㎡(23.06py)
2층 면적	37.72㎡(11.41py)
구 조	일반목구조
외부마감	스타코플렉스, 파벽돌
내부마감	실크벽지
지 붕 재	징크
설 계	엔디건축사(주)
시 공	엔디하임(주)
건 축 주	김선미

좌측면도

우측면도

정면도

배면도

1층 평면도

2층 평면도

① 거실　**②** 주방 및 식당　**③** 안방　**④** 침실　**⑤** 욕실　**⑥** 서재　**⑦** 드레스룸　**⑧** 현관　**⑨** 온실　**⑩** 다용도실　**⑪** 휴게실　**⑫** 발코니　**⑬** 전실　**⑭** 오픈천장

01_ 전망 좋은 대지의 장점을 최대한 살리고 각 실의 기능에 충실한 디자인을 하였다.
02_ 2층 발코니로 입면을 강조하고 좌·우의 균형을 맞추었다.
03_ 정원에 고저 차를 두어 경계와 영역을 확실히 구분하였다.
04_ 지붕과 대지의 레벨 차는 적절한 단을 두어 주변 환경과 어울리게 하였다.
05_ 배면과 측면은 간결함과 경제성을 고려하여 스타코플렉스 마감을 하였다.

1.5층의 높은 거실, 주방 및 식당 연출, 지붕 층의 서재, 서재와 거실의 열림, 온실의 배치, 1층과 2층의 연결, 2층 침실과 부속실들로 연결되는 모든 공간을 간결하면서도 세밀하게 구성하였다. 스마트하고 미니멀리즘한 분위기를 선호하는 건축주의 취향에 따라 입면은 스타코플렉스로, 지붕은 리얼 징크로 마감하여 간결하면서 고급스러운 분위기를 연출하였다. 또한, 2층을 적삼목사이딩과 단조난간으로 포인트를 주어 단조로울 수 있는 입면에 생동감과 입체감을 더했다.

공사가 진행됨에 따라 여러 가지 자재와 지붕 형태에 대한 협의가 수차례 이루어졌고, 그 결과 건축주가 원하던 모던하면서도 정갈한 느낌의 주택을 완성할 수 있었다. ㄷ자형 배치로 채광 효과를 극대화하여 모든 실이 항상 밝고 자연통풍이 잘 되는 주택이 되었다. 1층 전면부에는 넓은 데크를 설치해 내·외부의 동선을 자연스럽게 이으면서 개방감과 확장감을 높였다. 답답함을 싫어하는 건축주의 취향에 맞게 서재와 거실 천장을 과감하게 오픈하여 최적화된 공간으로 만들어냈다. 또한, 프라이버시를 중시하여 안방을 2층에 배치하고 욕실, 전실, 드레스룸, 발코니까지 필요한 요소들을 모두 집약하여 공간구성을 했다 .

06_ 안전성을 고려해 제일 밑단은 콘크리트 옹벽으로 하고, 그 위는 미관을 위해 석축을 쌓고
　　 돌과 조화로운 철쭉류와 낮은 관목으로 틈새식재를 하였다.
07_ 지하주차장 문에 자동개폐문을 설치하여 편리성을 높였다.
08_ 주택으로 진입하는 계단을 장대석으로 시공하여 주변의 돌 소재에 통일감 주고,
　　 우측의 석축을 철망으로 단단하게 마감하여 위험요소를 사전에 차단할 수 있도록 조치하였다.
09_ 모던 스타일의 분위기에 어울리는 단조난간을 설치했다.
10_ 흰색과 검은색의 블록 포장으로 현관으로 진입하는 동선을 유도했다.
11_ 현관을 잇는 블록 포장과 정자를 잇는 현무암 디딤돌의 동선은 정원에서의 이동을 쉽고
　　 편리하게 해준다.

12_ 집안에서 내려다보는 정원의 모습. 한눈에 들어오는 푸른 정원이 눈과 마음을 시원하게
    해준다.
13_ 전망 좋은 곳에 사각 형태의 파고라를 설치하였다.
14_ 목재로 설치한 담장과 주변의 푸른 나무들이 잘 어우러져 시각적인 편안함이 느껴진다.
15_ 화단은 병꽃나무와 수국 등 주로 키가 작은 관목으로 예쁘게 꾸며 건물 외관이
    가려지지 않도록 하였다.
16_ 온실 전면에 폴딩도어를 설치해 계절에 따라 공간을 여닫을 수 있게 하였다.

17_ 2층 발코니에서 내려다본 온실의 모습.

18_ 거실의 전창에 폴딩도어를 설치해 안에서도 외부자연을 마음껏 즐길 수 있도록
 개방감을 부여하고, 동시에 채광효과를 극대화하여 거실을 최대한 밝게 하였다.

19_ 폴딩도어를 열어젖히면 거실은 바로 자연과 소통하는 하나의 공간이 된다.
 마치 집 안으로 자연을 끌어들인 전통한옥의 대청마루와 같은 공간이다.

20_ 폴딩도어로 말미암아 내·외부가 자연스럽게 하나가 되었다.

21_ 화이트 톤의 깔끔한 실내에 목재 아트월과 조명으로 감각 있게 포인트를 주어 세련된 분위기를 연출하였다.

22_ 복층개념의 서재로 효율적인 공간활용을 위해 계단 대신 사다리를 설치하였다.

23_ 몬드리안 콘셉트의 반투명 가벽으로 공간을 분리하면서 동시에 실내에 디자인적인 요소를 더하였다.

24_ 지붕선을 따라 계단식으로 설치한 간접조명과 해학적인 모양의 원형등이 카페와 같은 분위기를 연출한다.

25_ 좁은 폭이지만 개방식 원목계단으로 개방감을 살려 시각적인 단절을 피하였다.

26_ 계단의 수직부재가 난간 역할을 하면서 동시에 설치미술과 같은 인테리어 효과를 주었다.

27_ 블랙 앤 화이트 콘셉트로 깔끔하게 디자인한 욕실. 욕조는 설치하는 대신 바닥에 넉넉하게 직접 만들고 타일로 마감해 샤워도 하고 욕조로도 사용 가능하게 하였다.
28_ 아담한 샹들리에와 침대 머리맡 위로 양쪽 천정에 달은 작은 펜던트 등이 로맨틱한 분위기를 자아낸다.
29_ 효율적인 공간 활용을 위해 벽에 딱 맞는 빌트인장과 화장대를 설치해 깔끔하게 정리한 파우더룸의 모습.
30_ 2층에서 내려다본 주방의 모습. 주방 옆에 데크로 나가는 문을 설치해 외부로의 연계성과 편리성을 고려하였다.
31_ 동선의 길이가 짧은 ㄷ자형 주방으로 공간과 동선의 효율성을 높여 깔끔하고 세련되게 꾸민 주방의 모습.
32_ 주방 옆에 보일러실 겸 다용도실을 배치하여 수납공간으로 활용한다.

33_ 후면도로에서 바라다본 간결하고 깔끔한 현대풍의 배면 모습.
　　징크지붕의 기울기를 완만하게 주어 주변의 산 능선과 조화를 이루었다.

34_ 주방과 연결된 석재데크로 목재데크에 비해 관리가 편하고
　　반영구적으로 사용할 수 있다는 장점이 있다.

35_ 옹벽을 디자인블록으로 마감하여 미관을 자연스럽게 살리고,
　　다양한 식재와 오브제로 정원을 아름답게 꾸며 주택의 가치를 한층 높였다.

36_ 평상시 벽체 역할을 하는 폴딩도어를 열어젖히면 거실과 데크공간은 하나가 되어
　　시원하고 넓은 또 다른 분위기의 거실로 탈바꿈한다.

37_ 외부와 하나 된 거실에 맑은 하늘과 푸른 숲이 한눈에 펼쳐져 마치 리조트의 호텔과 같은
　　고급스러운 분위기가 묻어난다.

기초부터 완성까지 가구식 구조인 목조주택을 짓는 과정에 대한 이미지를 설명과 함께 순서대로 게재했다. 대지의 기초를 다지는 토공 및 기초공사, 기둥·보·서까래 등의 주요 구조부가 목재로 구축되는 목구조공사, 창호공사, 단열공사, 스타코플렉스로 깔끔하게 처리한 외장공사, 징크를 얹는 지붕공사, 건물 내부마감재로 바닥, 벽, 천장을 아름답게 꾸미는 수장공사, 방수·미장공사, 이 외에도 도장공사, 타일공사, 냉·난방공사, 전기·설비공사, 배관·배선공사, 기타 부대공사, 조경공사 등 순서대로 진행된 목조주택 짓기 시공과정에 대한 158컷의 공사별 상세이미지를 살펴보자.

001_ 기존에 토목공사가 되어 있던 대지로 전면도로와는 6m의 높이차가 있는 조망이 좋은 곳에 터를 잡았다.

002, 003_ 집의 정확한 위치를 잡기 위한 토지정리 작업을 시작한다.

004_ 토지정리 작업을 완료한 상태.

005_ 기초공사를 하기 전에 토지레벨을 확인한다.

006_ 집의 정확한 위치와 치수를 실측한다.

007_ 기초공사 첫 단계인 터파기를 시작한다.

008_ 터파기와 동시에 설비 및 기본배관을 위해 PVC를 준비한다.

009_ 하수·오수설비의 기본배관 공사를 진행한다.

010_ 주방, 다용도실 바닥, 1층 화장실의 배수관을 시공한다.

011_ 주방, 다용도실의 하수·오수, 1층 화장실의 배관공사를 마무리한다.

012_ 배관공사의 되메우기 작업을 하면서 외부 경계선에 따라 주택을 배치한 후 터파기 공사를 진행한다.

01

013_ 규정된 거리 확인 후 도면에 따라 정확하게 터파기공사를 한다.
014_ 기초바닥에 거푸집을 설치하고 철근 배근을 마무리하며 콘크리트 타설을 준비한다.
015, 016_ 콘크리트 타설을 위해 공사현장에 펌프카를 설치한다.
017, 018_ 콘크리트 타설을 시작한다.
019, 020_ 콘크리트 타설은 외부 테두리부터 진행하여 중앙으로 진행한다.
021_ 콘크리트 타설 후 미리 표시한 레벨들을 확인하면서 면고르기를 한다.
022_ 콘크리트 양생을 끝내고 거푸집 철거를 한다.
023, 024_ 바닥정리 후 먹 메김을 한다.
025_ 벽체 위치에 앵커볼트 설치를 위해 콘크리트 면에 드릴 작업을 한다.
026_ 벽체 위치에 앵커볼트를 설치한다.
027_ 앵커볼트를 설치한 모습.
028, 029_ 기초와 토대 사이의 틈을 메우고 단열 및 목재보호를 위해 씰실러(sill sealer)를 시공한다.
030_ 콘크리트 기초와 목구조를 연결하는 역할을 하는 토대(방부목)를 설치한다.
031_ 볼트와 너트를 이용해 토대(방부목)를 고정한다.
032_ 토대(방부목) 설치를 마무리한다.

02

033_ 토대(방부목)의 수평레벨을 확인한다.
034_ 밑깔도리를 길이에 맞게 재단하여 배치한다.
035, 036_ 밑깔도리 작업을 진행한다.
037_ 벽체 세우기를 시작한다.
038_ 거실부의 외부 벽체를 세운다.
039_ 스터드(샛기둥)와 밑깔도리로 구성하는 벽체 골조가 한창 진행 중이다.
040_ 스터드로 벽체를 제작한 후 수직으로 세우고 바닥에 접합한다.
041, 042_ 벽체의 수평과 수직을 맞추면서 작업을 이어간다.
043_ 임시 가새로 고정하면서 이어서 인접한 벽체를 완성해 나간다.
044_ 1층 벽체를 마무리한다.
045_ 2층 바닥 끝막이 장선을 설치한다.
046_ 2층의 바닥을 지지하는 수평부재인 장선을 설치한다.
047_ 2층 바닥의 장선 설치를 진행 중이다.
048_ 2층의 장선 위에 설치하는 OSB합판 바닥은 추후 난방을 위한
　　　콘크리트의 거푸집 역할을 하면서 장선을 고정하는 역할도 한다.
049, 050_ 2층 벽체의 토대를 설치한다.
051_ 타카로 토대를 고정한다.
052_ 2층 벽체의 토대작업을 한창 진행 중이다.

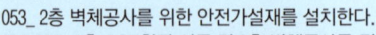

053_ 2층 벽체공사를 위한 안전가설재를 설치한다.
054, 055_ 1층 OSB합판 시공 및 2층 벽체공사를 진행 중이다.
056, 057_ 지붕의 서까래를 설치한다.
058_ 밑에서 올려다본 서까래의 모습.
059_ 옆에서 바라다본 서까래의 모습.
060, 061 지붕의 서까래를 마무리한다.
062_ OSB합판으로 박공판을 설치한다.
063, 064_ 짜임새가 있는 지붕의 결구 모습.
065_ 지붕의 합판설치 작업을 진행한다.
066_ 지붕과 외벽의 합판설치 작업을 마무리한다.
067_ 마당에서 바라다본 합판설치 모습.
068_ 외벽에 타이벡(방습지) 부착작업을 진행한다. 방습지는 결로와 습기를 방지하고
     외부 공기가 내부로 침투하는 것을 막는다. 또한, 내부 수증기를 배출하는 기능도 한다.
069, 070_ 지붕에 방수시트 작업을 진행한다.
071_ 외벽에 타이벡(방습지) 부착과 지붕에 방수시트 작업을 마무리한 모습.
072_ 내부의 배선작업을 한다.

073_ 내부의 설비 배관작업을 진행한다.

074_ 내부 바닥에 냉·온수 배관작업을 진행한다.

075, 076_ 1,2층에서 바라다본 내부의 전기배선 및 배관 모습.

077_ 1,2층 바닥에 기포(단열)작업을 진행한다.

078, 079_ 미리 표시해 둔 레벨을 확인하면서 구석구석 면고르기를 한다.

080_ 1,2층 바닥의 기포(단열)작업을 마무리한 모습.

081, 082, 083_ 바닥을 보강하기 위해서 와이어메쉬를 깐다.

084_ 와이어메쉬를 깐 위에 난방배관을 한다.

085_ 분배기에서 각 방으로 엑셀을 배분한다.

086, 087, 088_ 내부 난방(엑셀) 배관을 완료한 모습.

089_ 내부 바닥 방통작업을 준비한다.

090_ 바닥 기계미장을 진행한다.

091_ 미리 표시해 둔 레벨을 확인하면서 면고르기를 한다.

092_ 내부 바닥 방통작업을 마무리한 모습.

05

093_ 창호 시공을 마무리한다.
094_ 내·외부 벽체와 천장에 단열재(인슐레이션) 충진 작업을 한다.
095, 096_ 인슐레이션을 보강한 벽체와 천장에 전기배선의 위치를 조정한다.
097_ 내부 석고보드 공사를 진행한다.
098, 099_ 내부 석고보드 공사를 마무리한 모습.
100, 101_ 이음매를 메워 주는 퍼티(putty)작업을 진행한다.
102, 103_ 마감재인 스타코플렉스 작업으로 외부를 마무리한다.
104_ 지하주차장의 콘크리트골조 공사를 진행 중이다.
105_ 보호몰탈 위 아스팔트 프라이머 도포로 방수한 후 되메우기 작업을 한다.
106_ 지하주차장의 내부 모습.
107_ 욕실로 우레탄 방수한 후 블랙 톤의 모눈타일을 시공 중이다.
108_ 욕실의 벽면을 블랙 톤의 대리석으로 마감한다.
109_ 벽난로를 설치할 공간을 벽감의 형태로 구성한다.

07

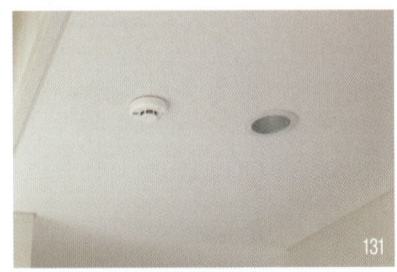

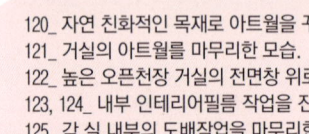
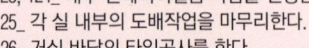

120_ 자연 친화적인 목재로 아트월을 꾸미고 있다.
121_ 거실의 아트월를 마무리한 모습.
122_ 높은 오픈천장 거실의 전면창 위로 광창을 설치한 모습.
123, 124_ 내부 인테리어필름 작업을 진행한다.
125_ 각 실 내부의 도배작업을 마무리한다.
126_ 거실 바닥의 타일공사를 한다.
127_ 주방의 벽체 타일공사를 한다.
128_ 다용도실의 타일공사를 한다.
129_ 거실바닥의 폴리싱타일 공사를 마무리한다.
130_ 2층 발코니의 타일공사를 마무리한다.
131_ 외부의 열에 의해 감지기 내부가 열팽창이 되며
　　　팽창된 부분의 접점이 붙어서 감지되는 자동식 감지기이다.
132_ 거실 천장에 해학적인 이미지의 조명을 설치한 모습.
133_ 현대적인 감각으로 디자인한 조명과 후드를 설치한 모습.
134_ 지붕 자재인 칼라강판(리얼징크)를 현장에 반입한다.
135_ 지붕공사를 편리하게 진행하기 위해서 리얼징크를 안전가설재로 운반한다.
136_ 지붕재인 리얼징크를 시공 중이다.
137_ 리얼징크를 시공한 처마 밑의 모습.
138, 139_ 지붕, 처마의 리얼징크 시공을 마무리한다.

08

140, 141_ 건물 외부에 설치한 안전가설재를 철거한다.
142_ 공사하면서 나온 폐기물을 처리한다.
143_ 리얼징크를 시공한 지붕 상세 모습.
144_ 2층 발코니에서 내려다본 지붕의 모습.
145_ 주변의 능선과 자연스럽게 어우러지는 기울기의 모던한 지붕이다.
146_ 경사지를 다듬어 옹벽공사를 준비한다.
147_ 옹벽 쌓을 디자인블록을 반입한다.
148, 149_ 기초부터 디자인블록 공사를 진행한다.
150_ 여러 가지 크기의 디자인블록으로 옹벽을 마감한 모습.
151, 152_ 목재를 이용한 외부 담장공사를 진행한다.
153_ 외부 담장공사를 마무리하는 중이다.
154_ 반영구적인 보존을 위해 목재 담장에 오일스테인을 칠한 모습.
155_ 목재를 이용한 벽면과 정원 곳곳에 조형물과 시설물들을 설치했다.
156_ 고저 차가 나는 경사지에 장대석계단을 놓고 양쪽에 디자인블록으로 화단을 조성하였다.
157_ 정원 곳곳에 여러 가지 오브제와 조형물을 놓아 거닐며 보는
　　즐거움을 더했다.
158_ 조경공사까지 마무리하여 아름답고 양명한 집으로 완성한 모습.

09

2

철근콘크리트주택 시공과정

1_ 철근콘크리트주택 시공사례 소개

아내를 위해 짓는 생에 마지막 주택

건축주는 '생전에 짓는 마지막 주택'이라는 생각으로 기대에 부풀어 집짓기를 시작했다. 처음 계획은 철근콘크리트구조로만 소화해낼 수 있는 큐브 형태의 모던함, 큰 통창, 오픈천장으로 개방한 거실과 부엌, 그리고 모던 스타일의 외관과 유럽풍 분위기의 여유로운 실내공간이었다. 여러 가지 고민사항이 많았지만 가장 중점을 둔 것은 단열문제로, 크고 많은 창으로 인하여 생길 수 있는 단열을 보강하기 위해 독일식 삼중 유리를 선택하였다.

바깥주인인 건축주는 부인에게 생에 가장 큰 선물이 되게 하겠다는 결심으로 가능한 한 부인의 의견을 우선하여 주택에 반영하고자 하였다. 부인을 생각하는 애틋한 마음을 담아 건축주는 그동안 염두에 두고 집에 반영하고 싶었던 요소들을 하나하나 끄집어내어 꼼꼼히 설명하며 아쉬움이 남지 않는 후회 없는 설계를 해달라고 당부하였다. 이런 건축주의 마음을 그 누구보다 잘 이해하고 있는 터라, 점 하나 찍을 때마다 신중에 신중을 기하고 선 하나 그을 때마다 그 의미를 부여하며 어느 것 하나 헛되지 않도록 설계를 진행하여 마침내 건축주가 원하던 스타일의 맞춤형 주택을 완성할 수 있었다.

설계 개요

위 치	경기도 평택시 지산동
건축면적	152.22㎡(46.05py)
연 면 적	214.28㎡(64.82py)
1층 면적	128.36㎡(38.83py)
2층 면적	85.92㎡(25.99py)
구 조	철근콘크리트구조
외부마감	스타코플렉스, 파벽돌, 적삼목사이딩
내부마감	실크벽지, 강화마루
지 붕 재	평지붕
설 계	엔디건축사(주)
시 공	엔디하임(주)
건 축 주	이형주

건물은 대지의 효율적인 사용을 따져 시야에서 벗어나는 공간이 없도록 길게 배치하였다. 거실은 현관에 가깝게 배치하고 2층으로 향하는 계단을 바로 앞에 설치해 편리하게 오르내릴 수 있도록 하였다. 건축주의 의견을 적극 수렴해 주요 생활공간인 안방과 주방, 식당을 독립적인 공간으로 분리해 각각 실내의 양 끝 부분에 배치하였다. 거실과 주방을 연결하는 긴 복도 앞에 온실과 툇마루를 달아내어 넓게 보이는 개방효과와 함께 주제와 감성이 깃든 공간으로 계획하였다. 2층은 자녀들의 방을 배치해 각자 독립적으로 편리하게 사용할 수 있게 하고, 가족실과 넓은 테라스를 통하게 하여 휴식과 힐링 장소로 활용할 수 있도록 하였다.

좌측면도

우측면도

정면도

배면도

1층 평면도

2층 평면도

❶ 거실 ❷ 주방 ❸ 식당 ❹ 안방 ❺ 침실 ❻ 욕실 ❼ 드레스룸 ❽ 가족실 ❾ 현관 ❿ 다용도실 ⓫ 보일러실 ⓬ 발코니 ⓭ 테라스 ⓮ 데크

01_ 건물은 대지의 효율적인 사용을 위해 시야에서 벗어나는 공간이 없도록
   ㄱ자형으로 길게 배치하였다.
02_ 2층에 가벽을 세워 입면을 강화하고 짙은 파벽돌로 마감하여
   화이트 톤의 스타코플렉스 외벽과 대조를 이룬다.
03_ 탁 트인 경치를 한눈에 담을 수 있는 2층의 넓은 테라스에 외벽 구조물을 만들어
   건물에 입체감을 살렸다.
04_ 큐브 형태의 세련된 철근콘크리트주택으로 화이트 톤의 스타코플렉스로 깔끔하게 마감하고,
   자금석 블랙 파벽돌로 포인트를 주었다.

05_ 넓게 조성된 잔디마당과 조경은 콘크리트 건물의 차가운 이미지를 완화하며 생동감과
　　자연미를 더해준다.

06_ 현관에서 마주 보이는 거실에 대리석 원판과 블랙 색상의 자금석으로 아트월을 꾸며
　　웅장하면서 고급스러운 느낌이다.

07_ 거실 벽면은 짙은 색상의 아트월과 대조적인 깔끔한 화이트 톤의 벽지로 마감하고
　　벽부등을 설치하였다.

08_ 주방은 깔끔한 블랙 앤 화이트 콘셉트의 인테리어로 전체적인 실내 분위기와 통일감을 이루었다.

09_ 주방에도 큰 창을 내어 빛이 충분히 유입되도록 하고, 일을 하는 동안 바깥 풍경을 감상하며
　　피로를 덜 수 있게 하였다.

10_ 진입로에서 본 배면으로 밋밋한 벽체를 자재변형이 작고 관리가 수월한 합성목재로 마감하였다.

11,12_ 안방과 2층 침실. 깔끔한 화이트 톤과 시원하고 생동감이 넘치는 블루 톤의
　　　실크벽지로 차분하고 말끔한 분위기를 연출하였다.
13_ 각종 악기가 놓여있는 가족실로 움푹 팬 우물천장에 간접조명과 매입등으로
　　　은은하고 깔끔한 분위기를 살리고, 테라스로 나가는 시스템도어를 설치해 가족과 함께
　　　바깥 전망을 즐길 수 있게 하였다.
14,15_ 장식적인 효과를 내는 디자인 펜던트 조명등으로 주방과 식당을 밝게 하였다.

16_ 2층 테라스에서 실내로 연결되는 복도에 천창을 내어 채광 효과를 높이고 실내에
시원한 하늘 풍경을 끌어들였다.

17_ 벽과 바닥은 온화한 느낌의 브라운 톤 타일로 통일감을 주고,
펜던트 등과 장식적인 요소들이 더하여 고급스러운 분위기로 연출한 욕실이다.

18_ 강렬한 이미지를 전달하는 블랙 앤 화이트 톤의 욕실 디테일이다.

19_ 복도 벽면에 자작나무 장식장을 현장에서 직접 제작하여 라카칠하고 유리로 선반을 대었다.

20_ 복도 한쪽 벽면을 화이트 톤의 석재패널로 마감하고, 한쪽은 온실과 툇마루로 한눈에 볼 수 있는
유리문을 설치하여 좁은 통로에 채광효과와 확장감을 높였다.

21_ 2층으로 오르는 계단 역시 화이트 앤 블랙 콘셉트를 적용하여 난간의 핸드레일과 디딤판에
블랙으로 포인트를 주고 센서 발목등으로 은은한 조명 효과를 내었다.

철근과 콘크리트로 건축물의 기본 뼈대를 구축하는 철근콘크리트주택 짓기 시공과정을 소개한다. 기초부터 완성까지 시공 순서대로 간단한 설명과 함께 이미지를 게재하였다. 토공사 및 기초공사, 철근 배근과 거푸집공사를 포함한 콘크리트공사, 전기·설비공사, 배관·배선공사, 단열공사, 창호공사, 스타코플렉스 외장공사, 건물 내부의 바닥, 벽, 천장을 아름답게 꾸미는 수장공사 등, 공정순서에 맞추어 모든 공사가 제때 이루어진다. 이외에도 도장공사, 타일공사, 냉·난방공사, 방수·미장공사, 기타 부대공사, 조경공사까지 순서대로 나열된 180여 컷의 공사별 상세이미지를 살펴보자

001_ 공사 전 대지 모습.
002_ 기초공사를 위한 부지정리작업을 한다.
003_ 담장공사를 위한 터파기 작업한 후 진동다짐기로 기초를 다진다.
004_ 기초판 콘크리트 타설 전 배근 작업을 한다.
005, 006_ 기초매트, 벽체 배근 작업을 한다.
007_ 기초매트 콘크리트 타설을 위해 펌프카를 설치한다.
008_ 기초매트 콘크리트를 타설한다.
009, 010_ 기초매트 양생 후 담장 벽체에 거푸집을 설치한다.
011_ 담장 거푸집 철거 후 건물부지정리 작업을 한다.
012, 013_ 본 건물의 기초 터파기를 하면서 다짐 작업한다.

01

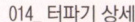

014_ 터파기 상세.
015_ 대형 장비로 다지기 어려운 곳을 수동 진동다짐기로 다짐한다.
016_ 기초에 사용할 잡석을 준비한다.
017_ 잡석 깔기를 한다.
018_ 잡석 다짐을 한다.
019_ 설비의 기본 배수관과 오수관 작업을 한다.
020_ 배수관과 오수관을 설치한 후 되메우기 작업을 한다.
021_ 설비작업 후 수평작업을 한다.
022_ 버림콘크리트 타설 전 비닐 깔기를 한다.
023_ 버림콘크리트 타설을 위해 펌프카를 설치한다.
024, 025_ 버림콘크리트 타설 작업을 시작한다.
026, 027_ 버림콘크리트 면고르기 작업을 한다.
028_ 버림콘크리트 타설 작업을 마무리한다.
029_ 버림콘크리트 양생 후 배근 작업을 위해 철근을 준비한다.
030_ 부위별 부재별 정확한 배근 간격을 유지한다.
031_ 콘크리트 타설 전 각종 배관을 철근을 이용하여 견고하게 고정한다.
032_ 정확한 간격으로 결속한 배근 상세.

02

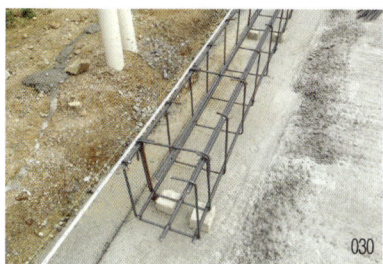

033_ 기초바닥 철근 배근 작업을 마무리한다.
034_ 기초 거푸집 작업을 준비한다.
035_ 기초 거푸집조립 진행 모습.
036_ 기초 거푸집 작업을 마무리한 모습.
037_ 거푸집 작업 마무리 후 전기배관작업을 한다.
038_ 전기배관을 견고하게 고정한다.
039_ 전기배관작업을 마무리한다.
040_ 1층 벽체의 철근을 바닥에서부터 꺾어 올리는 작업을 한다.
041_ 기초 철근 배근, 전기배관, 거푸집 작업을 마무리한다.
042_ 기초 콘크리트 타설 작업을 한다.
043_ 기초 콘크리트 면고르기를 한다.
044_ 기초 콘크리트 타설 작업을 마무리한다.
045_ 기초 콘크리트 양생 후 거푸집을 철거한다.
046_ 수평과 직각 상태를 확보하기 위해 실 띄우기 작업으로 먹매김을 한다.
047_ 거푸집을 철거한 후 벽체 거푸집을 설치하기 위한 하단 목틀을 설치한다.
048, 049_ 거푸집 설치작업 전 수평레벨을 위해 각목 설치작업을 한다.
050_ 기초 콘크리트에 매설한 후 일부 노출된 전기배관의 모습.
051_ 외부 비계설치 작업을 한다.
052_ 벽체 거푸집 설치작업을 시작한다.

03

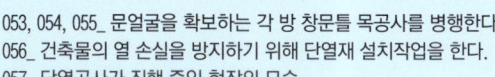

053, 054, 055_ 문얼굴을 확보하는 각 방 창문틀 목공사를 병행한다.

056_ 건축물의 열 손실을 방지하기 위해 단열재 설치작업을 한다.

057_ 단열공사가 진행 중인 현장의 모습.

058, 059_ 1층 벽체 거푸집 설치작업을 마무리한다.

060_ 2층 슬라브에도 수평레벨을 위해 각목 설치작업을 한다.

061, 062_ 2층 바닥 거푸집 작업을 진행한다.

063, 064_ 2층 바닥에 단열재 설치작업을 한다.

065_ 2층 테라스에 PVC배수관을 설치한다.

066_ 콘크리트 타설을 위해 펌프카를 설치한다.

067, 068_ 1층 벽체와 2층 바닥의 콘크리트 타설 작업을 진행한다.

069_ 미리 표시한 레벨을 확인하면서 구석구석 면고르기를 한다.

070_ 콘크리트 타설 작업을 마무리한다.

071_ 콘크리트 타설 후에는 표면의 급격한 건조가 진행되지 않도록 보양재를 덮고 물을 뿌려 습윤 시키고 무리한 충격을 주어 강도저하가 발생하지 않도록 보양한다.

072_ 1층 벽, 2층 바닥 콘크리트 양생 후 거푸집 철거 작업을 한다.

073, 074_ 2층 벽체 거푸집을 설치한다.
075_ 2층 벽체 단열재 설치와 철근을 배근한다.
076_ 1층에서 2층을 바라다본 모습.
077, 078_ 2층 벽체 거푸집 작업을 진행한다.
079_ 2층의 콘크리트 하중을 견딜 수 있게 거푸집 동바리로 받친다.
080_ 비계 및 안전 발판을 설치한 현장의 모습.
081_ 2층 테라스 거푸집 설치 작업을 진행한다.
082_ 2층 거푸집을 설치한 모습.
083_ 이동 계단에 안전난간을 튼실하게 엮어 매었다.
084_ 2층 벽체와 테라스 거푸집 설치 작업을 마무리한다.
085, 086_ 옥상 슬래브에 배근 작업과 전기배선을 진행하고 있다.
087_ 2층 벽체, 옥상바닥에 콘크리트 타설한다.
088_ 2층 벽체, 옥상바닥에 콘크리트 타설 작업을 마무리한다.
089_ 콘크리트 양생 후 거푸집 철거작업을 한다.
090, 091_ 거푸집 철거작업을 마무리한다.
092_ 현장의 모든 거푸집 철거를 마치고 청소를 한다.

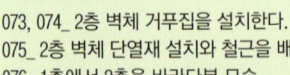

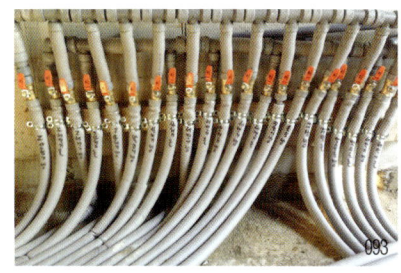

093_ 화장실, 주방, 다용도실, 보일러실 등에 냉·온수 배관을 배치한 분배기의 모습이다.
094_ 바닥에 배관한 모습
095_ 2층 화장실 배관작업을 한다.
096_ 1, 2층 바닥에 단열재를 설치한다.
097, 098_ 방통을 치기 전에 비닐을 깐다.
099_ 2층 바닥 기포작업을 한다.
100_ 1층 바닥 기포작업을 한다.
101, 102_ 옥상에 두껍쇠를 설치하기 위해 타이벡을 깔고 목상틀 설치를 준비한다.
103, 104_ 창호설치 작업을 한다.
105_ 바닥을 보강하기 위해서 와이어메쉬를 깐다.
106_ 2층 바닥 난방배관 작업을 한다.
107_ 1층 바닥 난방배관 작업을 한다.
108_ 각 실 바닥에 층간 소음을 줄이고 단열 성능을 높이기 위해 방통타설을 한다.
　　　경량 기포 콘크리트는 시멘트에 알루미늄 분말과 물을 섞어 만드는데 가벼우면서
　　　단열성이 높고 시공하기도 간편해 바닥 단열재로 많이 쓰인다.
109_ 방통타설을 하면서 면고르기를 병행한다.
110, 111_ 벽체, 슬래브 등을 미장한다.
112_ 외부 벽체에 메쉬미장 작업을 한다.

113

114

115

116

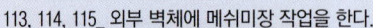

113, 114, 115_ 외부 벽체에 메쉬미장 작업을 한다.
116_ 외부 벽체의 미장을 마무리한다.
117_ 외부 벽체에 스타코플렉스 작업을 시작한다.
118_ 스타코플렉스 작업이 진행 중이다.
119, 120_ 스타코플렉스 작업을 마무리한다.
121_ 내부 철제 계단 작업을 한다.
122_ 2층에서 내려다본 철제 계단.
123, 124_ 목공작업 후 석고보드로 내부 마감공사를 진행한다.
125_ 현관의 외부 천정을 시멘트보드(CRC)로 마감한다.
126_ 현관부의 벽면을 인조석으로 마감한다.
127_ 아트월에 대리석 설치 작업을 한다.
128, 129, 130_ 주방 앞 진열장 목공작업을 진행하여 마무리한다.
131_ 내부 목공작업을 마무리한다.
132, 133_ 현관 벽타일, 천장 도배작업을 한다.

07

117

118

119

120

121

122

123

124

125

126

127

128

129

130

131

132

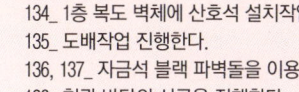

134_ 1층 복도 벽체에 산호석 설치작업을 한다.
135_ 도배작업 진행한다.
136, 137_ 자금석 블랙 파벽돌을 이용하여 가벽의 인조석 작업을 마무리한다.
138_ 현관 바닥의 시공을 진행한다.
139_ 현관 바닥의 대리석 작업을 마무리한다.
140_ 2층 테라스 바닥의 대리석 작업을 진행한다.
141, 142_ 2층 테라스 바닥 대리석 작업을 마무리한다.
143_ 외부 벽체에 합성목재 작업을 진행한다.
144, 145, 146_ 외부 벽체에 합성목재 작업을 마무리한다.
147_ 외부마감 후 비계 해체작업을 한다.
148_ 비계철거 후 주변 정리를 한다.
149_ 비계철거 후의 배면.
150_ 정원에서 바라본 건물의 모습
151_ 외부 정화조 작업을 진행한다.
152_ 정화조, 생활하수 맨홀작업을 한다.

08

153_ 메쉬휀스를 설치한 모습.

154, 155_ 데크의 기초를 콘크리트 타설한다.

156_ 외부의 일부 마감재로 사용한 자금석 파벽돌의 질감을 이용해 내부마감의 장식적인
요소로 활용하였다.

157_ 바닥을 콘크리트로 타설한 완성된 주차장의 모습.

158_ 거실과 부엌을 각각 양 끝에 배치하여 자연스럽게 복도가 형성되었다.

159_ 따뜻한 브라운 톤의 대리석으로 완성한 화장실.

160_ 블랙 앤 화이트 톤의 화장실 디테일.

161_ 실내 바닥은 밝은 색상의 강화마루로 시공하여 분위기를 밝게 하였다.

162_ 주방에 인덕션전기렌지를 설치한다.

163, 164_ 외부의 열에 의해 감지되는 자동식 감지기를 설치한다.

165_ 거실에 유기적인 형태의 입체감이 있는 LED조명을 설치하였다.

166_ 데크 자재를 반입한다.

167_ 주방 및 식당 앞 데크 뼈대를 스테인리스 각재로 튼튼하게 구성한다.

168_ 스테인리스 각재로 뼈대를 구성한 데크 위에 합성목재를
대어 시공한다.

09

169_ 주방 및 식당 앞 데크를 마무리한 모습.
170_ 거실과 복도 앞의 데크를 완성한다.
171, 172_ 배면의 가벽을 블랙 톤의 자금석 파벽돌로 마감한다.
173, 174_ 스타코플렉스 좌측 외벽을 합성목재로 마감한다.
175_ 2층 단조난간을 시공한다.
176_ 자연스럽게 형성된 복도 앞에 온실과 툇마루를 달아내는 설치공사를 한다.
177_ 유리창에 인방을 설치한다.
178_ 드레인체인을 시공한다.
179_ 휀스를 따라 위로 곧게 자라는 연필향나무를 심어 차폐효과를 냈다.
180_ 정원에서 바라본 완성된 단아한 주택의 모습.

전원주택 설계사례 125선

29py 95.45㎡

목조주택

001 관리가 편하고 효율적인 주택

클래식한 외관으로 관리가 편하고 효율적인 주택이다. 1층 현관에서부터 실내가 하나의 동선으로 이어지게 배치하고, 2층의 다락과 방을 연결하여 효율적인 공간 활용을 고려하였다. 외부마감은 밝은 톤의 스타코플렉스와 브라운 계열의 파벽돌, 그리고 녹색 톤의 박공지붕으로 조화를 이루어 깔끔하고 안정된 느낌으로 디자인하였다. 박공지붕 모양에 맞추어 입면의 창문을 삼각형 모양으로 디자인하여 마치 동화 속의 집을 연상케 하는 주택이다.

설계개요

건축면적	76.89㎡(23.26py)	외부마감	스타코플렉스, 파벽돌
연 면 적	95.45㎡(28.87py)	설 계	엔디건축사(주)
1층 면적	76.89㎡(23.26py)	시 공	엔디하임(주)
2층 면적	18.56㎡(5.61py)		
구 조	일반목구조		

설계포인트

1 햇볕이 잘 들고 주변 환경이 좋아 따로 테라스나 발코니를 두지 않고 전면에만 데크를 계획하였다.

2 주방 옆으로 다용도실과 보조주방을 겸한 공간을 두어 편리성을 고려하였다.

3 지붕 형태와 같은 세모창을 설치해 외관의 디자인, 채광, 입면 등을 고려하였다.

4 2층의 다락과 방을 연결함으로써 공간을 효율적으로 활용할 수 있게 하였다.

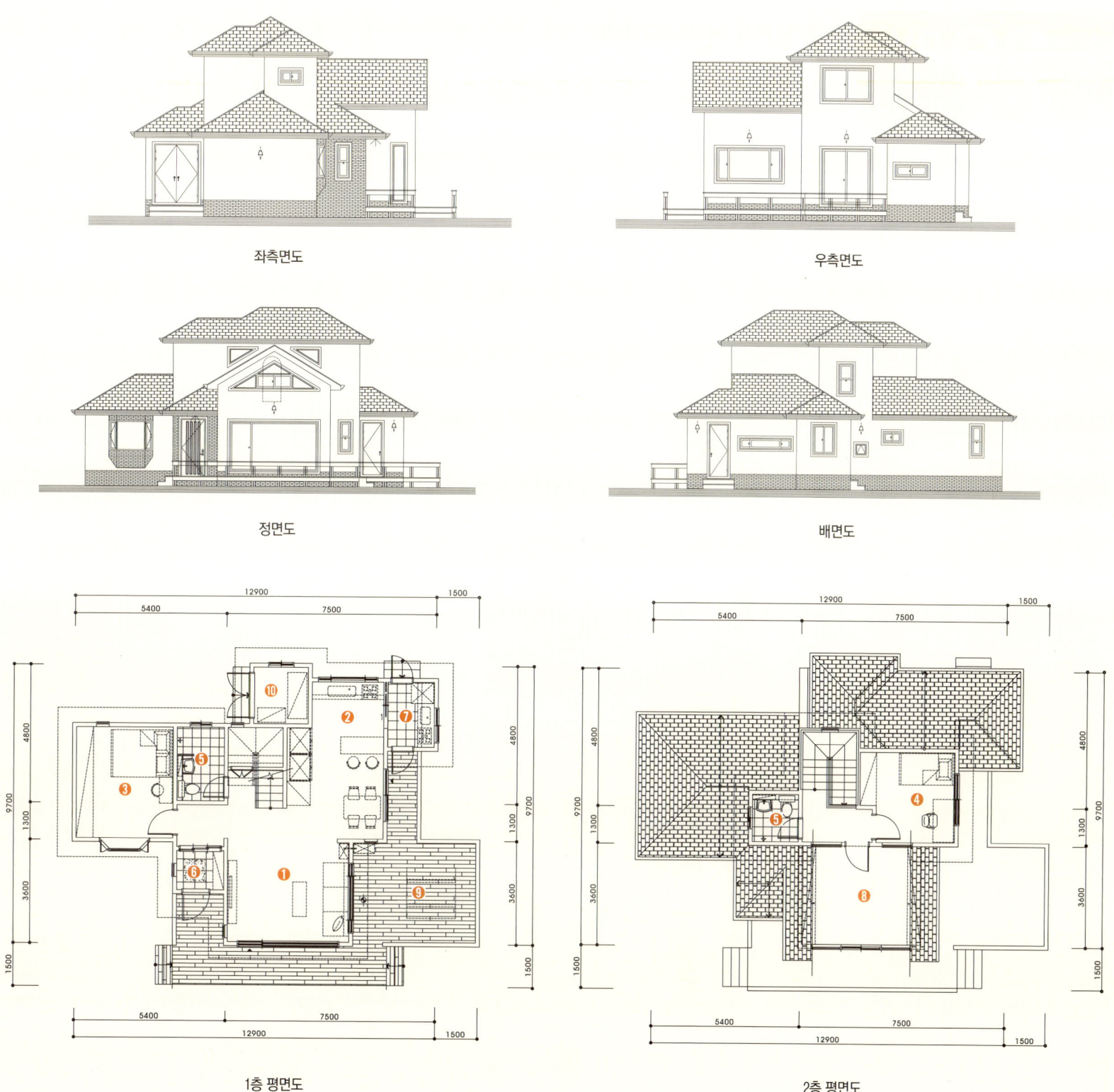

좌측면도

우측면도

정면도

배면도

1층 평면도

2층 평면도

❶ 거실 ❷ 주방 및 식당 ❸ 안방 ❹ 침실 ❺ 욕실 ❻ 현관 ❼ 다용도실 ❽ 다락 ❾ 데크 ❿ 보일러실

30 py 98.33㎡

002 목조주택

큰 평형대 못지 않은 외관의 단층주택

비정형 대지에 지은 단층집으로 주변에 빼곡하게 들어선 집들 때문에 조망보다는 채광에 비중을 더 두어 디자인한 주택이다. 벽과 대비되는 진한 색의 창틀과 적삼목사이딩은 다소 밋밋해 보일 수 있는 외관을 보완해 주는 포인트 요소이다. 작은 평형대로 다소 심심해 보일 수 있는 단층집이지만, 획기적인 실 배치와 다양한 자재를 사용해 입면의 입체감을 살려 줌으로써 큰 평형대 못지 않은 모던하고 세련된 외관을 보이는 주택이다.

설계개요

건축면적	83.03㎡(25.12py)
연 면 적	98.33㎡(29.74py)
1층 면적	82.49㎡(24.95py)
2층 면적	15.84㎡(4.79py)
구 조	일반목구조

외부마감	스타코플렉스, 적삼목사이딩
설 계	엔디건축사(주)
시 공	엔디하임(주)

설계포인트

1 거실 앞에 큰 데크를 설치해 외부에서도 자연의 공기를 마시며 가족들이 함께 할 수 있도록 하였다.

2 대지의 특성상 실마다 조망권 보다는 채광에 더 신경을 써서 볕이 잘들어 올 수 있게 계획하였다.

3 짜임새 있는 평면계획으로 데드스페이스를 현저히 줄였다.

4 다소 답답할 수 있는 다락이지만 거실의 오픈천장과 연계하여 개방감을 높였다.

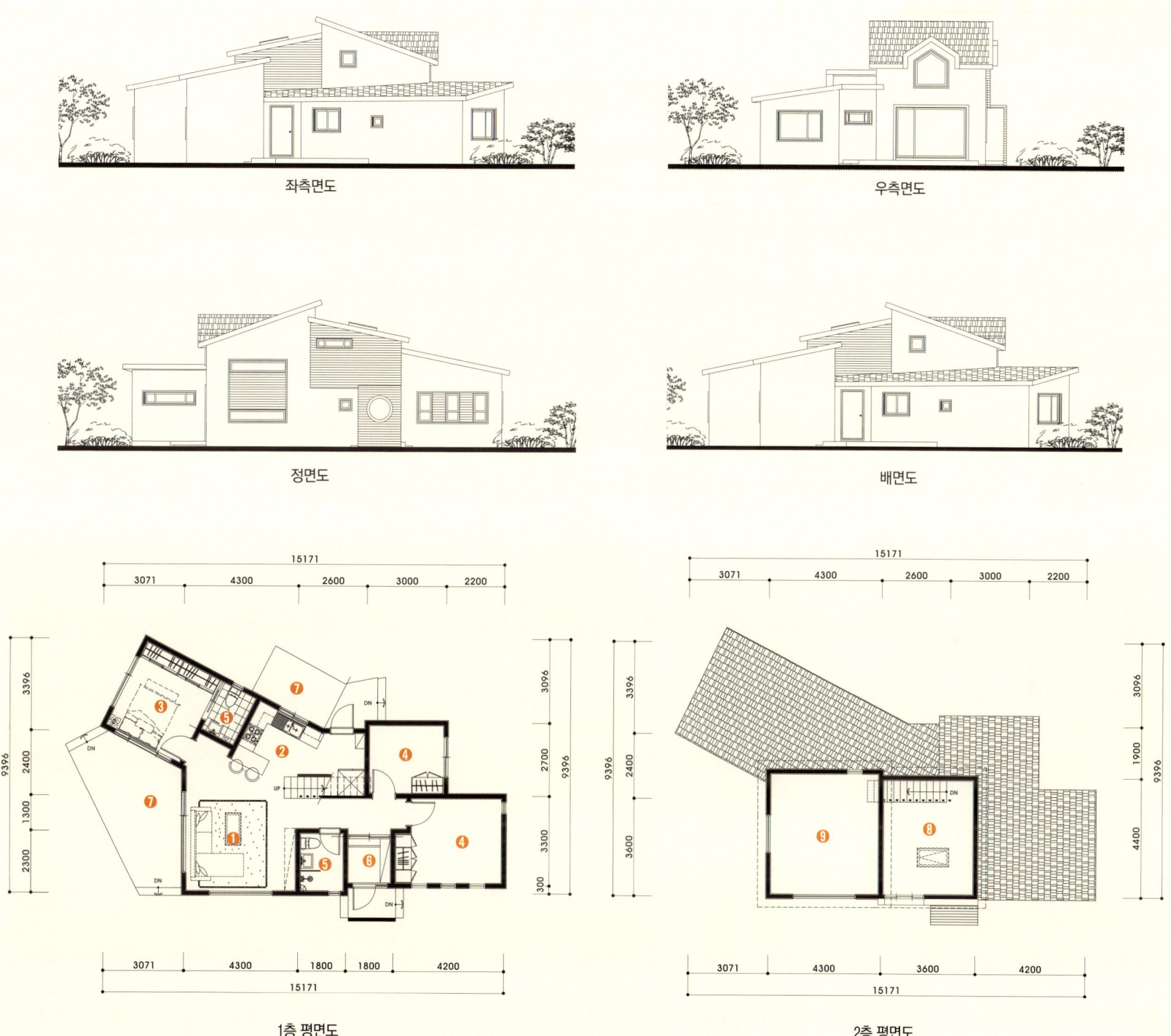

좌측면도

우측면도

정면도

배면도

1층 평면도

2층 평면도

❶ 거실 ❷ 주방 ❸ 안방 ❹ 침실 ❺ 욕실 ❻ 현관 ❼ 데크 ❽ 다락 ❾ 오픈천장

30py 98.99㎡

003 목조주택
제2의 거실, 데크에 중점을 둔 주택

단조롭지 않은 무게감과 정갈함이 묻어나는 주택이다. 전면은 박공지붕으로 입체감을 살리고, 실별로 매스 분절을 통해 채광효과를 최대한 높였다. 전면부의 거실 위로 다락을 배치하여 창을 내고 실생활이 가능하게 설계하였다. 마당에서 아이들이 마음껏 뛰어놀고 밖에서도 가족들이 단란한 시간을 보낼 수 있도록 전면부에 데크를 길고 넓게 설치하여 외부공간으로의 확장성에 중점을 두었다.

설계 개요		
건축면적	75.96㎡(22.98py)	
연 면 적	98.99㎡(29.94py)	
1층 면적	75.96㎡(22.98py)	
2층 면적	23.03㎡(6.97py)	
구 조	일반목구조	

외부마감	스타코플렉스, 적삼목사이딩, 파벽돌
설 계	엔디건축사(주)
시 공	엔디하임(주)

설계 포인트

1 박공지붕의 경사면에 변화를 주면서 전면부 외관은 통일감을 주어 정갈한 이미지로 디자인하였다.

2 남향을 바라보게 실을 배치하고 큰 창을 내어 모든 방에서 채광이 잘 되도록 하였다.

3 데크를 비교적 길고 넓게 설치하여 답답하게 느껴질 수 있는 내부공간의 문제점을 해결하였다.

4 2층에 자녀 방을 두어 자녀의 프라이버시를 보호하고, 다락을 들여 취미실로 활용할 수 있게 하였다.

좌측면도

우측면도

정면도

배면도

1층 평면도

2층 평면도

❶ 거실　❷ 주방 및 식당　❸ 안방　❹ 침실　❺ 욕실　❻ 다용도실　❽ 현관

30^{py} ~~99.13 m²~~

99.13 m²

목조주택

004 지붕과 벽을 징크로 묶어 디자인한 주택

대부분 시간을 1층에서 보내는 건축주를 위해 1층은 개인 공간으로 구성하고, 2층은 가끔 집을 방문하는 가족을 위한 공간으로 구성하여 침실과 다락을 계획하고 외부에 별도의 사우나시설을 갖추었다. 지붕과 외벽을 징크로 연결하여 디자인하고 채광을 위해 지붕 가운데를 위로 살짝 들어 올려 창을 설치하였다. 현대적 감각이 묻어나는 작지만 작아 보이지 않는 세련된 디자인으로 잘 풀어낸 주택이다.

설계 개요

| 건축면적 | 73.92㎡(22.36py)
| 연 면 적 | 99.13㎡(29.99py)
| 1층 면적 | 73.92㎡(22.36py)
| 2층 면적 | 25.21㎡(7.63py)
| 구   조 | 일반목구조

| 외부마감 | 스타코플렉스, 적삼목사이딩, 징크
| 설   계 | 엔디건축사(주)
| 시   공 | 엔디하임(주)

설계 포인트

1 모던과 클래식의 느낌을 적절히 잘 혼합하여 세련미 있게 디자인한 주택이다.
2 정사각형 설계배치를 통해 데드스페이스를 최대한 줄여 간결하게 디자인하였다.
3 현대적인 깔끔한 느낌의 입면 디자인과 징크, 적삼목사이딩의 포인트가 조화를 이룬다.
4 2층의 공용공간을 다락으로 대체함으로써 시공비용을 낮추고 공간 효율성도 높였다.

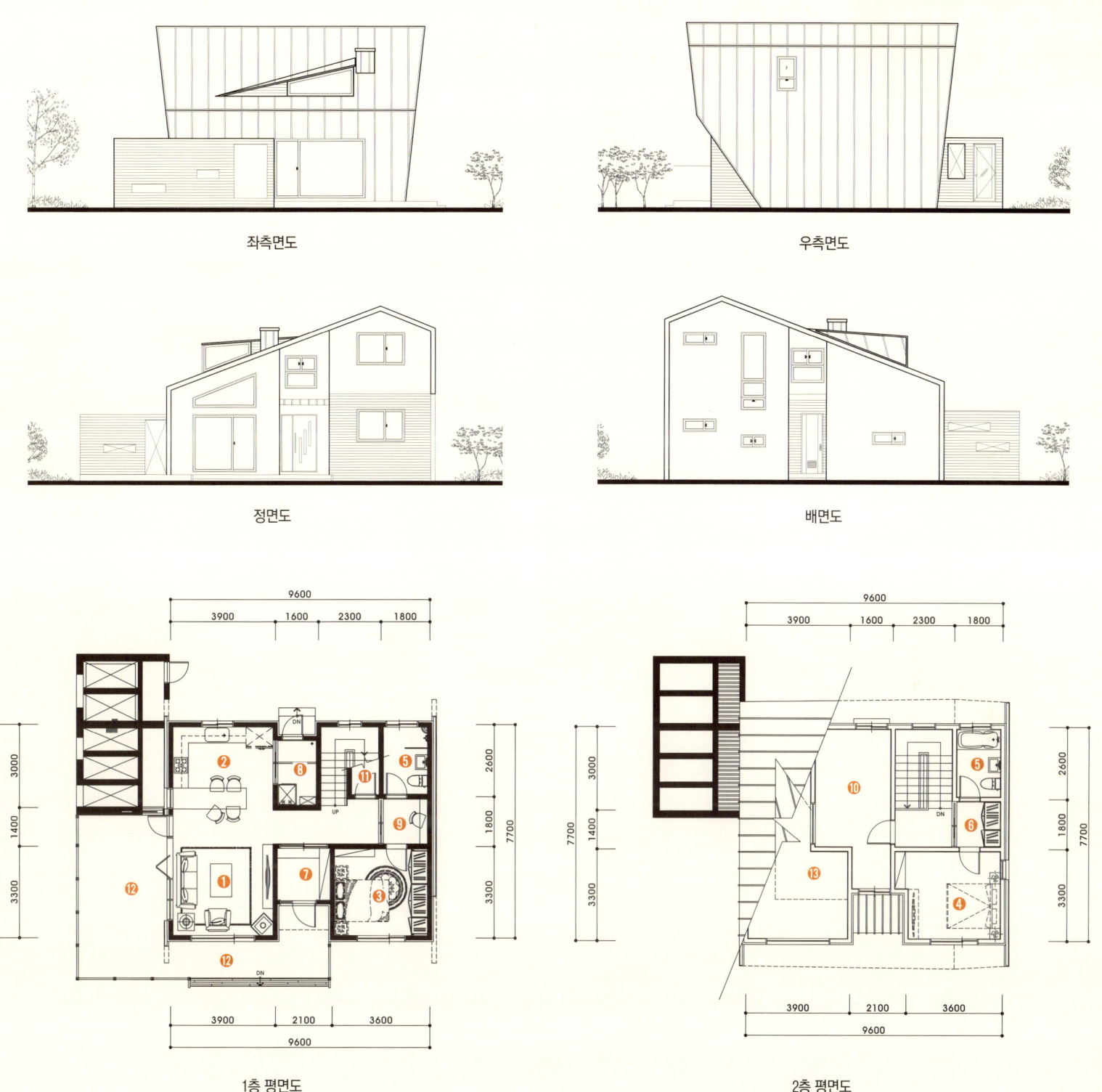

좌측면도

우측면도

정면도

배면도

1층 평면도

2층 평면도

① 거실 ② 주방 및 식당 ③ 안방 ④ 침실 ⑤ 욕실 ⑥ 드레스룸 ⑦ 현관 ⑧ 다용도실 ⑨ 파우더룸 ⑩ 가족실 ⑪ 하부창고 ⑫ 데크 ⑬ 오픈천장

30 ^{py} 99.55㎡

목조주택

005 단층과 2층의 혼합구조로 설계한 주택

좌·우로 각각 단층과 2층 구조로 된 화이트 톤의 깔끔한 외관에 박공지붕, 벽등, 데크난간 등 클래식한 소재들로 정적이고 편안한 느낌의 주택으로 설계하였다. 2층에 발코니를 설치해 멋진 조망을 내려다볼 수 있게 하고, 양명한 실내 분위기 조성을 위하여 실마다 큰 창을 설치했다. 주택 한쪽만 2층으로 계획하여 건축비용을 절감하는 등 정해진 비용과 자재의 범위 안에서 가장 효율적으로 디자인한 클래식풍의 깔끔하고 단아한 주택이다.

설계 개요		건축면적	75.5㎡(22.84py)		외부마감	스타코플렉스, 파벽돌
		연 면 적	99.55㎡(30.11py)		설 계	엔디건축사(주)
		1층 면적	75.5㎡(22.84py)		시 공	엔디하임(주)
		2층 면적	24.05㎡(7.28py)			
		구 조	일반목구조			

설계 포인트

1 왼쪽은 단층, 오른쪽은 2층 혼합구조로 건축비를 줄인 깔끔하고 편안한 느낌의 클래식한 주택이다.

2 1층은 거실을 중심으로 안방과 게스트룸을 배치하고, 거실과 주방을 아파트식으로 연계하여 확장감이 들도록 하였다.

3 2층 전면에 발코니와 게스트룸을 배치하여 내려다보는 조망을 충분히 확보하였다.

4 각 실의 창을 크게 두어 자연 채광으로 밝은 분위기를 유도하였다.

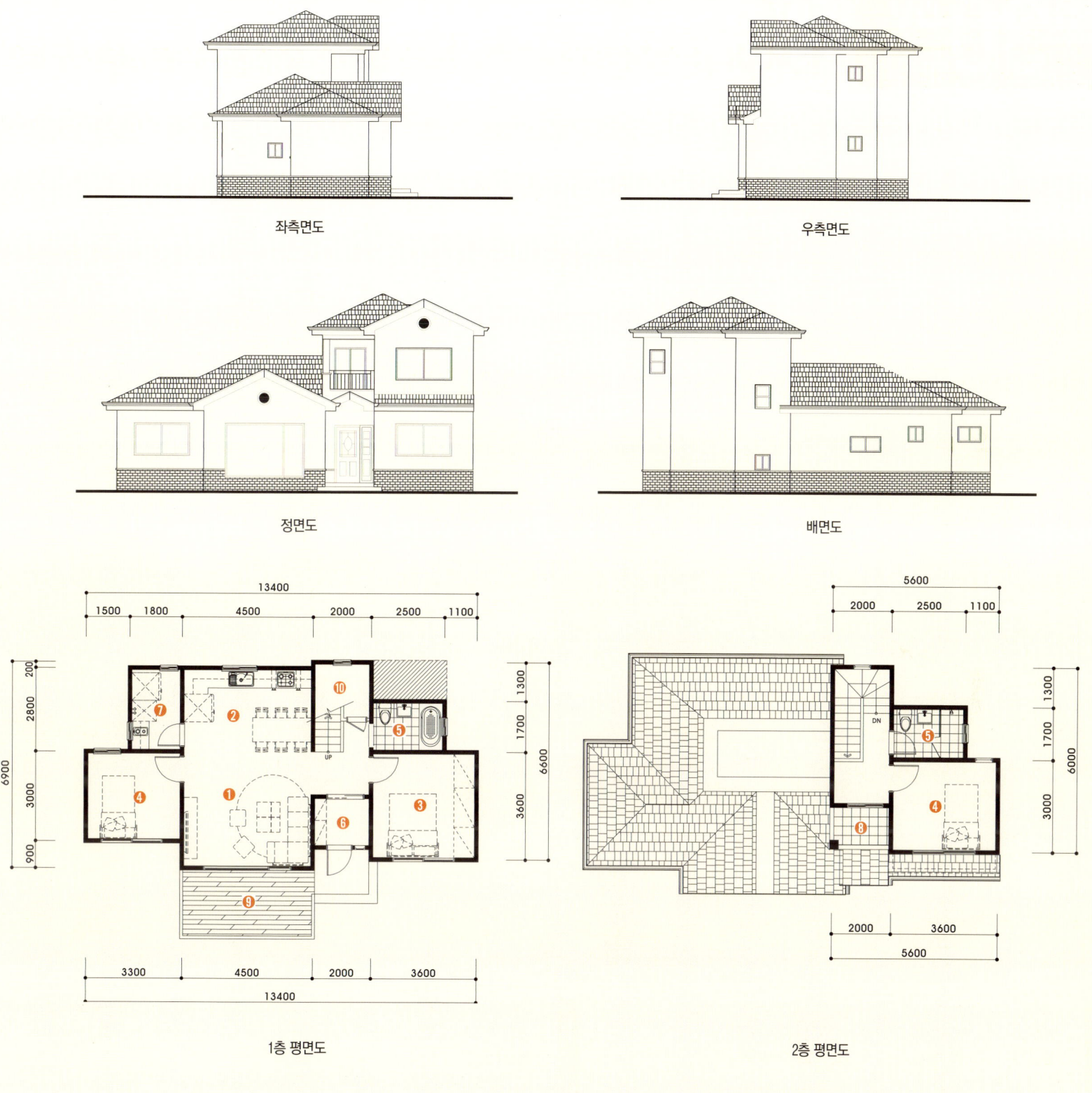

좌측면도

우측면도

정면도

배면도

1층 평면도

2층 평면도

① 거실 ② 주방 및 식당 ③ 안방 ④ 침실 ⑤ 욕실 ⑥ 현관 ⑦ 다용도실 ⑧ 발코니 ⑨ 데크 ⑩ 창고

30py
99.6㎡

006 목조주택
공용공간 중심으로 설계한 2인 주택

기하학적 형태의 프레임으로 형성한 매스와 파벽돌로 마감한 매스가 서로 조화를 이루며 도시적이면서 따뜻한 느낌을 주는 모던 스타일의 주택이다. 2인이 거주할 이 주택은 개인공간 보다는 공용공간에 중점을 두어 설계하였다. 1층은 어머니가 거처할 방을 제외하고 모두 거실, 주방, 식당 등 주요 생활공간인 공용공간 중심으로 실을 배치하였다. 또한, 주방 안쪽의 다용도실과 계단 하부에 창고를 두어 부족한 수납공간을 보충할 수 있게 하였다.

설계개요

건축면적	77.28㎡(23.38py)	
연 면 적	99.6㎡(30.13py)	
1층 면적	77.28㎡(23.38py)	
2층 면적	22.32㎡(6.75py)	
구 조	일반목구조	
외부마감	스타코플렉스, 파벽돌, 칼라강판	
설 계	엔디건축사(주)	
시 공	엔디하임(주)	

설계 포인트

1 기하학적 형태의 프레임으로 형성한 1층 외부를 칼라강판으로 마감하여 모던하면서도 실용적인 주택으로 디자인하였다.

2 주방은 남향배치하고 주부 동선을 짧게하여 불필요하게 낭비되는 공유면적을 줄였다.

3 각 방을 1층과 2층으로 분리 배치하여 개인의 독립성을 확보하였다.

4 주방 안쪽의 다용도실에 외부로 출입할 수 있는 문을 달아 편리하게 이동할 수 있게 하였다.

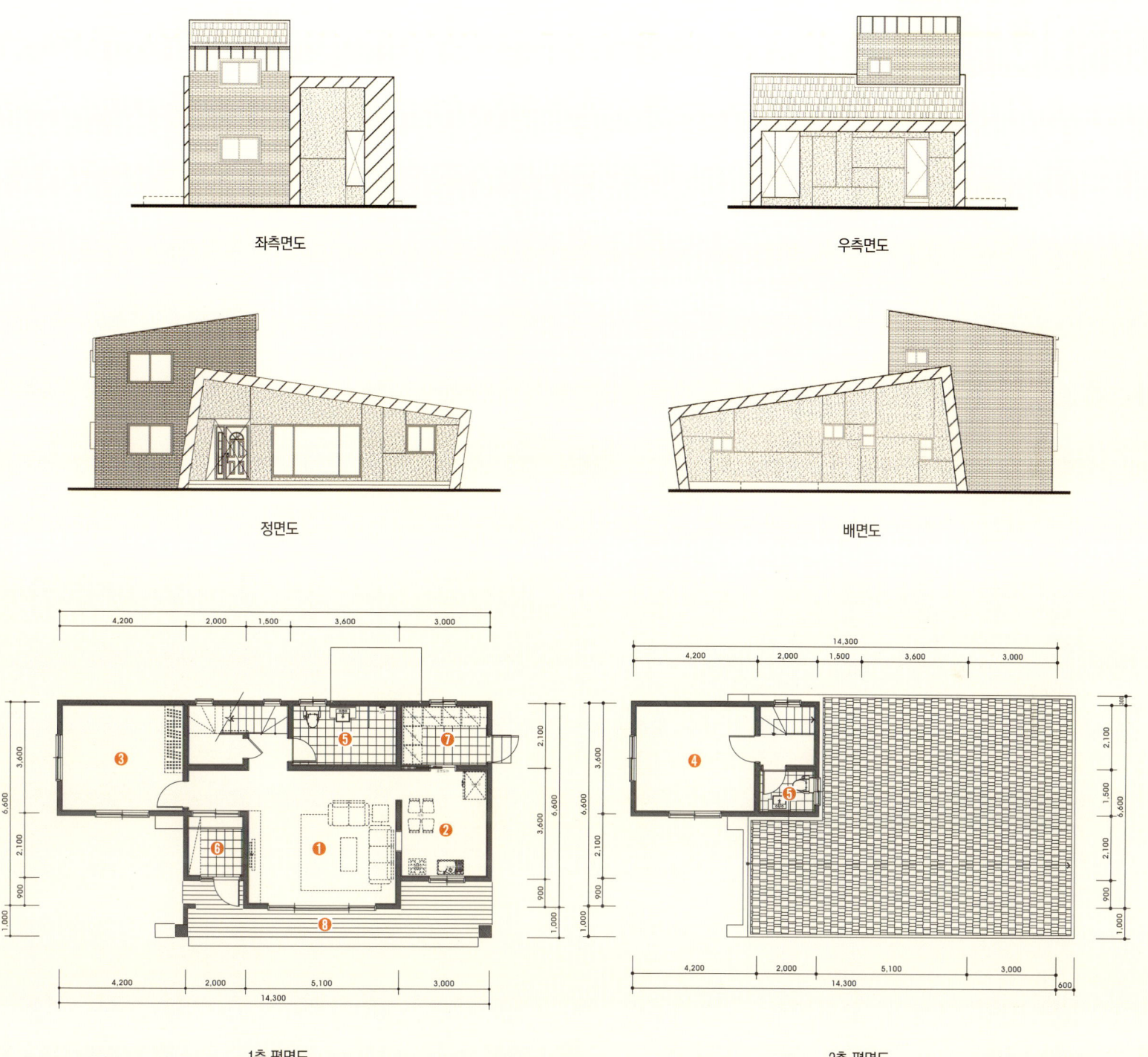

좌측면도

우측면도

정면도

배면도

1층 평면도

2층 평면도

❶ 거실　❷ 주방 및 식당　❸ 안방　❹ 침실　❺ 욕실　❻ 현관　❼ 다용도실　❽ 데크

목조주택

007 실평수보다 커 보이는 스페니쉬 스타일 주택

30평이지만 50평 같은 느낌이 들도록 전면의 각 실을 매스로 분절하여 볼륨감 있게 설계한 주택이다. 수평적 평면구성과 좌·우의 적절한 대칭으로 전체적인 균형감과 안정감을 실었다. 유럽의 낭만을 담은 붉은색 스페니쉬 기와에 맞추어 따뜻한 색감의 자재들로 마감한 외벽과 굴뚝, 푸른 하늘, 주변의 푸른 숲이 한데 어우러진 중후한 클래식 분위기의 인상적인 스페니쉬 스타일 주택이다.

설계개요

| 건축면적 | 87.79㎡(26.56py)
| 연 면 적 | 99.6㎡(30.13py)
| 1층 면적 | 66.65㎡(20.16py)
| 2층 면적 | 32.95㎡(9.97py)
| 구   조 | 일반목구조

| 외부마감 | 스타코플렉스, 파벽돌
| 설   계 | 엔디건축사(주)
| 시   공 | 엔디하임(주)

설계포인트

1 30평이지만 실평수보다 커 보이도록 입면에 볼륨감을 실어 디자인한 주택이다.

2 기능적이며 안정적인 매스감으로 중후함과 산뜻함이 함께 묻어나도록 설계하였다.

3 지붕과 파벽돌은 사계절 모두 어울리는 수수한 색상으로 통일감 있게 디자인하였다.

4 2층 베란다 난간은 주택 분위기와 어울리는 클래식한 문양의 검은색 단조철물로 포인트를 주었다.

좌측면도

우측면도

정면도

배면도

1층 평면도

2층 평면도

❶ 거실　❷ 주방 및 식당　❸ 안방　❹ 침실　❺ 욕실　❻ 드레스룸　❼ 복도　❽ 현관　❾ 다용도실　❿ 창고　⓫ 발코니　⓬ 데크

목조주택

008 황토방이 있는 산장 같은 집

자연의 느낌을 그대로 살려 산장에 어울릴법한 분위기의 단층주택이다. 본채 뒤로 건강을 위해 뜨끈뜨끈한 황토구들방을 들였다. 초록색 지붕재와 회색 인조석으로 가볍지 않은 차분한 느낌이 들며 자연의 색과 조화를 이룬다. 채광을 위해 천장에도 천창을 내어 뻐꾸기 창과 함께 채광과 환기, 디자인적인 면을 고려하였다. 적삼목사이딩으로 부분적인 포인트를 주어 외관미가 있는 단정하고 소박해 보이는 주택이다.

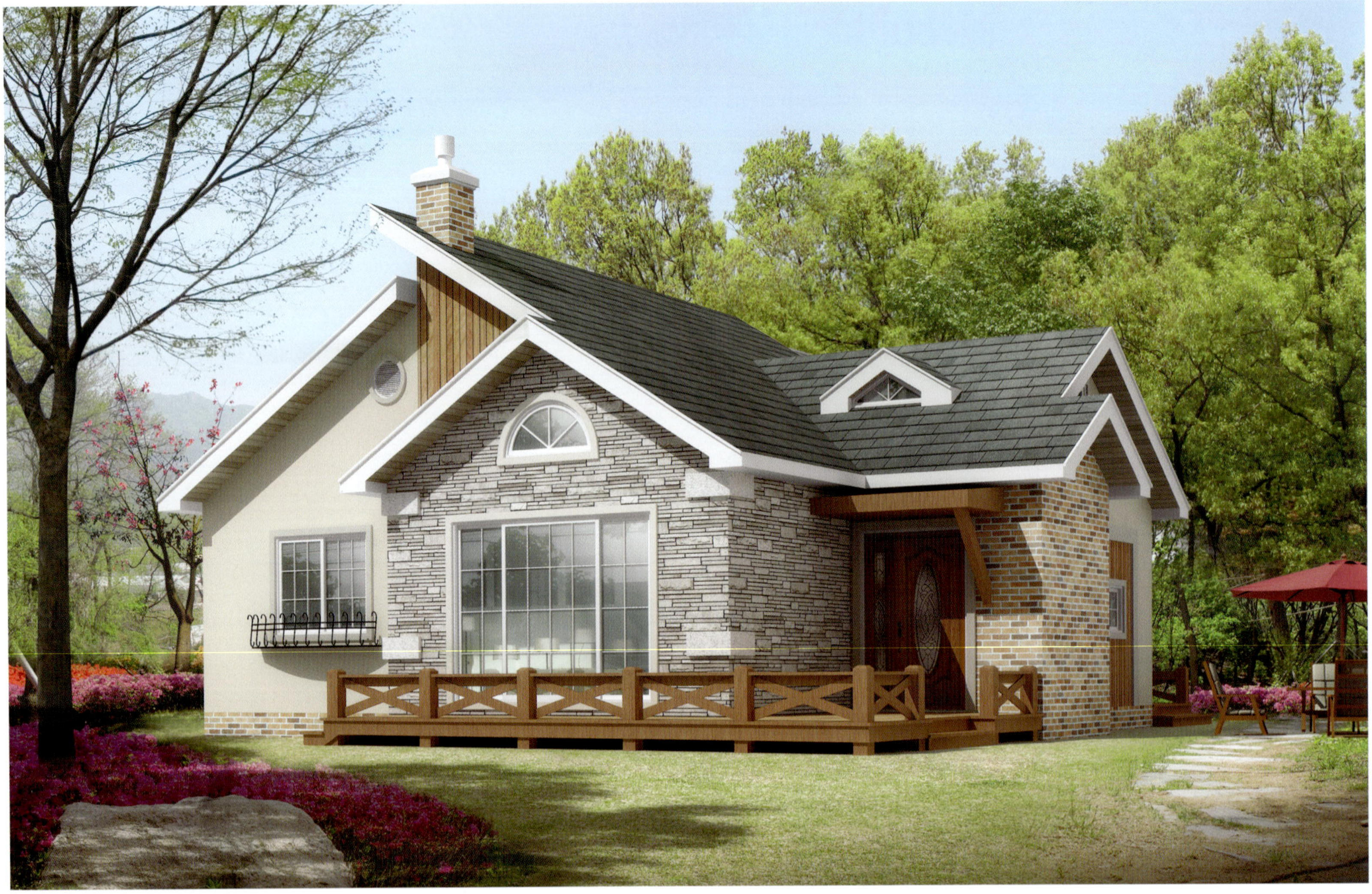

설계개요

| 건축면적 | 100.71㎡(30.46py)
| 연 면 적 | 100.71㎡(30.46py)
| 1층 면적 | 100.71㎡(30.46py)
| 구   조 | 일반목구조
| 외부마감 | 스타코플렉스, 파벽돌, 인조석

| 설   계 | 엔디건축사(주)
| 시   공 | 엔디하임(주)

설계포인트

1 지붕의 기울기를 서로 엇갈리게 디자인하여 매스감을 더욱 풍부하게 하였다.
2 주변 자연과 동화되는 색감과 재질의 외장재를 사용해 전원주택의 분위기를 더욱 살렸다.
3 거실과 안방의 창을 같은 격자무늬로 사용하여 통일감을 주었다.
4 후면에 별도로 건강에 좋은 뜨끈뜨끈한 황토구들방을 만들었다.

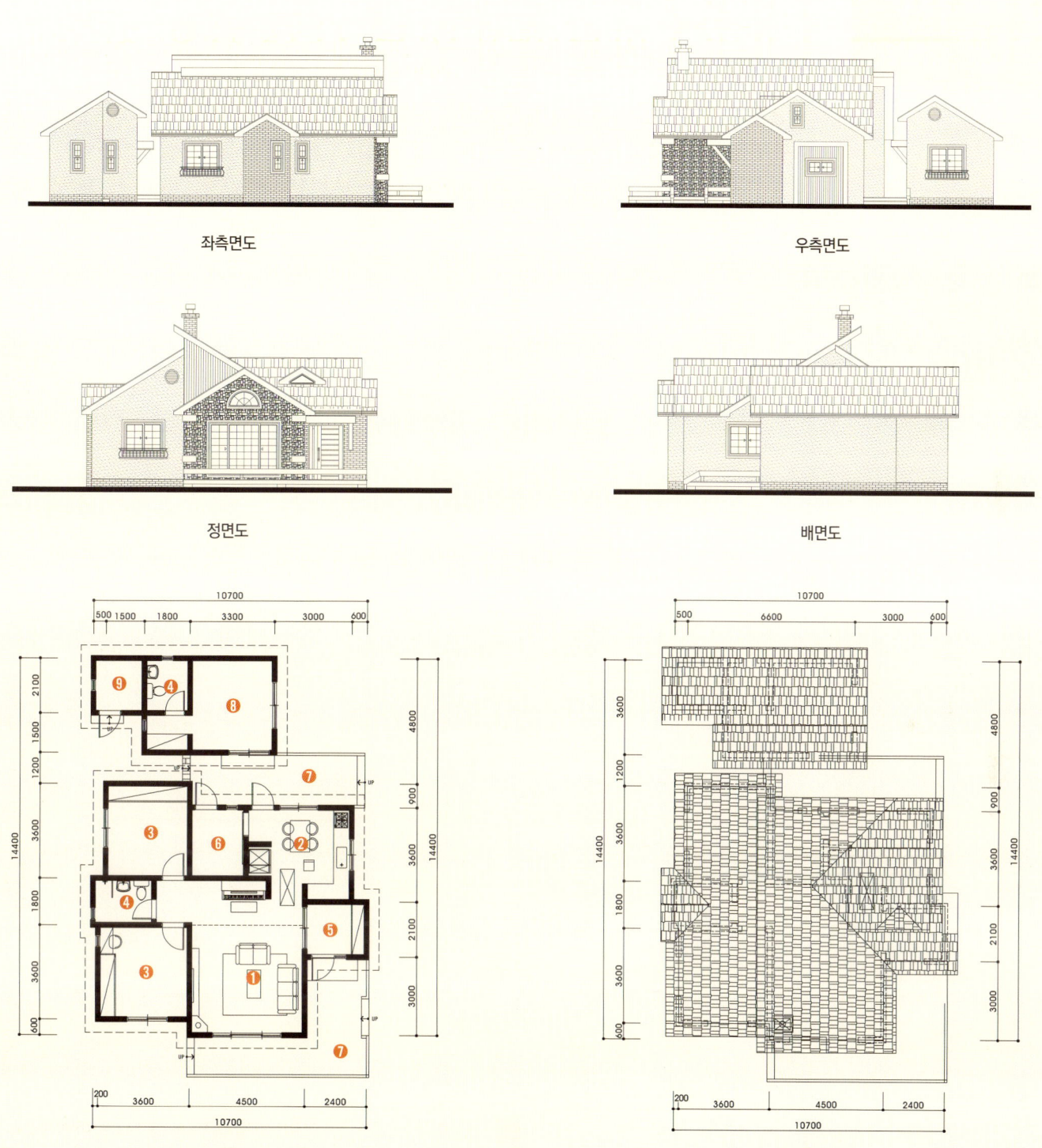

좌측면도

우측면도

정면도

배면도

1층 평면도

지붕 평면도

❶ 거실　❷ 주방 및 식당　❸ 침실　❹ 욕실　❺ 현관　❻ 다용도실　❼ 데크　❽ 황토방　❾ 창고

31 py
103.26㎡

009 목조주택
파란색 외장의 산뜻한 목조주택

흔한 전원주택의 모습을 탈피하고자 시멘트사이딩에 파란색 칠을 해 주변의 시선을 끄는 산뜻한 주택이다. 그 덕에 개성 넘치는 전원주택의 모습을 지니게 되어 제주도의 랜드마크 주택이 되었다. 2층에 파고라가 있는 베란다를 계획하여 입면을 강화하고 주변의 숲과 어울리는 나무 소재로 외장 곳곳에 포인트를 주어 더욱 자연친화적 느낌이다. 창틀의 몰딩 또한 나무색으로 마감해 통일감을 준 푸른 바다와 나무숲을 연상케 하는 주택이다.

설계개요

건축면적	78.08㎡(23.62py)
연면적	103.26㎡(31.24py)
1층 면적	71.16㎡(21.53py)
2층 면적	32.1㎡(9.71py)
구조	일반목구조

외부마감	시멘트사이딩, 적삼목사이딩
설계	엔디건축사(주)
시공	엔디하임(주)

설계포인트

1 1층은 현관 좌·우로 사용빈도수가 높은 공간과 낮은 공간으로 분리하고 거실 상부는 1.5층 높이로 개방하여 쾌적성을 확보하였다.

2 수납공간을 적재적소에 배치하여 어디서든 여유있게 수납할 수 있도록 하였다.

3 2층은 주거공간의 기능을 충실히 적용하고 창을 통해 푸른 바다를 조망 할 수 있도록 설계하였다.

4 가족실과 안방의 경계를 허물어 시원한 공간을 확보하고 상호 연계성을 갖도록 구상하였다.

좌측면도

우측면도

정면도

배면도

1층 평면도

2층 평면도

①거실 **②**주방 및 식당 **③**침실 **④**게스트룸 **⑤**욕실 **⑥**가족실 **⑦**현관 **⑧**다용도실 **⑨**다락 **⑩**데크 **⑪**발코니 **⑫**보일러실

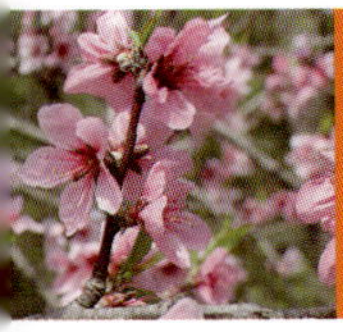

목조주택

010 보편적 틀에서 벗어난 개성 있는 집

평범한 이미지를 지양하는 건축주의 취향을 반영해 정적인 클래식한 느낌보다는 모던하면서도 개성 있는 외관으로 기존의 틀에서 벗어난 집을 설계하려는 노력이 곳곳에 엿보이는 주택이다. 모던한 디자인에 어울리는 징크 지붕재를 사용하여 더욱 현대적인 감각을 높이고 블랙 앤 화이트에 중앙 매스에만 색을 표현하여 시선을 집중시킨다. 거실의 오픈천장에는 오각형의 천창을 설치해 디자인과 채광에도 신경을 썼다.

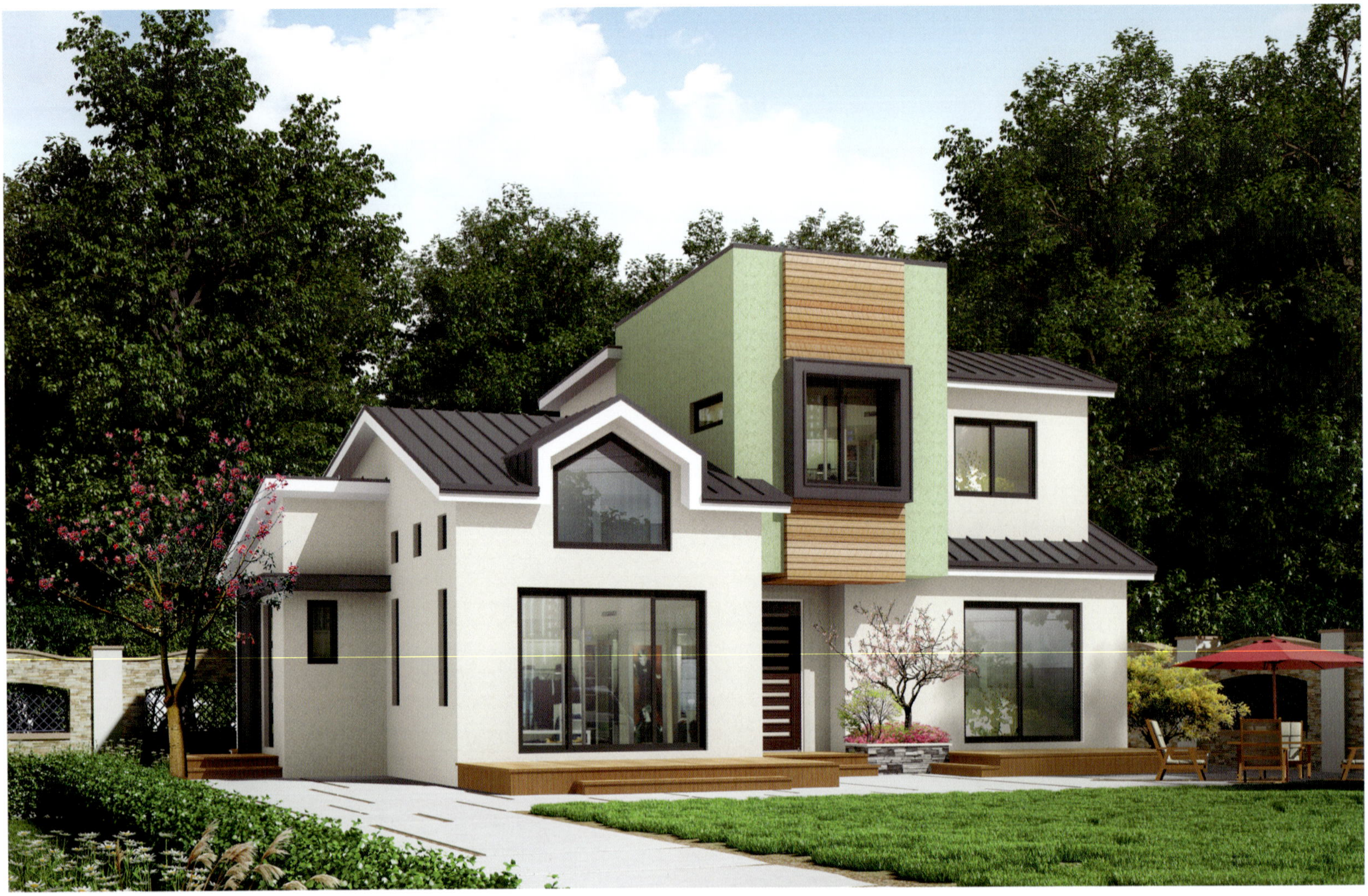

설계개요

| 건축면적 | 76.95㎡(23.28py)
| 연 면 적 | 110.04㎡(33.29py)
| 1층 면적 | 73.59㎡(22.26py)
| 2층 면적 | 36.45㎡(11.03py)
| 구   조 | 일반목구조

| 외부마감 | 스타코플렉스, 적삼목사이딩
| 설   계 | 엔디건축사(주)
| 시   공 | 엔디하임(주)

설계포인트

1 포인트 매스에 기존의 틀에서 벗어난 그린 색으로 개성 있는 외관을 표현하였다.

2 지붕 색과 창틀 색을 매치시켜 일체감과 세련미를 더하였다.

3 큰 창들을 통해 집안 곳곳에 햇빛이 충분히 흡수될 수 있도록 하였다.

4 다락은 오픈천장으로 시원하게 열어 자연과 시선으로 소통할 수 있는 공간을 구성하였다.

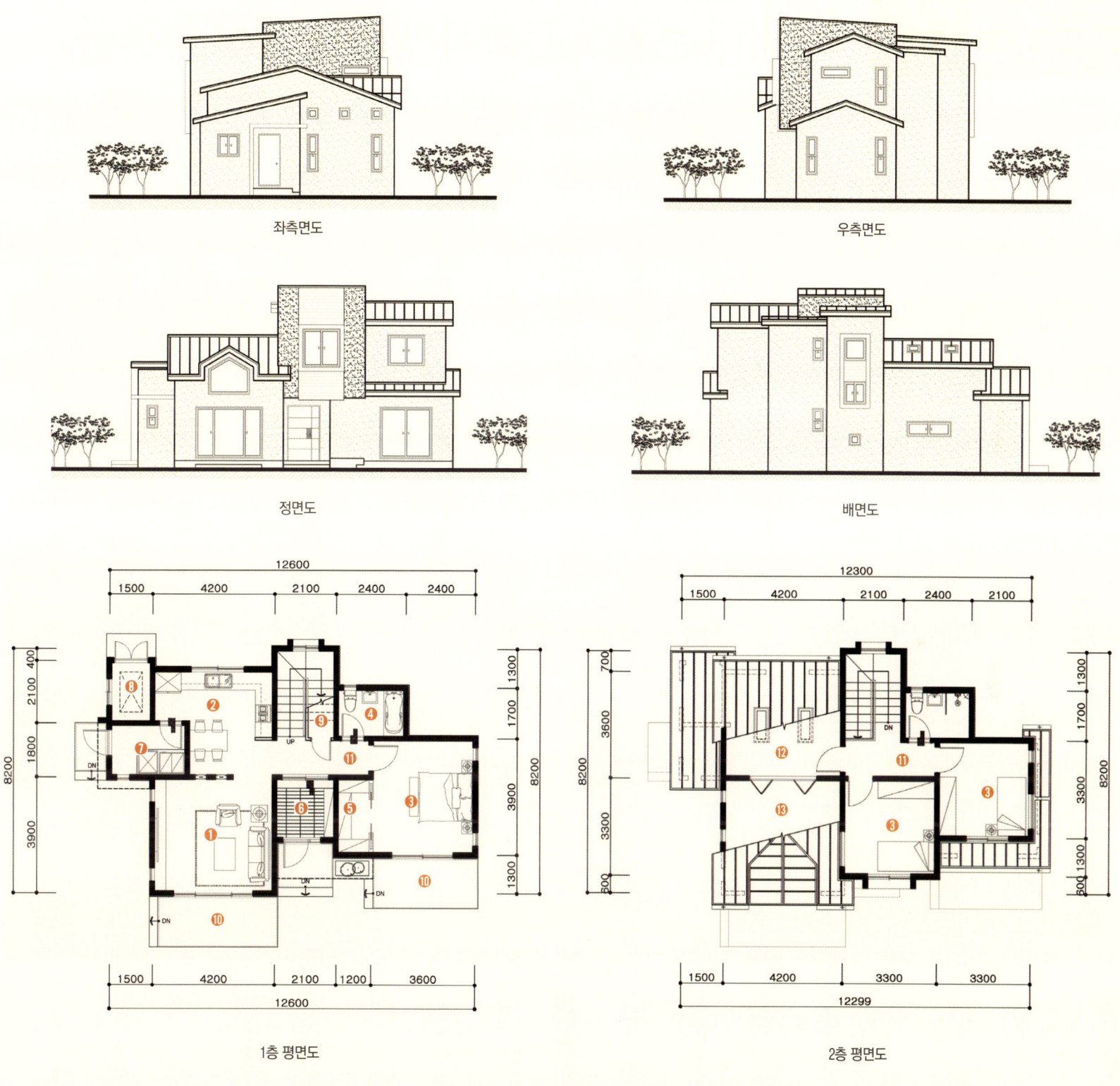

좌측면도

우측면도

정면도

배면도

1층 평면도

2층 평면도

❶ 거실 ❷ 주방 및 식당 ❸ 침실 ❹ 욕실 ❺ 드레스룸 ❻ 현관 ❼ 다용도실 ❽ 보일러실 ❾ 창고 ❿ 데크 ⓫ 복도 ⓬ 다락 ⓭ 오픈천장

33^{py} 110.13㎡

목조주택

011 인접도로의 측면 외관에 치중한 집

대지 특성상 인접도로 쪽의 외관이 중요하므로 박공지붕의 측면이 돋보이게 디자인한 주택이다. 1층은 건축주 부부만을 위한 공간으로 거실, 주방, 안방을 전면에 배치하여 일하는 동안 시원스럽게 밖을 내다보며 조망을 즐길 수 있게 하고, 2층에는 가족실과 다락을 서로 연결해 배치하였다. 후면에는 주로 수납공간인 다용도실, 너른 창고, 계단 밑 하부창고를 두어 공간의 효율성을 높였다.

설계개요

| 건축면적 | 83.51㎡(25.26py)
| 연 면 적 | 110.13㎡(33.31py)
| 1층 면적 | 83.51㎡(25.26py)
| 2층 면적 | 26.62㎡(8.05py)
| 구   조 | 일반목구조

| 외부마감 | 스타코플렉스, 인조석
| 설   계 | 엔디건축사(주)
| 시   공 | 엔디하임(주)

설계포인트

1 박공지붕 형태로 측면에 포인트를 주고 건물 하단부의 갈색 인조석과 지붕재인 아스팔트 싱글의 색상을 매치하여 안정감이 느껴지도록 디자인하였다.

2 수납공간을 최대화 하기 위해 다용도실과 계단 하부창고 그리고 별도의 창고를 배치하였다.

3 2층 가족실과 다락을 연결하여 공간의 효율성을 높였다.

4 1층의 전면에는 주요 생활공간인 거실, 주방, 안방을 배치하였다.

좌측면도

우측면도

정면도

배면도

13600
3600 2200 4300 3500

900
1800
6700
4000

9
7
2
6
4
8
1
3
9
2900
6900
4000

4800

1층 평면도

13600
3600 2200 4300 3500

900
1800
6700
4000

4
5
10

1700 4800

2층 평면도

❶ 거실 ❷ 주방 및 식당 ❸ 안방 ❹ 욕실 ❺ 가족실 ❻ 현관 ❼ 다용도실 ❽ 보일러실 ❾ 창고 ❿ 발코니

33py
110.19㎡

012

철근콘크리트주택

구들방을 들인 친환경 에너지 주택

몸과 마음을 자연 치유하자는 '힐링(Healing)' 열풍으로 도시를 벗어나 자연환경이 좋은 전원에 집을 짓고 온돌방을 놓으려는 사람이 부쩍 늘고 있다. 철근콘크리트 구조에 현대적인 느낌의 외관을 보이고 있지만, 건강한 삶을 위해 별도로 아랫목이 있는 뜨끈뜨끈한 구들방을 들인 주말주택이다. 지열과 태양열을 이용하여 에너지 효율성을 높임으로써 자연채광과 자연에너지를 적극적으로 활용한 친환경 에너지 주택이다.

설계 개요	설계 포인트
｜ 건축면적 ｜ 83.7㎡(25.32py)	

설계 개요		설계 포인트	
｜ 건축면적 ｜ 83.7㎡(25.32py)	｜ 외부마감 ｜ 스타코플렉스, 인조석	**1**	거실을 3면에 걸쳐 배치함으로써 오후 늦은 시간대에도 채광을 유지할 수 있도록 하였다.
｜ 연 면 적 ｜ 110.19㎡(33.33py)	｜ 설 계 ｜ 엔디건축사(주)	**2**	거실의 오픈천장과 넓은 테라스로 입면을 강조하여 외관이 웅장해 보인다.
｜ 1층 면적 ｜ 77.07㎡(23.31py)	｜ 시 공 ｜ 엔디하임(주)	**3**	현관과 구들방으로 이어지는 포치를 주택의 외관과 어울리는 징크로 마감하여 편리성까지 고려하였다.
｜ 2층 면적 ｜ 33.12㎡(10.02py)		**4**	계단실 하부공간을 주방 옆의 수납공간으로 활용할 수 있도록 구상하였다.
｜ 구 조 ｜ 철근콘크리트			

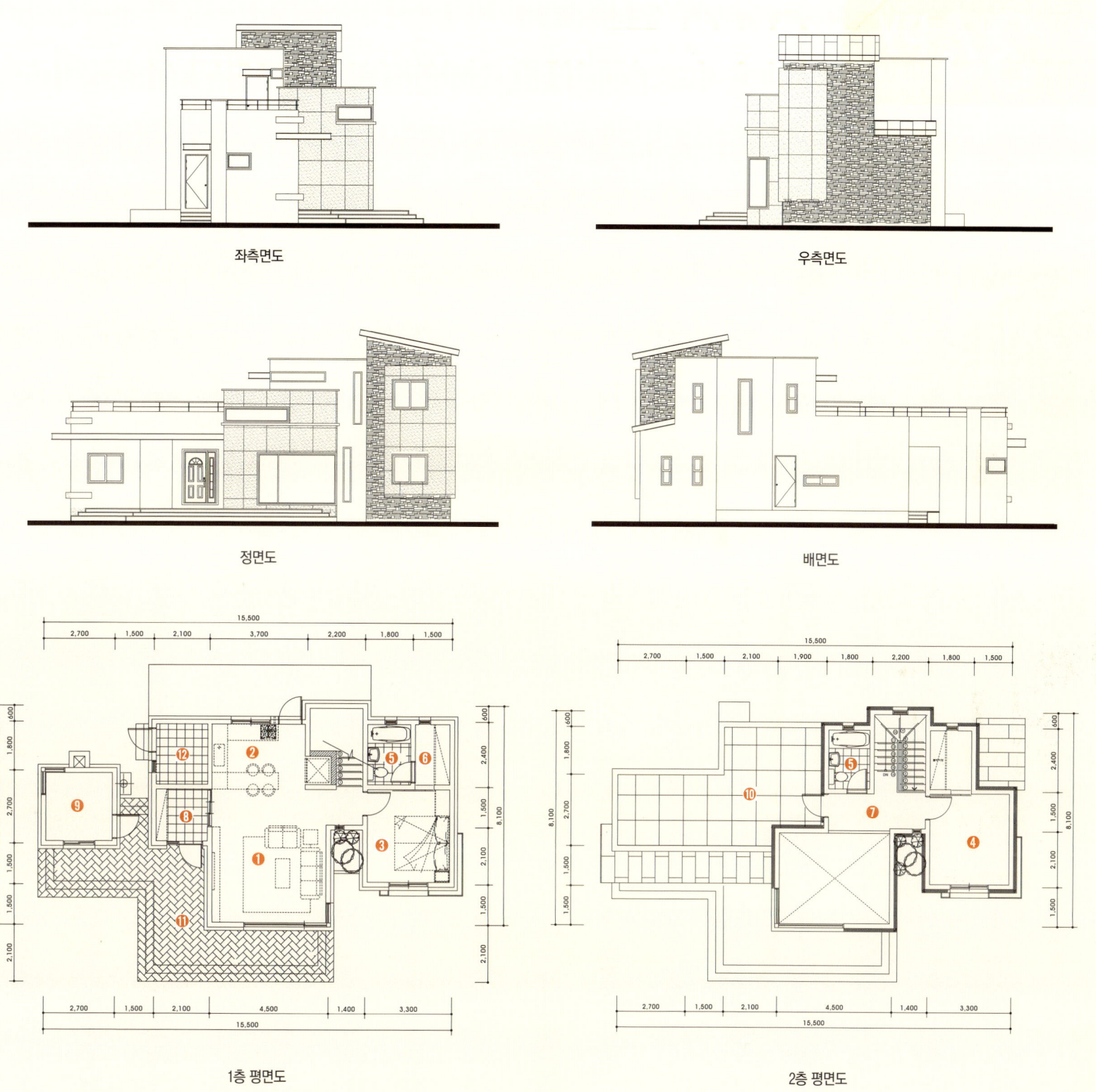

좌측면도

우측면도

정면도

배면도

1층 평면도

2층 평면도

❶ 거실 ❷ 주방 및 식당 ❸ 안방 ❹ 침실 ❺ 욕실 ❻ 드레스룸 ❼ 가족실 ❽ 현관 ❾ 구들방 ❿ 테라스 ⓫ 데크 ⓬ 지열보일러실

34 py 113.96㎡

목조주택

013 보편적인 이국적 스타일의 주택

붉은 기와와 흰 벽체, 파벽돌의 조화가 아름다운 보편적인 이국적 스타일로 많은 건축주에게 인기 있는 주택이다. 기본적인 구조는 하단과 중심부, 상단의 자재가 서로 조화를 이루도록 디자인하여 안정감이 있고, 전면을 향해 창과 베란다가 배치되어 전망을 즐기기에 가장 적합한 구조이다. 포치와 2층 발코니가 하나로 통일감을 이루며 입면의 볼륨감을 살리고, 파벽돌로 포인트를 주어 중후한 멋이 배어나는 디자인을 하였다.

설계개요

| 건축면적 | 78.85㎡(23.85py)
| 연 면 적 | 113.96㎡(34.47py)
| 1층 면적 | 76.24㎡(23.06py)
| 2층 면적 | 37.72㎡(11.41py)
| 구   조 | 일반목구조

| 외부마감 | 스타코플렉스, 파벽돌
| 설   계 | 엔디건축사(주)
| 시   공 | 엔디하임(주)

설계포인트

1 하단과 중심부, 상단의 자재가 서로 어우러지게 디자인하여 안정감을 주었다.

2 클래식하면서 따뜻한 느낌의 점토기와와 스타코플렉스, 파벽돌로 마감한 외벽이 서로 조화를 이루며 안정적이고 단아한 분위기를 보인다.

3 주방과 거실, 방을 분리 배치하여 각 실의 독립성과 전망을 확보하였다.

4 2층에 발코니를 배치하여 입면을 강조하고 좌·우 외형의 밸런스를 맞추었다.

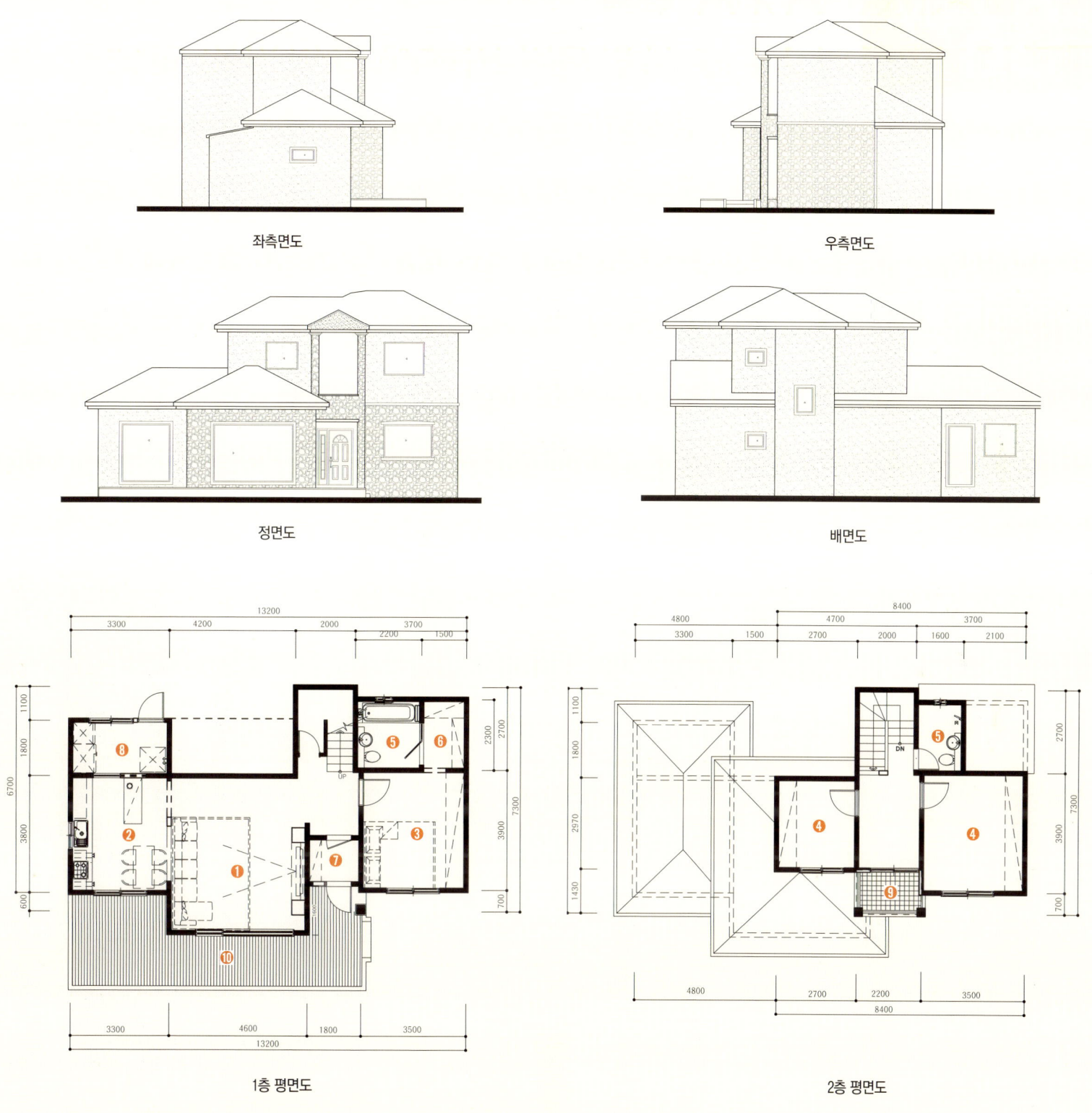

좌측면도

우측면도

정면도

배면도

1층 평면도

2층 평면도

❶ 거실　❷ 주방 및 식당　❸ 안방　❹ 침실　❺ 욕실　❻ 파우더룸　❼ 현관　❽ 다용도실　❾ 발코니　❿ 데크

36 **py**
117.76㎡

014 철근콘크리트주택
박스형 가벽으로 깔끔함을 강조한 집

대나무로 유명한 담양의 한적한 마을에 백색의 스타코플렉스 마감이 주변과 대비를 이루어 돋보이는 주택이다. 외벽에 박스형 콘크리트 가벽을 세워 볼륨감 있는 모던 스타일로 디자인하고, 깔끔한 벽체에 잘 어울리는 대나무를 곳곳에 식재하여 감성적인 공간으로 이끌었다. 굴곡이 많은 외부를 감싸듯 가벽으로 처리하여 외부에서는 깔끔한 면을 강조하고 내부는 포근한 공간감이 들도록 하였다.

설계개요

| 건축면적 | 104.83㎡(31.71py)
| 연 면 적 | 117.76㎡(35.62py)
| 1층 면적 | 81.88㎡(24.77py),
  주차장 면적 18㎡(5.45py)제외
| 2층 면적 | 35.88㎡(10.85py)

| 구 조 | 철근콘크리트
| 외부마감 | 스타코플렉스
| 설 계 | 엔디건축사(주)
| 시 공 | 엔디하임(주)

설계포인트

1 주차장은 현관 출입과 주차의 편리성을 고려해 뒤쪽 도로에서 진입할 수 있도록 배치하였다.
2 1층은 침실을 제외한 열린 공간으로 구성하고 개방식 계단을 설치해 더욱 넓게 보이는 효과를 냈다.
3 메인침실을 2층에 꾸며 부부만의 독립성을 확보하고, 외부에 넓은 테라스를 두어 주변 경관을 즐기며 여유로운 시간을 보낼 수 있는 공간으로 연출하였다.
4 식당과 주방 측면에는 통창을 설치해 시각적으로 열린 느낌을 주고, 사이에 대나무를 심어 공간 분리의 효과를 냄과 동시에 감성적인 공간으로 표현하였다.

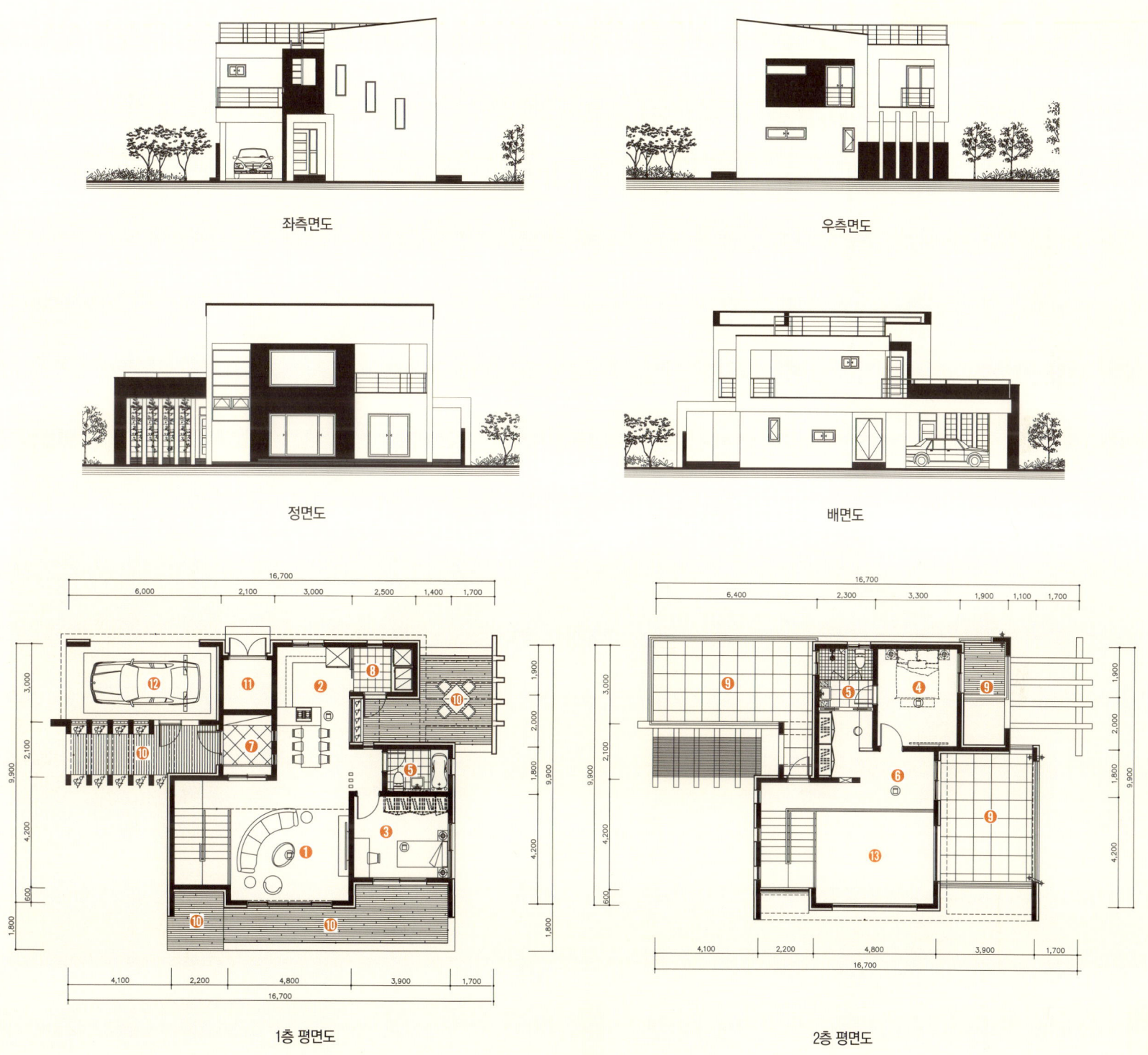

좌측면도

우측면도

정면도

배면도

1층 평면도

2층 평면도

❶ 거실　**❷** 주방 및 식당　**❸** 안방　**❹** 침실　**❺** 욕실　**❻** 가족실　**❼** 현관　**❽** 다용도실　**❾** 베란다　**❿** 데크　**⓫** 보일러실　**⓬** 차고　**⓭** 오픈천장

O15 목조주택
외쪽지붕으로 간결한 외형의 단층주택

단층으로 설계한 사례 중 가장 군더더기 없이 깔끔하게 설계한 집이다. 클래식한 느낌의 박공지붕을 없애고 전면의 모던함을 강조하기 위해 배면으로 경사진 지붕을 만들었다. 외형적으로 현대적인 느낌을 표현하기 위해 파벽돌 대신 정면 부분을 포치와 연결하여 적삼목사이딩으로 마감해 가볍게 느껴질 수 있는 외형에 무게감과 안정감을 실었다.

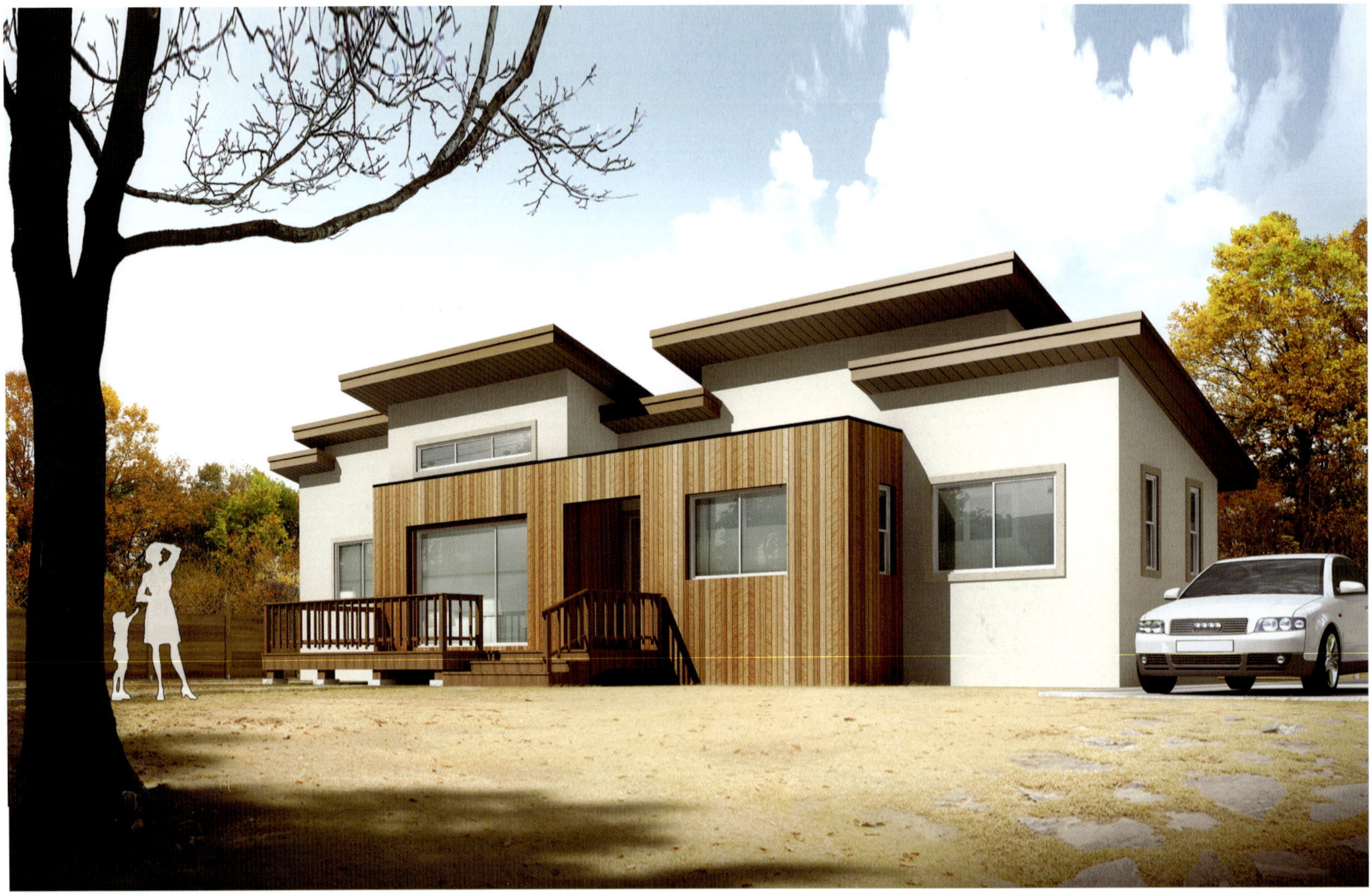

설계개요

건축면적	117.88㎡(35.66py)	설 계	엔디건축사(주)
연 면 적	117.88㎡(35.66py)	시 공	엔디하임(주)
1층 면적	117.88㎡(35.66py)		
구 조	일반목구조		
외부마감	스타코플렉스, 적삼목사이딩		

설계포인트

1 단층으로 구성된 집이지만 실별로 층고를 달리하여 입체감을 표현하였다.

2 배면 쪽으로 지붕에 경사를 주어 정면에서는 깔끔한 현대적 이미지가 느껴지도록 디자인하였다.

3 지붕면의 레벨은 다르지만, 경사 기울기를 같게 하고 매스 분절을 통해 통일성과 입체감을 주었다.

4 정면 부분을 파벽돌 대신 적삼목사이딩으로 디자인해 외형에 안정감과 자연미를 실었다.

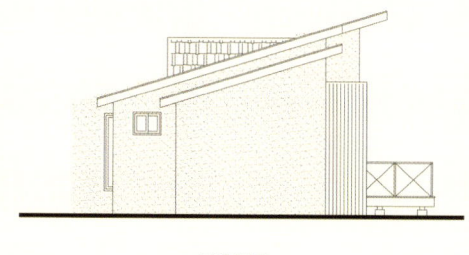

좌측면도

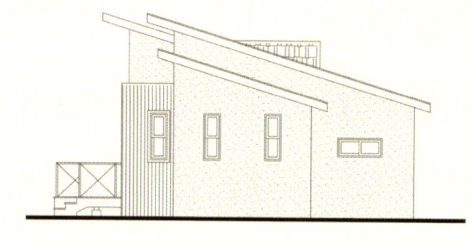

우측면도

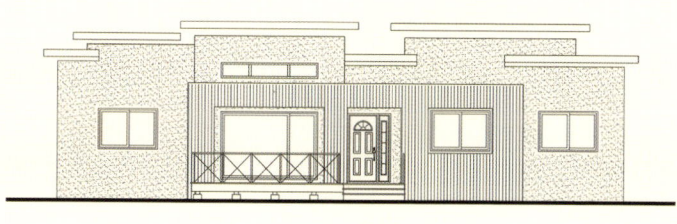

정면도

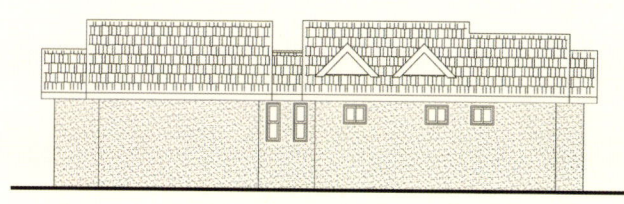

배면도

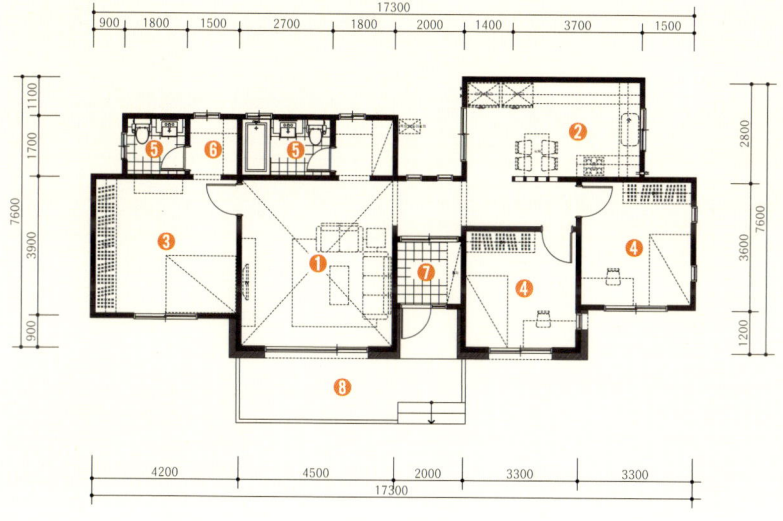

1층 평면도

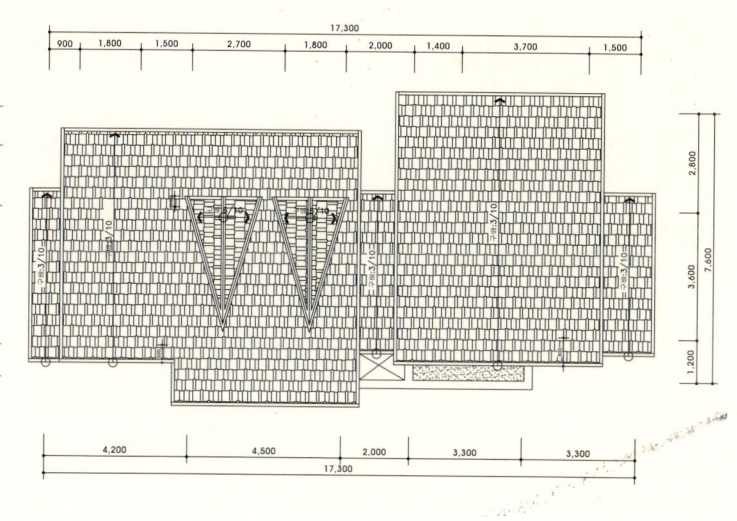

지붕 평면도

❶ 거실 ❷ 주방 및 식당 ❸ 안방 ❹ 침실 ❺ 욕실 ❻ 파우더룸 ❼ 현관 ❽ 데크

37^{py} 121.31㎡

016 목조주택
실내 중앙에 중정을 끌어들인 주택

단층주택이지만 중앙 거실 천장을 오픈천장으로 높게 계획하여 볼륨감을 주고 실내에 중정을 둠으로써 자연을 실내로 끌어들여 실제 평수보다 훨씬 넓어 보이는 효과를 냈다. 테라스 및 발코니, 중정 등은 연면적에 포함되지 않아 중정은 큰 면적으로 사용할 수 있는 일석이조의 효과를 누릴 수 있는 공간이다. 거실, 주방, 복도 가운데에 중정을 둠으로써 그린인테리어 효과를 극대화할 수 있고 자연채광에도 큰 도움이 된다.

설계개요	
건축면적	121.31㎡(36.7py)
연 면 적	121.31㎡(36.7py)
1층 면적	121.31㎡(36.7py)
구 조	일반목구조
외부마감	스타코플렉스, 적삼목사이딩
설 계	엔디건축사(주)
시 공	엔디하임(주)

설계 포인트

1 실내에 중정을 설계하여 면적대비 주택이 크게 보이도록 하였다.
2 중정의 우측 복도를 기준으로 좌측은 거실, 게스트룸, 식당 등 공용공간을 배치하고 우측은 안방 및 드레스룸 등 개인 공간으로 분리하였다.
3 실내의 중정은 연면적에서 제외되면서 그린인테리어 효과를 낼 수 있고 자연채광에도 도움이 된다.
4 욕조 앞에 전창을 내어 자연을 느끼며 목욕을 즐길 수 있게 계획하였다.

좌측면도

우측면도

정면도

배면도

1층 평면도

지붕 평면도

❶ 거실 ❷ 주방 및 식당 ❸ 안방 ❹ 침실 ❺ 욕실 ❻ 드레스룸 ❼ 현관 ❽ 데크

37py 121.97㎡

목조주택

017 내화벽돌과 전면창의 조화가 매력적인 주택

붉은색의 내화벽돌 외부마감재와 지붕재를 조화시켜 무게감과 중후함이 느껴지는 주택이다. 외부 창의 규격과 디자인을 통일시켜 복잡하지 않게 정돈된 이미지로 설계하였으며, 다소 난해할 수 있는 지붕 경사면을 일정 방향으로 정리하여 박공지붕임에도 모던한 느낌이 들도록 하였다. 오픈천장을 통해 전면부의 채광 효과를 극대화하고 데크를 설치하여 시각적으로나 활동면에서 공간의 확장성을 꾀하였다.

설계개요

| 건축면적 | 94.67㎡(28.64py)
| 연 면 적 | 121.97㎡(36.9py)
| 1층 면적 | 94.67㎡(28.64py)
| 2층 면적 | 27.3㎡(8.26py)
| 구 조 | 일반목구조

| 외부마감 | 내화벽돌
| 설 계 | 엔디건축사(주)
| 시 공 | 엔디하임(주)

설계포인트

1 붉은 색의 내화벽돌로 외관을 통일하여 무게감과 중후함을 동시에 느낄 수 있게 하였다.

2 전면 거실 부분의 박공지붕 경사를 옆으로 돌려 답답하지 않게 처리하였다.

3 1층부터 개방한 입면 매스에 집 전체의 무게감을 실었다.

4 주택 전면부에 거실과 연결된 데크를 놓아 언제든지 문을 열고 밖으로 나가 활동할 수 있게 설계하였다.

좌측면도

우측면도

정면도

배면도

1층 평면도

2층 평면도

❶ 거실 ❷ 주방 및 식당 ❸ 안방 ❹ 침실 ❺ 욕실 ❻ 드레스룸 ❼ 다용도실 ❽ 현관

37^{py} 122.51㎡

018 목조주택
지붕의 높낮이로 입면을 강조한 집

2층의 높고 시원하게 열린 발코니가 시선을 끄는 주택으로 리얼징크와 스타코플렉스, 파벽돌의 조화로 안정감과 강인함이 느껴지는 현대적 감각의 세련된 주택이다. 평면구성은 一자형으로 실내에서도 답답하지 않고 4계절 자연 풍경을 마음껏 담을 수 있게 하였으며, 2층 다락을 창고로도 활용할 수 있게 하여 공간 활용을 극대화하였다. 또한, 지붕의 높낮이와 모양에 변화를 줌으로써 입체감이 뛰어난 저택 같은 느낌으로 디자인하였다.

설계개요			
	건축면적	74.65㎡(22.58py)	외부마감	스타코플렉스, 파벽돌, 적삼목사이딩
	연 면 적	122.51㎡(37.06py)		
	1층 면적	74.65㎡(22.58py)	설　계	엔디건축사(주)
	2층 면적	47.86㎡(14.48py)	시　공	엔디하임(주)
	구　조	일반목구조		

설계 포인트

1 포치, 현관, 2층 발코니, 경사지붕의 디자인으로 어프로치의 인지도를 강조하며 저택의 이미지로 표현하고자 했다.

2 1층 주방과 오픈천장의 거실, 2층 침실의 구성을 하나의 매스로 통합하고 지붕으로 만들어지는 2층 다락을 창고로 활용할 수 있도록 하여 건물 전체를 일체화하였다.

3 두 면은 대지와 두 면은 도로와 인접한 터로 남쪽에 3층 높이의 건물이 들어서 있어 실을 一자형으로 배치함으로써 일조와 조망을 최대한 확보하고자 하였다. 4 앞마당 확보를 위해 주택을 최대한 후면에 배치하였다.

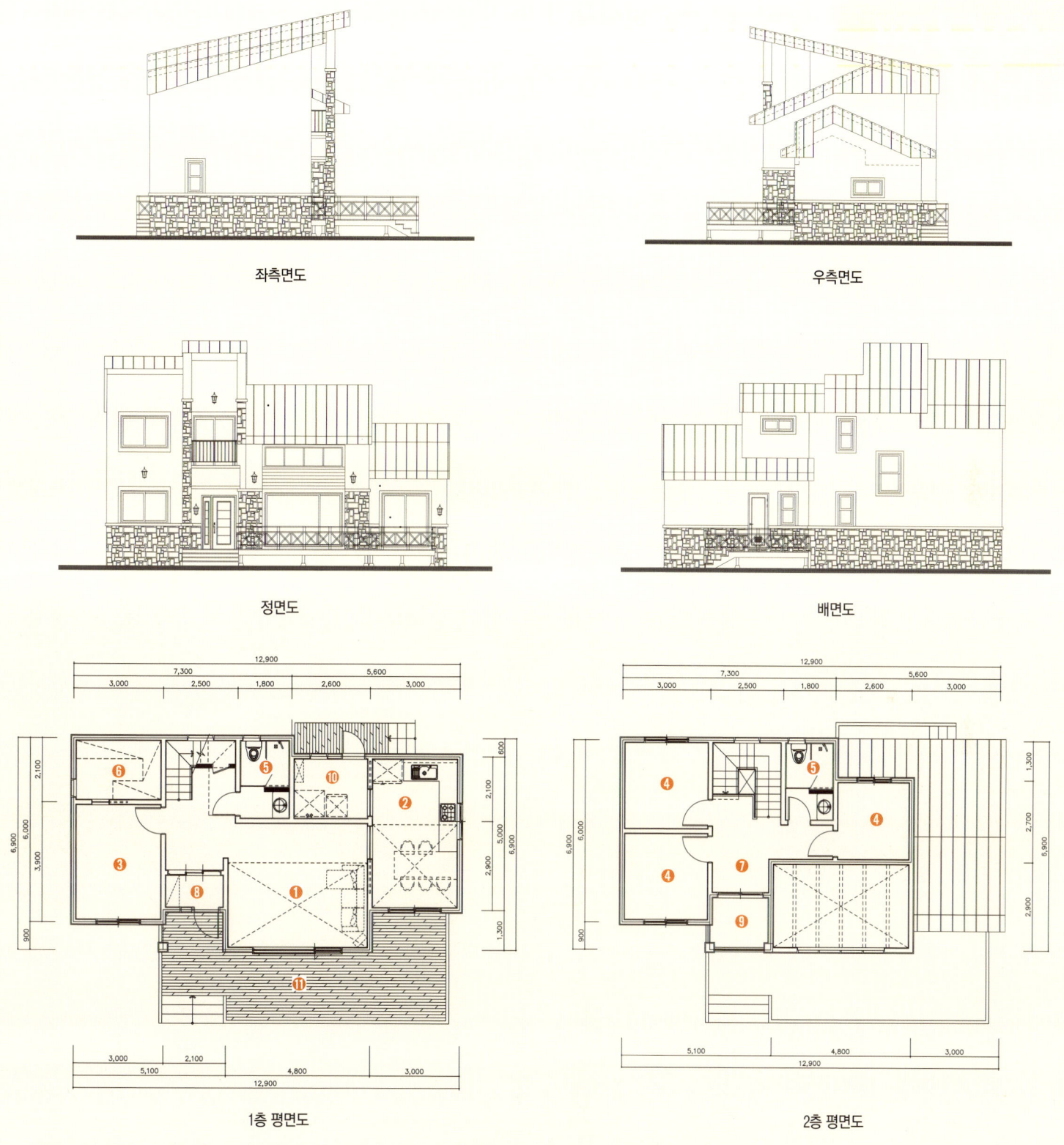

좌측면도

우측면도

정면도

배면도

1층 평면도

2층 평면도

❶ 거실 ❷ 주방 및 식당 ❸ 안방 ❹ 침실 ❺ 욕실 ❻ 드레스룸 ❼ 가족실 ❽ 현관 ❾ 발코니 ❿ 다용도실 ⑪ 데크

37^{py} 122.85㎡

목조주택

019 노부부의 생활방식을 반영한 집

은퇴한 노부부를 위한 집으로 안방의 기능은 최대한 확장하고 거실의 기능은 최소화하여 설계하였다. 또한, 건축주의 라이프스타일을 반영해 안방 안에 또 하나의 방을 배치하고 파우더룸과 욕실을 연결하여 한 공간에서 사용할 수 있도록 하였다. 2층은 손님을 위한 공간이자 부족한 공용공간으로 활용하고, 발코니는 자연과 소통할 수 있는 전망대 겸 휴식공간으로 계획하였다.

설계 개요

| 건축면적 | 89.46㎡(27.06py)
| 연 면 적 | 122.85㎡(37.16py)
| 1층 면적 | 89.46㎡(27.06py)
| 2층 면적 | 33.39㎡(10.1py)
| 구　　조 | 일반목구조

| 외부마감 | 스타코플렉스, 파벽돌
| 설　　계 | 엔디건축사(주)
| 시　　공 | 엔디하임(주)

설계 포인트

1 건축주 부부의 라이프스타일을 고려하여 안방의 기능을 최대한 확장하고 거실의 기능은 최소화하였다.

2 건축주의 생활방식에 맞추어 안방 안에 또 하나의 방을 배치하였다.

3 2층은 손님을 위한 공간이자 부족한 공용공간으로 사용할 수 있게 하였다.

4 2층에 발코니를 두어 입면을 강조함과 동시에 전망을 감상할 수 있는 휴식공간으로 계획하였다.

좌측면도

우측면도

정면도

배면도

1층 평면도

2층 평면도

① 거실　**②** 주방 및 식당　**③** 안방　**④** 침실　**⑤** 욕실　**⑥** 파우더룸　**⑦** 가족실　**⑧** 현관　**⑨** 다용도실　**⑩** 발코니　**⑪** 데크

38py 125.93㎡

목조주택

020 복도공간의 동선활용을 고려한 주택

전원주택에 가장 보편적으로 사용되는 흰색과 브라운 색감의 마감재로 모던하고 깔끔하게 디자인한 주택이다. 기본적으로 채광이 잘 되도록 평면과 입면 계획을 세우고, 거실과 주방 사이에 비교적 여유 있는 복도공간을 두어 각 실 간의 독립성과 연계성이 잘 이루어지도록 하였다. 지붕까지 닿는 오픈천장과 2층 복도공간의 채광창으로 내·외부의 채광과 환기, 조망을 확보하여 항상 밝은 실내를 유지할 수 있도록 하였다.

설계개요

| 건축면적 | 86.71㎡(26.23py)
| 연 면 적 | 125.93㎡(38.09py)
| 1층 면적 | 86.71㎡(26.23py)
| 2층 면적 | 39.22㎡(11.86py)
| 구   조 | 일반목구조

| 외부마감 | 스타코플렉스, 파벽돌, 적삼목사이딩
| 설   계 | 엔디건축사(주)
| 시   공 | 엔디하임(주)

설계 포인트

1 따뜻한 색감으로 마감한 모던하면서 전원과 잘 어울리는 외관을 보이는 주택이다.

2 1층의 둥근 포치를 포인트로 모던함에 클래식한 느낌을 더하였다.

3 채광과 환기를 위한 창을 곳곳에 배치하여 양명한 실내가 유지되도록 하였다.

4 외쪽지붕의 높은 면으로 시원한 벽체를 형성하였다.

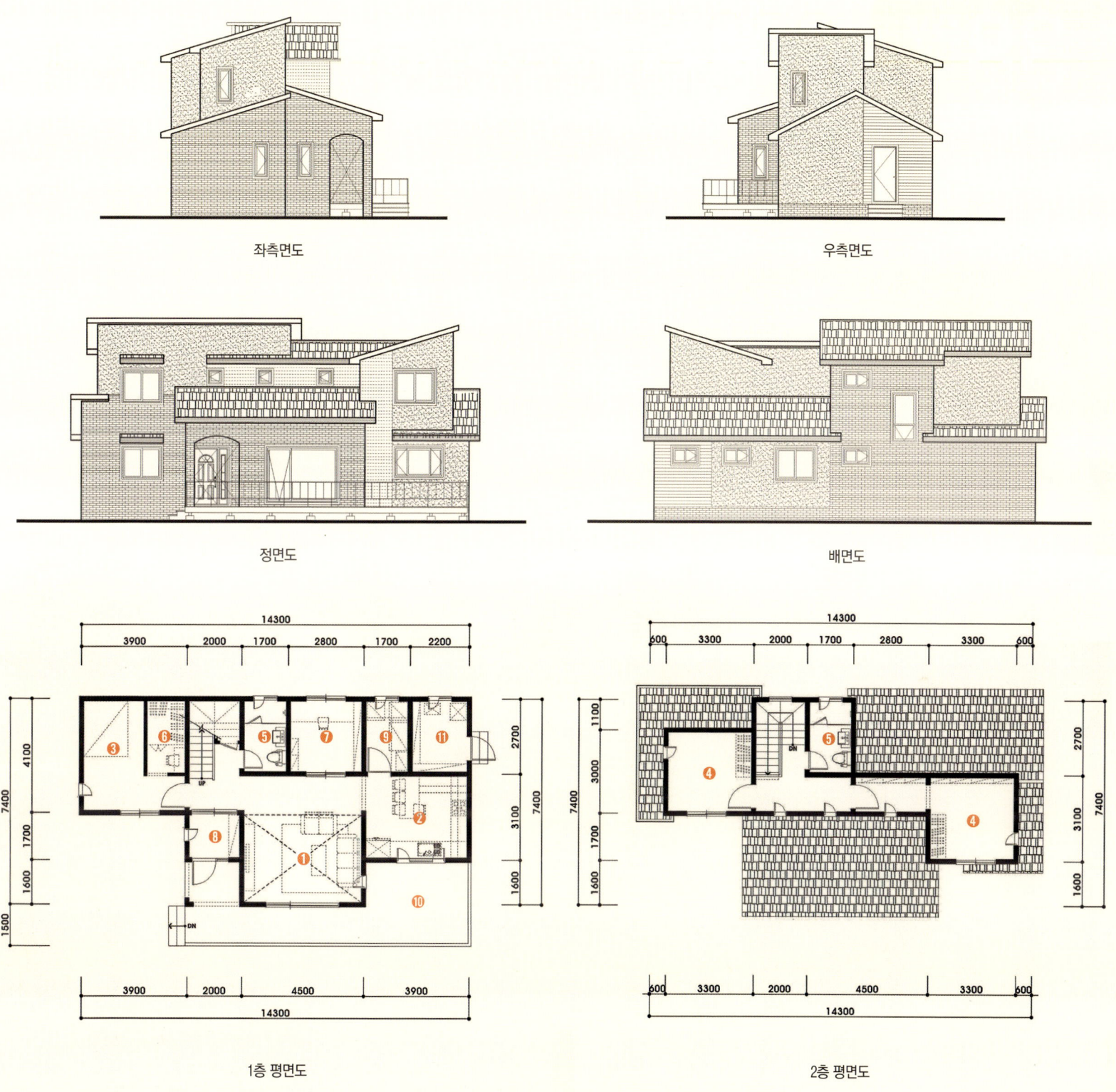

좌측면도

우측면도

정면도

배면도

1층 평면도

2층 평면도

① 거실　**②** 주방 및 식당　**③** 안방　**④** 침실　**⑤** 욕실　**⑥** 파우더룸　**⑦** 서재　**⑧** 현관　**⑨** 다용도실　**⑩** 데크　**⑪** 창고

39 **py** 129.91 m²

021

목조주택

ㄱ자형 평면배치로 채광을 극대화한 주택

ㄱ자형 평면배치로 거실과 각 방을 남향으로 두어 채광효과는 극대화하고, 데크는 최소화하여 아이들이 주로 노는 잔디마당을 넓게 사용할 수 있게 설계한 주택이다. 외형은 붉은색 파벽돌과 흰색의 스타코플렉스로 마감해 밝으면서도 산뜻한 분위기를 연출하고, 지붕과 파벽돌을 유사색으로 선택하여 색감의 조화를 이루어 집의 전체적인 이미지에 부드러움과 통일감을 부여하였다.

설계개요

| 건축면적 | 94.48㎡(28.58py)
| 연 면 적 | 129.91㎡(39.3py)
| 1층 면적 | 84.4㎡(25.53py)
| 2층 면적 | 45.51㎡(13.77py)
| 구   조 | 일반목구조

| 외부마감 | 스타코플렉스, 파벽돌
| 설   계 | 엔디건축사(주)
| 시   공 | 엔디하임(주)

설계포인트

1 지붕재와 외장재 색상을 유사한 톤으로 조합하여 집 전체의 이미지를 부드럽고 편안하게 연출하였다.

2 ㄱ자형 평면배치를 통해 채광효과를 극대화하였다.

3 데크를 최소화하여 아이들이 뛰어노는 잔디마당을 더 넓게 사용할 수 있게 하였다.

4 2층에 발코니를 설치하여 세탁물을 널거나 휴게공간으로 활용할 수 있게 하였다.

좌측면도

우측면도

정면도

배면도

1층 평면도

2층 평면도

❶ 거실　❷ 주방 및 식당　❸ 안방　❹ 침실　❺ 욕실　❻ 다용도실　❼ 현관

26^{py}
85.14㎡

목조주택

022 단층이지만 알찬 구성의 모던하우스

아담하면서 모던 스타일을 원하는 건축주의 의견을 반영하여, 단층이지만 알찬 공간구성에 초점을 맞추어 설계하였다. 외관은 블랙과 화이트 톤의 스타코플렉스로 모던함을 강조하고 현관부와 배면에 적삼목사이딩으로 포인트를 주었다. 보일러실과 다용도실은 외부에서도 출입할 수 있는 문을 설치하여 이용에 편리함을 더하고, 2층에 다락방을 만들어 수납공간으로 활용할 수 있게 하였다.

설계 개요

| 건축면적 | 85.14㎡(25.75py)
| 연 면 적 | 85.14㎡(25.75py), 다락 제외
| 1층 면적 | 85.14㎡(25.75py)
| 2층 면적 | 11.52㎡(3.4py)
| 구   조 | 일반목구조
| 외부마감 | 스타코플렉스, 적삼목사이딩
| 설   계 | 엔디건축사(주)
| 시   공 | 엔디하임(주)

설계 포인트

1 안방 앞에 배치한 포치를 통해 주택의 입면을 강조하고, 화이트 앤 블랙의 스타코플렉스로 군더더기 없는 깔끔한 외관으로 디자인 하였다.
2 현관에 들어서면 좌·우로 배치한 거실과 주방을 통해 넓은 공간감이 들도록 하였다.
3 보일러실과 다용도실에 외부에서 출입할 수 있는 문을 달아 이용이 편리하도록 하였다.
4 부족한 공간을 해결하면서 접근이 쉽도록 화장실을 1층 계단실 뒤쪽으로 배치하였다.

1 거실 2 주방 및 식당 3 안방 4 방
5 욕실 6 현관 7 보일러실 8 다락
9 다용도실 10 데크

1층 평면도

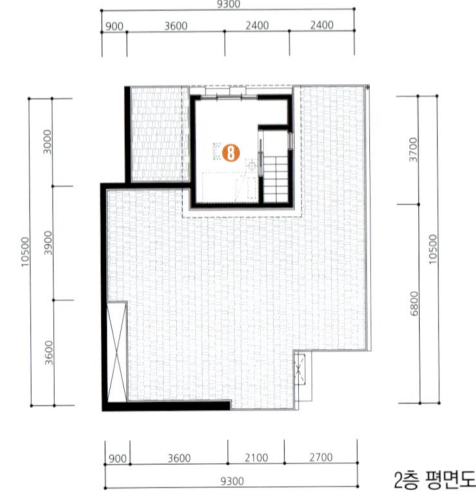

2층 평면도

023

목조주택

건축면적을 최대한 활용한 실속형 주택

대지 주변의 환경과 조화를 이루는 외형으로 계획하고, 각 실은 건축주의 동선과 취향 등을 고려하여 좌·우측으로 개인공간과 공용공간으로 구분하여 건축면적을 최대한 활용하는 데 중점을 두었다. 거실, 부엌, 안방을 넓게 하고 방을 최소화하는 대신 다락방을 계획하여 게스트룸 등 다양한 용도로 활용할 수 있게 하였다. 또한, 다용도실 양옆에 설치한 문을 통해 내·외부로 자유롭게 출입할 수 있는 편리성을 고려하였다.

설계 개요

| 건축면적 | 98.87㎡(29.91py)
| 연 면 적 | 98.87㎡(29.91py), 다락 제외
| 1층 면적 | 98.87㎡(29.91py)
| 다락면적 | 21.34㎡(6.4py)
| 구   조 | 일반목구조
| 외부마감 | 스타코플렉스
| 설   계 | 엔디건축사(주)
| 시   공 | 엔디하임(주)

설계 포인트

1 개인공간인 안방, 드레스룸, 욕실 등은 건축주의 동선과 생활습관, 취향 등을 고려해 구성하고 가벽을 이용하여 서재를 배치하였다.

2 현관 앞 개방된 복도를 중심으로 개인공간과 공용공간을 구획하였다.

3 외부작업을 마치고 내부로 들어올 때는 다용도실의 양 옆에 설치한 문을 통해 출입이 가능하도록 자유로운 동선을 계획하였다.

4 다락방을 계획하여 게스트룸 등 다목적으로 활용할 수 있게 하였다.

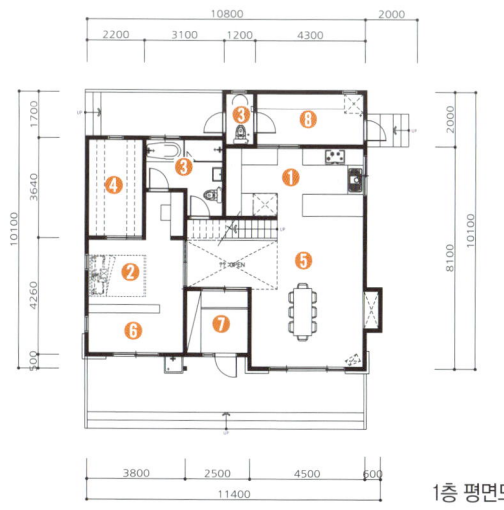

1층 평면도

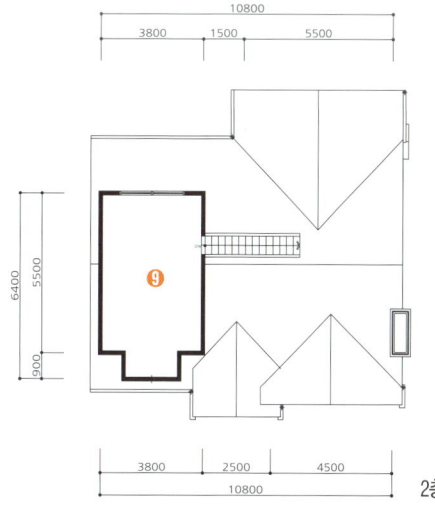

2층 평면도

❶ 주방　**❷** 안방　**❸** 욕실　**❹** 드레스룸
❺ 응접실　**❻** 서재　**❼** 현관　**❽** 다용도실
❾ 다락

30^{py}

30py 99.23㎡

024 소박하면서 절제미가 엿보이는 주택

목조주택

작은 규모의 소형주택으로 밋밋할 수 있는 외관은 각 실을 매스로 디자인하고 지붕의 앞·뒤, 좌·우측에 박공지붕으로 변화를 주어 작지만 입체감 있게 설계하였다. 외벽은 회색 시멘트사이딩과 파벽돌로 포인트를 주어 소박하면서 절제미가 느껴지는 주택이다. 또한, 중앙 거실 앞에 웅장한 포치를 만들고 데크를 설치해 비나 직사광선을 피할 수 있게 하고, 2층에는 넓은 테라스를 계획하여 조망 등 다목적 외부공간으로 사용할 수 있게 하였다.

설계 개요

| 건축면적 | 83.63㎡(25.3py)
| 연 면 적 | 99.23㎡(30.02py)
| 1층 면적 | 83.63㎡(25.3py)
| 2층 면적 | 15.6㎡(4.72py)
| 구   조 | 일반목구조
| 외부마감 | 시멘트사이딩, 목재사이딩, 파벽돌
| 설   계 | 엔디건축사(주)
| 시   공 | 엔디하임(주)

설계 포인트

1 마감재로 시멘트사이딩과 목재사이딩을 사용하여 차분하고 소박한 절제미가 느껴진다.
2 외부는 자칫 가벼워 보일 수 있는 사이딩을 어두운 톤으로 선택하여 무게감을 주었다.
3 거실 앞의 시선을 사로잡는 웅장한 포치는 집의 포인트가 된다.
4 포치 위에 넓은 테라스를 만들어 내·외부의 완충공간으로써 조망 등 다목적 공간으로 활용할 수 있게 하였다.

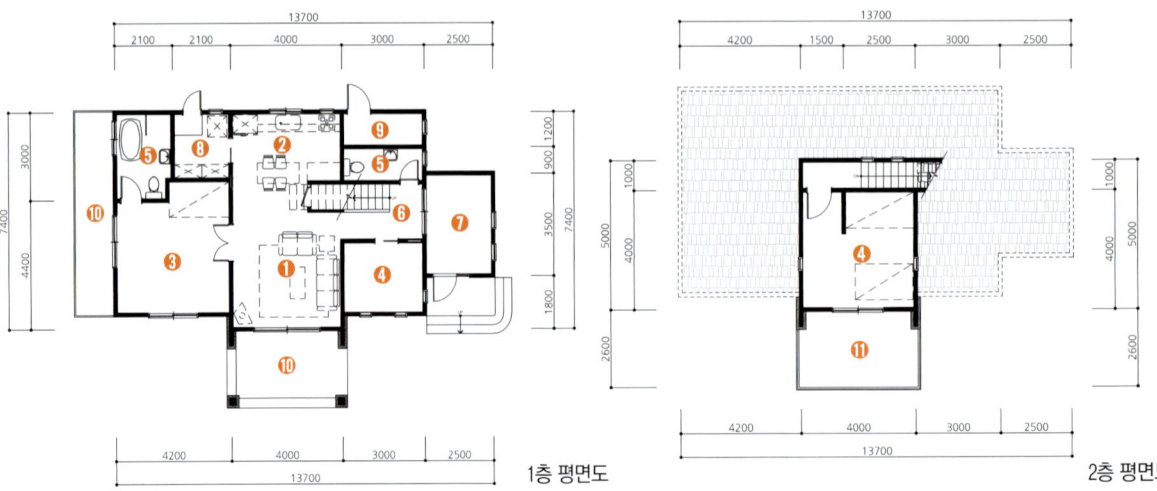

❶ 거실 ❷ 주방 및 식당 ❸ 안방 ❹ 방
❺ 욕실 ❻ 창고 ❼ 현관 ❽ 다용도실
❾ 보일러실 ❿ 포치 ⓫ 베란다

1층 평면도   2층 평면도

025 노부부를 위한 농가주택

목조주택

30^{py}
99.52㎡

'시골집'이라는 이미지를 탈피하고자 모던형태로 디자인하고 노부부의 편리한 동선을 위하여 현관을 중심으로 각 실을 좌·우로 배치하여 설계한 농가주택이다. 2층에 별도의 다락 공간을 꾸미고 앞쪽에 남향한 베란다를 만들어 가족들이 편히 쉴 수 있는 공간을 계획하였다. 에너지비용 절감을 위해 지열보일러 시스템을 적용하고, 1층 현관 포치를 세라믹타일로 마감하여 입면을 강조하였다.

설계 개요

| 건축면적 | 77.49㎡(23.44py)
| 연 면 적 | 99.52㎡(30.1py), 다락면적 제외
| 1층 면적 | 74.34㎡(22.49py)
| 2층 면적 | 25.18㎡(7.62py)
| 다락면적 | 7.92㎡(2.4py)
| 구   조 | 일반목구조
| 외부마감 | 스타코플렉스, 세라믹타일
| 설   계 | 엔디건축사(주)
| 시   공 | 엔디하임(주)

설계 포인트

1 주 생활공간인 1층은 현관을 중심으로 각 실을 좌·우로 배치하여 공간의 효율성과 동선의 편리함을 추구하였다.

2 2층 다락 앞쪽에 발코니를 만들어 쉴 수 있는 휴식공간을 계획하였다.

3 집의 서쪽이 광활한 평야로 바람이 많이 불어올 것이 예상되므로, 지붕은 바람의 저항을 크게 받지 않는 외쪽지붕으로 설계하였다.

4 에너지비용 절감을 위해 지열보일러 시스템을 적용하였다.

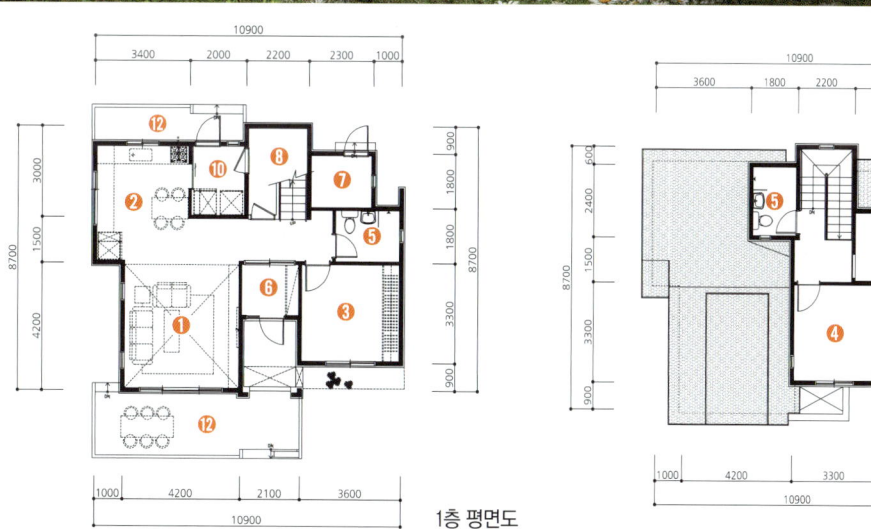

1층 평면도   2층 평면도

❶ 거실 ❷ 주방 및 식당 ❸ 안방 ❹ 침실
❺ 욕실 ❻ 현관 ❼ 보일러실 ❽ 계단실 및 창고
❾ 다락 ❿ 다용도실 ⓫ 발코니 ⓬ 데크

31py
103.04㎡

목조주택

026 블랙 앤 화이트의 모던한 소형주택

화이트 스타코플렉스와 블랙 징크를 이용하여 간결하게 디자인한 모던 스타일의 소형주택이다. 좌·우측 두 개의 중심 매스를 연결한 중간 부분을 지붕재와 같은 징크로 마감하여 통일감을 주고, 창문 역시 심플하게 디자인에 블랙 톤의 EPS몰딩으로 마감하여 전체적으로 화이트 앤 블랙의 분위기를 맞추었다. 깔끔한 흰색만으로 마감한 외벽에 블랙 색상의 외벽등을 설치해 앞마당의 조도를 확보하였다.

설계 개요

| 건축면적 | 65.8㎡(19.9py)
| 연 면 적 | 103.04㎡(31.16py)
| 1층 면적 | 63.76㎡(19.28py)
| 2층 면적 | 39.28㎡(11.88py)
| 구   조 | 일반목구조
| 외부마감 | 스타코플렉스, 징크
| 설   계 | 엔디건축사(주)
| 시   공 | 엔디하임(주)

설계 포인트

1 거실과 주방을 현관과 바로 이어지게 배치하여 공간의 확장효과를 고려하였다.

2 계단실 밑에 보일러실을 배치하여 데드스페이스를 최소화하였다.

3 침실은 남향으로 배치하여 장시간 채광이 유지되도록 하였다.

4 지붕을 징크로 마감하고 창호 몰딩도 같은 스타일로 통일감을 주어 간결하면서도 세련된 모던하우스를 계획하였다.

❶ 거실 ❷ 주방 및 식당 ❸ 안방 ❹ 침실
❺ 욕실 ❻ 가족실 ❼ 현관 ❽ 다용도실
❾ 보일러실 ❿ 화단 ⓫ 데크

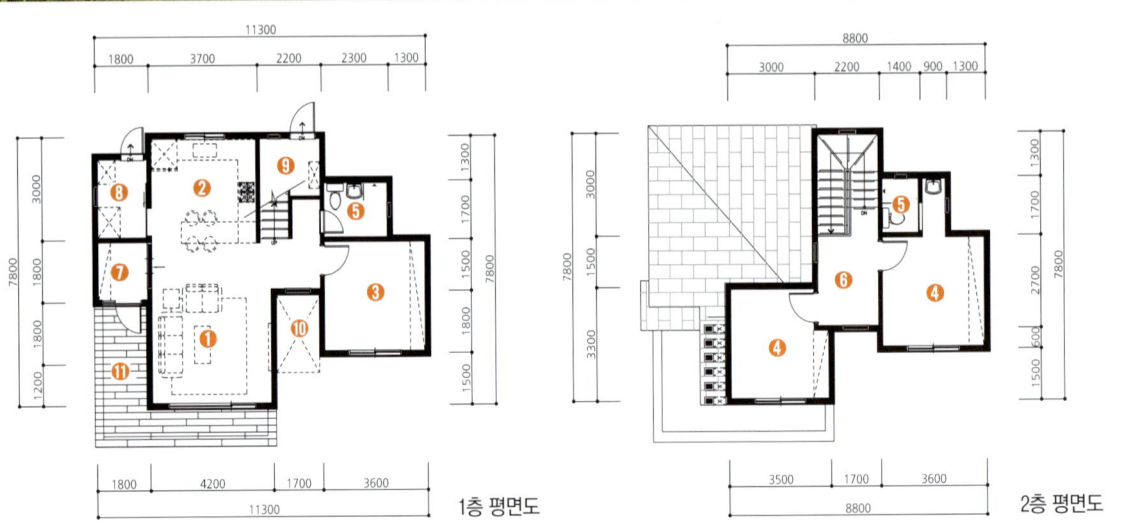

1층 평면도   2층 평면도

027

목조주택

매스별 다양한 마감재로 디자인한 주택

31 py
103.88㎡

외쪽지붕의 좌·우 라인과 매스별로 다양한 마감재를 사용해 다소 복잡해 보일수도 있지만, 자재의 감각적인 선택으로 안정된 색감의 외관이 자연환경과 잘 어울리는 세련미 있는 전원주택이다. 상단부와 하단부의 대조적인 색감과 중앙 거실 입면의 블랙 인조석 포인트, 우측에 획을 긋는 가벽을 세워 재치있고 조형미 있는 디자인을 완성하였다. 또한, 거실과 주방을 철저히 분리하여 아파트에서 쉽게 볼 수 없는 평면설계를 하였다.

설계 개요

| 건축면적 | 71.67㎡(21.68py)
| 연 면 적 | 103.88㎡(31.42py)
| 1층 면적 | 71.67㎡(21.68py)
| 2층 면적 | 32.21㎡(9.74py)
| 구   조 | 일반목구조
| 외부마감 | 스타코플렉스, 인조석, 파벽돌, 적삼목사이딩
| 설   계 | 엔디건축사(주)
| 시   공 | 엔디하임(주)

설계 포인트

1 외쪽지붕에 변화를 주면서 안정감 있고 주변 환경과도 잘 어울리는 주택으로 디자인하였다.

2 거실과 주방을 철저히 분리해서 아파트에서는 볼 수 없는 평면설계를 계획하였다.

3 개방형 계단으로 거실에서 바라보면 시원한 느낌이 들도록 하였다.

4 1층 데크와 2층 테라스를 크게 계획하여 주변 경치를 즐길 수 있게 하였다.

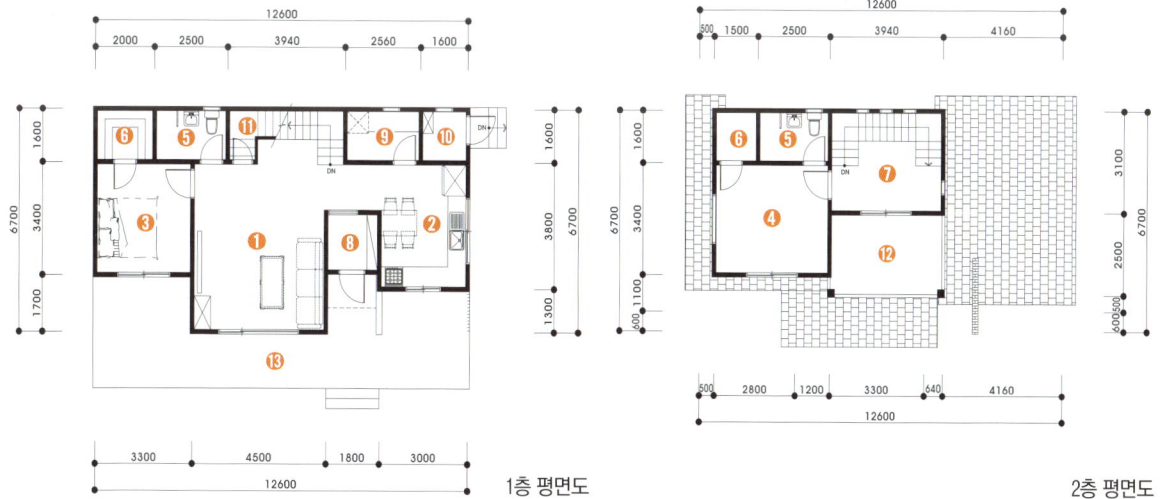

1층 평면도

2층 평면도

❶ 거실 ❷ 주방 및 식당 ❸ 안방 ❹ 방
❺ 욕실 ❻ 드레스룸 ❼ 가족실 ❽ 현관
❾ 다용도실 ❿ 보일러실 ⓫ 창고 ⓬ 베란다
⓭ 데크

35py 116.9㎡

028 목조주택
분절된 외쪽지붕이 매력적인 주택

모던과 클래식한 요소를 조화롭게 접목한 주택설계이다. 가벼운 느낌을 없애기 위해 1층은 무게감 있는 파벽돌로 기본 마감을 하여 안정된 느낌이 들도록 하고, 1, 2층의 중앙부에 검은색 파벽돌과 흰색의 스타코플렉스로 포인트 주어 전체적으로 균형감 잡으면서 세련된 분위기로 디자인하였다. 지붕은 연결하지 않고 하나하나 분절시켜 엇갈리게 붙임으로써 구성미가 돋보이게 하고, 우측 창틀 프레임을 돌출시켜 디자인 감각을 살렸다.

설계 개요

| 건축면적 | 86.97㎡(26.31py)
| 연 면 적 | 116.9㎡(35.36py)
| 1층 면적 | 86.13㎡(26.05py)
| 2층 면적 | 30.77㎡(9.31py)
| 구   조 | 일반목구조
| 외부마감 | 스타코플렉스, 적삼목사이딩, 파벽돌
| 설   계 | 엔디건축사(주)
| 시   공 | 엔디하임(주)

설계 포인트

1 주방을 넓게 쓰기 위해 주방과 다용도실의 면적을 거실보다 크게 계획하였다.
2 현관에서 보았을 때 거실과 주방을 구획하지 않고 개방하여 넓은 공간감과 개방감이 들게 하였다.
3 어머니를 위해 거실에서 바로 방으로 들어갈 수 있도록 거실 뒤편에 침실을 배치하였다.
4 사춘기 자녀의 프라이버시를 위해 2층에 독립적인 생활공간을 계획하였다.

❶ 거실 ❷ 주방 ❸ 식당 ❹ 안방
❺ 침실 ❻ 욕실 ❼ 가족실 ❽ 현관
❾ 다용도실 ❿ 창고 ⓫ 데크

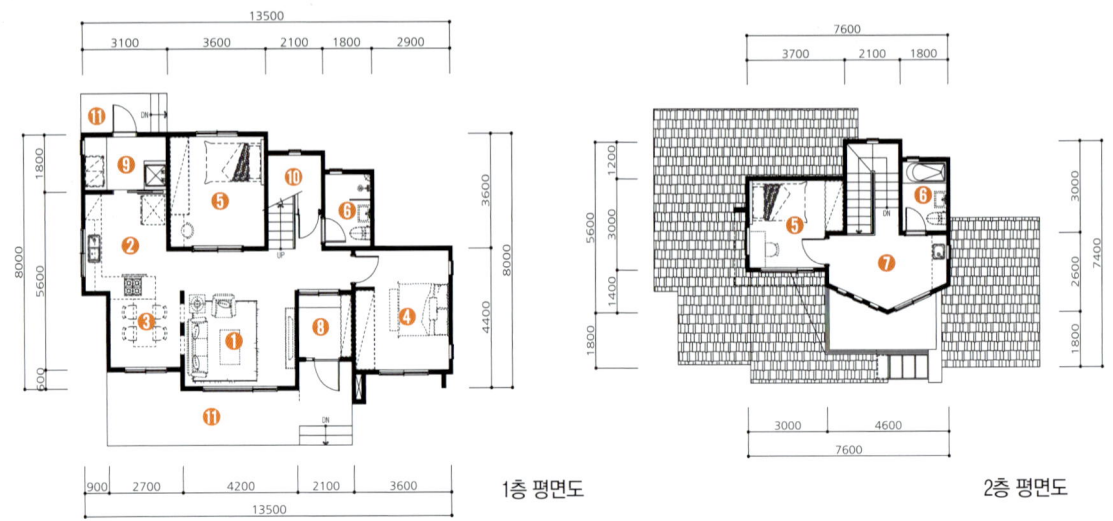

1층 평면도

2층 평면도

029 목조주택
실용적인 공간의 중정을 둔 집

밝은 톤의 스타코플렉스와 하디사이딩으로 마감하고, 적삼목사이딩으로 디자인적인 포인트를 주었다. 두 가지 형태의 지붕을 디자인해 단조로움을 피하고, 2층 발코니 아래의 거실과 현관 사이에 중정을 두어 계절 및 목적에 따라 가변적으로 활용할 수 있는 실용적인 공간을 마련하였다. 또한, 현관과 거실 사이에 복도를 배치하여 실제 평수보다 넓어 보이는 효과를 내고, 2층은 자녀만을 위한 공간으로 꾸며 프라이버시를 보호할 수 있게 하였다.

설계 개요

| 건축면적 | 79.16㎡(23.95py)
| 연 면 적 | 118.85㎡(35.95py)
| 1층 면적 | 79.16㎡(23.95py)
| 2층 면적 | 39.69㎡(12.01py)
| 구   조 | 일반목구조
| 외부마감 | 스타코플렉스, 시멘트사이딩, 적삼목
| 설   계 | 엔디건축사(주)
| 시   공 | 엔디하임(주)

설계 포인트

1 단조로울 수 있는 외관에 두 가지 형태의 지붕으로 적용하여 세련미를 더하였다.
2 중정을 두어 실용적인 공간으로 다양하게 활용할 수 있게 하였다.
3 주방과 거실을 ―자형으로 개방하여 작은 평형 대지만 넓은 공간감을 확보하였다.
4 2층은 사춘기의 자녀만을 위한 공간으로 꾸며 프라이버시를 고려하였다.

1층 평면도

2층 평면도

❶ 거실 ❷ 주방 및 식당 ❸ 안방 ❹ 방
❺ 욕실 ❻ 드레스룸 ❼ 현관 ❽ 피아노실
❾ 데크 ❿ 발코니 ⓫ 포치

목조주택

030 콘크리트주택 형태의 목조주택

고급자재를 사용하는 대신 음영을 이용한 매스 형태로 포인트를 주고, 마감재 수를 줄여 깔끔함을 강조하면서 균형감 있는 외형으로 설계하였다. 박스 형태의 모던한 스타일로 연출하기 위해 경사지붕의 시야를 가리는 벽을 지붕 위까지 올려 전면을 사각 형태로 만들어줌으로써 마치 콘크리트주택과 같은 느낌으로 디자인하였다. 2층 가족실은 미래에 방으로 개조하여 사용할 수 있는 여지를 남겨둠으로써 가변적인 공간활용까지 고려하였다.

설계 개요

| 건축면적 | 79.71㎡(24.11py)
| 연 면 적 | 118.86㎡(35.96py)
| 1층 면적 | 73.86㎡(22.34py)
| 2층 면적 | 45㎡(13.61py)
| 구   조 | 일반목구조
| 외부마감 | 스타코플렉스, 징크
| 설   계 | 엔디건축사(주)
| 시   공 | 엔디하임(주)

설계 포인트

1 모던한 외형에 맞춘 평면설계를 하였다.

2 3인 가족이 생활하는 주택으로 2층 방 두 개는 사용빈도가 떨어지기 때문에 한 개 실을 가족실로 구성하여 추후 방으로 개조해 사용할 수 있는 여지를 남겨두었다.

3 박스형태의 디자인을 위해 경사지붕을 차단하는 가벽을 세워 모던한 콘크리트주택의 느낌이 들도록 하였다.

4 2층 오픈천장으로 건물에 웅장함을 더하고 창문을 징크 프레임으로 마감해 포인트를 주었다.

① 거실 ② 주방 및 식당 ③ 안방 ④ 침실
⑤ 욕실 ⑥ 드레스룸 ⑦ 가족실 ⑧ 현관
⑨ 다용도실 ⑩ 발코니 ⑪ 데크 ⑫ 오픈천장

1층 평면도

2층 평면도

031

목조주택

전형적인 전원주택 형태를 갖춘 집

36^{py} 120.34㎡

클래식한 외관에 회색의 아스팔트슁글 지붕재가 자연과 조화를 이룬 목조주택이다. 전형적인 전원주택 풍모에 밖을 조망할 수 있는 전창을 크게 설치하고, 2층에 베란다와 발코니를 배치해 외부 자연과 소통할 수 있게 하였다. 거실은 오픈천장으로 계획하고 창을 높이 내어 디자인적인 측면과 함께 실내에 자연채광이 잘 이루어지도록 하였다. 기단부는 갈색계열의 파벽돌로 마감하여 안정된 느낌을 주고 동시에 바닥으로부터 튀는 오염물에도 대비하였다.

설계 개요

| 건축면적 | 84.15㎡(25.46py)
| 연 면 적 | 120.34㎡(36.4py)
| 1층 면적 | 83.16㎡(25.16py)
| 2층 면적 | 37.18㎡(11.25py)
| 구 조 | 일반목구조
| 외부마감 | 스타코플렉스, 파벽돌
| 설 계 | 엔디건축사(주)
| 시 공 | 엔디하임(주)

설계 포인트

1 거실과 주방을 독립적으로 배치하여 각 실에 집중할 수 있게 계획하였다.
2 거실을 오픈천장으로 계획하여 단열을 보완하고 공기순환을 위해 벽난로를 설치하였다.
3 안방 뒤쪽의 자투리 공간을 서재로 활용하여 공간의 낭비를 줄였다.
4 2층의 침실에서도 외부와 소통할 수 있게 베란다와 발코니를 계획하였다.

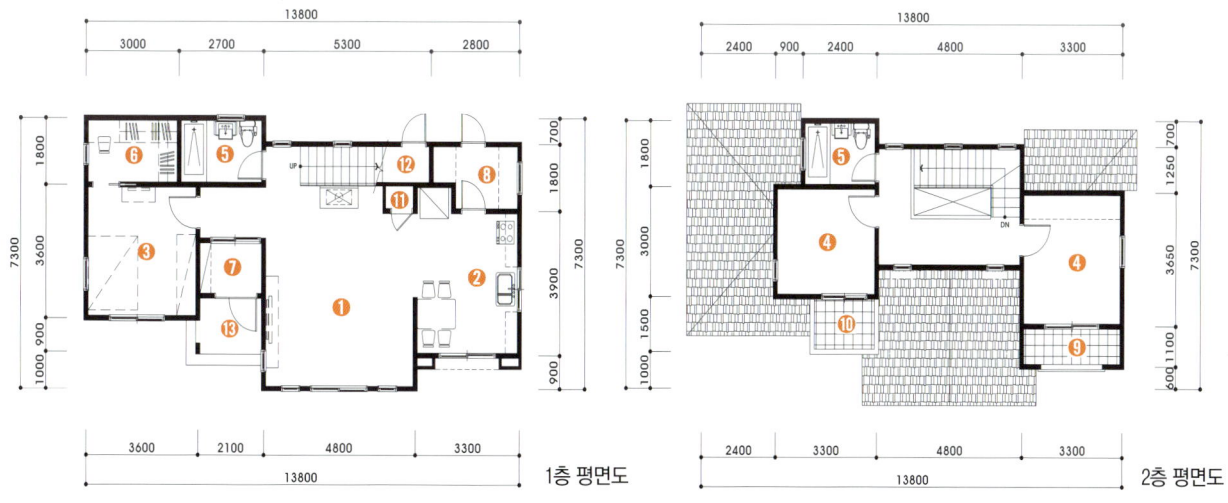

1층 평면도　　　2층 평면도

❶ 거실 ❷ 주방 및 식당 ❸ 안방 ❹ 침실
❺ 욕실 ❻ 드레스룸 ❼ 현관 ❽ 다용도실
❾ 발코니 ❿ 베란다 ⓫ 창고 ⓬ 보일러실
⓭ 포치

37^{py} 122.88㎡

목조주택

032 투명유리지붕 테라스가 특색있는 집

징크강판의 정밀한 시공으로 모던하고 개성 있는 외관을 표현하였다. 테라스 공간을 중요시한 건축주의 바람대로 2층에 넓은 테라스를 배치하고, 투명유리 지붕을 덮어 우천 시에도 바깥 활동이 가능토록 함과 동시에 주택의 방수 기능도 고려하였다. 거실은 2층 높이까지 개방하여 연면적에 비해 웅장함이 느껴지도록 하고, 넓은 실내와 정면에 넓은 전창을 설치해 내·외부의 시각적인 벽을 허물어 거침없이 시원한 조망과 채광효과를 주었다.

설계 개요

| 건축면적 | 84.03㎡(25.42py)
| 연 면 적 | 122.88㎡(37.17py)
| 1층 면적 | 84.03㎡(25.42py)
| 2층 면적 | 38.85㎡(11.75py)
| 구   조 | 일반목구조
| 외부마감 | 스타코플렉스, 징크
| 설   계 | 엔디건축사(주)
| 시   공 | 엔디하임(주)

설계 포인트

1 1층은 주요생활 공간을 배치하고, 2층은 작은 손님방과 건축주의 서재를 배치하였다.
2 2층은 오픈천장으로 공간감을 부여하면서 외관의 웅장함을 더하고, 창 주위에 징크로 포인트를 주어 모던한 세련미를 표현하였다.
3 야외에서도 출입이 가능한 다용도실을 주방 옆에 배치하여 사용상 편리하도록 하였다.
4 벽난로를 실내 가운데에 설치하여 보조난방으로써 기능하도록 하였다.

1 거실 **2** 주방 및 식당 **3** 안방 **4** 방
5 욕실 **6** 드레스룸 **7** 현관 **8** 서재
9 보일러실 **10** 다용도실 **11** 테라스

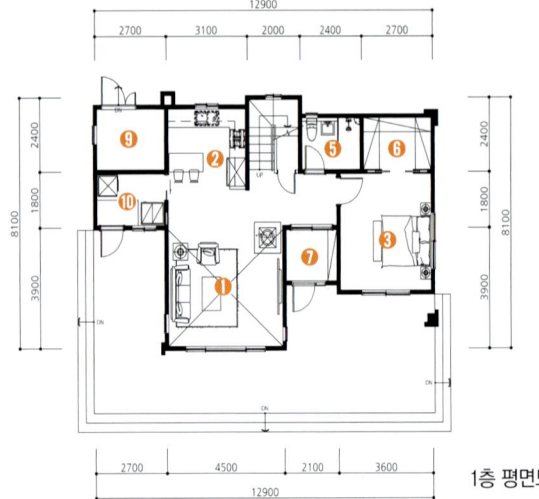

1층 평면도

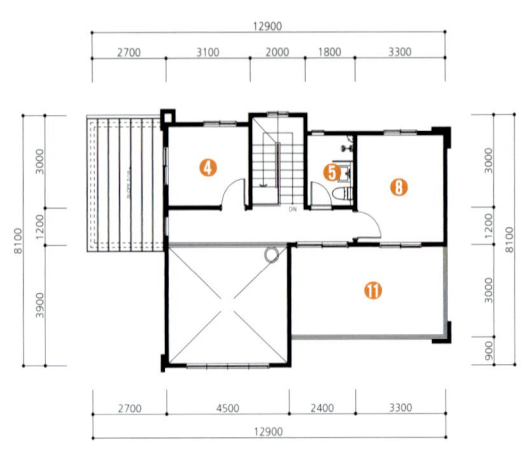

2층 평면도

033 목조주택
필로티와 긴 발코니가 이색적인 주택

39 py
130.49 ㎡

모든 공간에서 주변 풍광을 즐길 수 있는 ㄱ자 형태의 주택이다. 거실 공간을 낮추고 지붕의 높낮이에 차이를 두어 입체감을 살리고 외벽은 경제적인 아스팔트싱글로 마무리하였다. 이 주택의 특색은 필로티와 2층 발코니에 있다. 1층의 필로티는 주차장 겸 주방과 연계된 데크를 설치해 내·외부의 완충공간이 되도록 하고, 2층에 3면이 열린 발코니를 설치해 수려한 경치를 감상하기에 더없이 좋은 장소로 디자인하였다.

설계 개요

| 건축면적 | 109㎡(32.97py)
| 연 면 적 | 130.49㎡(39.47py)
| 1층 면적 | 71.83㎡(21.73py)
| 2층 면적 | 58.66㎡(17.74py)
| 구 조 | 일반목구조
| 외부마감 | 스타코플렉스, 인조석
| 설 계 | 엔디건축사(주)
| 시 공 | 엔디하임(주)

설계 포인트

1 먼저 전망을 고려해 1, 2층 전면부에 주방, 거실, 가족실 등 주요 생활공간을 배치함으로써 거실과 주방은 한 공간에 둔다는 보편적 고정관념을 깬 공간구성을 계획하였다.

2 1층은 주방과 데크를 연계하여 언제든지 편리하게 밖에서 바베큐 파티를 즐길 수 있게 하였다.

3 2층 가족실에 미니주방 겸 홈바를 설치해 간단한 요리를 할 수 있게 하였다.

4 2층으로 올라가는 계단은 오픈천장과 함께 갤러리와 같은 분위기로 연출하였다.

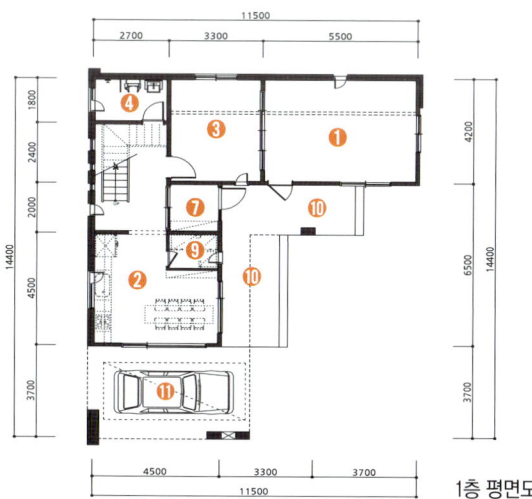

1층 평면도

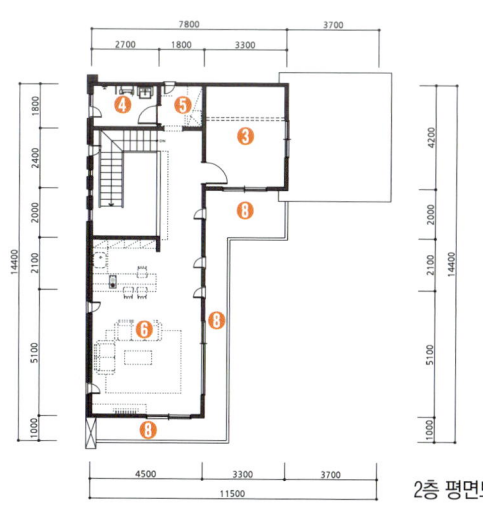

2층 평면도

❶ 거실 ❷ 주방 및 식당 ❸ 침실 ❹ 욕실
❺ 드레스룸 ❻ 가족실 ❼ 현관 ❽ 발코니
❾ 보일러실 ❿ 데크 ⓫ 차고

40py
130.72㎡

034 단층구조로 편리함을 추구한 주택
목조주택

공간 활용도를 높이면서 거실을 중심으로 좌·우 전면에 방을 배치하여 각 방의 독립성을 강조한 주택이다. 건물 우측에 큰 창고를 이어 짓고, 냉·난방 에너지비용의 최소화를 위해 배면에 지열보일러시스템을 설치하였다. 주방과 식당은 분리 배치하고 주방 뒤쪽에 다용도실을 두어 외부와 연결되도록 하였다. 외부작업이 많은 건축주가 밖에서 편리하게 이용할 수 있는 화장실을 외부에 별도로 배치하였다.

설계개요
| 건축면적 | 130.72㎡(39.54py)
| 연 면 적 | 130.72㎡(39.54py)
| 1층 면적 | 130.72㎡(39.54py)
| 구   조 | 일반목구조
| 외부마감 | 스타코플렉스, 파벽돌
| 설   계 | 엔디건축사(주)
| 시   공 | 엔디하임(주)

설계포인트
1 주방과 식당을 분리 배치하고 주방 뒤쪽에 다용도실을 두어 외부와 연계해 편리하게 사용할 수 있게 하였다.
2 외부 작업이 많은 관계로 밖에서도 출입이 가능한 화장실을 외부에 별도 배치하였다.
3 냉난방 에너지비용의 최소화를 위해 건물 우측에 창고를 이어 짓고 지열보일러시스템을 갖추었다.
4 어긋난 작은방에 드레스룸을 배치하여 자투리공간이 생기지 않도록 공간의 효율성을 기하였다.

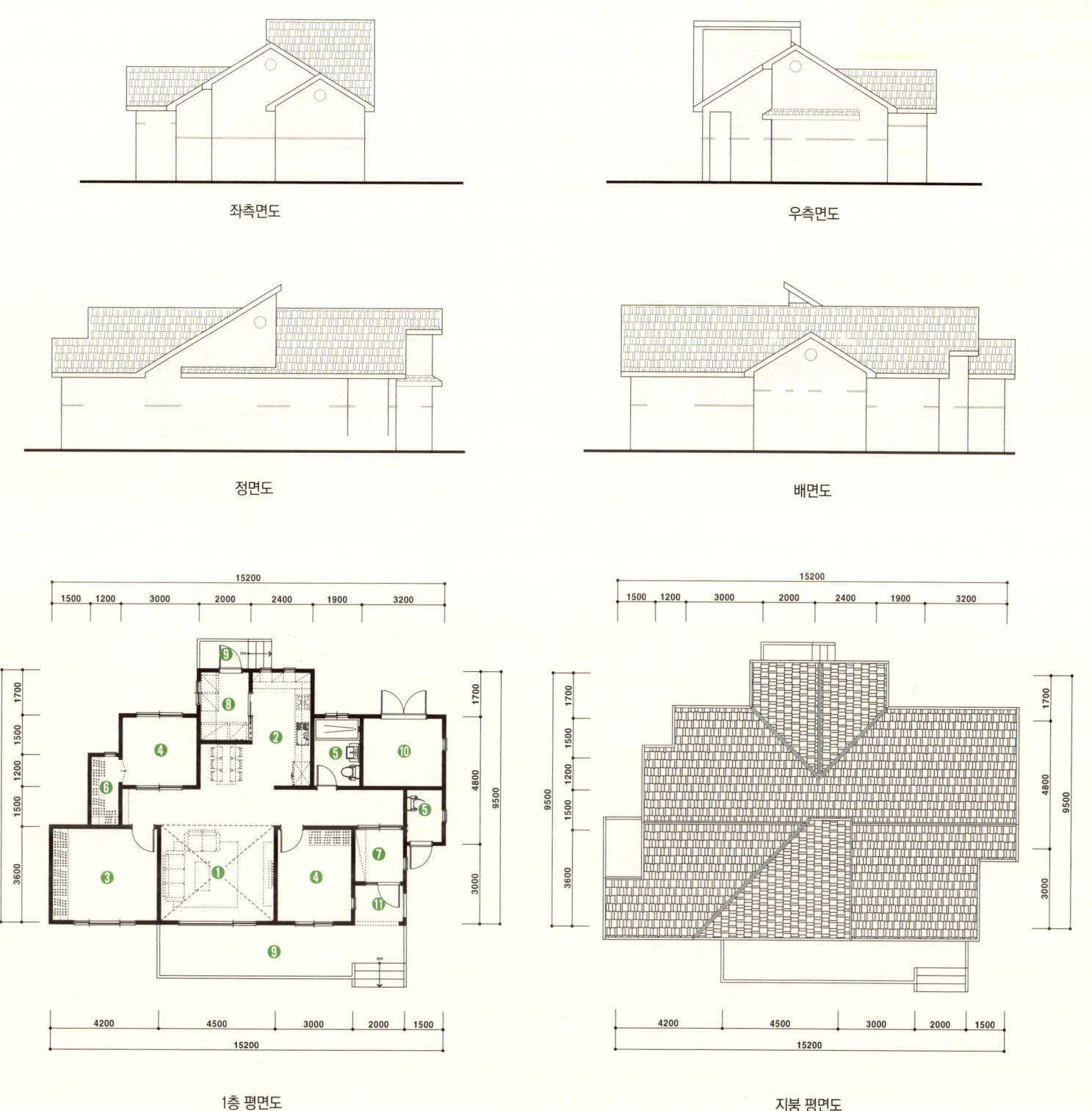

좌측면도

우측면도

정면도

배면도

1층 평면도

지붕 평면도

❶ 거실 ❷ 주방 및 식당 ❸ 안방 ❹ 침실 ❺ 욕실 ❻ 드레스룸 ❼ 현관 ❽ 다용도실 ❾ 데크 ❿ 보일러실 ⓫ 포치

40py 132.03㎡

목조주택

035 테릴기와가 돋보이는 북유럽식 주택

주황빛 테릴기와와 깔끔한 흰색 스타코플렉스 마감이 잘 어울리는 전형적인 북유럽식 주택이다. 아침 햇살을 가득 담을 수 있도록 거실과 방들을 남향으로 배치하고, 2층 가족실과 연결된 포치 위의 발코니는 낮에는 물론 저녁에도 밤하늘을 바라보며 차 한 잔의 여유를 즐길 수 있는 아늑한 휴식공간으로 계획하였다. 주황빛 박공지붕이 포인트가 되어 클래식풍의 전원주택 이미지를 잘 살린 외관에서 집의 안락함을 느끼게 하는 주택이다.

설계개요

| 건축면적 | 100.51㎡(30.4py)
| 연 면 적 | 132.03㎡(39.94py)
| 1층 면적 | 100.51㎡(30.4py)
| 2층 면적 | 31.52㎡(9.53py)
| 구   조 | 일반목구조

| 외부마감 | 스타코플렉스, 파벽돌
| 설   계 | 엔디건축사(주)
| 시   공 | 엔디하임(주)

설계포인트

1 북유럽 스타일의 감성을 좋아하는 건축주의 의견을 반영하여 디자인하였다.

2 테릴기와와 스타코플렉스 그리고 파벽돌로 조화를 이루어 가볍지 않은 고풍스러운 이미지로 설계하였다.

3 2층 전면에 발코니를 설치하여 언제든지 나와 휴식을 취할 수 있는 편안한 공간을 구상하였다.

4 주방과 거실의 크기를 같게 하여 주방에서도 소통의 장이 될 수 있도록 넓게 계획하였다.

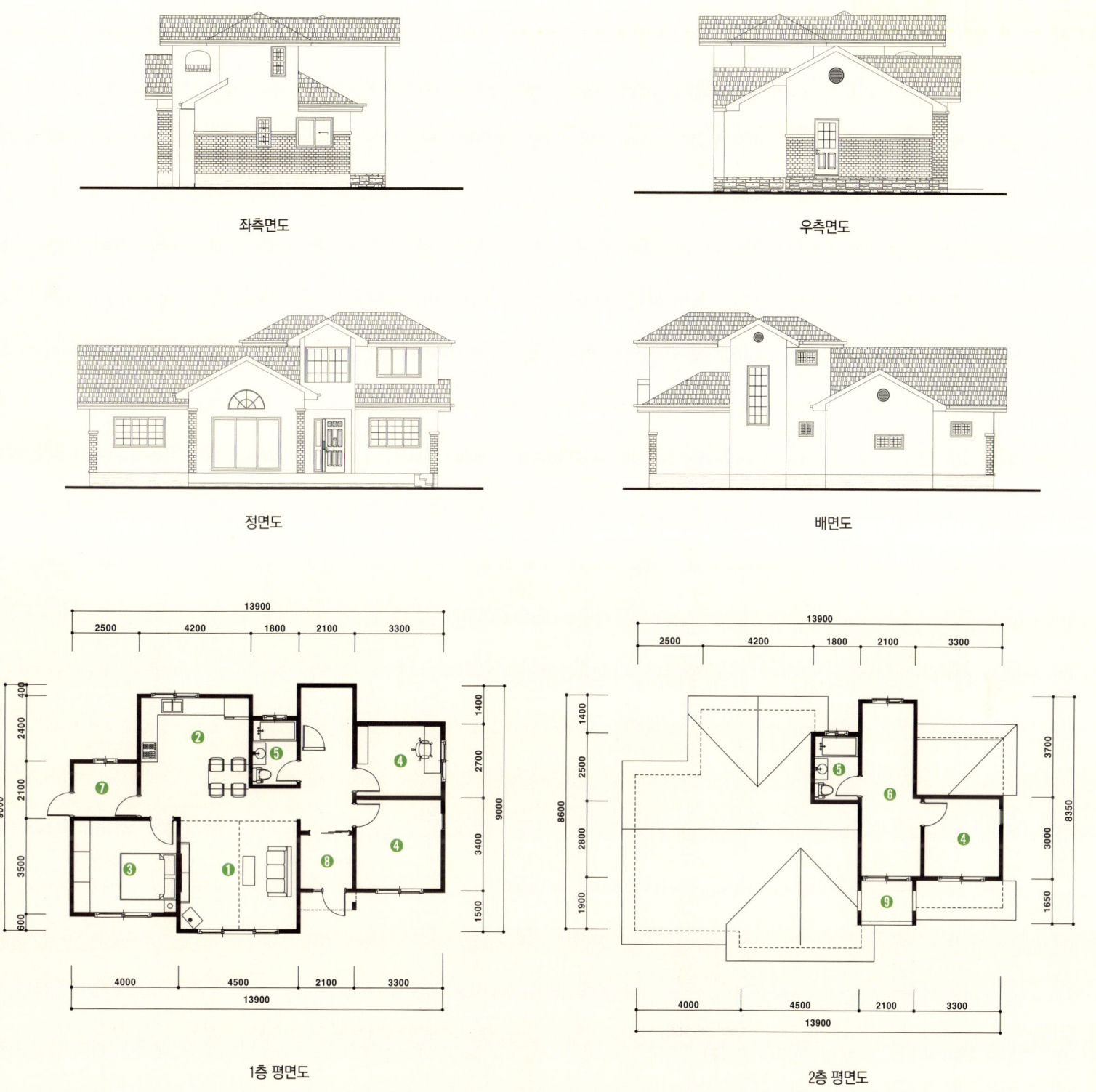

좌측면도

우측면도

정면도

배면도

1층 평면도

2층 평면도

❶ 거실 ❷ 주방 및 식당 ❸ 안방 ❹ 방 ❺ 욕실 ❻ 가족실 ❼ 다용도실 ❽ 현관 ❾ 발코니

036

철근콘크리트주택

그린 파스텔 톤으로 세련미를 더한 주택

그린 파스텔 톤 외장재의 은은한 색감을 자연에서 찾아 주변환경과 잘 어울리게 디자인한 모던하면서도 산뜻한 느낌의 색다른 주택을 설계하였다. 거실은 넓은 전창을 설치해 시각적인 여유와 채광을 극대화하고, 오픈천장의 상단부에도 3개의 작은 창을 설치해 외벽의 디자인적인 요소를 더하면서 상·하로 밝은 빛이 충분히 유입되도록 하였다. 전면의 그린 톤의 선과 면이 조화를 이루며 현대적인 분위기를 이끄는 세련미 있는 주택이다.

설계개요

	건축면적	83.62㎡(25.3py)
	연 면 적	132.22㎡(40py)
	1층 면적	83.62㎡(25.3py)
	2층 면적	48.6㎡(14.7py)
	구 조	철근콘크리트, ALC블록

	외부마감	스타코플렉스, 적삼목사이딩
	설 계	엔디건축사(주)
	시 공	엔디하임(주)

설계포인트

1 스타코플렉스 색감을 매치하여 경제적이면서 산뜻하고 세련된 주택디자인이다.

2 거실의 큰 매스에 질감이 있는 몰딩 마감으로 마치 벽에 액자가 걸려있는 듯한 느낌이다.

3 디자인의 포인트인 2층의 발코니 선을 오염물에 강한 징크로 마감하여 거실의 외벽 색감과 매치하였다.

4 거실의 오픈천장과 전창, 상단부의 작은 창을 통해 충분한 채광효과와 개방감을 주었다.

좌측면도

우측면도

정면도

배면도

1층 평면도

2층 평면도

① 거실　② 주방 및 식당　③ 안방　④ 침실　⑤ 욕실　⑥ 현관　⑦ 다용도실　⑧ 베란다　⑨ 발코니　⑩ 창고　⑪ 데크　⑫ 보일러실　⑬ 오픈천장

40 py
132.83㎡

철근콘크리트주택

037 경사지의 미니멀리즘 철근콘크리트주택

경사지에 석축을 쌓고 대지를 조성하여 지은 집으로, 흑백의 징크지붕과 스타코플렉스로 마감해 외부가 간결하면 서도 세련미가 있는 도시풍 주택이다. 석축 하부에 차고를 만들고 바로 옆에 진입 계단을 만들어 주차 후에 편리하게 안으로 이동할 수 있게 함과 동시에 계단을 인접 대지의 경계선에 붙여 정원면적을 최대한 확보하였다. 1, 2층 각 실의 평면을 비교적 여유롭게 나누어 자유로운 공간감을 느낄 수 있도록 설계하였다.

설계개요		
건축면적	114.4㎡(34.61py)	외부마감	스타코플렉스, 징크
연 면 적	132.83㎡(40.18py)	설 계	엔디건축사(주)
1층 면적	94.89㎡(28.7py)	시 공	엔디하임(주)
2층 면적	37.94㎡(11.48py)		
구 조	철근콘크리트		

설계 포인트

1 장식적인 요소를 일체 배제하고 깔끔하면서 세련미 있게 디자인한 미니멀리즘한 주택이다.

2 정원 공간을 넓게 확보하기 위해 지하에 주차장을 계획하고 진입 계단을 인접 대지의 경계에 접하게 설계하였다.

3 대지 전면으로 공용공간인 거실과 주방을 배치하고 배면에 개인공간인 서재와 침실을 배치하였다.

4 1층 거실의 오픈천장과 연계하여 2층 침실에서 빔프로젝터로 영화를 관람할 수 있도록 하였다.

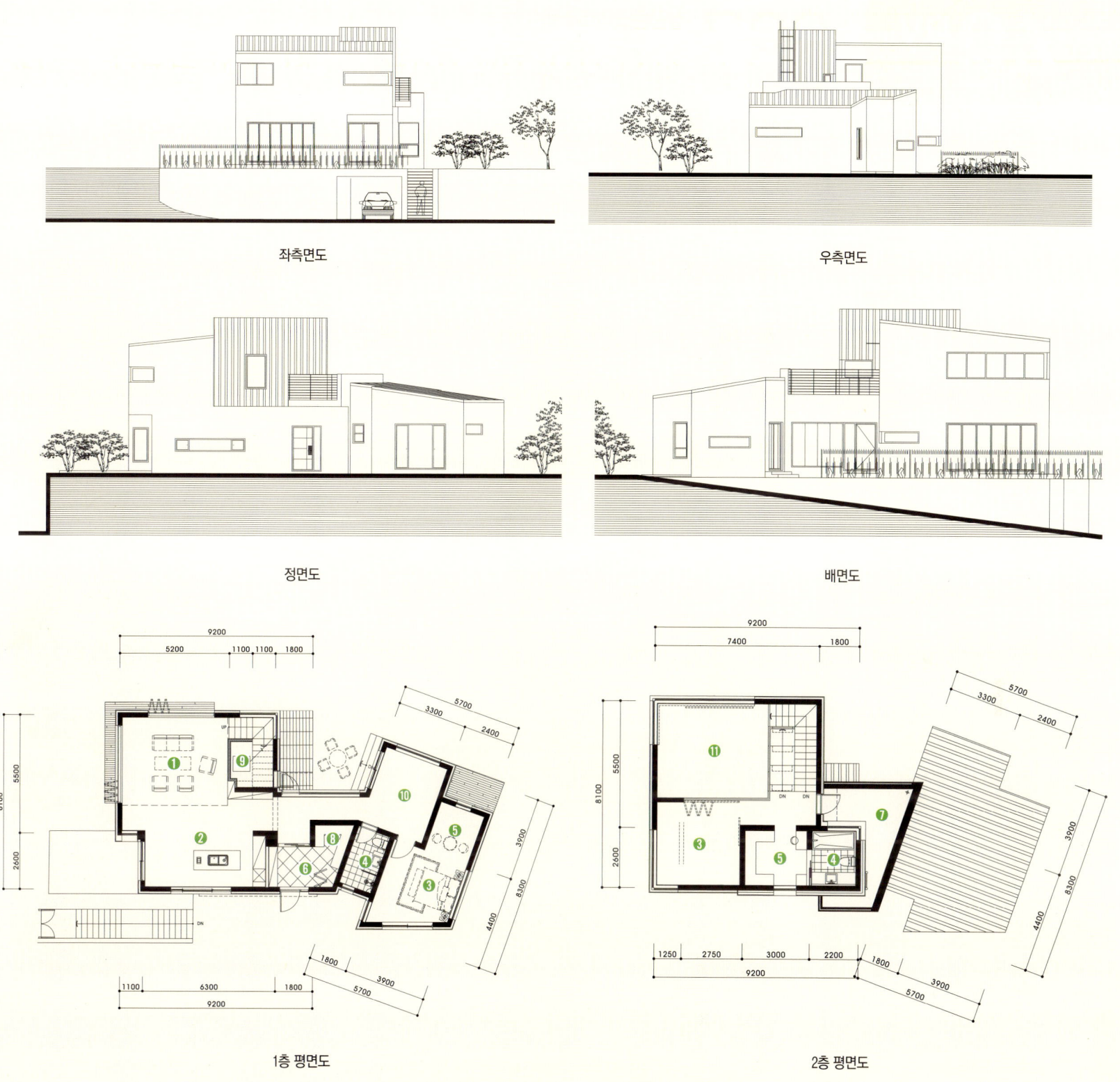

좌측면도

우측면도

정면도

배면도

1층 평면도

2층 평면도

① 거실　② 주방 및 식당　③ 침실　④ 욕실　⑤ 드레스룸　⑥ 현관　⑦ 베란다　⑧ 창고　⑨ 보일러실　⑩ 서재　⑪ 오픈천장

42 ^{py} 137.92㎡

목조주택

038 실의 편리한 동선을 반영한 미국식 주택

전체적으로 세미모던한 형태의 미국식 주택이다. 유사한 색의 파벽돌과 적삼목사이딩으로 마감하여 전체적으로 밝은 분위기를 이끌어 내고 회색 톤의 지붕으로 시각적인 무게감과 안정감을 실었다. 특히 주방과 식당을 모두 남향으로 배치함으로써 주방과 밖으로 이어지는 편리한 동선을 형성하여 언제든지 야외에서 식사나 바베큐파티를 할 수 있도록 외부공간으로의 확장성을 높일 수 있도록 설계에 반영하였다.

설계개요

| 건축면적 | 97.28㎡(29.43py)
| 연 면 적 | 137.92㎡(41.72py)
| 1층 면적 | 97.28㎡(29.43py)
| 2층 면적 | 40.64㎡(12.29py)
| 구   조 | 일반목구조

| 외부마감 | 스타코플렉스, 적삼목사이딩, 파벽돌
| 설   계 | 엔디건축사(주)
| 시   공 | 엔디하임(주)

설계포인트

1 적삼목사이딩과 파벽돌로 전체적인 밝은 이미지에 회색 톤의 지붕으로 색감을 조절하여 입면에 대한 무게감을 싣고자 했다.

2 주방과 식당을 남향배치하고 주방에서 야외로 쉽게 접근하여 밖에서도 식사할 수 있도록 외부로의 확장성을 반영하였다.

3 거실은 오픈천장으로 하여 개방감을 극대화하였다.

4 1층은 공용공간을 배치하고 2층은 프라이버시가 강조된 방 2개와 가족실을 배치하였다.

좌측면도

우측면도

정면도

배면도

1층 평면도

2층 평면도

① 거실 ② 주방 및 식당 ③ 안방 ④ 침실 ⑤ 욕실 ⑥ 가족실 ⑦ 다용도실 ⑧ 현관 ⑨ 데크 ⑩ 발코니

목조주택

039 원색 포인트로 자녀의 감성을 실은 주택

외부마감재인 흰색의 스타코플렉스와 연회색의 파벽돌을 조합하여 깔끔하게 디자인한 주택이다. 순백의 외벽에 원색의 초록과 노란 개나리색으로 포인트를 주어 순수함과 모던함이 함께 묻어난다. 전면부에 너른 데크를 설치해 정원을 잇는 전이공간으로, 다목적 야외공간으로 활용할 수 있도록 하였다. 전체적으로 새로운 봄날을 연상케하는 밝고 화사한 분위기로 자녀의 꿈과 감성과 실어 디자인한 주택이다.

설계개요

| 건축면적 | 94.84㎡(28.69py)
| 연 면 적 | 138.8㎡(41.99py)
| 1층 면적 | 93.76㎡(28.36py)
| 2층 면적 | 45.04㎡(13.62py)
| 구 조 | 일반목구조

| 외부마감 | 스타코플렉스, 파벽돌
| 설 계 | 엔디건축사(주)
| 시 공 | 엔디하임(주)

설계포인트

1 자녀를 위한 주택이니 만큼 아담한 형태의 디자인과 색감으로 조화를 이루게 하였다.
흰색 조의 깔끔한 외벽에 초록과 개나리색으로 포인트를 주어 순수함과 모던함이 묻어나도록 디자인하였다.
2 흰색의 스타코플렉스와 연회색 빛의 파벽돌을 사용해 깔끔함을 강조하였다.
3 1층은 부부만을 위한 공간으로, 2층은 아이들을 위한 방을 배치하였다.
4 아이 방은 서로의 의사소통을 위해 가변적인 벽을 설치하였다.

좌측면도

우측면도

정면도

배면도

1층 평면도

2층 평면도

① 거실　② 주방　③ 식당　④ 안방　⑤ 침실　⑥ 욕실　⑦ 드레스룸　⑧ 현관　⑨ 다용도실　⑩ 데크　⑪ 창고　⑫ 보일러실　⑬ 다락　⑭ 오픈천장

43^{py} 140.83㎡

목조주택

040 큐빅 형태의 볼륨이 돋보이는 목조주택

노출콘크리트패널과 적삼목사이딩으로 포인트를 주어 디자인한 큐빅 형태의 볼륨이 돋보이는 현대적인 분위기의 목조주택이다. 일반 전원주택과 다르게 세련되면서도 머무는 곳에서 여유와 낭만, 재치와 흥미를 찾고자 하는 현대인이 선호하는 도심 속의 주택을 닮았다. 건축주의 요구로 1층에 거실과 서재를 두고 2층에 안방과 베란다를 연계한 가족실을 배치하여 주·야간 시간대의 생활공간을 분리하였다.

설계 개요		
ㅣ 건축면적 ㅣ 90.94㎡(27.51py)	ㅣ 외부마감 ㅣ 스타코플렉스, 적삼목	
ㅣ 연 면 적 ㅣ 140.83㎡(42.6py)	사이딩, 노출콘크리트패널	
ㅣ 1층 면적 ㅣ 90.94㎡(27.51py)	ㅣ 설 계 ㅣ 엔디건축사(주)	
ㅣ 2층 면적 ㅣ 49.89㎡(15.09py)	ㅣ 시 공 ㅣ 엔디하임(주)	
ㅣ 구 조 ㅣ 일반목구조		

설계 포인트

1 큐빅 형태의 볼륨이 후면의 경사지붕을 감추어 자연스럽게 빗물 처리를 하면서 모던 스타일의 디자인을 동시에 추구하였다.

2 2층의 볼륨이 상대적으로 커지면서 자연스럽게 형성된 필로티 공간에 툇마루와 같은 기능을 부여하였다.

3 대지 후면에는 5m 이상 석축을 쌓고 건물 전면과 측면에는 난간을 설치하였다.

4 1층에는 거실과 서재, 2층에는 안방, 베란다와 연계된 가족실을 배치하여 주·야간 시간대의 생활공간을 분리했다.

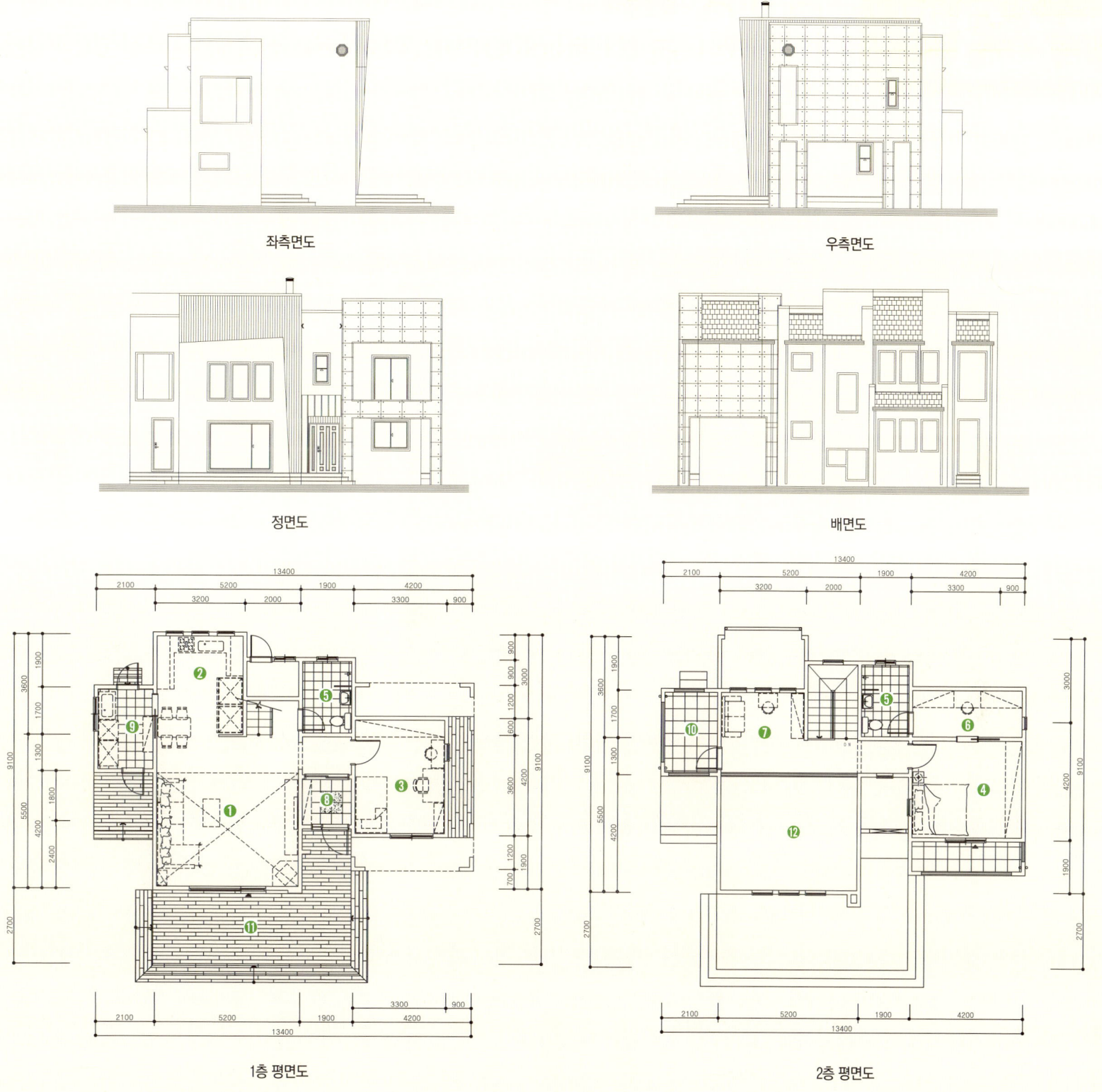

좌측면도

우측면도

정면도

배면도

1층 평면도

2층 평면도

① 거실 ② 주방 및 식당 ③ 안방 ④ 침실 ⑤ 욕실 ⑥ 드레스룸 ⑦ 가족실 ⑧ 현관 ⑨ 다용도실 ⑩ 발코니 ⑪ 데크 ⑫ 오픈천장

43^{py} 143.37㎡

041

목조주택

택지지구 내 유행하는 이국적인 주택

택지지구 내에 유행하는 모던스타일의 장점을 살린 간결하면서 이국적인 분위기의 주택이다. 경사지를 활용해 정원 밑으로 실내 주차장을, 1층에 게스트룸과 성장한 자녀를 위한 방을, 2층은 별실 개념으로 부부만을 위한 공간으로 구성하여 각각 독립성을 확보하였다. 또한, 거실·주방·식당을 일직선상에 놓이게 하는 LDK구조로 배치하고 오픈천장으로 실내의 공간감을 높였다.

설계개요

| 건축면적 | 92.34㎡(27.93py)
| 연 면 적 | 143.37㎡(43.37py)
| 1층 면적 | 92.34㎡(27.93py)
| 2층 면적 | 51.03㎡(15.44py)
| 구   조 | 일반목구조

| 외부마감 | 아이루프, 스타코플렉스
| 설   계 | 엔디건축사(주)
| 시   공 | 엔디하임(주)

설계포인트

1 택지지구 내에 유행하는 모던 스타일의 장점을 살려 디자인한 주택이다.

2 거실, 주방, 식당은 일직선상에 놓이게 하는 LDK구조로 배치하고 거실은 오픈천장으로 하여 개방감을 높였다.

3 주방 옆으로 다용도실을 나란히 배치하여 수납공간과 보조주방으로 사용할 수 있게 하였다.

4 2층은 부부만을 위한 공간으로 안방과 드레스룸, 욕실을 연계해 독립적인 공간으로 꾸몄다.

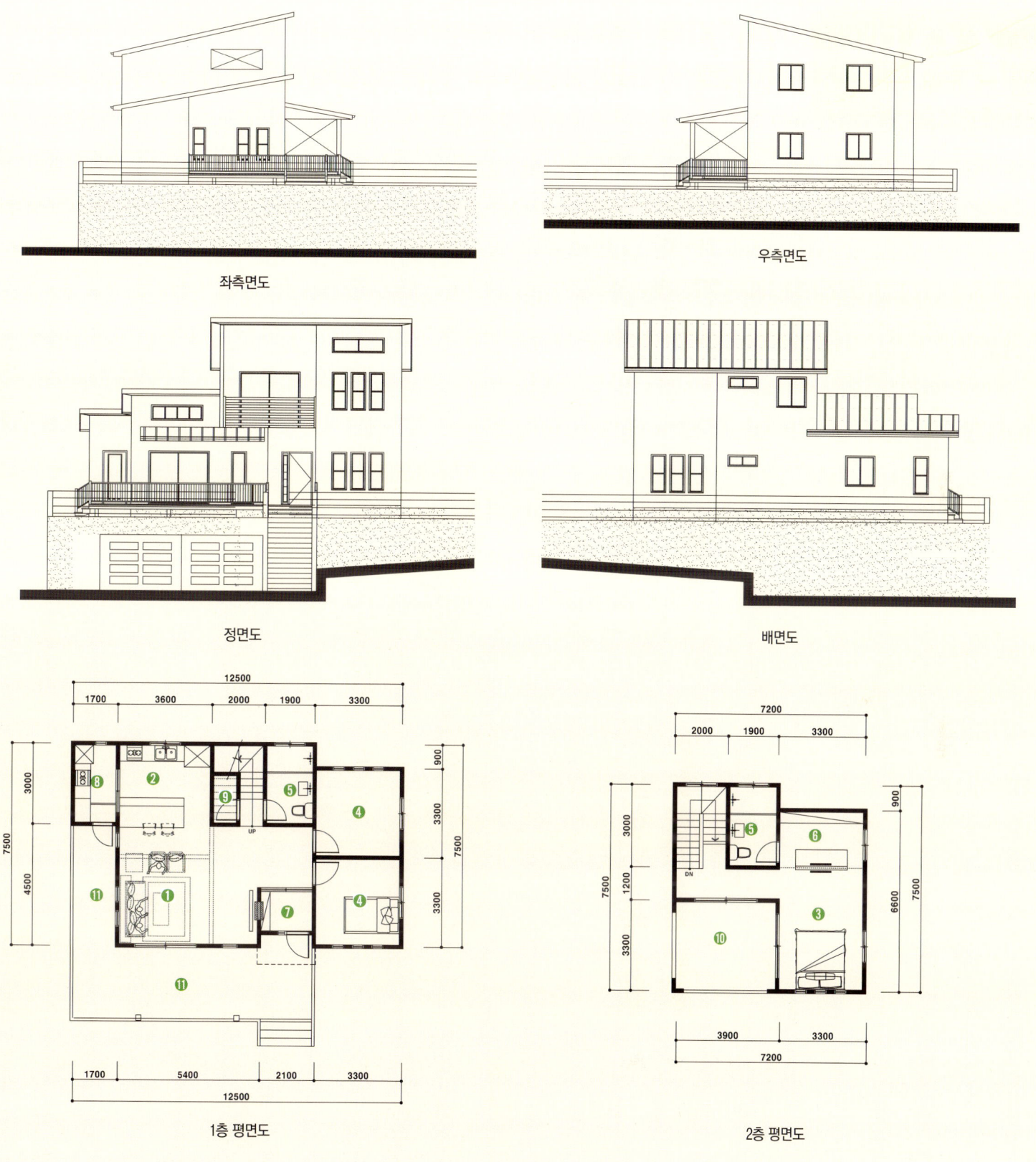

좌측면도

우측면도

정면도

배면도

1층 평면도

2층 평면도

① 거실　**②** 주방 및 식당　**③** 안방　**④** 방　**⑤** 욕실　**⑥** 드레스룸　**⑦** 현관　**⑧** 다용도실　**⑨** 창고　**⑩** 테라스　**⑪** 데크

45py 147.39㎡

목조주택

042 채광과 전망 중심의 고전적인 주택

웅장하면서 전체적으로 균형이 잘 잡혀 안정감을 보이는 클래식한 외형과 깔끔하고 온화한 분위기의 평면과 입면이 잘 어우러져 돋보이는 집이다. 각 실은 독립적으로 구성하여 가족 간의 프라이버시를 고려하고 , 소통의 부족한 부분은 공용공간을 활용하여 가족애가 이어지도록 하였다. 자연경관이 좋은 장점을 최대한 이용한 공간구성으로 채광과 전망을 우선 고려하여 설계한 고전적인 중후한 분위기의 주택이다.

설계개요		
건축면적	104.05㎡(31.48py)	
연 면 적	147.39㎡(44.59py)	
1층 면적	104.05㎡(31.48py)	
2층 면적	43.34㎡(13.11py)	
구 조	일반목구조	

외부마감	스타코플렉스, 파벽돌
설 계	엔디건축사(주)
시 공	엔디하임(주)

설계 포인트

1 변색기와와 파벽돌로 마감하여 중후하면서도 전체적인 균형이 잘 이루어지도록 하였다.

2 박공지붕과 같은 유사한 형태를 적용하여 클래식하게 설계하였다.

3 채광과 전망 중심의 평면과 입면 계획을 세워 자연의 혜택을 최대한 누릴 수 있도록 하였다.

4 실 마다 창을 넓게 설치하여 채광과 조망을 최대한 확보하였다.

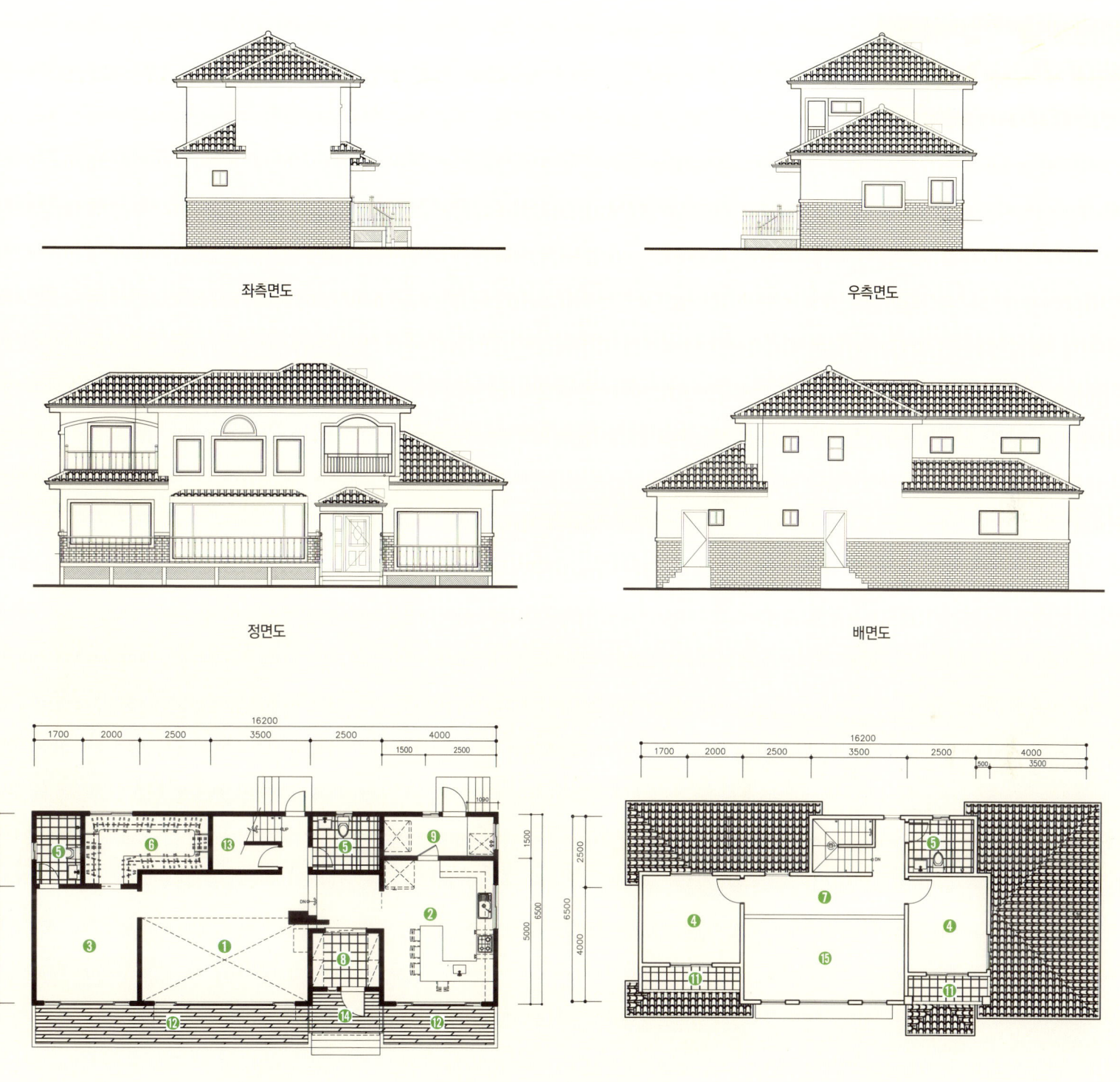

좌측면도

우측면도

정면도

배면도

1층 평면도

2층 평면도

❶ 거실　❶ 주방 및 식당　❸ 안방　❹ 침실　❺ 욕실　❻ 드레스룸　❼ 복도　❽ 현관　❾ 다용도실　❿ 베란다　⓫ 발코니　⓬ 데크　⓭ 창고　⓮ 포치　⓯ 오픈천장

45 py 148.05㎡

043 철근콘크리트주택
개성을 살린 경사지형의 전원주택

경사진 도로와 높은 대지, 인접 대지의 수직 옹벽 등 여러 가지 건축 사정을 종합적으로 고려하여 설계에 반영하였다. 남동향의 일자형 배치로 진입과 앞마당의 조경공간을 최대로 확보하고, 경사가 있는 계단식 대지를 이용해 차고는 지하화하고, 건물은 경치 좋은 남향으로 개방하였다. 화이트 톤의 스타코플렉스를 기본 마감재로 하여 하단부에 화강석, 지붕은 녹색 징크로 마감하여 깔끔하면서 마치 자연 속에 묻힌 듯한 느낌의 주택이다.

설계개요		구 조	철근콘크리트
건축면적	84.38㎡(25.52py)	외부마감	스타코플렉스, 화강석
연 면 적	148.05㎡(44.79py)	설 계	엔디건축사(주)
지하면적	37.11㎡(11.23py)	시 공	엔디하임(주)
1층 면적	62.13㎡(18.79py)		
2층 면적	48.81㎡(14.77py)		

설계 포인트

1 남동향의 一자형 배치로 진입과 앞마당의 조경공간을 최대로 확보하고 조영하였다.

2 사각뿔 모양의 리얼징크 지붕재와 스타코플렉스의 깔끔함이 현대적인 느낌을 주는 디자인이다.

3 주차장 위로 층마다 베란다와 발코니를 설치해 입면을 강조함과 동시에 통풍에도 신경을 썼다.

4 2층에 넓고 탁 트인 테라스를 두어 야외활동을 하며 자연을 즐길 수 있게 하였다.

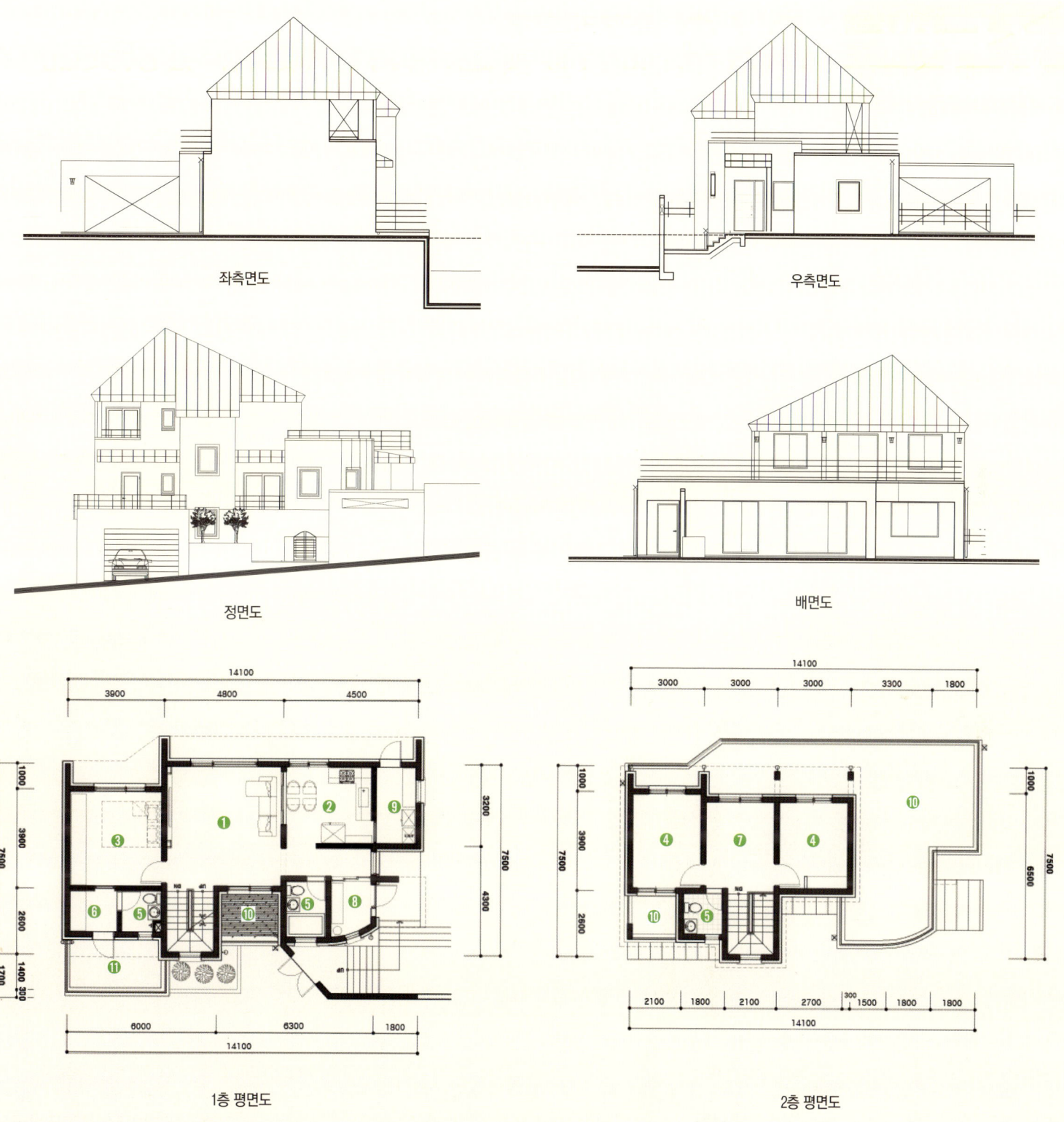

좌측면도

우측면도

정면도

배면도

1층 평면도

2층 평면도

1 거실　**2** 주방 및 식당　**3** 안방　**4** 침실　**5** 욕실　**6** 파우더룸　**7** 가족실　**8** 현관　**9** 다용도실　**10** 테라스　**11** 데크

45 py 148.19㎡

목조주택

044 하나의 매스로 표현된 현대적인 주택

작은 공간에 많은 것을 담으려니 공간 하나하나가 소중하다. 세심한 계획으로 작은 자투리 공간 하나라도 놓치지 않고 최대한 활용할 수 있는 디자인과 평면을 계획하였다. 장방형의 매스 디자인을 통해 낭비되는 공간이 없도록 하고 세부적인 볼륨감보다는 하나의 거대한 매스를 포인트로 하여 디자인하였다. 2층은 적삼목사이딩으로 외관미를 더하고 검은색 계열의 스타코플렉스로 띠를 두르듯 매스를 감싸는 조형미를 보이는 주택이다.

설계개요

| 건축면적 | 82.39㎡(24.92py)
| 연 면 적 | 148.19㎡(44.83py)
| 1층 면적 | 82.39㎡(24.92py)
| 2층 면적 | 65.8㎡(19.9py)
| 구 조 | 일반목구조

| 외부마감 | 스타코플렉스, 적삼목사이딩
| 설 계 | 엔디건축사(주)
| 시 공 | 엔디하임(주)

설계포인트

1 평면 자체가 매우 콤팩트하여 매스의 분리를 통해 볼륨감을 주기보다는 하나의 거대한 Mass에 포인트를 준 디자인이다.

2 데드스페이스를 없애기 위해 장방형의 사각매스로 디자인하고 적절히 포인트를 주어 건물의 볼륨감을 살렸다.

3 포인트는 징크 대신 검은색 스타코플렉스를 사용하여 비용절감 효과를 얻었다.

4 기둥을 중심으로 거실과 주방 공간을 분리하고 외부와의 연계성을 통해 개방감을 살렸다.

좌측면도

배면도

정면도

3층 평면도

1층 평면도

2층 평면도

❶ 거실 ❷ 주방 ❸ 식당 ❹ 안방 ❺ 침실 ❻ 욕실 ❼ 드레스룸 ❽ 현관 ❾ 다용도실 ❿ 발코니 ⓫ 보일러실 ⓬ 손님방 ⓭ 창고 ⓮ 데크 ⓯ 다락

목조주택

045 부드러움이 엿보이는 프로방스풍 주택

외관은 프로방스 분위기로 프랑스산 테릴기와, 파벽돌, 스타코플렉스로 벽면과 지붕을 구성하여 안정감과 강인함, 부드러움이 조화로운 이국적인 모습을 연출하였다. 전면창 앞쪽으로 차양 형태의 간이지붕을 설치하여 기능성과 디자인의 이중효과를 냈다. ㄴ자형 계단으로 디자인하여 1층과 2층의 개방감을 최대화 하였으며, 사용하지 않는 계절에 벽난로를 수납할 수 있도록 별도의 공간을 계획하였다.

설계개요

건축면적	88.17㎡(26.67py)
연 면 적	148.2㎡(44.83py)
1층 면적	86.07㎡(26.04py)
2층 면적	62.13㎡(18.79py)
구 조	일반목구조

외부마감	스타코플렉스, 파벽돌
설 계	엔디건축사(주)
시 공	엔디하임(주)

설계포인트

1 프로방스풍의 부드러운 분위기로 벽면과 지붕을 구성하여 이국적인 모습을 연출하였다.

2 거실과 주방을 분리하고 1층 거실을 오픈천장으로 하여 거실의 개방감을 높였다.

3 계단 밑 공간을 창고로 활용하여 여유 있는 수납공간을 확보하였다.

4 2층을 사적 공간으로 분리하여 독립된 공간으로 계획하였다.

좌측면도

우측면도

정면도

배면도

1층 평면도

2층 평면도

① 거실　② 주방 및 식당　③ 안방　④ 침실　⑤ 욕실　⑥ 드레스룸　⑦ 가족실　⑧ 현관　⑨ 발코니　⑩ 다용도실　⑪ 보일러실　⑫ 데크　⑬ 창고　⑭ 오픈천장

45 ^{py} 149.3㎡

철근콘크리트주택

046 부모와 두 자녀를 위한 맞춤형 주택

평범해 보일 수 있는 외관이지만 실내 평면은 기능적인 면을 최대한 풀어놓은 주택이다. 특히 2층으로 올라가는 계단을 내·외부에 설치해 부모와 두 자녀가 한 집에 살면서 서로의 프라이버시를 지키고 동시에 다 함께 모일 수 있도록 각자의 생활기준에 맞는 맞춤형 주택을 설계하였다. 밝은 화강석과 어두운 색감의 파벽돌로 조화롭게 마감한 이 주택은 유행을 타지 않는 외관으로 주변과 자연스럽게 조화를 이루는 주택이다.

설계개요		
건축면적	85.9㎡(25.98py)	
연 면 적	149.3㎡(45.16py)	
1층 면적	85.9㎡(25.98py)	
2층 면적	63.4㎡(19.18py)	
구 조	철근콘크리트	
외부마감	파벽돌, 화강석	
설 계	엔디건축사(주)	
시 공	엔디하임(주)	

설계 포인트

1 외관만 보아도 공간 분할이 잘 이루어졌음을 짐작할 수 있는 주택이다.

2 밝은 화강석과 어두운 색감의 파벽돌을 조화시켜 주택의 볼륨감을 살렸다.

3 2층으로 올라가는 계단을 내·외부에 설치하여 가족 구성원의 프라이버시를 고려하였다.

4 삼각형 대지의 코너를 외부계단을 배치하고 아래 공간을 창고로 계획하였다.

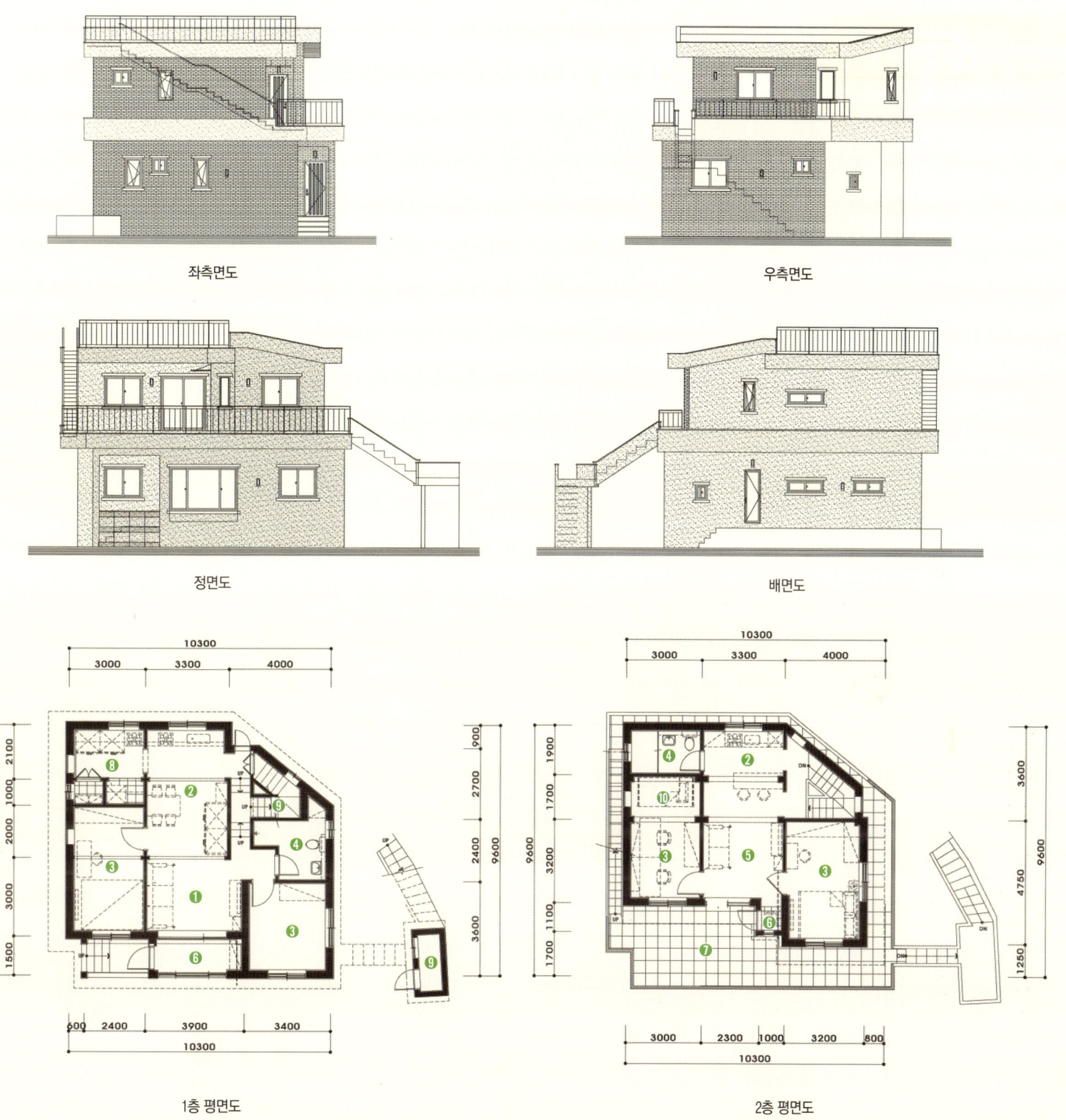

좌측면도

우측면도

정면도

배면도

1층 평면도

2층 평면도

① 거실　② 주방 및 식당　③ 침실　④ 욕실　⑤ 가족실　⑥ 현관　⑦ 테라스　⑧ 보조주방　⑨ 창고　⑩ 드레스룸

45^{py} 149.77㎡

목조주택

047 무게감과 볼륨감이 있는 클래식한 주택

그레이 톤의 지붕과 외벽으로 무게감과 볼륨감이 느껴지는 클래식한 분위기의 주택이다. 1층 전면에 거실과 방을 배치하고 주방과 거실을 분리해 거리를 두면서 각 실의 독립적인 기능에 충실하였다. 거실의 오픈천장을 통해 실내에 공간감을 더하고 배면에 테라스를 배치해 외부로의 공간 확장성도 꾀하였다. 제각기 다른 형태의 지붕과 1층의 포치, 파벽돌 마감, 원 모양의 창문을 조합하여 견고하고 클래식한 느낌으로 설계하였다.

설계 개요

| 건축면적 | 101.77㎡(30.79py)
| 연 면 적 | 149.77㎡(45.3py)
| 1층 면적 | 101.77㎡(30.79py)
| 2층 면적 | 48㎡(14.52py)
| 구   조 | 일반목구조

| 외부마감 | 스타코플렉스, 인조석
| 설   계 | 엔디건축사(주)
| 시   공 | 엔디하임(주)

설계 포인트

1 무게감이 느껴지는 인조석 외벽과 클래식한 포치 디자인으로 입면을 강조하였다.

2 욕실과 창고 및 계단실 등을 일렬로 나란히 배치하여 데드스페이스를 최소화 하였다.

3 주방과 거실 사이에 현관과 방을 배치해 독립적 공간으로써 각 실의 기능에 충실하도록 하였다.

4 2층은 복도를 중심으로 방을 배치하고 배면에 테라스를 두어 외부공기를 접할 수 있도록 하였다.

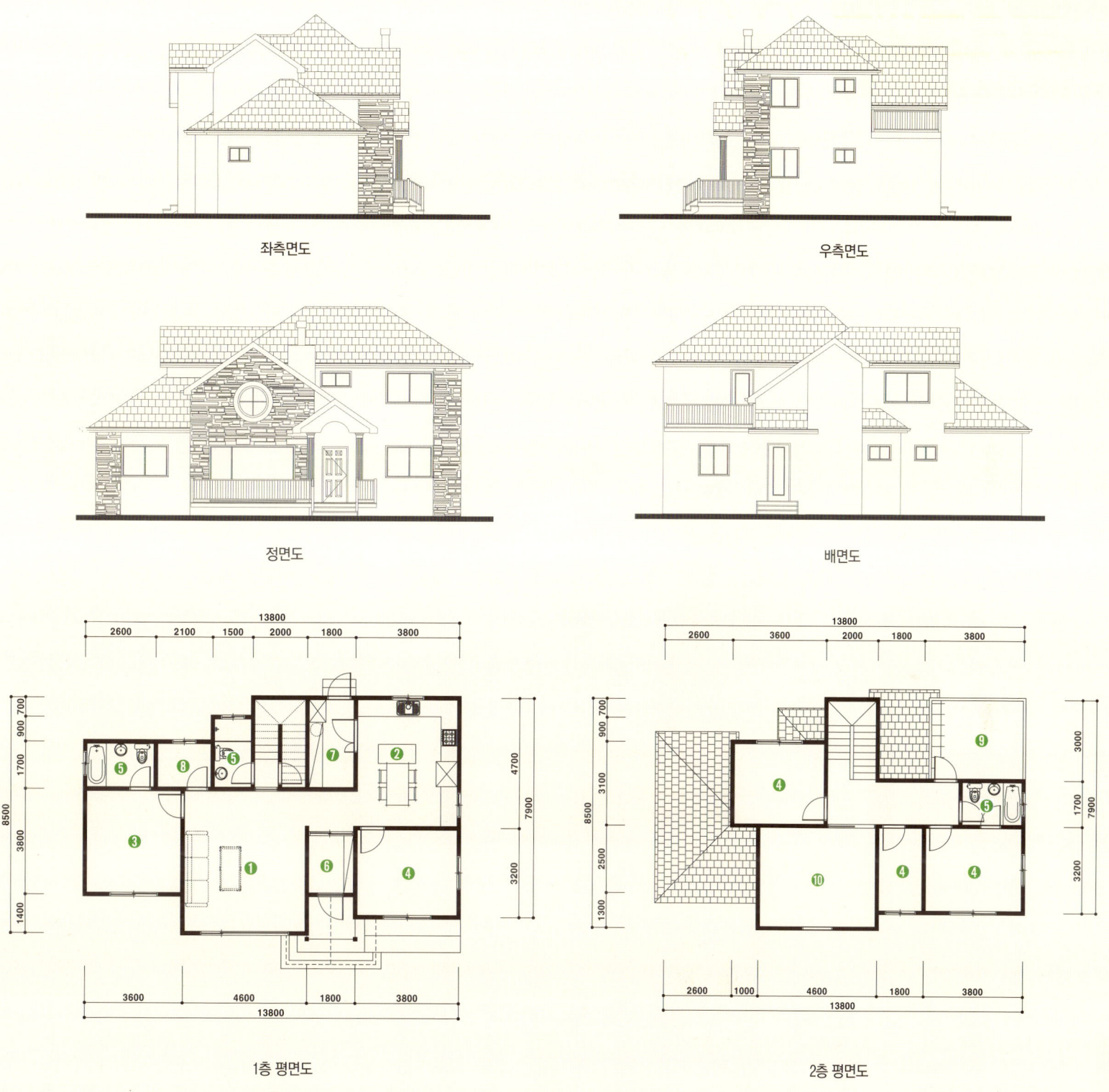

좌측면도

우측면도

정면도

배면도

1층 평면도

2층 평면도

① 거실　**②** 주방 및 식당　**③** 안방　**④** 침실　**⑤** 욕실　**⑥** 현관　**⑦** 다용도실　**⑧** 창고　**⑨** 테라스　**⑩** 오픈천장

46 **py** 151.46㎡

목조주택

048 다양한 형태의 매스로 조형미를 보이는 집

다양한 형태의 매스가 어우러져 변화감과 역동성을 느끼게 하는 주택이다. 각 실을 전면에 배치해 조망을 확보하고, 2층에는 테라스와 베란다를 설치해 여유 공간을 최대한 늘리려 노력하였다. 2층은 방마다 다락을 둔 복층구조로 구상하여 상부의 개방감과 함께 감성적인 공간을 계획하였다. 개인공간과 공용공간의 쓰임새를 세심하게 점검해 생활에 불편함이 없는 안락한 주거공간이 되도록 노력하였다.

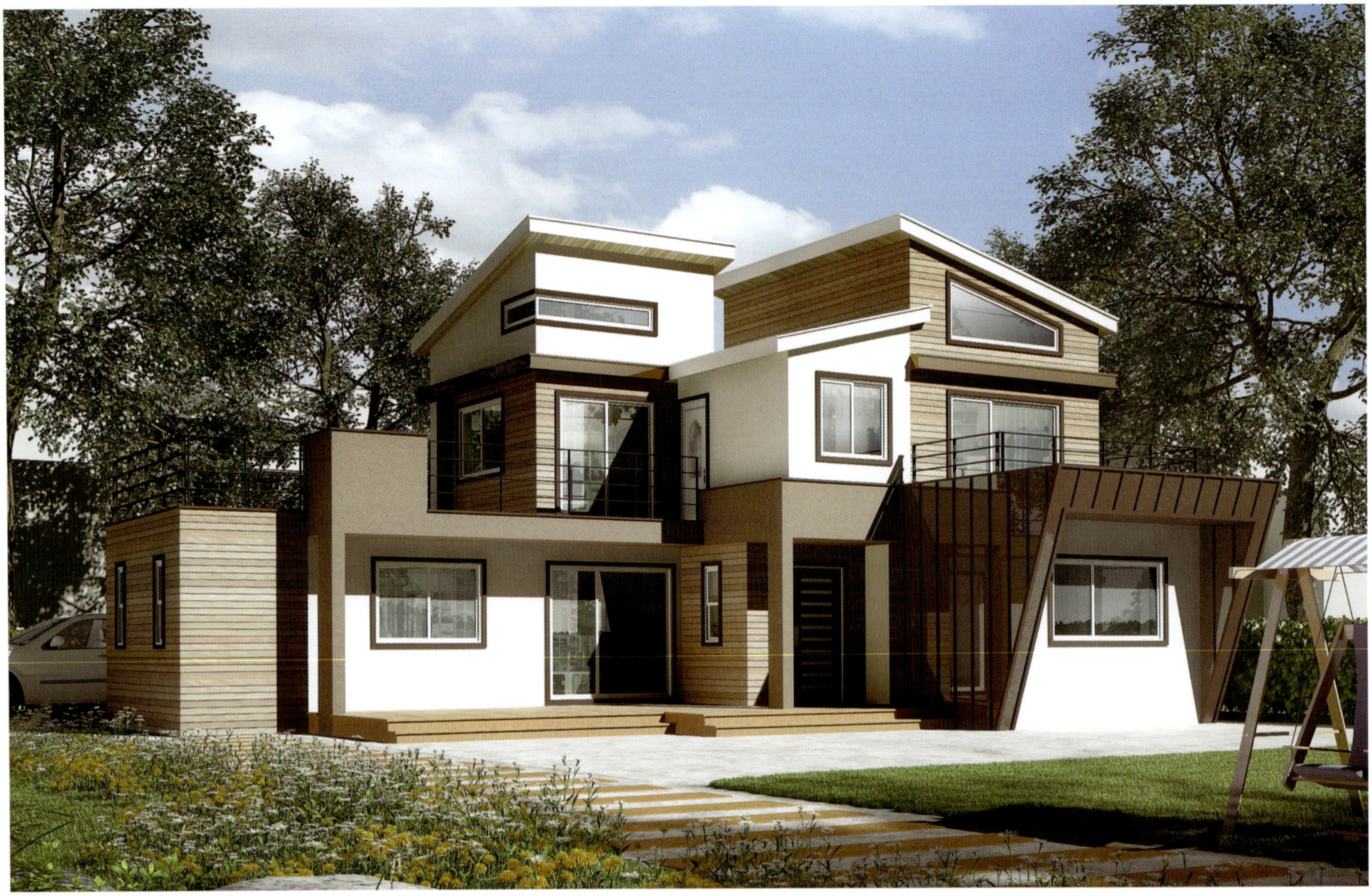

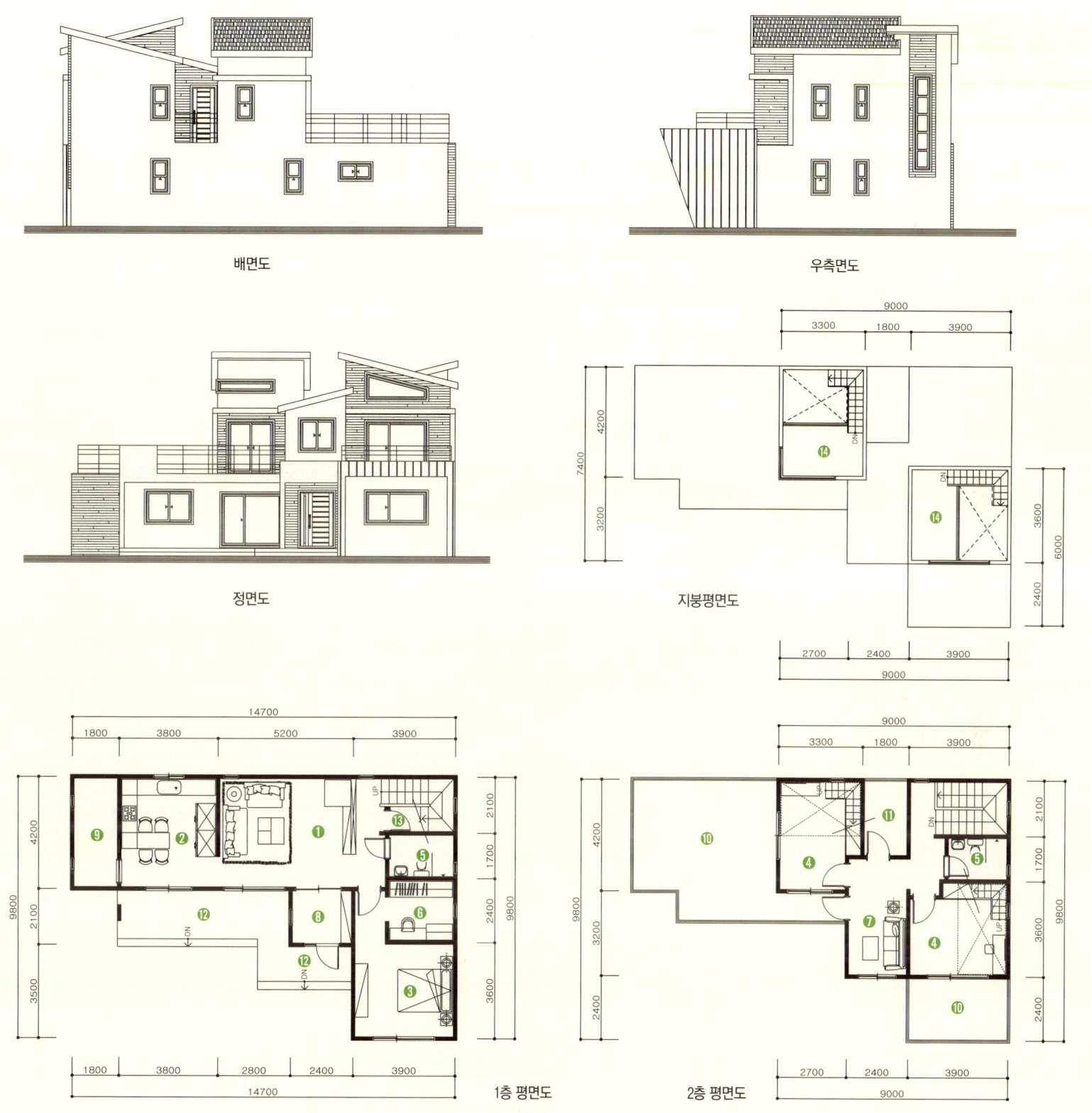

배면도

우측면도

정면도

지붕평면도

1층 평면도

2층 평면도

① 거실 ② 주방 및 식당 ③ 안방 ④ 침실 ⑤ 욕실 ⑥ 드레스룸 ⑦ 가족실 ⑧ 현관 ⑨ 다용도실 ⑩ 테라스 ⑪ 베란다 ⑫ 데크 ⑬ 창고 ⑭ 다락

46 **py**
152.29㎡

목조주택

049 외쪽지붕 조합의 역동감 있는 주택

클래식한 주택이지만 단순하면서도 강해 보이는 외쪽지붕으로 트랜스포머와 같은 느낌의 현대적 주택이다. 외쪽지붕의 조합으로 이루어진 전면의 지붕선으로 시선이 이끌린다. 외쪽지붕은 매스에 입체감과 역동감을 더할 뿐만 아니라 내부공간을 여유롭게 연출할 수 있다는 장점도 있다. 지붕의 기울기에 맞추어 감각있게 마감한 외벽, 자연채광을 위해 곳곳에 설치한 창과 적삼목사이딩 포인트가 조화로운 세련미를 보여주는 주택이다.

설계개요

| 건축면적 | 110.17㎡(33.33y)
| 연 면 적 | 152.29㎡(46.07py)
| 1층 면적 | 110.17㎡(33.33py)
| 2층 면적 | 42.12㎡(12.74py)
| 구   조 | 일반목구조

| 외부마감 | 스타코플렉스, 파벽돌
| 설   계 | 엔디건축사(주)
| 시   공 | 엔디하임(주)

설계 포인트

1 누수에 대한 고민을 해결해주는 기능적으로 완전한 외쪽지붕으로 설계하였다.

2 외쪽지붕의 조합으로 생겨난 지붕선으로 역동감과 조형미가 있는 입면을 디자인하였다.

3 거실과 식당에서 바로 야외로 연결해 나갈 수 있게 넓은 데크를 계획하였다.

4 에너지절감형 목조주택으로 에너지 절감을 위해 지열보일러실을 계획하였다.

좌측면도

우측면도

정면도

배면도

1층 평면도

2층 평면도

❶ 거실　❷ 주방 및 식당　❸ 안방　❹ 침실　❺ 욕실　❻ 드레스룸　❼ 현관　❽ 다용도실　❾ 데크　❿ 창고　⓫ 서재　⓬ 테라스　⓭ 지열보일러실

46^{py} 152.85㎡

철근콘크리트주택

050 필로티 구조로 차로를 확보한 주택

징크와 노출콘크리트로 마감한 이 주택은 대지 형태를 고려하여 1층은 필로티 구조로 띄워 차로를 확보하고, 2, 3층은 기능별로 분리하여 설계하였다. 이 력셔리한 주택의 설계 포인트는 2층에 주거공간을 배치하고, 3층에 넓은 운동실과 테라스를 별도로 두어 여유와 여가를 즐기며 일상을 더욱 즐겁고 풍요롭게 만드는 공간에 중점을 두었다는 점과 거실 전면을 돌출된 형태로 디자인하여 입면을 강조한 점이다.

설계개요	
건축면적	85.2㎡(25.77py)
연 면 적	152.85㎡(46.24py)
1층 면적	21.75㎡(6.58py)
2층 면적	85.2㎡(25.77py)
3층 면적	45.9㎡(13.88py)

구 조	철근콘크리트
외부마감	징크, 노출콘크리트
설 계	엔디건축사(주)
시 공	엔디하임(주)

설계 포인트

1 징크와 노출콘크리트로 마감하여 고급스러운 분위기를 연출하였다.

2 거실을 돌출시켜 입면을 강조하고 너른 창을 통해 아름다운 풍경을 조망할 수 있게 하였다.

3 2층은 주거공간으로 사용하고 3층은 운동실과 서재를 두어 취미 공간을 마련하였다. 운동실 옆으로 넓은 테라스를 배치해 입면을 강조하고 야외 활동을 할 수 있게 하였다.

4 주방 면적을 축소하고 거실 공간을 최대한 확대해 넓고 여유롭게 생활할 수 있도록 하였다.

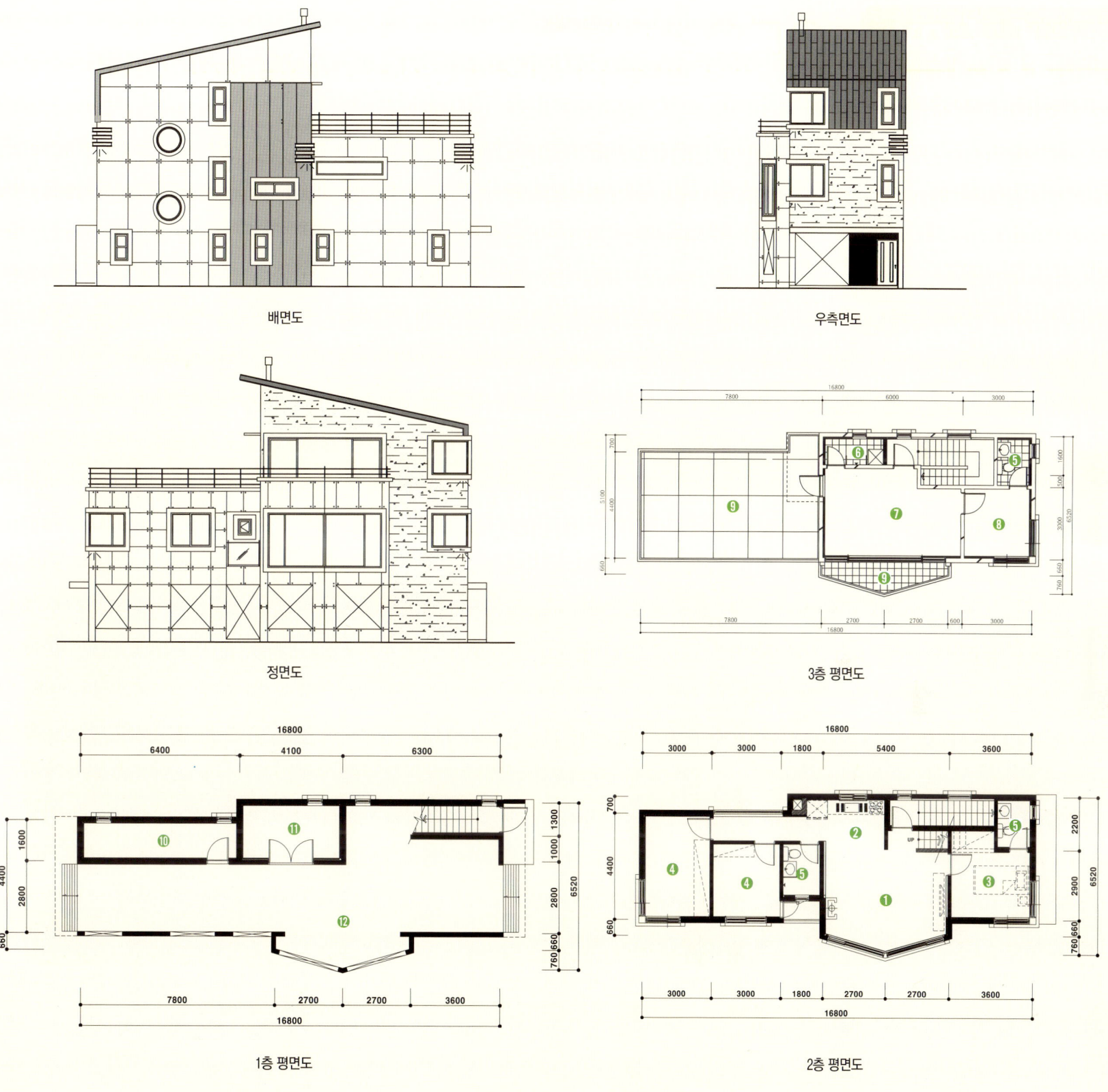

배면도

우측면도

정면도

3층 평면도

1층 평면도

2층 평면도

❶ 거실　❷ 주방 및 식당　❸ 안방　❹ 침실　❺ 욕실　❻ 샤워실 및 세탁실　❼ 운동실　❽ 서재　❾ 베란다　❿ 창고　⓫ 보일러실　⓬ 차로

47py
156.14㎡

목조주택

051 자연 휴양지의 고급 펜션 같은 주택

전체적으로 브라운 톤으로 마감한 외관의 다채로운 입체감이 주변 경치와 자연스럽게 동화되어 마치 자연 휴양지의 고급 펜션 같은 주택이다. 아스팔트슁글 지붕재와 스타코플렉스, 적삼목사이딩, 그리고 인조석으로 마감한 외벽 등, 감각적인 색감으로 디자인한 외관이 차분하면서도 고급스러운 분위기를 연출한다. 도로와 대지의 높이차를 이용해 차고는 도로와 같은 레벨로 배치하고 차고 위를 1층 테라스로 활용하여 공간의 이용도를 높였다.

설계개요

| 건축면적 | 103.12㎡(31.19py)
| 연 면 적 | 156.14㎡(47.23py)
| 1층 면적 | 103.12㎡(31.19py)
| 2층 면적 | 53.02㎡(16.04py)
| 구 조 | 일반목구조

| 외부마감 | 스타코플렉스,
　　　　 적삼목사이딩, 인조석
| 설 계 | 엔디건축사(주)
| 시 공 | 엔디하임(주)

설계포인트

1 어린 자녀를 돌보기 위해 안방 옆에 자녀 방을 두고, 2층은 아이가 자란 이후를 고려해 독립된 공간으로 두었다.

2 2층 테라스는 상부에 구조물을 설치하고 적삼목사이딩으로 마감하여 내부공간의 연장이라는 느낌이 들도록 설계하였다.

3 도로와 대지의 고저 차를 이용해 차고는 도로와 같은 레벨로 설계하고 주택을 차고 위에 배치하여 프라이버시와 경관감을 더하였다.

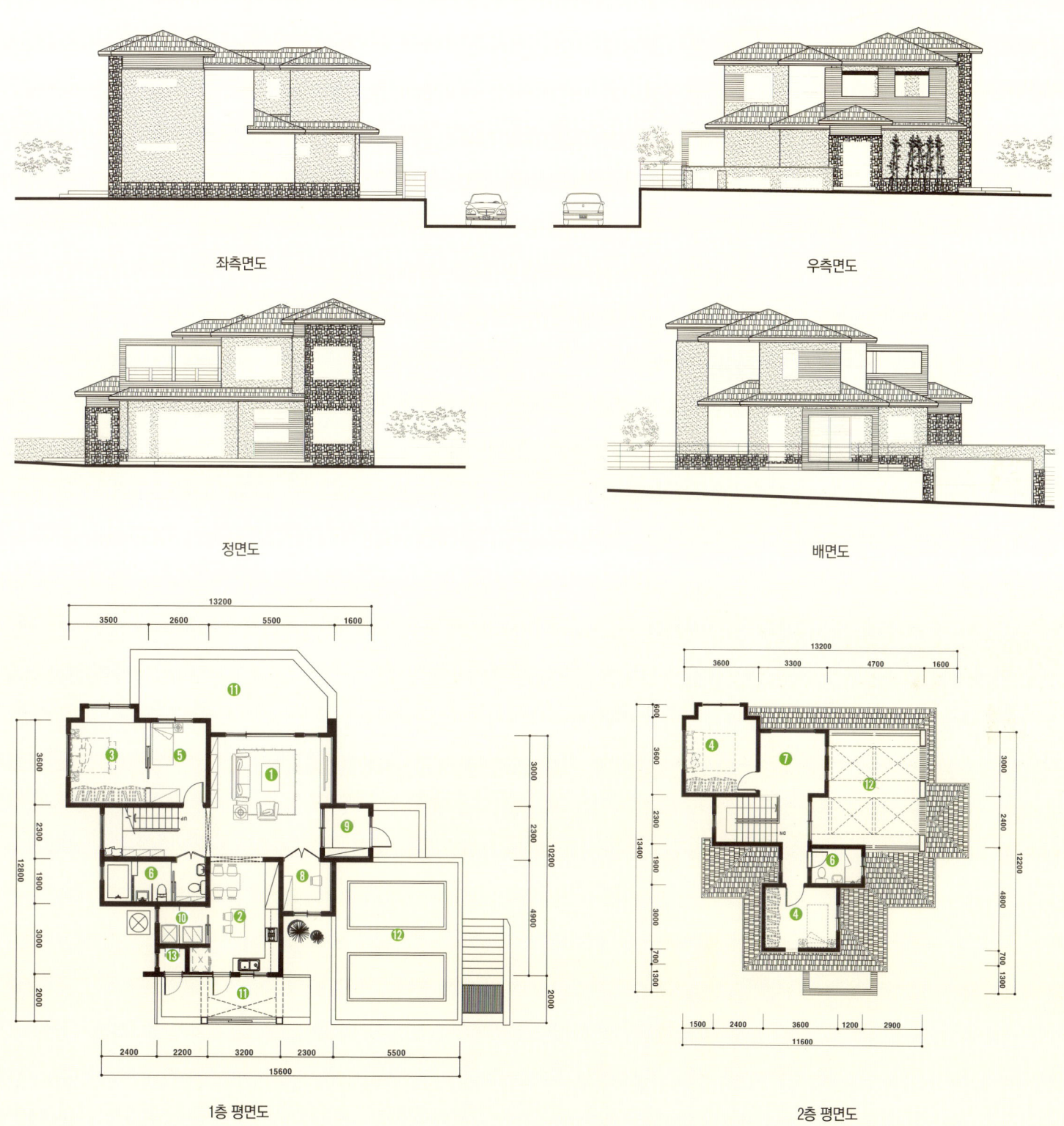

좌측면도

우측면도

정면도

배면도

1층 평면도

2층 평면도

❶ 거실 ❷ 주방 및 식당 ❸ 안방 ❹ 침실 ❺ 자녀방 ❻ 욕실 ❼ 가족실 ❽ 작업실 ❾ 현관 ❿ 다용도실 ⓫ 데크 ⓬ 테라스 ⓭ 보일러실

목조주택

052 수평적 평면배치가 잘 이루어진 주택

모던한 세련미를 갖추면서 밝고 부드러운 느낌의 주택을 원하는 건축주의 생각을 설계에 십분 반영한 주택이다. 좌·우로 길게 구획한 실의 수평적 평면배치로 채광효과를 극대화하고, 창문마다 외부에 돌출형 상·하 인방을 설치하여 위로부터의 직사광선을 차단하는 동시에 밋밋한 외벽에 입체적인 요소로 더하였다. 또한, 1층 하단부를 불규칙하고 모듈이 큰 인조석으로 마감해 다소 가볍게 느껴지는 밝은 분위기에 약간의 무게감을 주었다.

설계 개요

| 건축면적 | 103.5㎡(31.31py)
| 연 면 적 | 160.64㎡(48.59py)
| 1층 면적 | 103.5㎡(31.31py)
| 2층 면적 | 57.14㎡(17.28py)
| 구　　조 | 일반목구조

| 외부마감 | 스타코플렉스, 징크, 인조석
| 설　　계 | 엔디건축사(주)
| 시　　공 | 엔디하임(주)

설계 포인트

1 남향으로 개방한 전면에 주방, 거실, 침실을 배치하여 채광을 극대화하였다.

2 거실에 오픈천장을 적용하고 옆으로 주방을 나란히 배치해 현관에서부터 실내의 개방감이 전해지도록 하였다.

3 좌·우로 긴 평면배치로 채광을 높이고, 공용공간을 중심으로 개인공간을 배치해 각 실의 프라이버시를 확보할 수 있도록 구획하였다. 4 주방에서 바로 외부와 연결되는 문과 데크를 설치해 내·외부 공간에서 모두 편리하게 활용할 수 있도록 하였다.

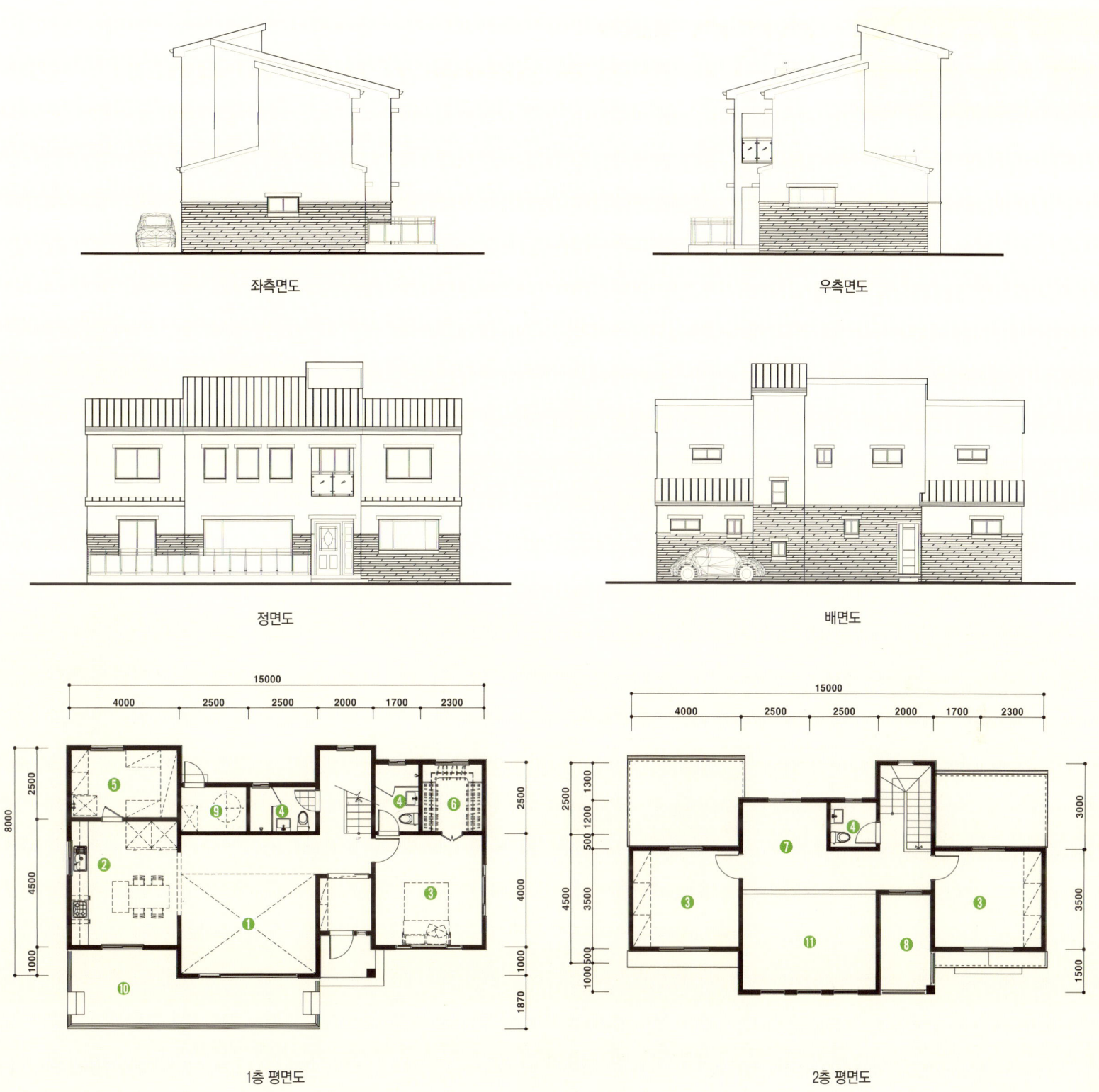

좌측면도

우측면도

정면도

배면도

1층 평면도

2층 평면도

① 거실　**②** 주방 및 식당　**③** 침실　**④** 욕실　**⑤** 다용도실　**⑥** 드레스룸　**⑦** 가족실　**⑧** 발코니　**⑨** 보일러실　**⑩** 데크　**⑪** 오픈천장

49py 162.23㎡

철근콘크리트주택

053 경제적이면서 고급스러운 이미지의 주택

고급스러운 현대적인 분위기에 경제적인 실용성까지 적용하여 설계한 주택이다. 스타코플렉스로 기본적인 외부마감을 하고, 포인트 부분에만 현무암과 적삼목사이딩을 사용해 비용절감 효과를 거두면서도 고급스러운 느낌으로 연출해낸 주택디자인이다. 실을 구분하는 매스마다 다양한 디자인을 적용해 전체적으로 정돈된 세련미와 외형의 밸런스가 잘 이루어진 주택이다.

설계개요

| 건축면적 | 105.02㎡(31.77py)
| 연 면 적 | 162.23㎡(49.07py)
| 1층 면적 | 103.7㎡(31.37py)
| 2층 면적 | 58.53㎡(17.71py)
| 구   조 | 철근콘크리트

| 외부마감 | 스타코플렉스, 적삼목사이딩, 현무암
| 설   계 | 엔디건축사(주)
| 시   공 | 엔디하임(주)

설계포인트

1. 도심과 전원에 모두 어울릴 법한 디자인으로 세련미가 넘치는 주택이다.
2. 스타코플렉스를 기본 외부마감재로 쓰고 포인트 부분에만 현무암과 적삼목사이딩을 사용하였다.
3. 실을 구분하는 매스마다 각각의 특성을 살려 깔끔하고 세련되게 디자인하였다.
4. 곳곳에 전창, 수직창, 테라스 등을 설치해 자연과 소통하며 수려한 전망을 즐길 수 있게 하였다.

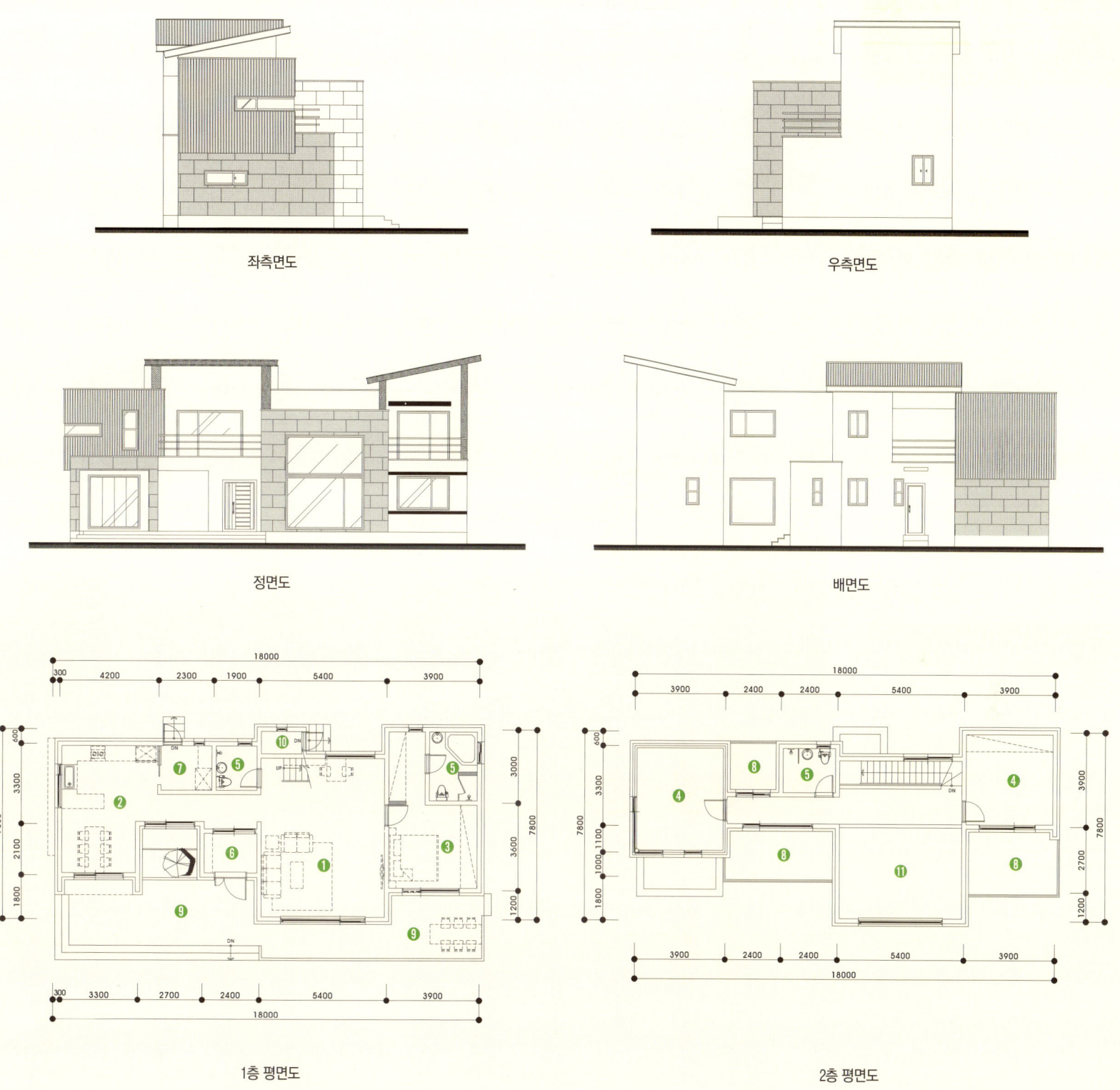

좌측면도

우측면도

정면도

배면도

1층 평면도

2층 평면도

❶ 거실　❷ 주방 및 식당　❸ 안방　❹ 침실　❺ 욕실　❻ 현관　❼ 다용도실　❽ 테라스　❾ 데크　❿ 창고　⓫ 오픈천장

40 py
131.18 ㎡

054 다락을 수납공간으로 십분 활용한 집
목조주택

지붕각을 이용한 디자인으로 간결함을 강조하고 지붕의 경사각을 달리하여 입체감을 표현하였다. 정남향의 대지로 주요 실들을 모두 남향으로 배치하고 안방에는 기존의 장롱을 대신해 드레스룸을 크게 구성하였으며, 자녀 방에는 각각 다락방을 만들어 필요한 수납공간으로 활용하도록 하였다. 거실과 식당의 시각적인 연계성을 유지하기 위해 사이 벽에 세로창을 내고, 거실 앞·뒤로 창문을 설치해 채광과 통풍이 원활하도록 하였다.

설계 개요

| 건축면적 | 91.74㎡(27.75py)
| 연 면 적 | 131.18㎡(39.68py)
| 1층 면적 | 91.44㎡(27.66py)
| 2층 면적 | 39.74㎡(12.02py)
| 구   조 | 일반목구조
| 외부마감 | 스타코플렉스, 인조석
| 설   계 | 엔디건축사(주)
| 시   공 | 엔디하임(주)

설계 포인트

1 2층 좌·우로 베란다와 발코니를 배치하여 건물에 균형감을 싣고, 인조석으로 포인트를 주어 모던하고 심플하게 설계하였다.

2 자녀들의 방을 2층 좌·우에 배치하여 각 실의 독립성을 확보하고, 방 안쪽으로 다락을 배치하여 수납공간으로 활용할 수 있게 하였다.

3 채광과 통풍을 위해 거실 뒤쪽으로 창문을 배치하여 맞바람이 통하도록 계획하였다.

4 창문 주위의 인방과 파벽돌로 주택의 입면을 강조하였다.

❶ 거실 ❷ 주방 및 식당 ❸ 안방 ❹ 방 ❺ 욕실
❻ 드레스룸 ❼ 현관 ❽ 보일러실 ❾ 다락
❿ 복도 ⓫ 다용도실 ⓬ 베란다 ⓭ 발코니

1층 평면도

2층 평면도

055 목조주택
현대 마감재로 목구조 느낌을 배제한 주택

40py
132.53㎡

모던한 느낌의 외관에 무게감을 주고자 가능한 스타코플렉스 적용을 자제하고 파벽돌과 패널을 이용하여 모던 형태로 개성있게 디자인한 주택이다. 1층은 밝은 톤의 파벽돌과 창 위주로 입면을 강조하면서 온실 외부에 붉은 색으로 강한 포인트 주고, 2층은 베이스패널과 징크를 혼용하여 흡사 철근콘크리트 같은 외관을 보이며 목조주택이지만 단열이 보완된 철근콘크리트 같은 집을 완성하였다.

설계 개요

| 건축면적 | 82.15㎡(24.85py)
| 연 면 적 | 132.53㎡(40.09py)
| 1층 면적 | 75.01㎡(22.69py)
| 2층 면적 | 57.52㎡(17.40py)
| 구   조 | 일반목구조
| 외부마감 | 인조석, 징크, 압축패널
| 설   계 | 엔디건축사(주)
| 시   공 | 엔디하임(주)

설계 포인트

1 1층은 식당을 사이로 좌·우에 오픈천장 거실과 중정을 배치해 자연적인 환기와 채광 효과, 시각적인 개방감을 극대화하였다.

2 거실과 주방, 중정까지 이어지는 공간을 一자로 연결하여 넓은 시야를 확보하였다.

3 1층 외부에 별도로 취미생활을 위한 온실을 배치하였다.

4 2층의 안방을 거실 오픈천장과 중정 사이에 배치하여 개방감을 높이고, 실마다 욕실을 두어 개별적으로 편리하게 사용할 수 있도록 하였다.

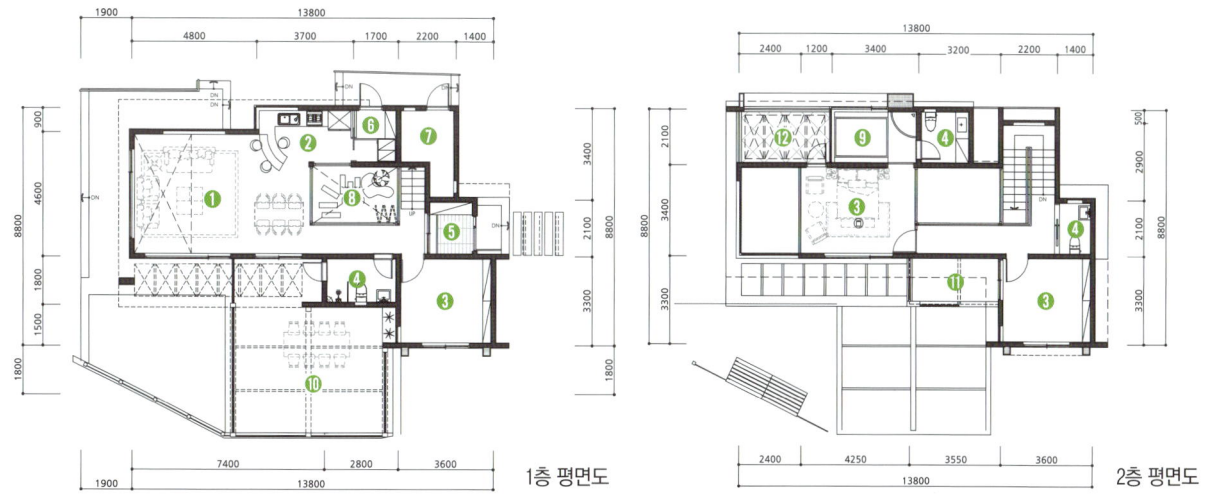

1층 평면도   2층 평면도

1 거실 **2** 주방 및 식당 **3** 방 **4** 욕실 **5** 현관
6 다용도실 **7** 보일러실 및 창고 **8** 중정 **9** 월풀
10 온실 **11** 베란다 **12** 테라스

42py 137.58㎡

목조주택

056 세부적 평면구성에 중점을 둔 도심형 전원주택

백색의 스타코플렉스와 브라운 톤의 파벽돌, 아스팔트슁글로 안정감 있게 설계한 도심 속의 전원주택이다. 대지가 다소 협소하여 1층 면적과 같게 2층을 올리기에는 무리가 있었으므로, 대신 평면계획을 세부적으로 치밀하게 세워 이를 극복하려고 하였다. 주방과 다용도실을 一자형으로 배치하고, 안방과 드레스룸, 욕실을 일직선상에 둠으로써 공간의 기능적인 연계를 통해 최대한 동선에 불편함이 없도록 하였다.

설계 개요

| 건축면적 | 100.86㎡(30.51py)
| 연 면 적 | 137.58㎡(41.62py)
| 1층 면적 | 100.86㎡(30.51py)
| 2층 면적 | 36.72㎡(11.11py)
| 구   조 | 일반목구조
| 외부마감 | 스타코플렉스, 파벽돌
| 설   계 | 엔디건축사(주)
| 시   공 | 엔디하임(주)

설계 포인트

1 대지가 다소 협소한 상황의 도심형 전원주택으로 평면구조를 최대한 치밀하게 구성하여 해결하였다.

2 주방에 다용도실을 연결하여 외부까지 동선을 확장하였다.

3 계단 밑 공간을 창고로 만들어 수납공간을 늘렸다.

4 안방과 드레스룸, 욕실을 일직선상에 두어 동선에 불편함이 없도록 계획하였다.

❶ 거실 ❷ 주방 ❸ 식당 ❹ 침실
❺ 욕실 ❻ 드레스룸 ❼ 현관 ❽ 피아노실
❾ 다용도실 ❿ 창고 ⓫ 데크 ⓬ 베란다

1층 평면도

2층 평면도

057 목조주택
간결하면서 품격 있는 북미식 주택

간결하고 품격 있는 북미식 스타일의 주택을 계획하였다. 관리의 편리성을 고려하여 기단 부분만 파벽돌로 낮게 마감하고, 여러 가지 마감재 사용을 절제하면서 밝고 깔끔한 화이트 톤의 스타코플렉스만 사용하여 간결하고 깔끔하게 마감하였다. 입면부의 단조로움을 보완하기 위해 포치와 발코니를 설치하여 입체감을 살리고, 내부의 거실과 주방을 일자형으로 배치하여 실평수보다 넓어 보이는 효과를 거두었다.

설계 개요
| 건축면적 | 112.46㎡(34.02py)
| 연 면 적 | 139.78㎡(42.28py)
| 1층 면적 | 112.46㎡(34.02py)
| 2층 면적 | 27.32㎡(8.26py)
| 구   조 | 일반목구조
| 외부마감 | 스타코플렉스, 파벽돌
| 설   계 | 엔디건축사(주)
| 시   공 | 엔디하임(주)

설계 포인트
1 거실과 주방을 일자형으로 배치하여 실평수 보다 넓은 확장감이 들도록 하였다.
2 1, 2층에 규모있는 포치와 발코니를 설치하여 밋밋한 외관에 입체감을 살렸다.
3 현관 좌측으로 안방을 배치하여 공용공간과 분리하였다.
4 2층 공간은 자녀만을 위한 공간으로 구획하여 프라이버시를 보호할 수 있도록 계획하였다.

1층 평면도

2층 평면도

❶ 거실 ❷ 주방 및 식당 ❸ 안방 ❹ 침실
❺ 욕실 ❻ 드레스룸 ❼ 현관 ❽ 다용도실
❾ 발코니 ❿ 데크 ⓫ 보일러실
⓬ 창고 ⓭ 포치

42^{py} 139.79㎡

목조주택

058 채광이 좋은 베란다 확장형 주택

세련된 모던 분위기 연출을 위해 화이트 톤의 스타코플렉스에 인조석으로 포인트를 주어 마감하였다. 전체적으로 외쪽지붕의 경사를 뒤쪽에 주고, 1층 거실과 2층 서재 전면창 위의 간이지붕 경사를 앞쪽으로 주어 균형감을 살리고, 통풍과 채광을 위한 창들을 시원스럽게 설치하였다. 목조주택이지만 2층 베란다 바닥을 방수 보강하여 2층에서도 마음껏 전망을 즐길 수 있는 구조로 설계하였다.

설계 개요

| 건축면적 | 93.20㎡(28.19py)
| 연 면 적 | 139.79㎡(42.29py)
| 1층 면적 | 91.76㎡(27.76py)
| 2층 면적 | 48.03㎡(14.53py)
| 구   조 | 일반목구조
| 외부마감 | 스타코플렉스, 인조석
| 설   계 | 엔디건축사(주)
| 시   공 | 엔디하임(주)

설계 포인트

1 거실, 침실을 남향배치하여 채광과 환기에 신경을 썼다.

2 계단실 밑 공간을 창고로 활용하여 수납공간을 확보하였다.

3 2층에 침실과 서재를 두어 프라이버시를 고려한 독립 공간으로 계획하였다.

4 2층 바닥을 방수 보강하고 넓은 베란다를 설치해 조망을 확보하였다.

❶ 거실 ❷ 주방 및 식당 ❸ 침실 ❹ 욕실
❺ 드레스룸 ❻ 현관 ❼ 서재 ❽ 다용도실
❾ 창고 ❿ 데크 ⓫ 포치 ⓬ 테라스

1층 평면도

2층 평면도

059

목조주택

팔각 매스가 돋보이는 유럽형 주택

43^{py} 140.76㎡

아이보리색의 스타코플렉스와 파벽돌을 이용하여 깔끔하고 밝은 이미지의 유럽형 주택을 계획하였다. 물매를 낮게 하고 처마를 길게 내어 지붕에 무게감을 실은 차분한 형태로, 전면 거실부의 외관은 세로창을 설치하기에 부담 없는 반 팔각 형태로 디자인하였다. 거실뿐만 아니라 실마다 창틀을 돌출시키는 베이창을 설치하여 지붕재인 기와와 조화를 이루며 팔각 매스를 돋보이게 설계한 주택이다.

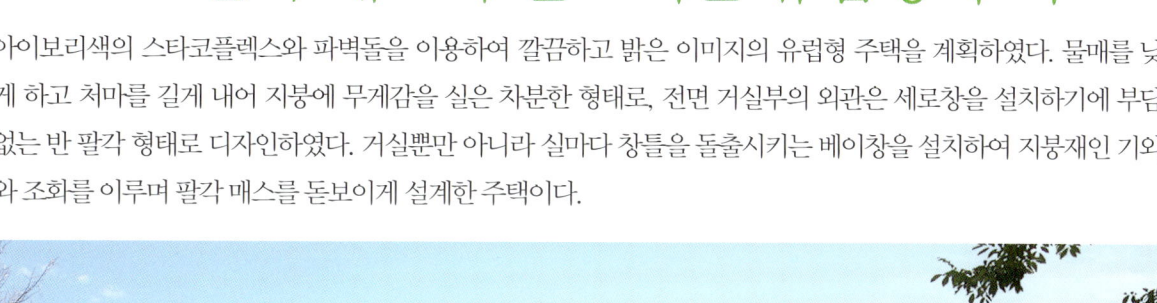

설계 개요

| 건축면적 | 85.77㎡(25.95py)
| 연 면 적 | 140.76㎡(42.58py)
| 1층 면적 | 85.77㎡(25.95py)
| 2층 면적 | 54.99㎡(16.63py)
| 구   조 | 일반목구조
| 외부마감 | 스타코플렉스, 파벽돌
| 설   계 | 엔디건축사(주)
| 시   공 | 엔디하임(주)

설계 포인트

1 1층 거실은 오픈천장으로 개방감을 부여하고 안방과 거실을 분리하여 독립 공간을 형성하였다.

2 주방과 거실은 연결되어 있으면서도 따로인 듯한 공간분리를 하였다.

3 주방, 다용도실, 창고, 욕실들을 모두 북쪽으로 향을 고려해 배치하였다.

4 2층은 침실로만 활용하는 독립 공간으로 구성하였다.

1층 평면도

2층 평면도

❶ 거실 ❷ 주방 및 식당 ❸ 안방 ❹ 방
❺ 욕실 ❻ 가족실 ❼ 드레스룸 ❽ 사우나
❾ 현관 ❿ 다용도실 ⓫ 보일러실 ⓬ 창고
⓭ 데크 ⓮ 발코니

43py
141.66㎡

060 목조주택
2층 전면을 발코니로 구성한 주택

도심를 벗어난 전원주택지라면 주변 자연환경이 근사한 대지들이 얼마든지 많다. 이런 수려한 자연의 멋을 얼마나 집에 잘 담아 내느냐가 전원주택 집짓기의 백미라 할 수 있다. 이 주택도 그런 곳 중 하나다. 이곳에서 자연을 바라보고 있노라면 그 어떤 것도 부럽지 않다. 이런 아름다운 자연을 담기 위해 2층의 전면을 발코니로 계획하고, 깔끔한 스타코플렉스에 브라운 톤의 파벽돌로 포인트 주어 차분하면서 고상한 멋이 있는 주택을 설계하였다.

설계 개요

| 건축면적 | 96.18㎡(29.09py)
| 연 면 적 | 141.66㎡(42.85py)
| 1층 면적 | 96.18㎡(29.09py)
| 2층 면적 | 45.48㎡(13.76py)
| 구   조 | 일반목구조
| 외부마감 | 스타코플렉스, 파벽돌
| 설   계 | 엔디건축사(주)
| 시   공 | 엔디하임(주)

설계 포인트

1 거실과 주방을 같은 존(zone)에 위치시켜 공간이 넓어 보이게 하였다.
2 ㄱ자형 싱크대를 설치하여 주부 동선에 효율성을 높였다.
3 2층 홀 한쪽 부분을 창고로 계획하였다.
4 2층 발코니는 전면, 측면, 배면, 3면을 모두 개방하여 한 눈에 최대한 넓은 자연경관을 담을 수 있도록 하였다.

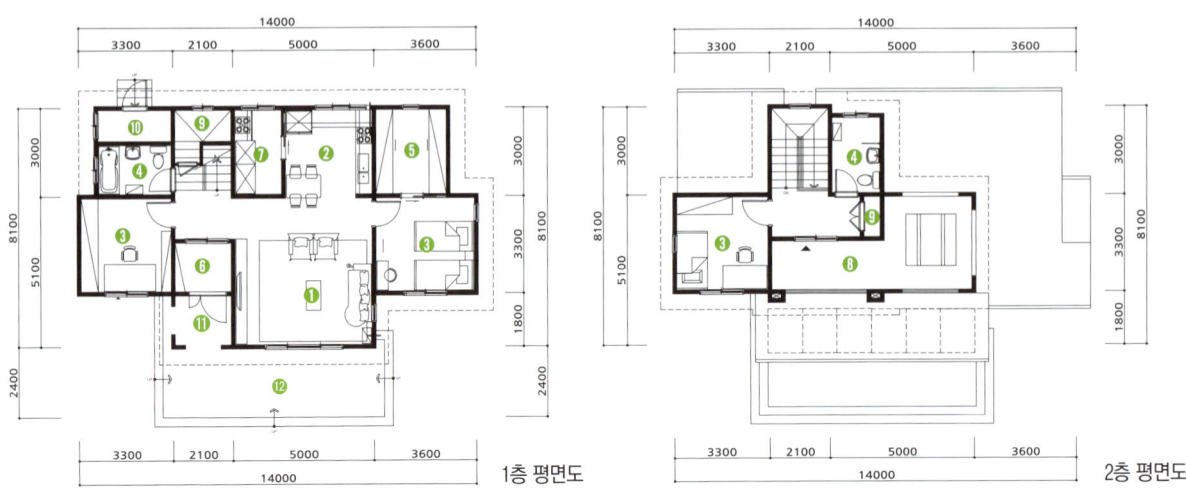

❶ 거실 ❷ 주방 및 식당 ❸ 방 ❹ 욕실
❺ 드레스룸 ❻ 현관 ❼ 다용도실 ❽ 발코니
❾ 창고 ❿ 보일러실 ⓫ 포치 ⓬ 데크

1층 평면도

2층 평면도

061

목조주택

좌·우 박공지붕의 입면이 매력적인 주택

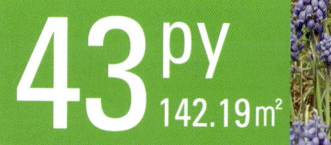

43py
142.19㎡

거실을 중심으로 좌·우에 똑같은 형태로 디자인한 쌍둥이 박공지붕으로 입면이 특색있는 집이다. 지붕 밑으로 2층에 채광과 조망을 위한 발코니를 설치하고 적삼목사이딩과 단조난간으로 통일감 있게 마감하여 마치 동화 속 그림 같은 아기자기한 자연미가 있다. 실마다 전면에 큰 창을 설치하고 외부 창틀을 EPS몰딩으로 마감하여 흰색 외벽과 조화를 이루면서 세련미를 보이는 세미모던 스타일의 주택이다.

설계 개요

| 건축면적 | 87.18㎡(26.37py)
| 연 면 적 | 142.19㎡(43.01py)
| 1층 면적 | 85.02㎡(25.72py)
| 2층 면적 | 57.17㎡(17.29py)
| 구   조 | 일반목구조
| 외부마감 | 스타코플렉스, 적삼목사이딩, 인조석
| 설   계 | 엔디건축사(주)
| 시   공 | 엔디하임(주)

설계 포인트

1 거실과 주방공간을 개방하여 작은 실평수보다 넓은 공간감을 느낄 수 있게 하였다.

2 북쪽으로 현관과 욕실, 다용도실을 배치하고 남쪽으로는 공용 생활공간을 배치하였다.

3 안방과 드레스룸, 서재 등을 연계시켜 건축주 부부만을 위한 독립적인 공간을 계획하였다.

4 2층은 침실 3개에 욕실과 월풀을 계획하고 아이들을 위한 놀이 공간을 만들었다.

1층 평면도

2층 평면도

❶ 거실 ❷ 주방 및 식당 ❸ 안방 ❹ 침실
❺ 욕실 ❻ 서재 ❼ 드레스룸 ❽ 현관
❾ 다용도실 ❿ 발코니 ⓫ 창고

43py
143.48㎡

062

목조주택

패널을 이용한 노출콘크리트 느낌의 목조주택

노출콘크리트패널을 이용하여 콘크리트주택과 같은 효과를 거둔 목조주택이다. 회색 톤의 노출콘크리트패널과 스타코플렉스, 적삼목사이딩이 조화를 이루는 도심 속의 모던하우스이다. 도심 속 주택이라는 느낌을 탈피하기 위해 주차장 위에 넓은 테라스를 설치하여 개방감과 입체감을 살렸다. 대칭형 외쪽지붕으로 포인트를 주어 도시형 주택의 세련미를 더하고 배면은 고벽돌로 마감해 분위기의 반전을 꾀하였다.

설계 개요

| 건축면적 | 98.11㎡(29.67py)
| 연 면 적 | 143.48㎡(43.4py)
| 1층 면적 | 59.76㎡(18.07py)
| 2층 면적 | 83.72㎡(25.32py)
| 구   조 | 일반목구조
| 외부마감 | 스타코플렉스, 노출콘크리트패널, 적삼목사이딩
| 설   계 | 엔디건축사(주)
| 시   공 | 엔디하임(주)

설계 포인트

1 노출콘크리트패널을 이용한 콘크리트주택과 같은 목조주택을 계획하였다.
2 메인 공간들을 모두 2층에 배치하여 동선을 줄이고, 각 방의 채광과 환기를 위해 창의 크기와 위치 선정에 공을 많이 들였다.
3 도심 속 주택의 이미지를 탈피하기 위해 주차장 위로 전면 테라스를 계획하였다.
4 징크로 지붕과 노출콘크리트패널과 적삼목사이딩의 벽체가 도심 속에 잘 어울리는 모던하우스를 계획하였다.

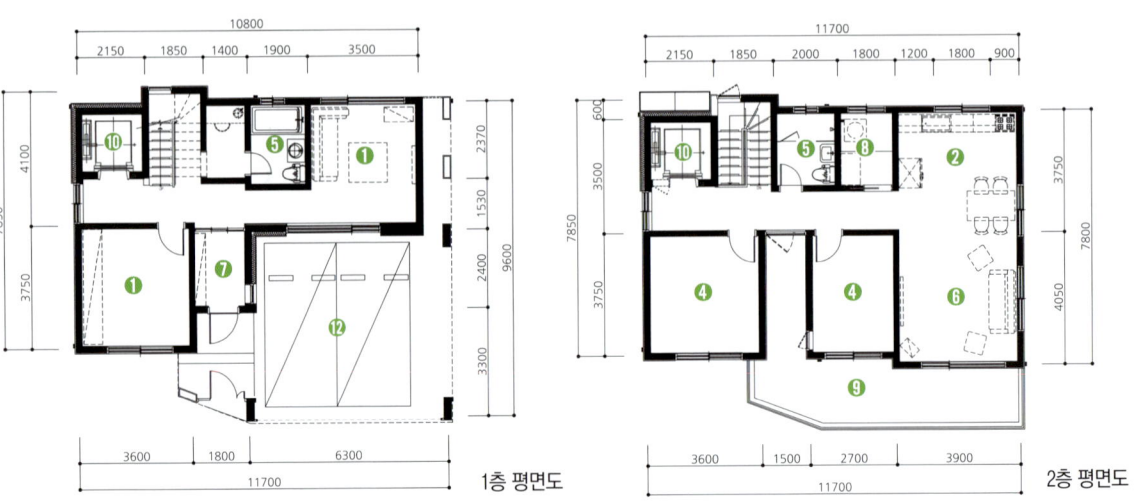

❶ 거실 ❷ 주방 및 식당 ❸ 안방 ❹ 방
❺ 욕실 ❻ 가족실 ❼ 현관 ❽ 다용도실
❾ 테라스 ❿ 엘리베이터 ⑫ 차고

1층 평면도   2층 평면도

063 현대적 그리스풍 외관미가 있는 주택

목조주택

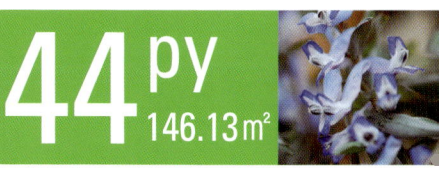

44py
146.13㎡

케뮤와 징크, 스타코플렉스로 마감한 깔끔한 외관에 현대화한 그리스풍 느낌의 기둥으로 포인트를 주었다. 깔끔함을 강조하기 위해 화이트 톤의 스타코플렉스로 마감하고, 케뮤와 징크를 더하여 블랙 앤 화이트 콘셉트로 디자인한 주택이다. 사각 처마를 돌출시켜 건물에 볼륨감과 입체감을 주면서 햇빛을 차단해 주는 차양 기능까지 고려해 디자인한 주택으로 실용성과 미적인 부분을 모두 만족케 한 설계이다.

설계 개요

| 건축면적 | 84.72㎡(25.63py)
| 연 면 적 | 146.13㎡(44.20py)
| 1층 면적 | 84.72㎡(25.63py)
| 2층 면적 | 61.41㎡(18.58py)
| 구　　조 | 일반목구조
| 외부마감 | 스타코플렉스, 케뮤(kmew), 징크
| 설　　계 | 엔디건축사(주)
| 시　　공 | 엔디하임(주)

설계 포인트

1 다음에 공사할 수영장을 고려해 데크를 크게 설치하고, 마당과 수영장이 보이는 전면부에 각 실을 배치하였다.

2 거실과 주방을 옆으로 연결해 동선을 편리하게 하였다.

3 높은 천장, 넓은 발코니와 테라스를 계획하고, 폴딩도어를 설치하여 모두 열어 놓으면 자연과 오롯이 하나 되는 기분을 느낄 수 있도록 하였다.

4 주방 앞쪽은 차후에 실을 배치하여 사용할 수 있는 가변형 공간으로 남겨두었다.

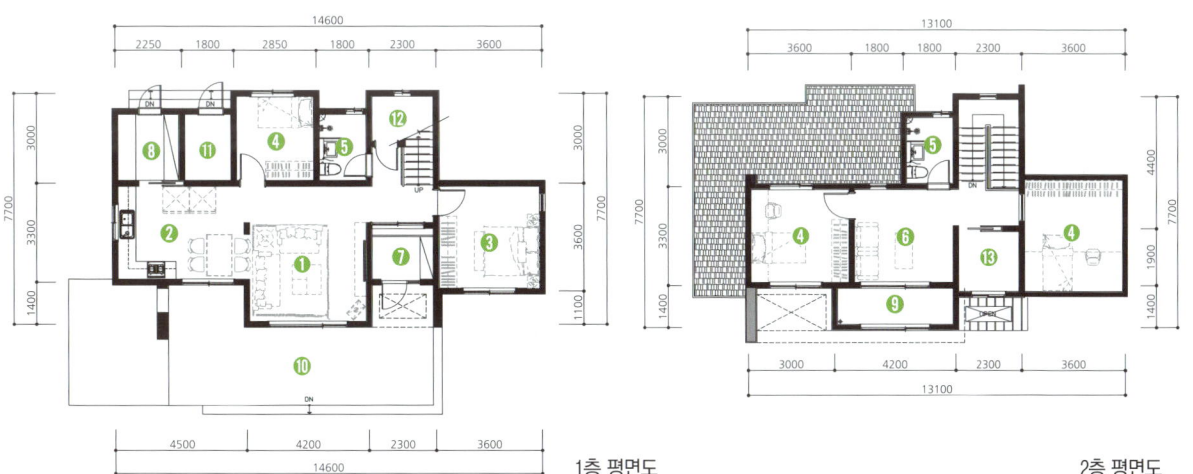

1층 평면도　　　　2층 평면도

❶ 거실　❷ 주방 및 식당　❸ 안방　❹ 방　❺ 욕실
❻ 가족실　❼ 현관　❽ 다용도실　❾ 발코니
❿ 데크　⓫ 보일러실　⓬ 창고　⓭ 테라스

45 py
149.20 ㎡

목조주택

064 공학용 목재를 적용한 주택

부분적으로 공학용 목재를 적용하여 건축주의 요구사항을 충족할 수 있었던 사례이다. 건축물의 외부를 무게감 있게 구현하기 위해 낮은 명도의 컬러 선택과 관리가 수월한 세라믹코팅 패널을 적용하고, 모던형태의 디자인이 주변 건물과 차별화된 어울림이 되도록 설계하였다. 넓은 조망권 확보를 위해 계획하고 주방과 거실의 확장형 공간구획 등 일부 공학용 목재를 적용하여 넓은 공용공간을 확보하였다.

설계 개요

| 건축면적 | 97.42㎡(29.47py)
| 연 면 적 | 149.2㎡(45.13py)
| 1층 면적 | 95.98㎡(29.03py)
| 2층 면적 | 53.22㎡(16.1py)
| 구 조 | 일반목구조
| 외부마감 | 스타코플렉스, 케뮤(Kmew)
| 설 계 | 엔디건축사(주)
| 시 공 | 엔디하임(주)

설계 포인트

1 대지 간에 고저 차의 장점을 최대한 살려 조망권 확보를 우선하는 설계를 하였다.
2 건물이 싫증나지 않게 외장재는 깔끔하면서도 무게감 있는 색상과 자재를 선택하였다.
3 모던형태의 디자인으로 주변 건물과 차별화된 어울림이 되도록 설계하였다.
4 주방과 거실의 확장형 공간구획 등에 공학용 목재를 적용하였다.

❶ 거실 ❷ 주방 ❸ 식당 ❹ 안방
❺ 방 ❻ 욕실 ❼ 드레스룸 ❽ 가족실
❾ 현관 ❿ 다용도실 ⓫ 보일러실 ⓬ 발코니
⓭ 베란다 ⓮ 데크 ⓯ 창고

1층 평면도

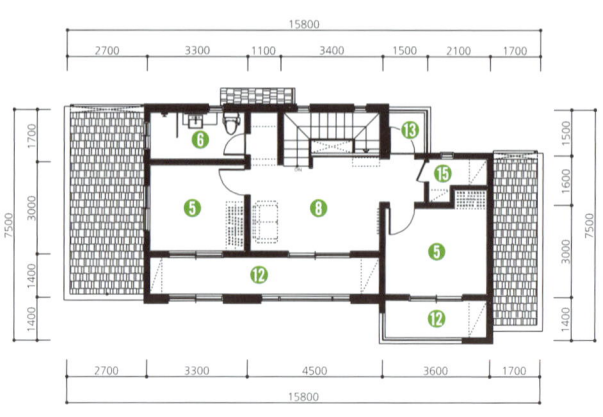

2층 평면도

065

목조주택

3대가 함께 거주할 보금자리 주택

곧 태어날 생명이 성장하게 될 곳으로 3대가 함께 거주하며 가족 구성원 모두가 만족할 수 있는 집을 계획하였다. 좌측 집은 붉은색 이중그림자성글과 스타코플렉스, 파벽돌로 부모님의 취향에 맞게 계획하고, 우측 집은 최근 주목 받는 색상인 옅은 푸른 회색을 적용한 외벽과 회색의 이중그림자성글 지붕으로 각기 재료와 색상만 다르게 마감하여 외부에서 서로 다른 세대로 인식할 수 있도록 디자인한 세미클래식 분위기의 주택이다.

설계 개요

| 건축면적 | 165.38㎡(50.03py)
| 연 면 적 | 149.65㎡(45.27py)
| 1층 면적 | 129.16㎡(39.07py)
| 2층 면적 | 20.49㎡(6.20py)
| 구   조 | 일반목구조
| 외부마감 | 스타코플렉스, 파벽돌
| 설   계 | 엔디건축사(주)
| 시   공 | 엔디하임(주)

설계 포인트

1 외부에서 각기 다른 세대로 인지할 수 있도록 입면을 계획하였다.

2 집을 두 세대로 나누어 좌측은 부모님이 거주할 집으로, 우측은 건축주 부부와 곧 태어날 아기가 함께 머무를 수 있는 공간으로 분리하였다.

3 좌측 집은 부모의 취향에 맞추어 계획하였다.

4 우측 집은 최근 주목받는 색상인 옅은 푸른 회색을 이용한 외벽과 회색 이중그림자성글로 모던함을 강조하였다.

❶ 거실 ❷ 주방 및 식당 ❸ 안방 ❹ 방
❺ 욕실 ❻ 드레스룸 ❼ 현관 ❽ 다용도실
❾ 다락 ❿ 데크

1층 평면도   2층 평면도

066

목조주택

실용적이면서 경제적인 도심 속 전원주택

실용적이고 경제적인 시멘트사이딩으로 외벽을 마감한 도심 속의 전원주택으로 클래식한 단아함이 느껴진다. 박공지붕과 시멘트사이딩을 주 마감재로 사용하여 초기의 전원주택 모습을 떠올리게 하는 주택으로 화려함보다는 소박함과 경제적인 면을 충실히 반영하여 설계한 주택이다. 도심 속의 주택이니만큼 대지 공간이 협소한 점을 고려하여 1층 차고는 필로티로 띄워 공간을 확보하고 창호는 일반 크기의 시스템창호를 사용하였다.

설계 개요

| 건축면적 | 101.07㎡(30.57py)
| 연 면 적 | 150.87㎡(45.64py)
| 1층 면적 | 81.82㎡(24.75py)
| 2층 면적 | 69.05㎡(20.89py)
| 구   조 | 일반목구조
| 외부마감 | 시멘트사이딩
| 설   계 | 엔디건축사(주)
| 시   공 | 엔디하임(주)

설계 포인트

1 외벽을 실용적이면서 경제적인 시멘트사이딩으로 마감하였다.

2 주방과 식당을 하나의 큰 공간으로 연결하여 공간을 넓게 하였다.

3 1층 차고를 필로티로 띄워 주차공간을 확보했다.

4 2층은 침실을 한곳으로 모아 독립된 공간으로 계획하였다.

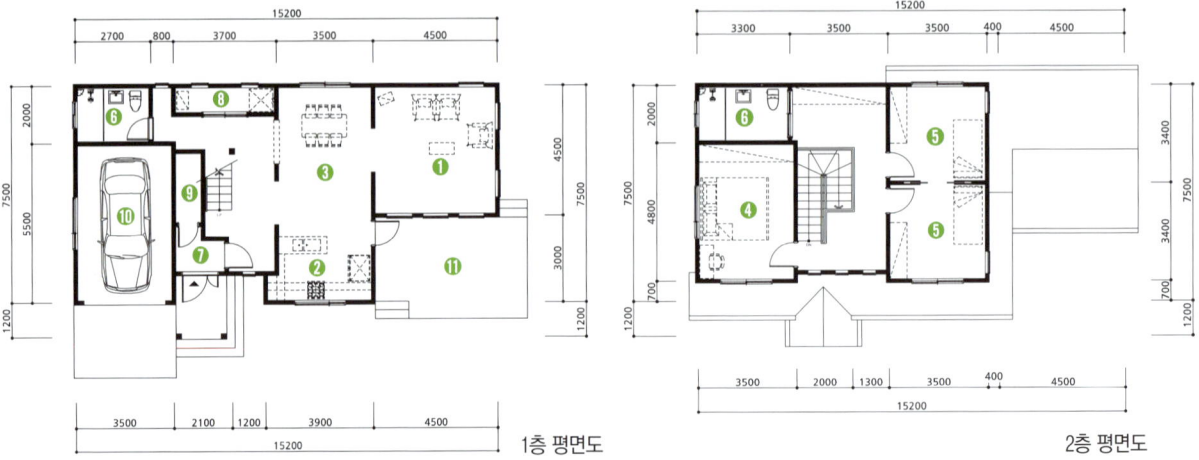

❶ 거실 ❷ 주방 ❸ 식당 ❹ 안방
❺ 침실 ❻ 욕실 ❼ 현관 ❽ 다용도실
❾ 창고 ❿ 차고 ⓫ 데크

1층 평면도

2층 평면도

067 큰 사각 형태의 무게감 있는 주택

목조주택

46^{py}
152.07㎡

전체적인 외관은 파벽돌과 인조석을 이용하고, 창 사이와 2층 발코니 부분에 적삼목사이딩으로 포인트를 주었다. 사각 형태의 거대한 매스로 디자인하여 깔끔하면서도 웅장함을 느낄 수 있는 주택이다. 모서리마다 다른 자재를 사용하여 균형감 있게 포인트를 주고, 처마홈통을 건물 속에 설치하여 군더더기 없는 깔끔한 디자인을 완성하였다. 2층에는 발코니를 두어 시원한 휴식공간을 계획하였다.

설계 개요

| 건축면적 | 86.64㎡(26.21py)
| 연 면 적 | 152.07㎡(46py)
| 1층 면적 | 86.64㎡(26.21py)
| 2층 면적 | 65.43㎡(19.79py)
| 구   조 | 일반목구조
| 외부마감 | 파벽돌, 적삼목사이딩
| 설   계 | 엔디건축사(주)
| 시   공 | 엔디하임(주)

설계 포인트

1 거실을 크게 활용하고자 식당·주방의 경계벽 상단 일부를 개방하였다.

2 2층 가족실을 추후 세 자녀의 방으로 활용하기 위해 적절한 위치에 배치하였다.

3 바다가 보이는 위치에 포치를 두어 편안한 휴식을 즐길 수 있는 공간을 계획하였다.

4 외관의 모서리마다 자재를 달리하여 포인트를 주어 박스 형태의 입면을 강조하였다.

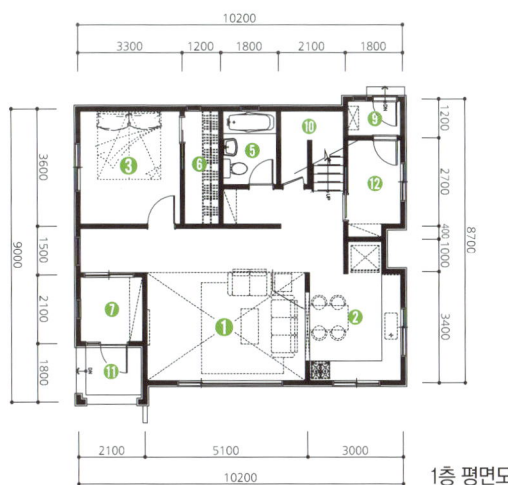

1층 평면도

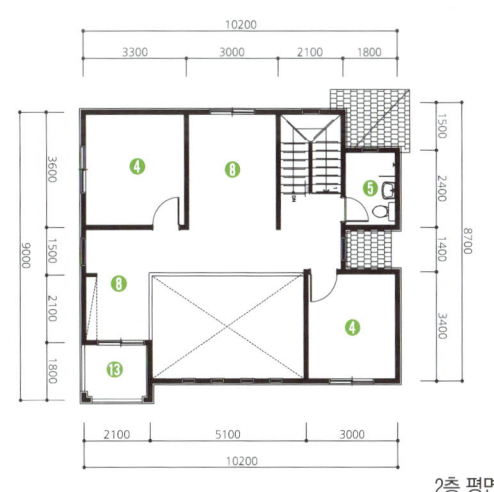

2층 평면도

❶ 거실 ❷ 주방 및 식당 ❸ 안방 ❹ 방
❺ 욕실 ❻ 드레스룸 ❼ 현관 ❽ 가족실
❾ 보일러실 ❿ 하부창고 ⓫ 포치 ⓬ 다용도실
⓭ 발코니

46^{py} 153.09㎡

068 목조주택
대지 형태에 맞게 설계한 ㄱ자형 주택

대지의 형태가 동남향으로 넓게 펼쳐져 있으므로 이에 따라 건물도 ㄱ자형으로 배치하여 짜임새 있는 조형미가 돋보이도록 설계하였다. 대지 조건상 거실공간만 정원과 가까이 돌출되게 배치하여 시원스럽게 정원 풍경을 바라볼 수 있게 하였다. 거실 상부는 아이들이 좋아하는 다락을 계획하여 감성적인 공간으로 구성하고, 에너지 절감을 위해 친환경 지열보일러를 채택하여 사용하는 전기 일부를 충당할 수 있게 하였다.

설계 개요

| 건축면적 | 99㎡(29.95py)
| 연 면 적 | 153.09㎡(46.31py)
| 1층 면적 | 99㎡(29.95py)
| 2층 면적 | 54.09㎡(16.36py)
| 구   조 | 일반목구조
| 외부마감 | 스타코플렉스, 파벽돌
| 설   계 | 엔디건축사(주)
| 시   공 | 엔디하임(주)

설계 포인트

1 대지의 형태가 동남향으로 넓은 공간을 확보하고 있으므로 건물배치는 가능한 지형에 맞는 ㄱ자 형태를 취하였다.
2 거실을 정원과 가까이 전면에 배치하고 거실 상부에는 아이들이 좋아하는 다락을 계획하였다.
3 에너지 절감을 위해 지열보일러를 설치하였다.
4 2층에 작은 가족실과 자녀 방을 배치하였다.

❶ 거실 ❷ 주방 및 식당 ❸ 안방 ❹ 방
❺ 욕실 ❻ 드레스룸 ❼ 가족실 ❽ 현관
❾ 다용도실 ❿ 창고 ⓫ 다락 ⓬ 보일러실
⓭ 발코니

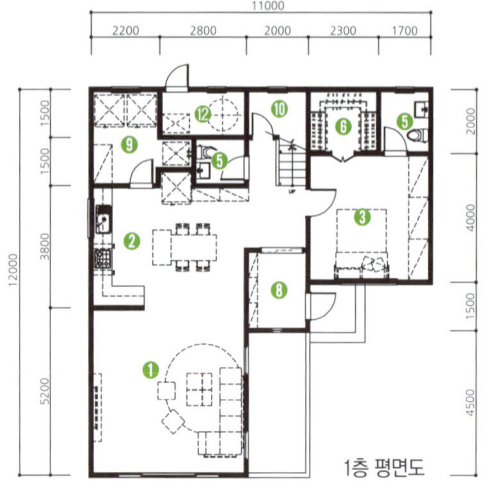

1층 평면도

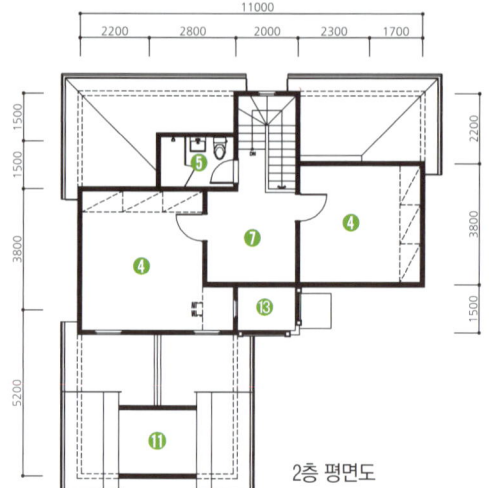

2층 평면도

069 두 채가 한데 어우러진 박스형 주택

목조주택

48py
157.40㎡

아담하게 두 채로 지어진 모던한 박스형 주택으로 외관은 깔끔한 화이트 톤의 스타코플렉스로 마감하고 거실의 전면과 측면에 적삼목사이딩으로 포인트를 주었다. 약간의 높이 차를 두고 두 채를 직각으로 배치함으로써 대지 아래쪽에서 바라볼 때 다양한 입체감을 느낄 수 있게 하였다. 본채는 개성 넘치는 외형에 다락이 있는 평면구성을 하고 별채는 가변형으로 거실은 침실과 주방을 겸해 사용 수 있도록 구성하였다.

설계 개요

| 건축면적 | 157.4㎡(47.61py)
| 연 면 적 | 157.4㎡(47.61py)
| 본채면적 | 57.02㎡(17.25py)
| 별채면적 | 85.98㎡(26.01py)
| 창고면적 | 14.4㎡(4.36py)
| 구   조 | 일반목구조
| 외부마감 | 시멘트사이딩, 적삼목사이딩
| 설   계 | 엔디건축사(주)
| 시   공 | 엔디하임(주)

설계 포인트

1 거실과 주방의 경계를 없애 큰 공간감을 부여하였다.
2 본채의 주방 옆으로 다용도실을 배치하여 부족한 수납공간을 보충하였다.
3 외쪽 경사의 평지붕으로 박시(Boxy)한 느낌이 들도록 구성하고, 두꺼운 처마와 기둥으로 집에 포인트를 주었다.
4 시멘트사이딩과 적삼목사이딩으로 실용적이고 경제적으로 마감하였다.
5 내민 처마 아래에 데크를 설치하고 거실과 연결함으로써 공간 확장을 도모하여 편리함을 더하였다.

별채 평면도

본채 평면도

❶ 거실 ❷ 주방 및 식당 ❸ 침실 ❹ 욕실
❺ 수납실 ❻ 현관 ❼ 다용도실 ❽ 데크

48py
159.58㎡

070 목조주택
날갯짓하듯 비상을 상징하는 주택

시원한 느낌의 노출콘크리트패널에 적삼목사이딩으로 포인트를 준 주택이다. 외부 자연을 즐기기 위해 가로와 세로의 긴 창을 설치해 채광에 신경을 많이 썼다. 관광지이다 보니 일반 전원주택지에 있는 집보다는 상징적인 심볼이 필요하였다. 그래서 전체적으로 노출콘크리트패널로 깔끔하게 마감하고 붉은 톤의 적삼목사이딩으로 포인트를 주어 주변인들의 시선을 사로잡았다. 한쪽으로 날갯짓하듯 비상을 상징하는 제주도에 위치한 주택이다.

설계 개요

| 건축면적 | 104.36㎡(31.56py)
| 연 면 적 | 159.58㎡(48.27py)
| 1층 면적 | 104.36㎡(31.57py)
| 2층 면적 | 55.22㎡(16.7py)
| 구 조 | 일반목구조
| 외부마감 | 적삼목사이딩, 노출콘크리트패널
| 설 계 | 엔디건축사(주)
| 시 공 | 엔디하임(주)

설계 포인트

1 시원한 느낌의 노출콘크리트패널에 적삼목사이딩으로 포인트를 주어 관광지의 주택이니만큼 상징적인 심볼을 계획하였다.
2 전망을 즐기기 위해 전면에 거실과 주방을 우선 배치한 후 현관을 우측에 배치하였다.
3 거실과 주방을 분명히 독립시키고 사이를 가벽으로 막아 각 공간의 성격과 기능을 살렸다.
4 계단 아래의 공간에 다용도실로 통하는 출입구를 계획하였다.

❶ 거실 ❷ 주방 ❸ 식당 ❹ 침실
❺ 욕실 ❻ 드레스룸 ❼ 가족실 ❽ 현관
❾ 다용도실 ❿ 베란다 ⓫ 데크 ⓬ 다락
⓭ 오픈천장

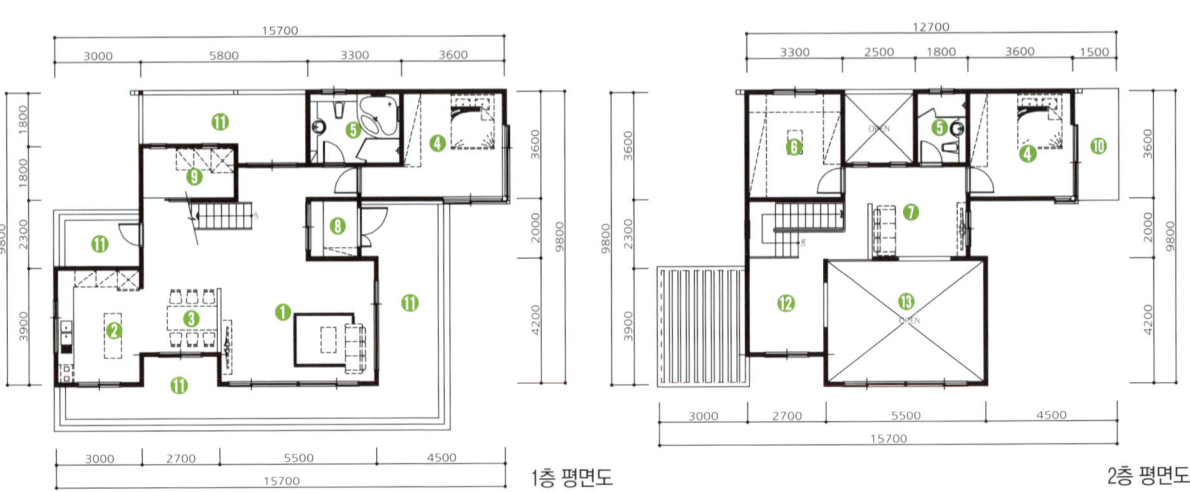

1층 평면도

2층 평면도

071

목조주택

푸른 바다와 어울리는 그림 같은 집

48py
159.69㎡

외관은 전체적으로 모던 스타일이나 처마 밑에 고풍스러운 면이 담겨 있다. 넓게 펼쳐진 앞마당과 그 너머의 전원, 그리고 한 눈에 가득 들어오는 반짝이는 푸른 바다가 하나의 그림 처럼 펼쳐지는 집이다. 건축할 대지가 해안가를 끼고 있어 독특한 외관과 실용적인 배치를 위해 다양한 시도를 해보았다. 해안가는 부식의 우려가 있으므로 부식을 방지하는 징크를 외장재로 주로 사용하고 데크 또한 석재를 이용해 웅장한 외관미를 자랑한다.

설계 개요

| 건축면적 | 104.08㎡(31.48py)
| 연 면 적 | 159.69㎡(48.31py)
| 1층 면적 | 79.29㎡(23.99py)
| 2층 면적 | 80.4㎡(24.32py)
| 구   조 | 일반목구조
| 외부마감 | 스타코플렉스, 징크, 파벽돌
| 설   계 | 엔디건축사(주)
| 시   공 | 엔디하임(주)

설계 포인트

1 1층은 전통 온돌방, 거실, 주방 겸 식당 등 공용 공간을 배치하였다.

2 2층은 사적 공간으로 마스터룸과 자녀 방이 있고 실마다 발코니를 두어 개방감을 살렸다.

3 전면 데크를 석재로 마감해 해안가의 부식에 대비하였다.

4 가벽을 세워 비바람에도 발코니의 오염을 막고 외관에 보율감과 웅장함을 실었다.

1층 평면도

2층 평면도

1 거실 2 주방 및 식당 3 안방 4 침실
5 욕실 6 드레스룸 7 찜질방 8 현관
9 다용도실 10 발코니 11 데크 12 보일러실

072 목조주택

클래식한 디자인 감각이 돋보이는 주택

마감자재를 조화롭게 배합하여 정갈하면서도 디자인 감각이 살아있는 주택이다. 지붕재와 하단부에 인조석 색깔 톤을 맞추어 안정감을 주고, 벽체 상부는 미색의 스타코플렉스, 거실 전면부와 2층 발코니는 적삼목사이딩으로 포인트를 주어 일반 전원주택 분위기와는 다른 클래식하면서 현대적인 간결함이 느껴지는 주택이다. 현관과 거실 앞의 데크는 단을 낮추고 긴 계단을 만들어 어디서든 오르내리기 편하게 개방하였다.

설계 개요

| 건축면적 | 100.1㎡ (30.28py)
| 연 면 적 | 163.83㎡ (49.56py)
| 1층 면적 | 100.1㎡ (30.28py)
| 2층 면적 | 63.73㎡ (19.28py)
| 구   조 | 일반목구조

| 외부마감 | 스타코플렉스, 인조석, 적삼목사이딩
| 설   계 | 엔디건축사(주)
| 시   공 | 엔디하임(주)

설계 포인트

1 클래식하면서 현대적 느낌이 있는 혼합된 디자인으로 일반 전원주택의 모습에서 탈피하려 하였다.

2 인조석으로 외벽 하단을 시공하여 안정감을 주고 벽체의 오염에 대비해 유지보수가 편리한 점도 고려하였다.

3 간이주방을 설치한 다용도실을 크게 계획하였다.

4 드레스룸의 습기와 곰팡이 문제를 해결하기 위해 욕실을 분리하고, 2층 욕실은 3개의 방에서 공동으로 사용할 수 있게 배치하였다.

좌측면도

우측면도

정면도

배면도

1층 평면도

2층 평면도

❶ 거실 ❷ 주방 및 식당 ❸ 안방 ❹ 침실 ❺ 욕실 ❻ 드레스룸 ❼ 현관 ❽ 다용도실 ❾ 창고 ❿ 홀 ⓫ 파우더룸

50py 164.51㎡

073 목조주택
각 실에서 정원까지, 외부지향적인 주택

개방감이 두드러진 입면과 각 실이 마당으로 열린 공간이 되도록 평면계획을 하였다. 현관의 위치를 중앙에 배치해 동선의 낭비를 줄이고, 모든 평면구조는 두 식구의 생활에 맞는 맞춤형 주택으로 설계하였다. 좌·우 크기가 다른 매스 조합의 균형감 있는 디자인과 블랙 앤 화이트로 마감하여 군더더기 없는 깔끔한 외관이다. 곳곳에 설치한 커다란 창문들로 실내·외의 경계를 무너뜨려 사계절 내내 자연 속에 묻힌 느낌이 들도록 하였다.

설계개요		구조	
건축면적	115.77㎡(35.02py)	구　조	일반목구조
연 면 적	164.51㎡(49.76py)	외부마감	스타코플렉스, 파벽돌
1층 면적	114.96㎡(34.78py)	설　계	엔디건축사(주)
2층 면적	32.9㎡(9.95py)	시　공	엔디하임(주)
다락면적	16.65㎡(5.04py)		

설계 포인트

1 좌·우 크기가 다른 매스의 조합으로 균형감 있게 디자인한 주택이다.
2 개방감을 강조한 입면과 실마다 마당으로 열린 공간이 되도록 평면배치를 하였다.
3 현관을 중심으로 좌측은 가족의 공용공간으로, 우측은 서재와 침실을 배치한 개인 공간으로 분리하였다.
4 계단 위에 설치한 스크린을 통해 계단과 욕실에서도 영화를 감상할 수 있게 하였다.

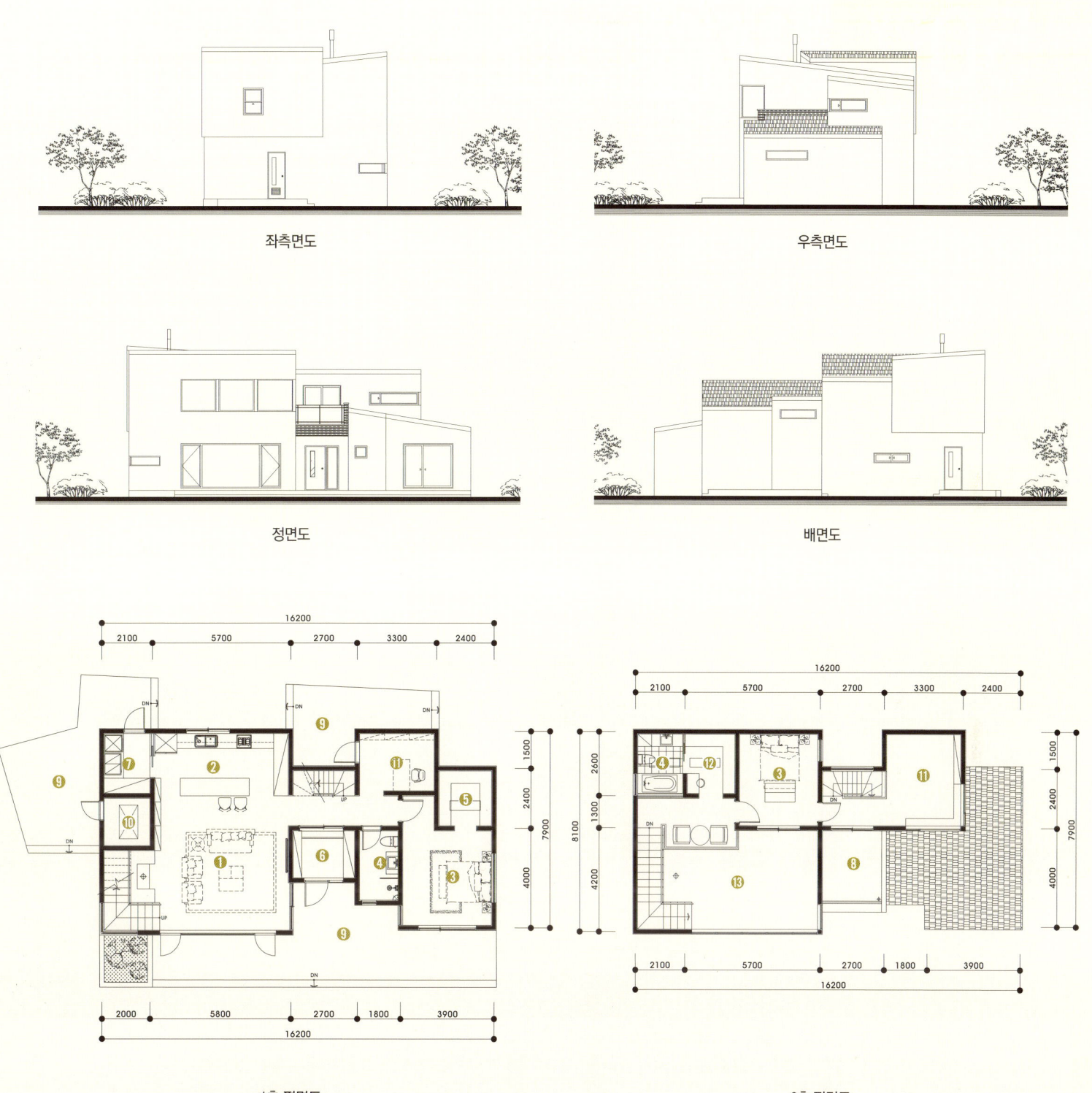

좌측면도

우측면도

정면도

배면도

1층 평면도

2층 평면도

❶ 거실 ❷ 주방 및 식당 ❸ 방 ❹ 욕실 ❺ 드레스룸 ❻ 현관 ❼ 다용도실 ❽ 테라스 ❾ 데크 ❿ 보일러실 ⓫ 서재 ⓬ 파우더룸 ⓭ 오픈천장

074
철근콘크리트주택

대지의 고저 차를 이용하여 건축미를 살린 주택

전면의 뛰어난 경관을 담기 위해 시원한 통창을 계획한 세련된 분위기의 현대적인 주택이다. 고저 차가 있는 대지를 이용하여 계단과 정원으로 집 주변을 아름답게 꾸미고, 실마다 매스 분절로 짜임새 있게 건축미를 살렸다. 각 실은 독립적으로 사용할 수 있도록 구성하고 2층에 다락을 배치하였으며, 옥상에는 일광욕을 할 수 있는 테라스를 설치하여 여가를 즐길 수 있도록 계획하였다.

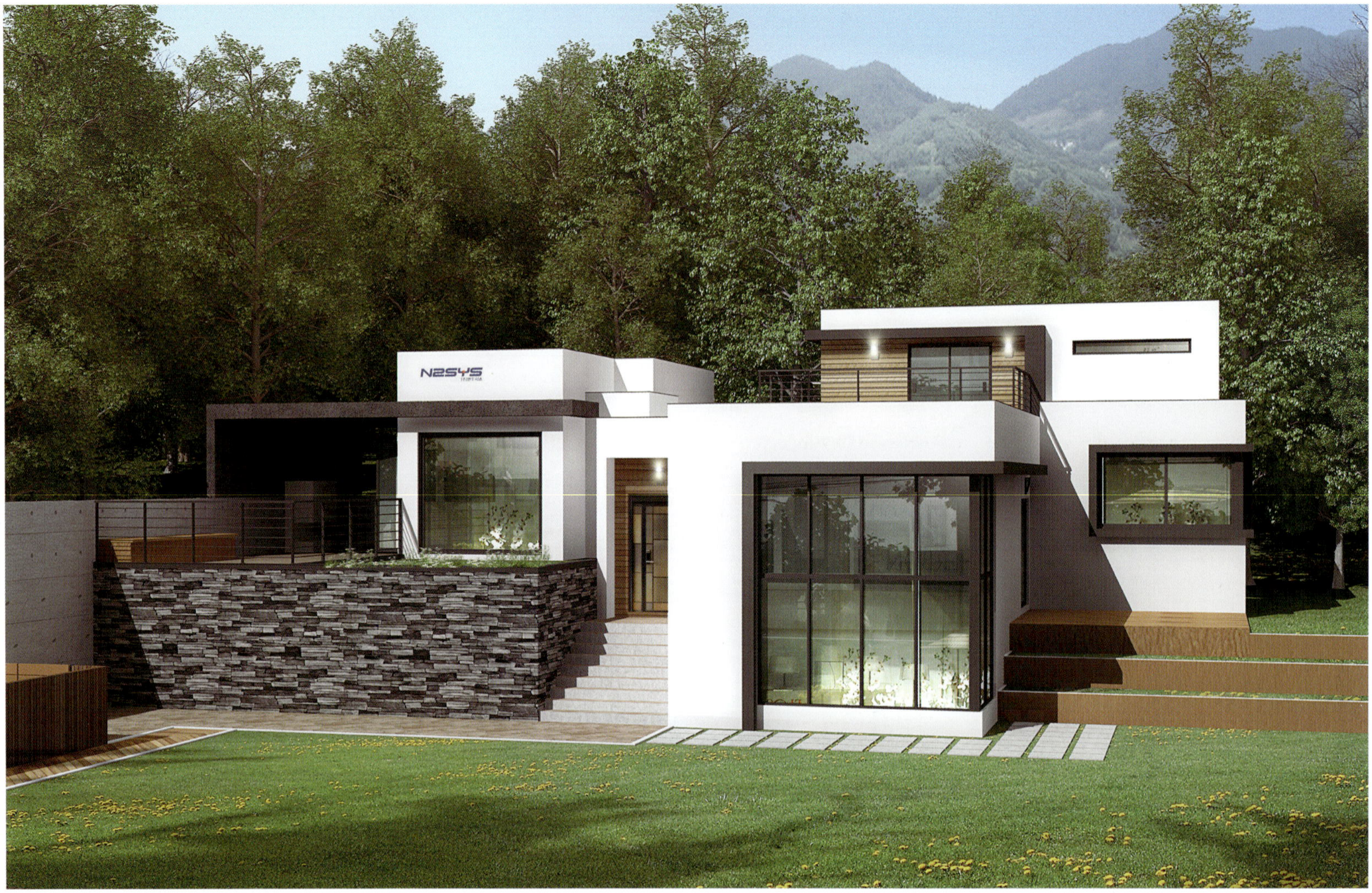

설계개요

| 건축면적 | 142.22㎡(43.02py)
| 연 면 적 | 165.26㎡(49.99py)
| 1층 면적 | 142.22㎡(43.03py)
| 다락면적 | 23.04㎡(6.97py)
| 구   조 | 철근콘크리트

| 외부마감 | 스타코플렉스, 인조석, 적삼목사이딩
| 설   계 | 엔디건축사(주)
| 시   공 | 엔디하임(주)

설계포인트

1 거실과 주방을 완전히 분리하고 각 실의 집중도를 높였다.
2 회전계단을 설치해 공간의 활용도를 높이면서 인테리어 효과도 고려하였다.
3 고저 차가 있는 주변의 대지를 계단과 정원으로 아름답게 꾸며 활용도를 높였다.
4 2층에 다락을 설치하고 옥상에는 테라스를 계획하여 외부활동을 할 수 있게 하였다.

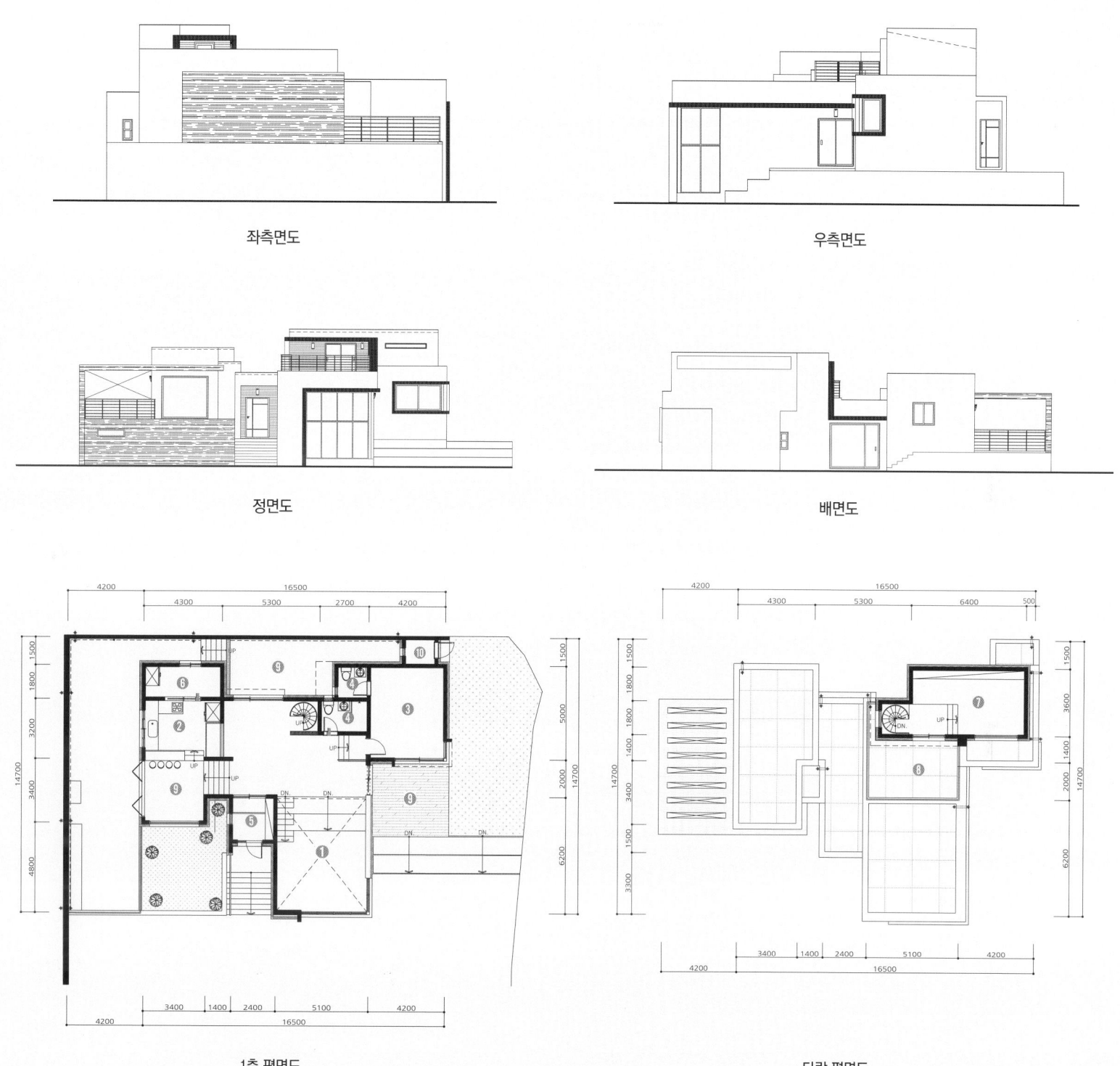

좌측면도

우측면도

정면도

배면도

1층 평면도

다락 평면도

❶ 거실 ❷ 주방 및 식당 ❸ 침실 ❹ 욕실 ❺ 현관 ❻ 다용도실 ❼ 다락 ❽ 테라스 ❾ 데크 ❿ 보일러실

목조주택

075 자연과의 하모니에 중점을 둔 집

비대칭의 경사지붕에 모던한 외관, 적삼목사이딩과 스타코플렉스, 파벽돌로 조화롭게 마감하여 웅장하면서 밝은 자연미가 느껴지는 주택이다. 도심 주택과는 달리 주변 자연으로부터 혜택을 누릴 수 있는 전원생활의 장점을 한껏 살리기 위해 자연과의 하모니에 중점을 두고 설계하였다. 거실과 계단은 천장까지 오픈하여 개방감과 공간감을 높이고, 중앙벽부에 작은 창들을 포인트로 하여 외관미를 살렸다.

설계 개요

| 건축면적 | 102.33㎡(30.95py)
| 연 면 적 | 165.42㎡(50.03py)
| 1층 면적 | 102.33㎡(30.95py)
| 2층 면적 | 63.09㎡(19.08py)
| 구   조 | 일반목구조

| 외부마감 | 스타코플렉스, 적삼목사이딩, 파벽돌
| 설   계 | 엔디건축사(주)
| 시   공 | 엔디하임(주)

설계 포인트

1 스타코플렉스와 적삼목사이딩, 파벽돌로 마감하여 깔끔하면서도 자연스러움을 강조하였다.
2 현관을 중심으로 거실과 주방 및 식당을 완전히 분리 배치하여 각 실에 독립성을 부여하였다.
3 2층 좌·우에 발코니를 배치하여 부족한 여유 공간을 확보하고 동시에 입면을 강조하였다.
4 비대칭의 경사지붕으로 주택의 외관을 현대적인 감각으로 디자인하였다.

좌측면도

우측면도

정면도

배면도

1층 평면도

2층 평면도

① 거실 **②** 주방 및 식당 **③** 안방 **④** 방 **⑤** 욕실 **⑥** 파우더룸 **⑦** 현관 **⑧** 다용도실 **⑨** 보일러실 **⑩** 복도 **⑪** 데크 **⑫** 오픈천장 **⑬** 베란다

50py 165.82㎡

목조주택
076 도시와 전원에 모두 어울리는 주택

도시와 전원에 모두 어울리는 모던 분위기의 주택이다. 중앙부의 거실은 2층까지 개방하여 위·아래로 큰 전창을 설치하고 외부 데크와 연결하여 채광과 개방감을 높였다. 2층 좌·우에 넓은 발코니를 두고 단조난간을 설치해 입면을 강조하였다. 외벽은 가벼운 느낌의 스타코플렉스에 인조석의 무게감을 실어 조화롭게 디자인하고, 1층은 공용공간과 자녀를 위한 공간으로, 2층은 건축주 부부만을 위한 공간으로 구성하였다.

설계개요

| 건축면적 | 107.83㎡(32.62py)
| 연 면 적 | 165.82㎡(50.16py)
| 1층 면적 | 107.83㎡(32.62py)
| 2층 면적 | 57.99㎡(17.54py)
| 구   조 | 일반목구조

| 외부마감 | 스타코플렉스, 인조석
| 설   계 | 엔디건축사(주)
| 시   공 | 엔디하임(주)

설계포인트

1 주택의 중앙에 거실을 배치하고 큰 창과 외부 데크를 연결하여 개방감을 높였다.
2 2층 좌측 안방 공간에 드레스룸과 욕실 그리고 발코니를 두어 편의성을 고려하였다.
3 현대적인 외관에 맞추어 좌·우에 발코니를 배치하여 균형감과 구성미를 더하였다.
4 거실을 중심으로 좌측은 가족의 공용공간, 우측은 자녀를 위한 공간으로 구분하고, 2층은 건축주 부부만을 위한 공간으로 구성하였다.

좌측면도

우측면도

정면도

배면도

1층 평면도

2층 평면도

❶ 거실 ❷ 주방 및 식당 ❸ 안방 ❹ 침실 ❺ 욕실 ❻ 드레스룸 ❼ 서재 ❽ 현관 ❾ 다용도실 ❿ 보일러실 ⓫ 창고 ⓬ 발코니 ⓭ 데크 ⓮ 오픈천장

철근콘크리트주택

077 긴 수평 프레임이 시선을 끄는 주택

개성적인 긴 직사각형의 매스에 적삼목사이딩으로 테두리를 둘러 마치 액자 속에 있는 듯한 느낌의 주택이다. 적삼목사이딩의 마감 부분에 변화를 주면서 입체감을 더하고, 가로형 건물 매스와 세로형 창문들을 적절히 조합하여 디자인의 완성도를 높였다. 데크와 테라스를 여유있게 설치해 공간의 확장성을 꾀하였으며, 2층 테라스 위에 적삼목사이딩으로 파고라를 만들어 낭만와 여유가 있는 아늑한 휴식공간으로 설계하였다.

설계개요

| 건축면적 | 120.81㎡(36.55py)
| 연 면 적 | 166.17㎡(50.27py)
| 1층 면적 | 101.4㎡(30.67py)
| 2층 면적 | 64.77㎡(19.59py)
| 구 조 | 철근콘크리트

| 외부마감 | 스타코플렉스, 하드우드
| 설 계 | 엔디건축사(주)
| 시 공 | 엔디하임(주)

설계포인트

1 복잡해 보일 수 있는 입면을 적삼목사이딩 하나로 통일하고 부분별로 톤 조절을 통하여 일체감과 균형감을 유지하였다.

2 거실과 주방에 전면창을 설치하여 채광과 환기를 고려하였다.

3 현관과 주방에 여유 있는 데크를 설치해 외부로의 확장성을 높였다.

4 2층에 가족실과 자녀들 방을 배치하고 테라스를 넓게 배치해 자녀들의 편안한 쉼터를 만들었다.

좌측면도

우측면도

정면도

배면도

1층 평면도

2층 평면도

❶ 거실 ❷ 주방 및 식당 ❸ 안방 ❹ 침실 ❺ 욕실 ❻ 가족실 ❼ 드레스룸 ❽ 현관 ❾ 데크 ❿ 테라스

51 py 168.46㎡

목조주택

078 적벽돌로 중후함을 강조한 주택

시간이 지날수록 고풍스러운 멋이 더 배어나는 적벽돌로 중후함을 강조한 주택이다. 박공지붕의 방향을 달리하여 변화를 주고 창 주위를 징크 몰딩으로 마감해 입면을 강조하였다. 적삼목사이딩과 징크몰딩으로 포인트를 주고 외부공간과의 유기적인 연계를 위해 테라스와 베란다를 비중 있게 다루었다. 내부 중심공간인 거실을 주방과 나란히 배치하여 데드스페이스를 최소화하고 2층까지 개방한 오픈천장으로 공간감을 부여하였다.

설계개요		
건축면적	104.21㎡(31.52py)	
연 면 적	168.46㎡(50.96py)	
1층 면적	104.21㎡(31.52py)	
2층 면적	64.25㎡(19.44py)	
구 조	일반목구조	

외부마감	파벽돌, 시멘트 판넬, 징크
설 계	엔디건축사(주)
시 공	엔디하임(주)

설계 포인트

1 균형 있는 외관에 적벽돌과 징크로 마감하여 중후한 분위기를 연출하였다.

2 창 주위를 징크 몰딩으로 포인트를 주어 입면을 강조하였다.

3 거실을 주방과 나란히 배치하여 데드스페이스를 최소화하고 2층까지 오픈천장으로 개방감을 높였다.

4 테라스를 적극적으로 도입하여 외부공간과의 연계성을 높였다.

좌측면도

우측면도

정면도

배면도

1층 평면도

2층 평면도

❶ 거실 ❷ 주방 및 식당 ❸ 안방 ❹ 침실 ❺ 욕실 ❻ 드레스룸 ❼ 가족실 ❽ 현관 ❾ 다용도실 ❿ 테라스 ⓫ 데크 ⓬ 보일러실 ⓭ 창고 ⓮ 포치 ⓯ 오픈천장

53py 174.33㎡

목조주택

079 발코니가 시원한 소설가의 주택

소설가인 건축주는 가족과 집필을 위한 두 가지 공간에 중점을 두면서, 주변의 자연 풍광과 향기가 집필실로 전이 (轉移)되기를 원하였다. 따라서 인접 산에 면한 2층에 집필실을 배치하고 집필실의 동쪽과 남쪽에 적절한 창과 돌출형 발코니를 설치하여 사방에서 자연의 향기가 풍부하게 전해질 수 있도록 구성하였다. 건축주의 집필활동과 가족과의 단란한 시간을 함께하는 공간으로 단아하고 클래식한 건축미를 보이는 주택이다.

설계개요		
| 건축면적 | 121.37㎡(36.71py)	| 외부마감 | 스타코플렉스, 인조석	
| 연 면 적 | 174.33㎡(52.73py)	| 설 계 | 엔디건축사(주)	
| 1층 면적 | 121.37㎡(36.71py)	| 시 공 | 엔디하임(주)	
| 2층 면적 | 52.96㎡(16.02py)		
| 구 조 | 일반목구조		

설계포인트

1 적절히 차이를 둔 지붕의 높낮이로 외관이 이국적이면서도 매스감이 뛰어나다.

2 아스팔트슁글 지붕재, 외장재인 스타코플렉스, 인조석을 조화롭게 매치하여 디자인하였다.

3 포치 위의 전면에 시원한 발코니를 배치하여 공간 활용도를 높였다.

4 주된 생활공간은 남쪽으로, 후면에는 가사의 동선이 이어지도록 평면구성을 하였다.

5 거실과 주방을 분리하여 각 공간에 독립성을 부여하였다.

좌측면도

우측면도

정면도

배면도

1층 평면도

2층 평면도

① 거실 ② 주방 및 식당 ③ 안방 ④ 침실 ⑤ 욕실 ⑥ 드레스룸 ⑦ 가족실 ⑧ 현관 ⑨ 다용도실 ⑩ 발코니 ⑪ 오픈천장 ⑫ 보일러실

54py
178.14㎡

철근콘크리트주택

080 예술적인 조형미가 뛰어난 주택

왼쪽은 블랙 징크와 적삼목사이딩을 혼용해 예술적인 조형미를 살리고, 오른쪽은 화이트의 스타코플렉스와 인조석으로 깔끔하게 처리해 서로 대조를 이루며 마치 두 개의 작품을 붙여 놓은 듯한 모던 스타일의 주택이다. 건물 양쪽에 필로티를 설치해 전체적인 볼륨감과 입체감을 주면서 주차장과 1, 2층의 넓고 시원스러운 데크, 테라스 공간으로 활용하였다. 독특한 아이디어로 감각있게 표현한 현관은 일반적인 주택의 고정관념을 깨뜨린 디자인이다.

설계개요	
	건축면적 | 165.52㎡(50.07py)
	연 면 적 | 178.14㎡(53.89py)
	1층 면적 | 103.02㎡(31.16py)
	2층 면적 | 75.12㎡(22.72py)
	구 조 | 철근콘크리트

	외부마감 | 스타코플렉스, 징크, 적삼목사이딩, 인조석
설   계 | 엔디건축사(주)
시   공 | 엔디하임(주)

설계 포인트

1 박스형으로 입면을 디자인하고 차가운 느낌의 징크와 따뜻한 느낌의 적삼목사이딩을 혼용하여 균형감과 조형적인 감각을 살렸다.

2 1층의 포치를 전면으로 길게 빼내어 그 위에 테라스를 설치하였다.

3 거실과 주방, 식당을 같은 존에 배치하여 개방감을 극대화하였다.

4 현관을 중심으로 방을 분리하여 프라이버시를 보호할 수 있도록 하였다.

좌측면도

우측면도

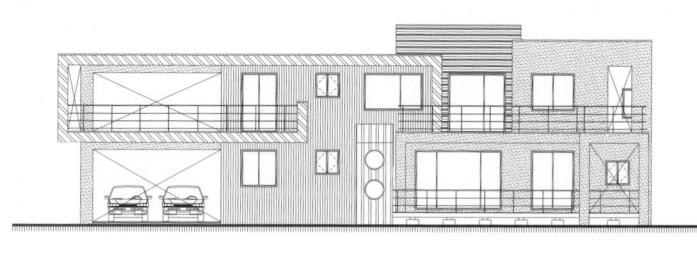

정면도

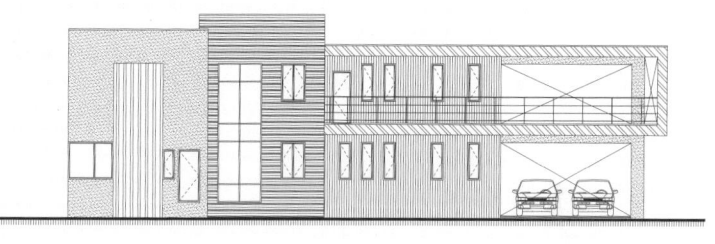

배면도

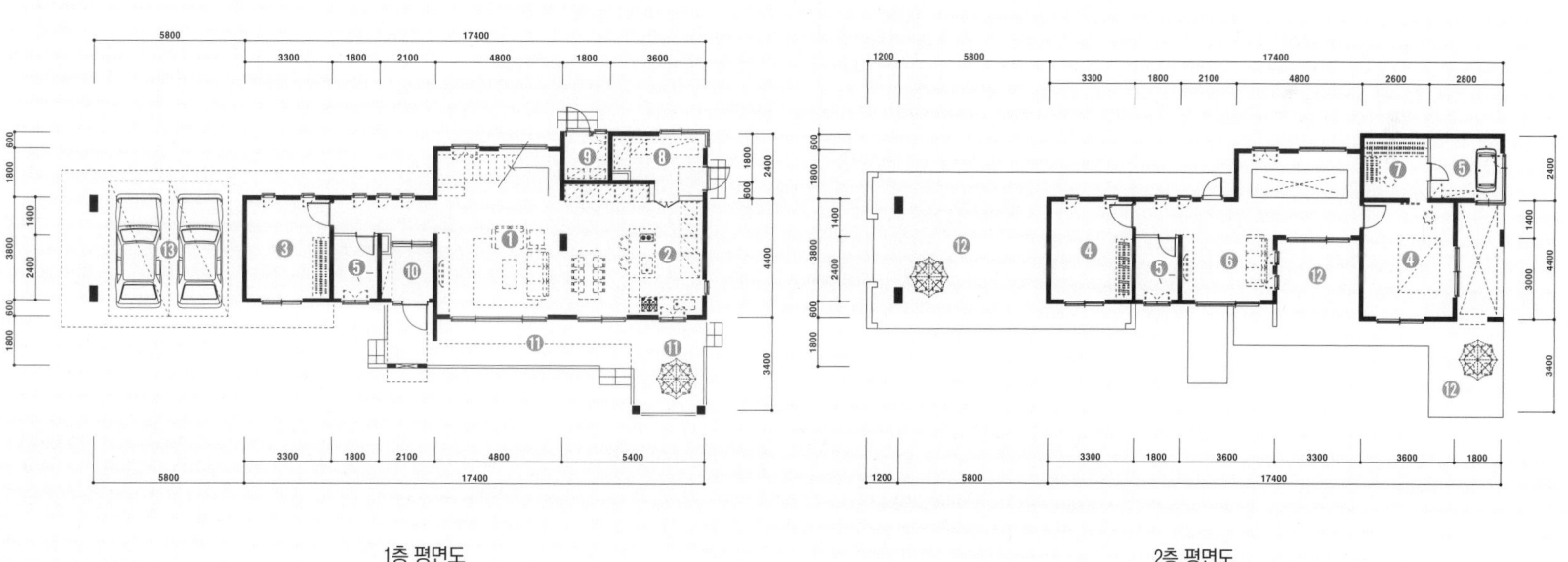

1층 평면도

2층 평면도

❶ 거실 ❷ 주방 및 식당 ❸ 안방 ❹ 침실 ❺ 욕실 ❻ 가족실 ❼ 드레스룸 ❽ 다용도실 ❾ 보일러실 ❿ 현관 ⓫ 데크 ⓬ 테라스 ⓭ 차고

54 py
179.94 ㎡

081

목조주택

파고라 형태의 베란다가 돋보이는 주택

매스마다 마감재를 달리하고 2층 베란다에 시선을 끄는 파고라 형태의 밝은 지붕을 설치해 경쾌하고 세련된 느낌의
외관을 보이는 주택이다. 테라스에 두른 단조난간을 징크와 같은 색상으로 통일감을 주고, 외쪽지붕의 적절한 기울
기를 통해 마치 하늘로 비상하는 듯한 날렵하고 세련된 이미지를 더하면서 동시에 배수기능적인 측면을 고려하였다.
1층 거실 전면에는 여름에 강한 직사광선과 비를 피하기 위한 처마를 특색있게 설치하였다.

설계 개요	
건축면적	108.26㎡(32.75py)
연 면 적	179.94㎡(54.43py)
1층 면적	108.1㎡(32.7py)
2층 면적	71.84㎡(21.73py)
구 조	일반목구조

외부마감	적삼목사이딩, 스타코플렉스, 징크
설 계	엔디건축사(주)
시 공	엔디하임(주)

설계 포인트

1 건물의 매스마다 자재로 변화를 주어 세련된 이미지로 디자인하였다.

2 2층에 긴 테라스를 설치해 입면을 강조하고 자연과 소통할 수 있는 휴식공간을 마련하였다.

3 2층에 미니주방을 설치해 간단한 요리를 하며 편리하게 이용할 수 있도록 하였다.

4 주방과 식당에서 정원으로 이어지는 데크를 설치해 편리한 동선과 넓은 공간을 확보하였다.

좌측면도

우측면도

정면도

배면도

1층 평면도

2층 평면도

❶ 거실 ❷ 주방 및 식당 ❸ 안방 ❹ 침실 ❺ 욕실 ❻ 드레스룸 ❼ 가족실 ❽ 현관 ❾ 다용도실 ❿ 테라스 ⓫ 데크 ⓬ 창고

55py 182.91㎡

082 철근콘크리트주택
지형을 이용하여 조망감을 살린 주택

부분적으로 고저 차가 있는 대지를 이용해 어느 실에서나 주위의 풍광과 밤하늘의 별을 감상할 수 있도록 조망을 최대한 살려 디자인한 주택이다. 1층을 철근콘크리트구조의 필로티 공법으로 띄워 특별히 내·외부의 조망감에 신경을 쓰면서 각층을 모두 외부 테라스와 동선을 연결하여 바깥활동이 가능하도록 하였다. 다양한 외부마감재와 구성미 넘치는 입면, 곳곳에 배치한 조형물들은 보는 각도, 시간대에 따라 다양한 분위기를 연출한다.

설계 개요		
	건축면적	126.63㎡(38.31py)
	연 면 적	182.91㎡(55.33py)
	1층 면적	126.63㎡(38.31py)
	2층 면적	56.28㎡(17.02py)
	구 조	철근콘크리트

	외부마감	스타코플렉스, 노출콘크리트, 케뮤
	설 계	엔디건축사(주)
	시 공	엔디하임(주)

설계 포인트
1 주위의 풍광과 밤하늘의 별을 감상할 수 있도록 조망을 잘 살린 모던한 세련미가 있는 주택이다.
2 실마다 조망을 확보하고 외부와 연계된 테라스에서 자연을 접하며 휴식할 수 있게 하였다.
3 1층은 각 실의 출입 동선을 거실로 집중시켜 시선만으로도 공간 간의 소통이 이루어지도록 하였다.
4 각 매스마다 외장재를 다르게 선택하여 실의 구성을 외부에서도 짐작케 하는 구성미를 보인다.

좌측면도

우측면도

정면도

배면도

1층 평면도

2층 평면도

❶ 거실 ❷ 주방 ❸ 식당 ❹ 침실 ❺ 욕실 ❻ 드레스룸 ❼ 가족실 ❽ 현관 ❾ 다용도실 ❿ 보일러실 ⓫ 포치 ⓬ 테라스

56 py
184.16㎡

목조주택

083 미국 웨스턴 건축을 닮은 집

수수하고 투박스러워 보이는 외관으로 마치 미국 서부지역의 한적한 마을에 있을 법한 주택이다. 거실 전창은 빛이 많이 유입되도록 크게 설치하고, 2층에는 지붕이 있는 발코니를 두어 날씨와 무관하게 사계절 내내 외부의 수려한 조망을 즐길 수 있게 하였으며, 주(主) 생활 실을 남향으로 배치하여 채광에도 신경을 썼다. 전체적으로 평범해 보이나 오랫동안 싫증 나지 않을 콘셉트를 잘 갖춘 주택이다.

설계개요		구 조	일반목구조
건축면적	163.2㎡(49.37py)	외부마감	스타코플렉스, 파벽돌
연 면 적	184.16㎡(55.71py)	설 계	엔디건축사(주)
1층 면적	98.55㎡(29.81py)	시 공	엔디하임(주)
2층 면적	20.96㎡(6.34py)		
부속동 면적	64.65㎡(19.56py)		

설계 포인트

1 전형적인 미국 서부의 한적한 마을에 있는 웨스턴 건축을 계획하였다.
2 밝은 색상의 스타코플렉스와 황토색 파벽돌로 외벽의 조화를 꾀하였다.
3 기능적인 회색 톤의 슁글로 차분한 느낌이 들도록 하였다.
4 주(主) 생활 실을 남향으로 배치하여 채광에 신경을 썼다.
5 2층 침실은 별도의 생활이 가능할 정도로 독립적인 공간으로 구성하였다.

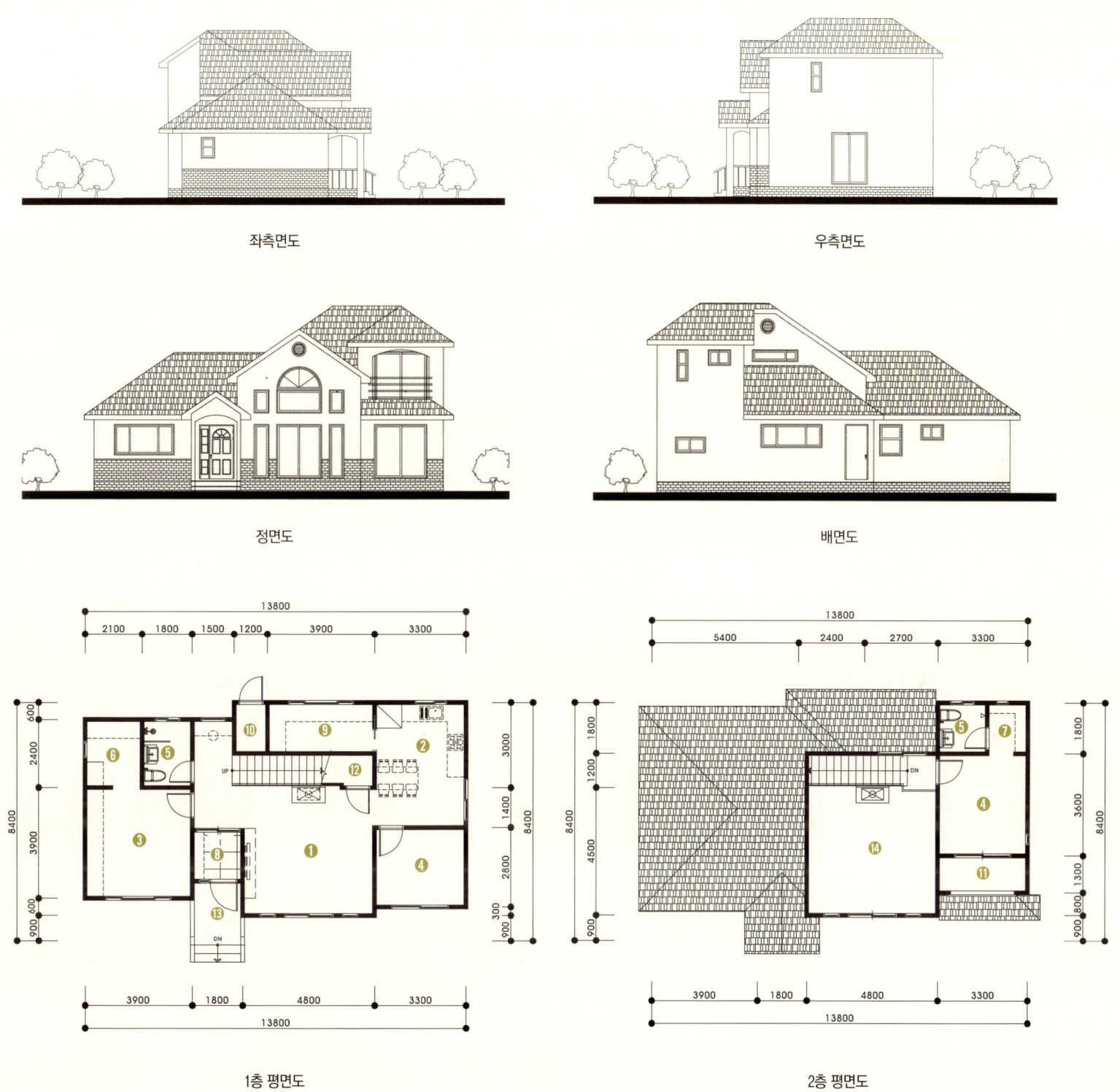

좌측면도

우측면도

정면도

배면도

1층 평면도

2층 평면도

❶ 거실 ❷ 주방 및 식당 ❸ 안방 ❹ 침실 ❺ 욕실 ❻ 드레스룸 ❼ 파우더룸 ❽ 현관 ❾ 다용도실 ❿ 보일러실 ⓫ 발코니 ⓬ 창고 ⓭ 포치 ⓮ 오픈천장

57 py
187.88 m²

목조주택
084 크고 웅장한 외형을 갖춘 주택

모던 스타일을 선호하는 건축주의 취향을 반영한 주택으로 크고 웅장한 외관이 특징이다. 정자개념의 파빌리언과 외부 베란다로 하여금 큰 건축물임에도 날렵하게 보이는 디자인이다. 안방을 2층에 배치하고 미니주방을 두어 언제든 베란다로 나가 차와 전망을 즐기면서 로맨틱한 시간을 보낼 수 있게 하였다. 외부마감재로 쓴 거친 질감의 인조석은 중후하면서도 관리가 쉽다는 이점이 있다.

설계개요

| 건축면적 | 122.18㎡(36.96py)
| 연 면 적 | 187.88㎡(56.83py)
| 1층 면적 | 122.18㎡(36.96py)
| 2층 면적 | 65.7㎡(19.87py)
| 구   조 | 일반목구조

| 외부마감 | 스타코플렉스, 인조석
| 설   계 | 엔디건축사(주)
| 시   공 | 엔디하임(주)

설계 포인트

1 대지 조건상 현관을 후면에 배치하였다.
2 현관 양쪽의 매스를 절개해 돌출되는 효과와 함께 입구를 강조하였다.
3 주방에 연결된 다용도실을 넓게하여 주방의 부족한 수납공간을 보충할 수 있게 하였다.
4 안방을 2층에 배치하여 베란다와 연결하고 미니주방을 함께 두어 간단한 요리를 할 때 용이하게 사용할 수 있도록 하였다.

좌측면도

우측면도

정면도

배면도

1층 평면도

2층 평면도

❶ 거실 ❷ 주방 및 식당 ❸ 안방 ❹ 침실 ❺ 욕실 ❻ 드레스룸 ❼ 현관 ❽ 다용도실 ❾ 베란다 ❿ 데크 ⓫ 보일러실 및 창고 ⓬ 포치 ⓭ 오픈천장

58 py
190.54㎡

목조+철근콘크리트주택

085 스킵플로어 공간구성이 독특한 주택

바닥 일부를 높게 꾸민 이 주택은 각 실의 독립성과 공간의 변화를 강조하기 위해 스킵플로어로 설계하였다. 이는 인접 도로와의 고저 차를 이용한 철근콘크리트 구조의 지하주차장 설치와 더불어 공간 활용의 극대화를 이루어 제한적인 건폐율을 극복하였다. 외형을 좌우로 분리하여 현대적인 감각에 맞는 주택 디자인으로 공용부분의 절감이나 통풍, 일조 조건이 양호한 이점이 있다.

설계개요

건축면적	64.84㎡(19.61py)
연 면 적	190.54㎡(57.64py), 다락면적 제외
지하 1층	65㎡(19.66py), 주차장 포함
1층 면적	64.3㎡(19.45py)
2층 면적	61.24㎡(18.53py)
다락면적	14.82㎡(4.48py)
구 조	철근콘크리트, 일반목구조
외부마감	스타코플렉스
설 계	엔디건축사(주)
시 공	엔디하임(주)

설계포인트

1 지하주차장에서부터 반 층 구조로 이루어져 있으며 좌·우측 외벽의 색상을 다르게 하여 현대적인 감각을 살렸다.

2 인접 도로와의 고저 차를 반영하여 지하주차장 공간을 구성하였다.

3 경사지붕으로 주택에 간결한 외관을 표현하고 다락에 원형 창을 내어 포인트를 주었다.

4 제한된 건폐율을 극복하기 위해 스킵플로어 형태로 설계하였다.

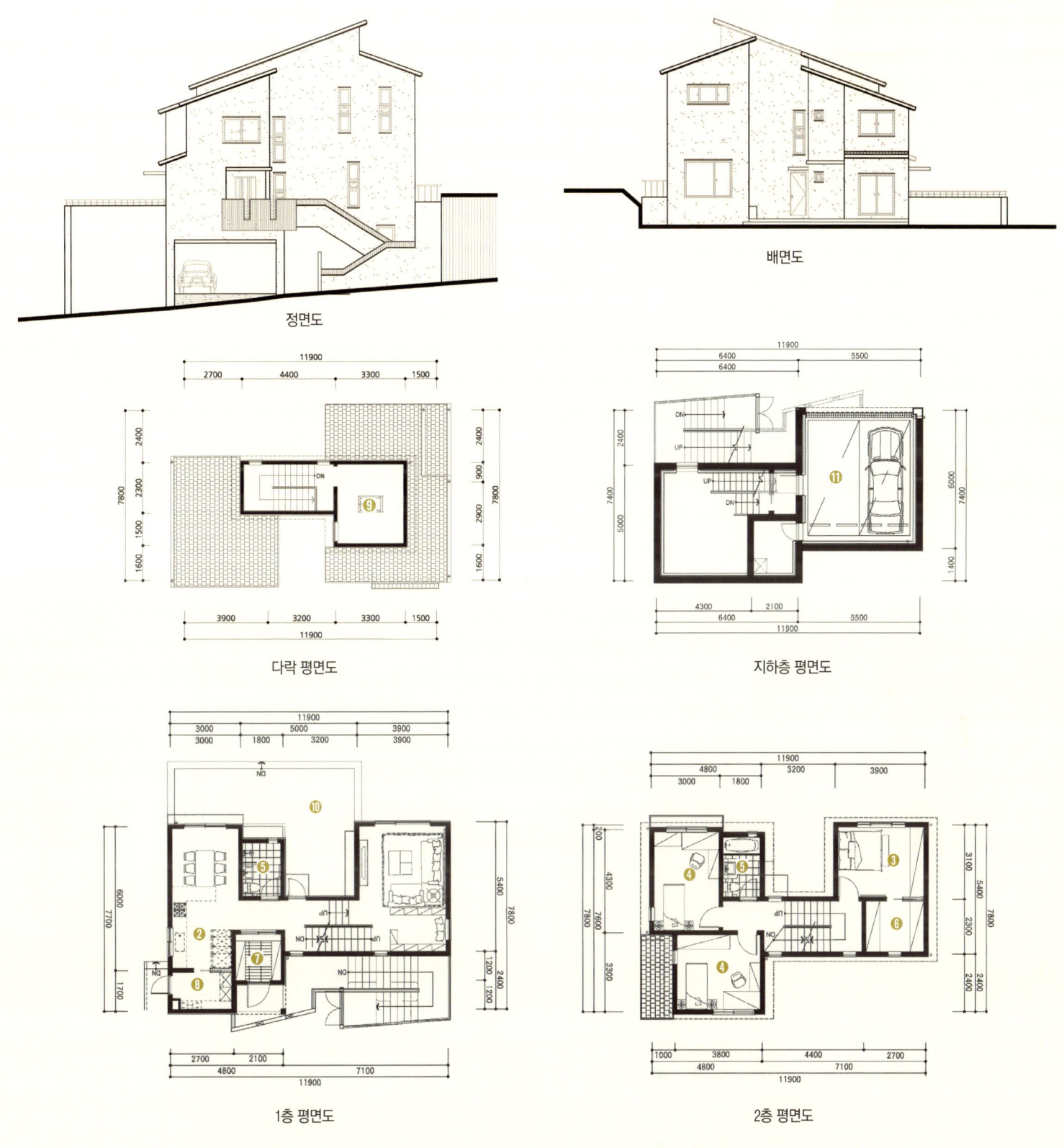

정면도

배면도

다락 평면도

지하층 평면도

1층 평면도

2층 평면도

① 거실 ② 주방 및 식당 ③ 안방 ④ 침실 ⑤ 욕실 ⑥ 드레스룸 ⑦ 현관 ⑧ 다용도실 ⑨ 다락 ⑩ 데크 ⑪ 차고

58py 190.55㎡

086 목조주택
필로티와 가벽으로 볼륨을 키운 주택

건물 안에 건물이 들어앉은 형태로 좌·우측에 필로티와 가벽으로 건물의 볼륨감을 키워 저택 같은 웅장한 느낌을 주는 도심에 잘 어울리는 주택이다. 안쪽에 들여 앉힌 매스는 흰색의 스타코플렉스로 마감하고, 중앙부의 상징적인 매스는 어두운색의 인조석으로 포인트를 주어 도시적인 분위기를 더욱 고조시켰다. 또한, 따뜻한 느낌의 적삼목사이딩을 이용하여 도시적인 차가운 느낌을 덜고 예술적인 감각으로 건축미를 표현하였다.

설계개요

| 건축면적 | 169.5㎡(51.27py)
| 연 면 적 | 190.55㎡(57.64py)
| 1층 면적 | 134.51㎡(40.69py)
| 2층 면적 | 56.04㎡(16.95py)
| 구   조 | 일반목구조

| 외부마감 | 스타코플렉스, 인조석, 적삼목사이딩
| 설   계 | 엔디건축사(주)
| 시   공 | 엔디하임(주)

설계포인트

1 예술적인 디자인으로 견고하고 세련된 외관이 도심의 분위기와 잘 어울리는 주택이다.
2 거실은 2층까지 오픈천장으로 구성하여 개방감과 공간감을 최대한 살렸다.
3 필로티 공법으로 건물의 공간감과 입체감을 높여 세련된 분위기로 디자인하였다.
4 2층의 넓은 발코니와 베란다에 목재 루버를 설치해 적삼목사이딩과 소재의 통일감을 주면서 조화로운 외관미를 더하였다.

좌측면도

우측면도

정면도

배면도

1층 평면도

2층 평면도

❶ 거실 ❷ 주방 및 식당 ❸ 안방 ❹ 침실 ❺ 욕실 ❻ 드레스룸 ❼ 드레스룸 ❽ 가족실 ❾ 현관
❿ 다용도실 ⓫ 발코니 ⓬ 데크 ⓭ 서재 ⓮ 보일러실 ⓯ 차고 ⓰ 오픈천장 ⓱ 베란다

50py
164.10㎡

087

목조주택

배리어프리(barrier free) 디자인으로 설계한 집

적삼목사이딩과 인조석 그리고 아이보리 색상의 스타코플렉스로 마감한 목조주택으로 자연미를 강조한 주택이다. 정면에 직사각형의 창을 설치하여 채광효과를 극대화하고 2층에 발코니를 배치해 건물에 입체감을 주었다. 거동이 불편한 가족을 위해 방에 체력단련실과 넓은 욕실을 배치하고 , 내부는 배리어프리 디자인으로 문턱을 없애 휠체어를 타고 자유롭게 이동할 수 있도록 설계하였다.

설계 개요

| 건축면적 | 117.11㎡(35.43py)
| 연 면 적 | 162.6㎡(49.19py)
| 1층 면적 | 117.11㎡(35.43py)
| 2층 면적 | 45.49㎡(13.76py)
| 구   조 | 일반목구조
| 외부마감 | 스타코플렉스, 적삼목사이딩, 인조석
| 내부마감 | 실크벽지, 강화마루, 타일
| 지 붕 재 | 아스팔트슁글
| 설   계 | 엔디건축사(주)
| 시   공 | 엔디하임(주)

설계 포인트

1 거동이 불편한 가족구성원을 위해 방에 체력단련실과 넓은 욕실을 배치하고 휠체어로 자유롭게 이동할 수 있게 계획하였다.

2 주방과 다용도실을 나란히 배치하여 주방의 확장을 도모했으며, 보조주방으로 활용이 가능하도록 하였다.

3 2층은 손님을 위해 방을 가장 넓게 계획하고 발코니로 입면을 강조하였다.

4 집의 외관은 모던하게 디자인하고 적삼목사이딩과 인조석으로 포인트를 주었다.

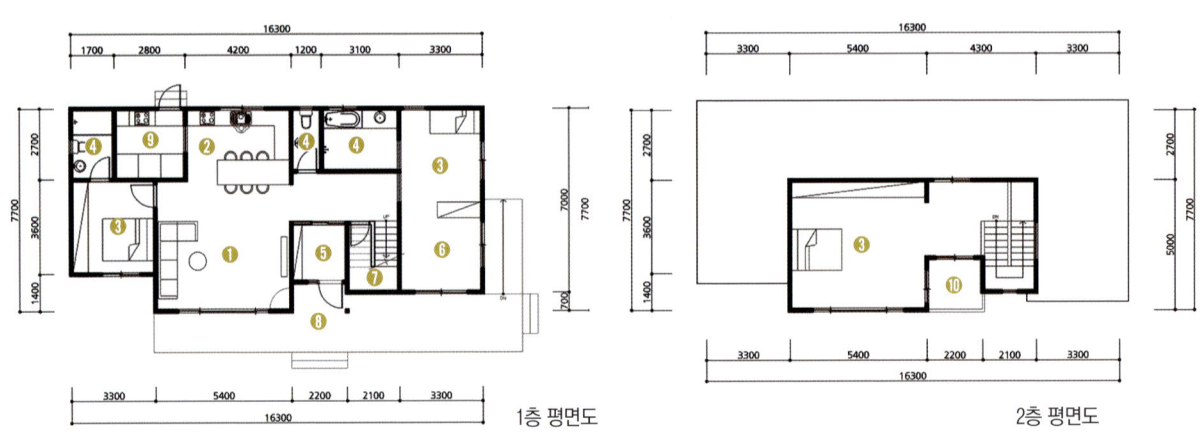

❶ 거실 ❷ 주방 및 식당 ❸ 방 ❹ 욕실
❺ 현관 ❻ 체력단련실 ❼ 창고 ❽ 포치
❾ 다용도실 ❿ 발코니

1층 평면도

2층 평면도

088 목조주택
다양한 마감재를 이용한 발코니 확장형 주택

50 py
164.55 ㎡

매스별로 벽체와 지붕라인을 다양한 마감재로 독특하게 디자인한 주택이다. 기본 마감재는 스타코플렉스를 사용하고 현무암과 금속패널로 포인트를 주었다. 데크와 2층 발코니를 넓게 계획하여 공간활용성을 높이고, 1, 2층에 각각 손님을 위한 게스트룸을 두어 방문 시 불편없이 지낼 수 있도록 하였다. 또한, 1층 바닥은 장마철을 대비하여 지면으로부터 높게 설계하였다.

설계 개요

| 건축면적 | 125.53㎡(37.97py)
| 연 면 적 | 164.55㎡(49.78py)
| 1층 면적 | 125.53㎡(37.97py)
| 2층 면적 | 39.02㎡(11.8py)
| 구   조 | 일반목구조
| 외부마감 | 스타코플렉스, 현무암, 금속패널
| 지 붕 재 | 아연도강판
| 설   계 | 엔디건축사(주)
| 시   공 | 엔디하임(주)

설계 포인트

1 거실은 넓은 공간감을 확보하기 위해 일반주택보다 폭을 넓히고 주방은 후면에 배치하였다.
2 2층 건축주의 방은 드레스룸과 욕실을 같은 공간에 배치하고 욕조 전면에 창을 내어 조망을 확보하였다.
3 손님 방문을 중요하게 생각하는 건축주의 의견을 반영해 크고 작은 욕실 4개를 배치하였다.
4 주택의 외관은 기본적인 스타코플렉스로 거친 손 마감을 하고, 현무암과 금속패널로 변화를 주면서 큰 매스에 포인트를 주었다.

1층 평면도

2층 평면도

1 거실 **2** 주방 및 식당 **3** 안방 **4** 방
5 욕실 **6** 드레스룸 **7** 현관 **8** 창고
9 다용도실 **10** 데크 **11** 테라스 **12** 보일러실

50py
165.02㎡

089 목조주택
내·외부의 연계성에 중점을 둔 주택

전원생활의 맛과 즐거움을 만끽하기 위해 내·외부의 연계성에 좀 더 중점을 두어 설계한 중후한 이미지의 클래식한 목조주택이다. 클래식한 외관에 실의 구성은 기본에 충실하면서 편리성을 명료하게 따져 군더더기 없는 깔끔한 설계와 시공을 계획하고, 중후한 분위기를 표현하기 위해 기와와 파벽돌로 마감하였다. 2층은 자녀를 위한 방과 건축주의 서재 겸 취미실을 구성하여 추후 방으로도 활용할 수 있도록 계획하였다.

설계 개요

| 건축면적 | 111.1㎡(33.61py)
| 연 면 적 | 165.02㎡(49.92py)
| 1층 면적 | 111.1㎡(33.61py)
| 2층 면적 | 53.92㎡(16.31py)
| 구　　조 | 일반목구조
| 외부마감 | 스타코플렉스
| 설　　계 | 엔디건축사(주)
| 시　　공 | 엔디하임(주)

설계 포인트

1 중후한 외관과 더불어 현관에 들어서면 바로 보이는 넓은 거실과 2층 오픈천장으로 공간감과 개방감이 들도록 계획하였다.

2 一자로 배치한 계단 하부는 수납공간을 위한 창고로 구성하고, 그 옆으로 공용 화장실을 배하여 공간 활용도를 높였다.

3 드레스룸과 욕실을 안방 안에 배치하여 독립성을 확보함과 동시에 편리성을 추구하였다.

4 2층에는 가족실 겸 취미생활 위한 휴식공간을 두었다.

❶ 거실 ❷ 주방 및 식당 ❸ 방 ❹ 욕실
❺ 드레스룸 ❻ 현관 ❼ 계단창고 ❽ 포치
❾ 다용도실 ❿ 데크 ⓫ 서재 겸 취미실

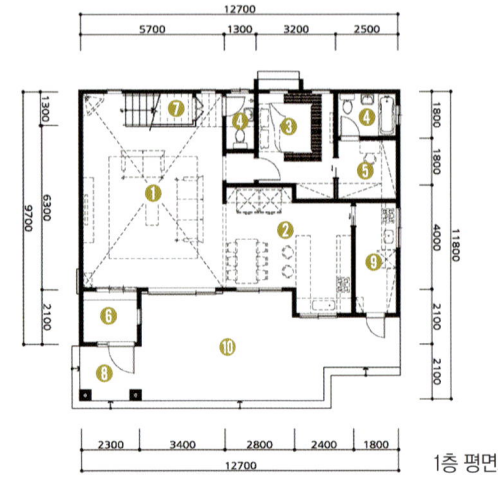

1층 평면도

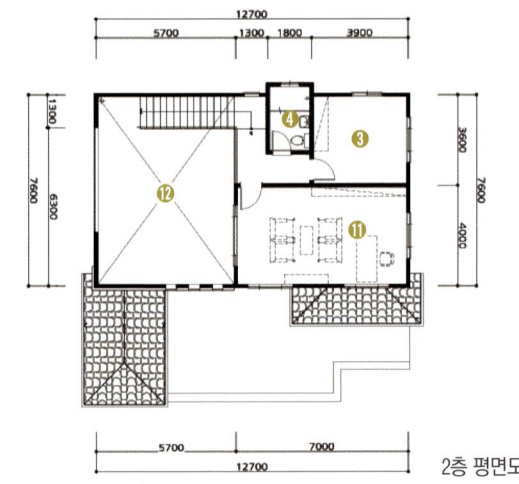

2층 평면도

090 목조주택
주황빛 기와가 매력적인 프로방스풍 주택

고즈넉한 프로방스풍 느낌으로 주황빛 스페니쉬 기와와 밝은 톤의 스타코플렉스를 마감재로 하여 깔끔하게 설계한 주택이다. 단조로울 수 있는 입면에 포치와 베란다를 설치해 입체감을 주고, 무게감과 안정감을 싣고자 1층 하단부는 지붕 칼러와 유사한 주황 톤의 파벽돌을 사용하였다. 또한, 거실을 오픈천장으로 계획하고 전면부에 상·하로 넓은 격자창을 설치하여 채광, 조망과 함께 단조로운 외벽에 포인트를 주었다.

50py 165.29㎡

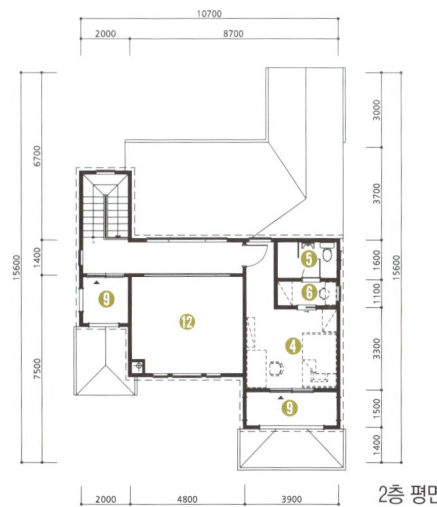

설계 개요

| 건축면적 | 117.12㎡(35.43py)
| 연 면 적 | 165.29㎡(50py)
| 1층 면적 | 117.12㎡(35.43py)
| 2층 면적 | 48.17㎡(14.57py)
| 구   조 | 일반목구조
| 외부마감 | 스타코플렉스, 파벽돌
| 설   계 | 엔디건축사(주)
| 시   공 | 엔디하임(주)

설계 포인트

1 대지를 최대한 활용할 수 있도록 위·아래로 긴 직사각형 형태로 집을 배치하였다.
2 단조로울 수 있는 입면에 포치와 베란다를 설치하여 입체감을 주었다.
3 거실과 주방을 ㅡ자형으로 배치하여 현관에 들어서자마자 공간감을 들도록 계획하였다.
4 거실 전면에 데크를 설치하여 주방, 거실, 데크로 이어지는 동선의 연계성을 고려하였다.

1층 평면도

2층 평면도

1 거실 2 주방 및 식당 3 안방 4 침실
5 욕실 6 드레스룸 7 현관 8 다용도실
9 베란다 10 데크 11 창고 12 오픈천장

51^{py} 168.14㎡

091 목조주택
태양광 집열판을 설치한 친환경에너지 주택

태양 빛이 좋은 대지에서는 에너지를 절약할 수 있는 태양광 집열판 설치를 고려해볼 만하다. 이 주택은 지붕의 기울기와 방향을 잘 살려 4계절 에너지효율을 높게 설계한 사례이다. 지붕에 태양광 집열판을 설치하게 되면 미관상 보기 싫을 수도 있으나 매스를 적절히 분절하고 다듬어 디자인도 함께 살렸다. 에너지 절감을 염두에 두고 태양광 집열판을 설치하여 가정에 필요한 전기를 일부 충당하게 한 친환경에너지 주택이다.

설계 개요

| 건축면적 | 99.94㎡(30.23py)
| 연 면 적 | 168.14㎡(50.86py)
| 1층 면적 | 99.94㎡(30.23py)
| 2층 면적 | 68.2㎡(20.63py)
| 구   조 | 일반목구조
| 외부마감 | 스타코플렉스, 파벽돌
| 설   계 | 엔디건축사(주)
| 시   공 | 엔디하임(주)

설계 포인트

1 집을 크게 보이게 하는 공간배치를 했다.
2 거실과 주방을 크게 묶어 배치하고 거실에서 외부로 바로 나갈 수 있는 전창을 설치하여 공간의 확장성을 꾀하였다.
3 프라이버시를 강조한 실들은 우측으로 모아 배치하고 중앙에 드레스룸을 두어 공동으로 사용하게 하였다.
4 태양광 집열판을 설치해 전기 일부를 충당할 수 있게 하였다.

1 거실 2 주방 및 식당 3 안방 4 침실
5 욕실 6 드레스룸 7 현관 8 다용도실
9 데크 10 창고 11 서재 12 오픈천장

1층 평면도

2층 평면도

목조주택

092 강인함과 부드러움의 조화, 고벽돌 목조주택

53^{py} 174.14㎡

유럽출장이 잦은 젊은 건축주의 마음을 사로잡은 것은 자연스럽게 유럽의 단독주택과 도시의 오래된 점토기와, 그리고 고벽돌을 많이 사용하는 유럽풍의 주택이었다. 몇 년간에 걸쳐 별장과 주거기능을 모두 살릴 수 있도록 조적식 고벽돌쌓기와 스페니쉬 기와를 계획하여 따뜻하면서 섬세한 건축디자인이 나올 수 있도록 하였다. 스페니쉬 점토기와와 고벽돌로 벽면 전체와 지붕을 마감하여 안정감과 강인함, 부드러움이 조화를 이루는 이국적인 주택이다.

설계 개요

| 건축면적 | 112.76㎡(34.11py)
| 연 면 적 | 174.14㎡(52.68py)
| 1층 면적 | 112.76㎡(34.11py)
| 2층 면적 | 61.38㎡(18.57py)
| 구   조 | 일반목구조
| 외부마감 | 고벽돌, 적삼목사이딩
| 설   계 | 엔디건축사(주)
| 시   공 | 엔디하임(주)

설계 포인트

1 별장과 주거기능을 모두 살리는 섬세한 건축디자인이 나올 수 있도록 하였다.
2 거실과 주방 및 식당을 전면에 배치하고 오픈 천장으로 개방하여 넓은 공간을 확보하였다.
3 1층은 공용공간으로, 2층은 자녀 세대의 개별공간으로 분리하였다.
4 마당이 비교적 좁은 대지 여건상 내부와 외부로 이어지는 동선에 더욱더 신경을 썼다.

1층 평면도

2층 평면도

1 거실 2 주방 및 식당 3 안방 4 침실
5 욕실 6 가족실 7 현관 8 창고
9 베란다 10 데크 11 보일러실 12 오픈천장

53py 175.97㎡

093 철근콘크리트주택
내진설계와 기능, 디자인을 모두 갖춘 집

남으로는 가까이 저수지가 보이고 북으로는 산이 인접한 교외 택지에 내진설계를 반영하여 설계한 주택이다. 이러한 설계에 걸맞게 거실을 2층 높이로 개방하고 식당은 상대적으로 낮게 하는 등 각 공간의 크기와 높이도 다르게 구성하였다. 집안에서의 동선을 고려하여 안방 가까이에 낮에 주로 사용하는 서재 및 운동실을 배치하고 안방과 서재 사이에 중정을 두어 휴식공간을 만드는 등 기능과 디자인 면에서 모두 만족할 수 있는 집이다.

설계 개요

| 건축면적 | 131.83㎡(39.88py)
| 연 면 적 | 175.97㎡(53.23py)
| 1층 면적 | 119.88㎡(36.26py)
| 2층 면적 | 56.09㎡(16.97py)
| 구   조 | 철근콘크리트
| 외부마감 | 스타코플렉스, 적삼목 사이딩
| 설   계 | 엔디건축사(주)
| 시   공 | 엔디하임(주)

설계 포인트

1 거실을 2층 높이로 개방하고 식당은 상대적으로 낮게 하는 등 각 공간의 크기와 높이를 다르게 구성하였다.

2 안방 가까이에는 낮에 주로 사용하는 서재 및 운동실을 배치하고 안방과 서재 사이에 중정을 두어 휴식공간을 만들었다.

3 대문에서 본채에 이르는 진입공간도 전이공간으로써 활용할 수 있도록 동선을 고려하였다.

4 집의 위치마다 창의 크기와 방향을 달리하여 조망 확보에 신경을 썼다.

1 거실 2 주방 및 식당 3 안방 4 침실
5 욕실 6 드레스룸 7 가족실 8 현관
9 다용도실 10 서재 11 찜질방 12 보일러실
13 테라스 14 데크 15 오픈천장

1층 평면도　　　2층 평면도

094 제주 천혜의 자연경관을 담은 주택

철근콘크리트주택

57py
187.96㎡

주거를 위한 주택보다는 주말에만 사용하는 별장 개념에 충실하였다. 대지의 북쪽에 제주의 아름다운 바다가 보이고 남쪽으로 한라산이 보이는 천혜 자연경관의 잇점을 최대한 반영하였다. 북쪽으로 배치한 거실은 바다 조망을 확보하고, 남쪽에 배치한 침실은 커다란 창문을 구성하여 한라산의 조망을 담고자 하였다. 블랙 톤의 1층과 화이트 톤의 2층으로 대조를 이루어 모던함을 강조하고 정형과 부정형의 조화로 개성 있는 외관을 표현한 주택이다.

설계 개요

| 건축면적 | 170.84㎡(51.68py)
| 연 면 적 | 187.96㎡(56.86py)
| 1층 면적 | 116.54㎡(35.25py)
| 2층 면적 | 71.42㎡(21.60py)
| 구   조 | 철근콘크리트
| 외부마감 | 스타코플렉스, 아연도강판
| 내부마감 | 강화마루, 실크벽지, 폴리싱타일
| 지 붕 재 | 철근콘크리트
| 설   계 | 엔디건축사(주)
| 시   공 | 엔디하임(주)

설계 포인트

1 주거보다는 주말에 사용하는 별장개념에 충실하였다.

2 외장재로 징크를 사용해 모던함을 더하고 철제 난간과 적삼목사이딩으로 포인트를 주었다.

3 북쪽으로 배치한 거실은 바다 조망을 확보하고, 남쪽에 배치한 침실은 한라산의 조망을 담고자 하였다.

4 1층과 2층 거실을 따로 두어 층간 분리를 통한 프라이버시 확보에 신경을 썼다.

1층 평면도

2층 평면도

❶ 거실 ❷ 주방 및 식당 ❸ 방 ❹ 욕실
❺ 드레스룸 ❻ 현관 ❼ 테크 ❽ 테라스

58py
190.9㎡

095 앞마당을 조원(造園)한 ㄷ자형 주택
철근콘크리트주택

ㄷ자형 배치로 진입부와 앞마당에 잘 정돈된 조경이 꾸며진 주택이다. 건물은 채광을 위해 정남향으로 배치하고 조망을 위해 경치가 좋은 남서향을 개방하였다. 포치와 현관은 저택 느낌으로 연출하여 고급화와 인지도를 높이는 효과를 얻었다. 외부마감은 직사각형의 베이스패널로 마감하여 스트라이프 이미지로 디자인하고, 카페 스타일의 데크와 측면에 세운 가벽으로 포인트를 주어 세련미를 더하였다.

설계 개요

| 건축면적 | 132.44㎡(40.06py)
| 연 면 적 | 190.9㎡(57.75py)
| 1층 면적 | 132.44㎡(40.06py)
| 2층 면적 | 58.46㎡(17.68py)
| 구   조 | 철근콘크리트
| 외부마감 | 베이스판넬
| 설   계 | 엔디건축사(주)
| 시   공 | 엔디하임(주)

설계 포인트

1 콘크리트주택으로 장스팬의 거실 공간을 두어 실내를 넓고 시원스럽게 개방하였다.
2 주방과 거실을 하나의 공간으로 연결해 보다 큰 공간을 연출하였다.
3 1층 방을 복층으로 하여 원형계단을 설치하였다.
4 2층은 두 동으로 분리하여 독립된 공간에 안방을 계획하였다.

1 거실 2 주방 및 식당 3 안방 4 시네마룸
5 욕실 6 현관 7 가족실 8 계단실
9 휴게실 10 드레스룸 11 복도 12 테라스
13 창고 14 온실 15 중정 16 데크 17 다락방

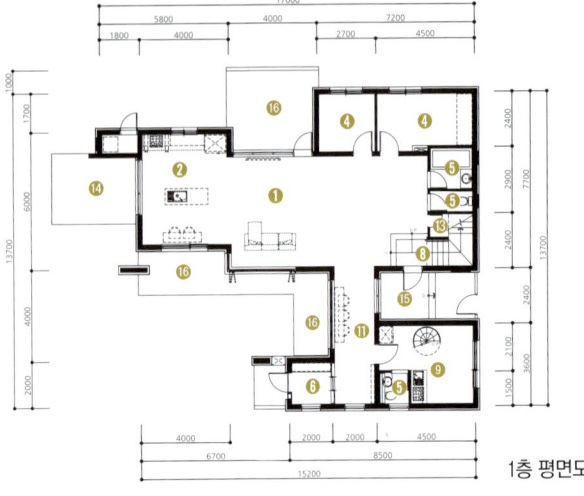

1층 평면도

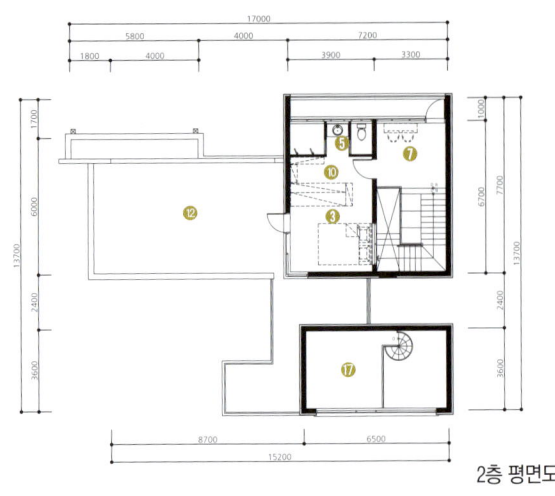

2층 평면도

목조주택
096 각 실의 독립성에 주안점을 둔 집

주변에 산이 많은 주변 경관에 어울리는 설계를 하였다. 전면에 거실과 주방을 박공지붕 형태로 디자인하여 주변의 산과 어울리게 하고, 붉은 계통의 아스팔트슁글과 견고한 파벽돌로 건물에 일체감을 주면서 웅장함이 느껴지도록 하였다. 긴 복도공간을 중심으로 하나의 동선에 좌·우로 실을 배치하여 독립성에 주안점을 두고, 1층은 실마다 외부로 통하는 문을 설치하여 내·외부 간 이동이 편리하도록 설계하였다.

설계 개요
| 건축면적 | 141.81㎡(42.90py)
| 연 면 적 | 196.59㎡(59.47py)
| 1층 면적 | 130.31㎡(39.42py)
| 2층 면적 | 66.28㎡(20.05py)
| 구   조 | 일반목구조
| 외부마감 | 파벽돌, 스타코플렉스, 적삼목
| 지 붕 재 | 아스팔트 쉬글
| 설   계 | 엔디건축사(주)
| 시   공 | 엔디하임(주)

설계 포인트
1 긴 복도공간을 중심으로 하나의 동선에 좌·우로 실을 배치하여 독립성을 확보하였다.
2 거실과 주방 사이에 데크를 설치하고 발코니로 입면을 강조하였다.
3 야외활동이 많은 건축주의 라이프스타일을 반영하여 외부에서만 출입이 가능한 화장실을 별도로 두어 사용상 불편함이 없도록 하였다.
4 2층에도 작은 거실을 두어 층간 기능을 분리하면서 독립성을 확보하였다.

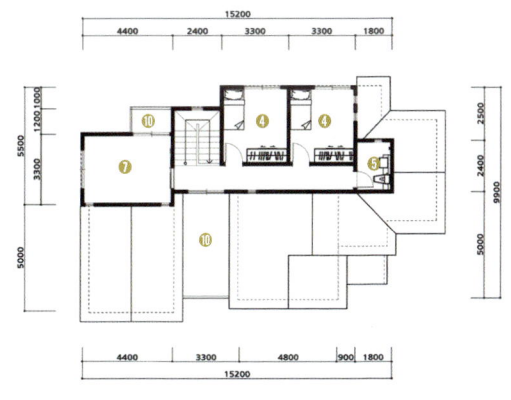

1층 평면도

2층 평면도

❶ 거실 ❷ 주방 및 식당 ❸ 안방 ❹ 방
❺ 욕실 ❻ 현관 ❼ 가족실 ❽ 창고
❾ 다용도실 ❿ 베란다 ⓫ 데크

60py
197.49㎡

097 철근콘크리트주택
넓은 대지, 푸른 자연경관을 품은 집

전망 좋은 대지의 잇점을 십분 이용해 2층까지 시원스럽게 오픈한 거실 전면에 통유리 창을 설치하여 조망감을 최대한 살렸다. 1층 주방과 거실 사이에 넓은 홀을 두어 공간을 비교적 여유롭게 배치하고, 2층에도 별도의 주방과 식당을 두어 1, 2층 간 독립성을 부여하였다. 거실 통유리를 통해 사계절 내내 실내에서도 자연의 변화를 느낄 수 있는 디자인으로 전혀 답답함이 없이 탁 트인 시원한 전망감을 자랑하는 주택이다.

설계개요

| 건축면적 | 125.43㎡(37.94py)
| 연 면 적 | 197.49㎡(59.74py)
| 1층 면적 | 119.31㎡(36.09py)
| 2층 면적 | 78.18㎡(23.65py)
| 구 조 | 철근콘크리트

| 외부마감 | 스타코플렉스, 인조석
| 설 계 | 엔디건축사(주)
| 시 공 | 엔디하임(주)

설계포인트

1 1층과 2층에 각각 주방과 식당을 배치해 독립성을 부여하였다.
2 1층 주방과 거실 사이에 넓은 홀을 두어 공간의 여유를 누리며 활동할 수 있도록 하였다.
3 주방에서 데크로 이어지는 포치 위에 테라스를 설치해 야외활동의 편리성을 추구하였다.
4 다목적실을 두어 가능한 많은 수납공간을 확보하였다.

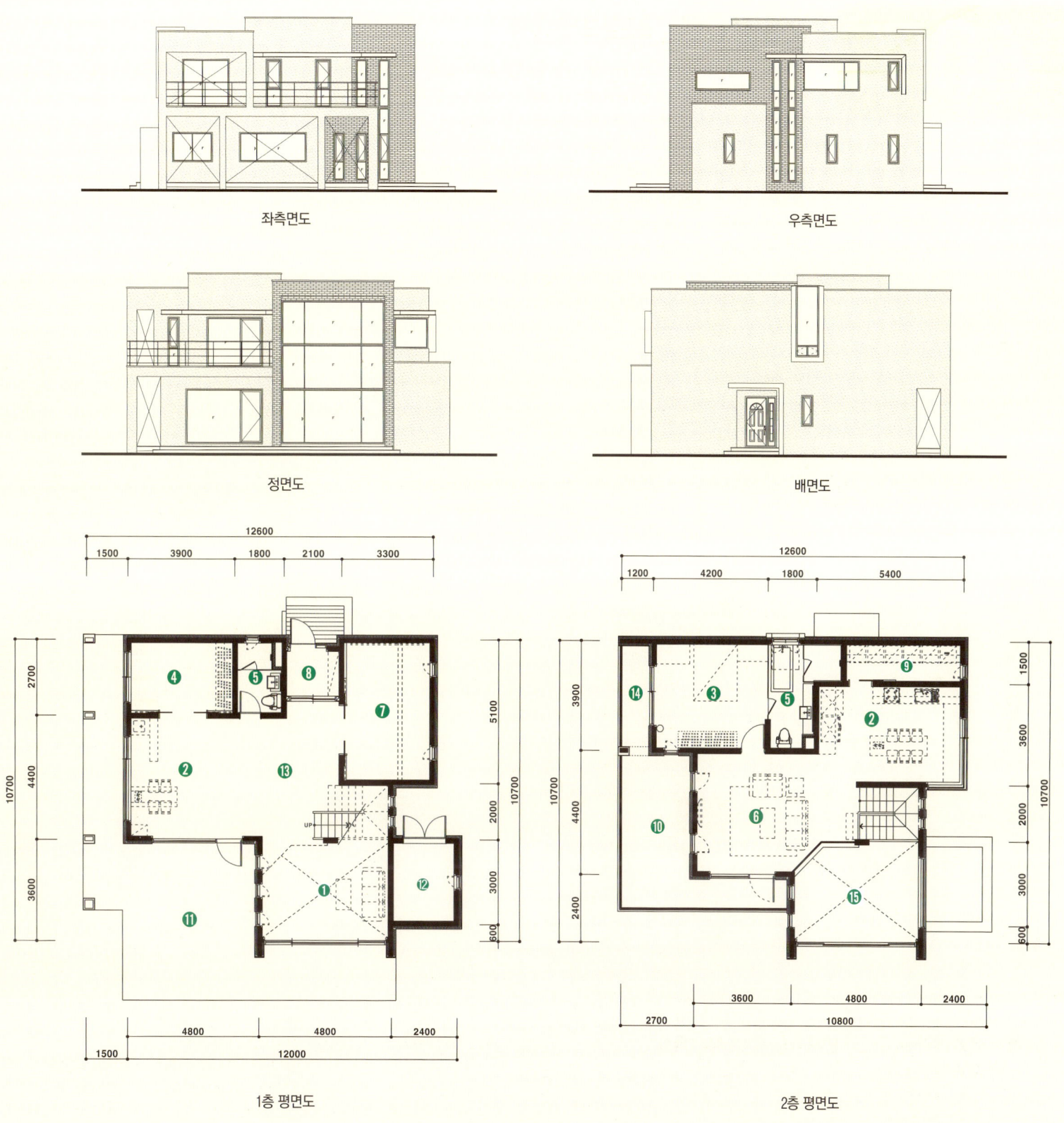

좌측면도

우측면도

정면도

배면도

1층 평면도

2층 평면도

❶ 거실 ❷ 주방 및 식당 ❸ 안방 ❹ 침실 ❺ 욕실 ❻ 가족실 ❼ 다목적실 ❽ 현관 ❾ 다용도실 ❿ 테라스 ⓫ 데크 ⓬ 보일러실 ⓭ 홀 ⓮ 베란다 ⓯ 오픈천장

목조주택

098 수평으로 길고 시원하게 펼쳐진 목조주택

집안 어디서든 수려한 경치가 막힘이 없도록 가로로 길게 펼쳐진 구성으로 전면이 시원스러운 목조주택이다. 수평적인 평면구성에 앞·뒤로 매스를 구성하여 볼륨감을 키웠다. 기능적인 면을 고려해 지붕의 기울기를 주면서 경사지붕과 외쪽지붕을 적절히 혼합하여 모던하면서 유니크한 형태의 집을 설계하였다. 복잡한 매스의 입면을 액자와 같이 테두리를 징크로 감싸 하나로 묶어줌으로써 깔끔한 이미지의 효과를 거두었다.

설계개요		
	건축면적	145.41㎡(43.99py)
	연 면 적	197.82㎡(59.84py)
	1층 면적	137.79㎡(41.68py)
	2층 면적	60.03㎡(18.16py)
	구 조	일반목구조
	외부마감	스타코플렉스, 인조석, 적삼목사이딩, 케뮤(Kmew), 징크
	설 계	엔디건축사(주)
	시 공	엔디하임(주)

설계포인트

1 경사지붕과 외쪽지붕을 적절히 조합하여 모던하면서 유니크한 형태로 디자인하였다.
2 각 실에서 외부 경치를 감상할 수 있도록 전면에 큰 창을 설치하였다.
3 공용공간과 사적공간을 좌·우로 확실히 분리한 공간구성을 하였다.
4 야외 바베큐 파티 때 편리하게 이용할 수 있도록 다용도실을 전면에 배치하였다.

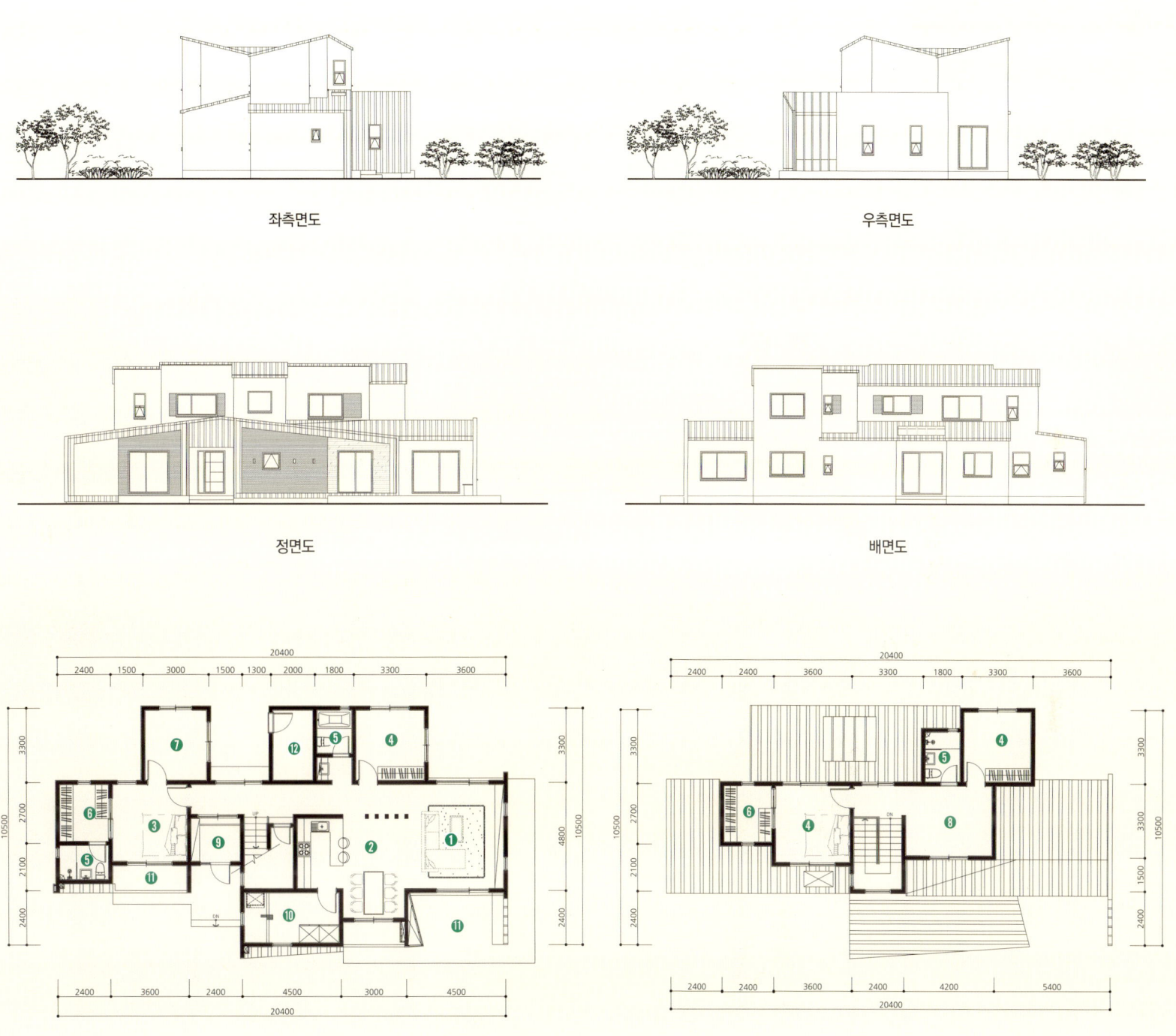

좌측면도

우측면도

정면도

배면도

1층 평면도

2층 평면도

❶ 거실 **❷** 주방 및 식당 **❸** 안방 **❹** 침실 **❺** 욕실 **❻** 드레스룸 **❼** 서재 **❽** 가족실 **❾** 현관 **❿** 다용도실 **⓫** 데크 **⓬** 보일러실

60py 198.09㎡

목조주택

099 내·외부를 갤러리 형태로 설계한 주택

모던 느낌의 주택으로 내·외부를 갤러리처럼 설계한 주택이다. 목조주택은 경사지붕으로만 설계해야 한다는 고정관념에서 깨고 정면은 지붕 경사가 보이지 않게 처리하고, 배면은 지붕 경사를 그대로 노출하였다. 아이디어 하나로 클래식한 목조주택의 외관에 모던한 변화를 주고, 곳곳에 자리한 필로티 구조를 통해 매스에 숨통을 틔워주었다. 적절한 솔리드와 보이드를 통해 매스를 감각 있게 잘 살린 주택이다.

 **설계개요**

건축면적	119.91㎡(36.27py)
연 면 적	198.09㎡(59.92py)
1층 면적	119.91㎡(36.27py)
2층 면적	78.18㎡(23.65py)
구 조	일반목구조

외부마감	스타코플렉스, 노출콘크리트패널
설 계	엔디건축사(주)
시 공	엔디하임(주)

 **설계포인트**

1 경사지붕을 보이지 않게 깔끔하게 처리해 모던 분위기를 더하였다.
2 지붕 테두리 부분을 징크로 마감하여 디자인 및 경제성을 모두 고려하였다.
3 징크와 적삼목사이딩을 선의 디자인적 요소로 이용하여 매스의 무게감을 감소시켰다.
4 오브제처럼 느껴지는 개방형 계단을 계획하여 갤러리와 같은 실내를 꾸몄다.

좌측면도

우측면도

정면도

배면도

1층 평면도

2층 평면도

① 거실　② 주방 및 식당　③ 안방　④ 방　⑤ 욕실　⑥ 파우더룸　⑦ 드레스룸　⑧ 현관　⑨ 다용도실　⑩ 창고　⑪ 발코니　⑫ 오픈천장　⑬ 석재데크

61 py
200.63㎡

목조주택
100 파벽돌 수직벽이 시선을 끄는 주택

외쪽지붕의 기울기와 전면에 수직 파벽돌 기둥으로 포인트를 주어 굳건하게 우뚝 솟은 강한 이미지의 주택이다. 2층에 필로티로 띄워 설치한 베란다는 자연스럽게 1층 현관 입구의 비나 직사광선을 차단해주는 포치 역할을 하여 현관의 기능을 보완해 주는 동시에 전망이 있는 여유로운 휴식공간을 제공한다. 주택과 같은 디자인으로 일체감을 보이는 편리하고 말끔한 차고, 아름다운 정원, 갈색의 조화로움이 편안함을 전해주는 집이다.

설계개요
| 건축면적 | 152.18㎡(46.03py)
| 연 면 적 | 200.63㎡(60.69py)
| 1층 면적 | 92.78㎡(28.07py)
| 2층 면적 | 54.3㎡(16.43py)
| 부속동 면적 | 53.55㎡(16.2py)

| 구 조 | 일반목구조
| 외부마감 | 스타코플렉스, 파벽돌, 적삼목사이딩
| 설 계 | 엔디건축사(주)
| 시 공 | 엔디하임(주)

설계포인트
1 외쪽지붕과 파벽돌 기둥으로 포인트를 주어 세련되게 디자인한 현대적 감각의 주택이다.

2 전면 1, 2층을 수직 파벽돌 기둥으로 연결하여 굳건한 무게감을 실었다.

3 거실과 주방을 하나로 묶고 가벽으로 깔끔하게 공간을 정리하였다.

4 2층 복도 뒤쪽 공간은 수납실로 사용하고 전면에 방을 배치하여 가족실과 함께 시원한 공간을 연출하였다.

좌측면도

우측면도

정면도

배면도

1층 평면도

2층 평면도

❶ 거실 ❷ 주방 및 식당 ❸ 안방 ❹ 침실 ❺ 욕실 ❻ 현관 ❼ 가족실 ❽ 다용도실 ❾ 베란다 ❿ 파우더룸 ⑪ 보일러실 ⑫ 하부창고 ⑬ 데크 ⑭ 수납실

62py
204.51㎡

101 목조주택
블랙 앤 화이트 인조석의 웅장한 주택

웅장한 외형에 화이트 파벽돌과 스타코플렉스로 매스에 변화를 주고 블랙 인조석 포인트로 무게감과 안정감이 있는 차분한 분위기의 주택을 설계하였다. 핵심 포인트인 중앙 매스의 검은색 인조석과 흰색의 파벽돌, 스타코플렉스와 적삼목사이딩 등 자재마다 가지고 있는 고유의 원시적 질감을 잘 살려 조화롭고 균형감 있게 디자인하여 깔끔하고 세련미가 느껴지는 주택이다.

설계개요

| 건축면적 | 134.64㎡(40.73py)
| 연 면 적 | 204.51㎡(61.86py)
| 1층 면적 | 134.64㎡(40.73py)
| 2층 면적 | 69.87㎡(21.14py)
| 구   조 | 일반목구조

| 외부마감 | 스타코플렉스, 인조석
| 설   계 | 엔디건축사(주)
| 시   공 | 엔디하임(주)

설계포인트

1 지붕재와 전면 포인트 자재의 색감을 맞추어 안정감과 통일감을 주었다.
2 주택 외부를 질감이 느껴지는 세 가지 자재로 마감하여 깔끔하게 디자인하였다.
3 내부공간은 3세대의 자유로운 사생활을 위해 중앙에 거실과 주방을 배치하였다.
4 주방과 식당을 배면의 데크와 연결하여 안뜰과 텃밭 풍경이 한눈에 들어오는 전원의 감성을 느낄 수 있게 하였다.

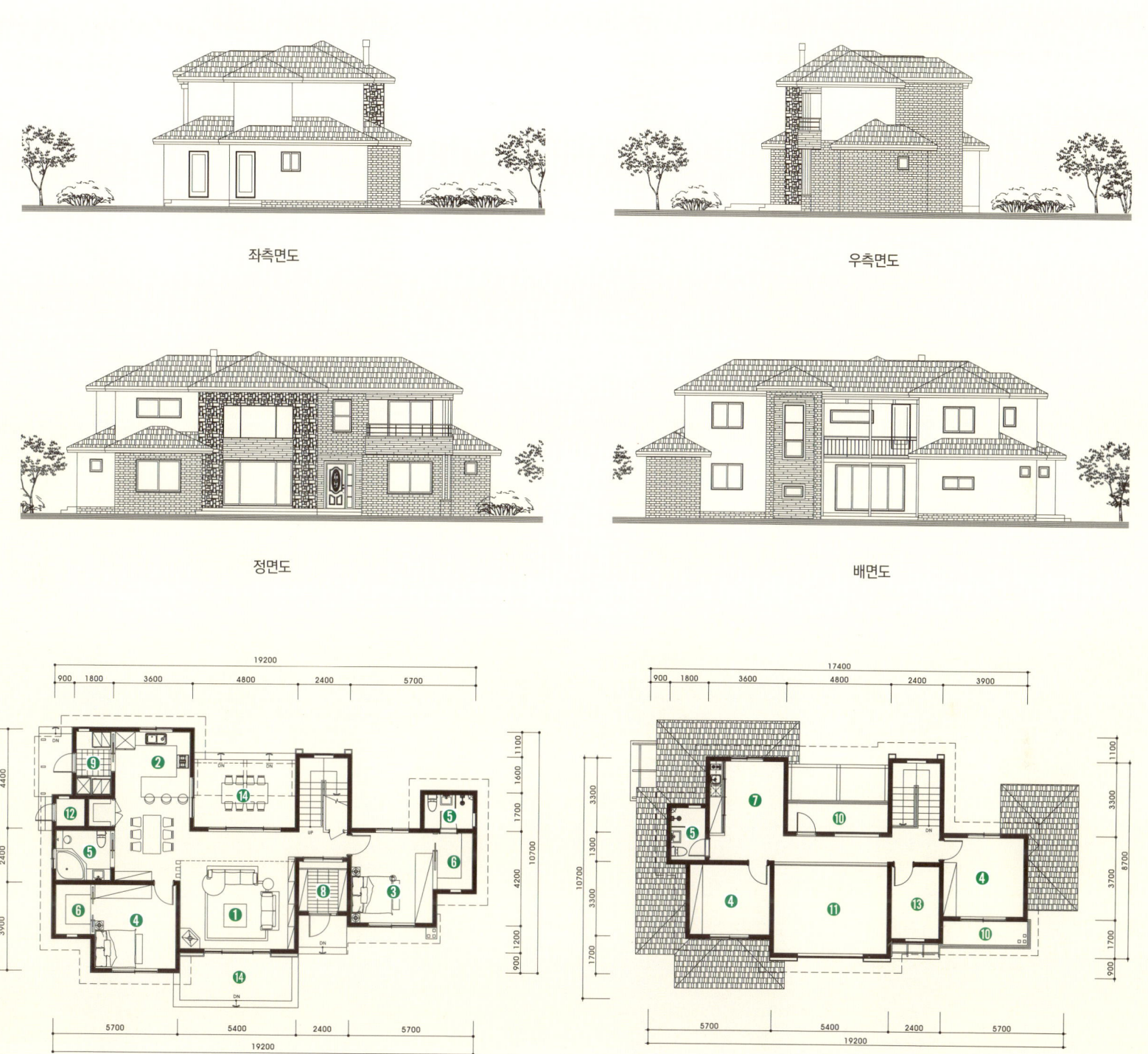

좌측면도

우측면도

정면도

배면도

1층 평면도

2층 평면도

❶ 거실　❷ 주방 및 식당　❸ 안방　❹ 침실　❺ 욕실　❻ 드레스룸　❼ 가족실　❽ 현관　❾ 다용도실　❿ 발코니　⓫ 오픈천장　⓬ 보일러실　⓭ 창고　⓮ 데크

62py
204.56m²

목조주택

102 박공과 외쪽지붕의 만남, 세미모던 주택

미색의 깔끔한 스타코플렉스와 붉은색 파벽돌이 조화를 이룬 세미모던 스타일의 주택이다. 자칫 단조로울 수 있는 외형은 ㄱ자형 배치로 입체감과 구성미를 살렸다. 거실 전면부에 전창을 넓고 높게 설치해 실내를 시원스럽게 개방하여 따뜻한 햇볕이 충분히 유입되도록 하였다. 또한, 외쪽지붕과 박공지붕을 혼합 적용하고 정돈된 매스감으로 세련되고 안정감 있게 디자인하였다.

설계 개요

| 건축면적 | 154.76㎡(46.81py)
| 연 면 적 | 204.56㎡(61.88py)
| 1층 면적 | 154.76㎡(46.81py)
| 2층 면적 | 49.8㎡(15.06py)
| 구   조 | 일반목구조

| 외부마감 | 스타코플렉스, 파벽돌
| 설   계 | 엔디건축사(주)
| 시   공 | 엔디하임(주)

설계 포인트

1 거실이 있는 중앙부에 오픈천장과 외쪽지붕의 모던 스타일을 적용하였다.

2 양쪽을 박공지붕으로 시공하여 딱딱할 수 있는 입면에 부드러움을 실어 균형감을 유지하였다.

3 전면부에 전창을 크게 설치하여 개방감을 극대화하고 모든 방은 남향배치하여 채광 문제를 해결하였다.

4 드레스룸은 타 주택보다 넓게 확보하고 안방과 작업실 두 공간에서 출입이 가능하도록 하였다.

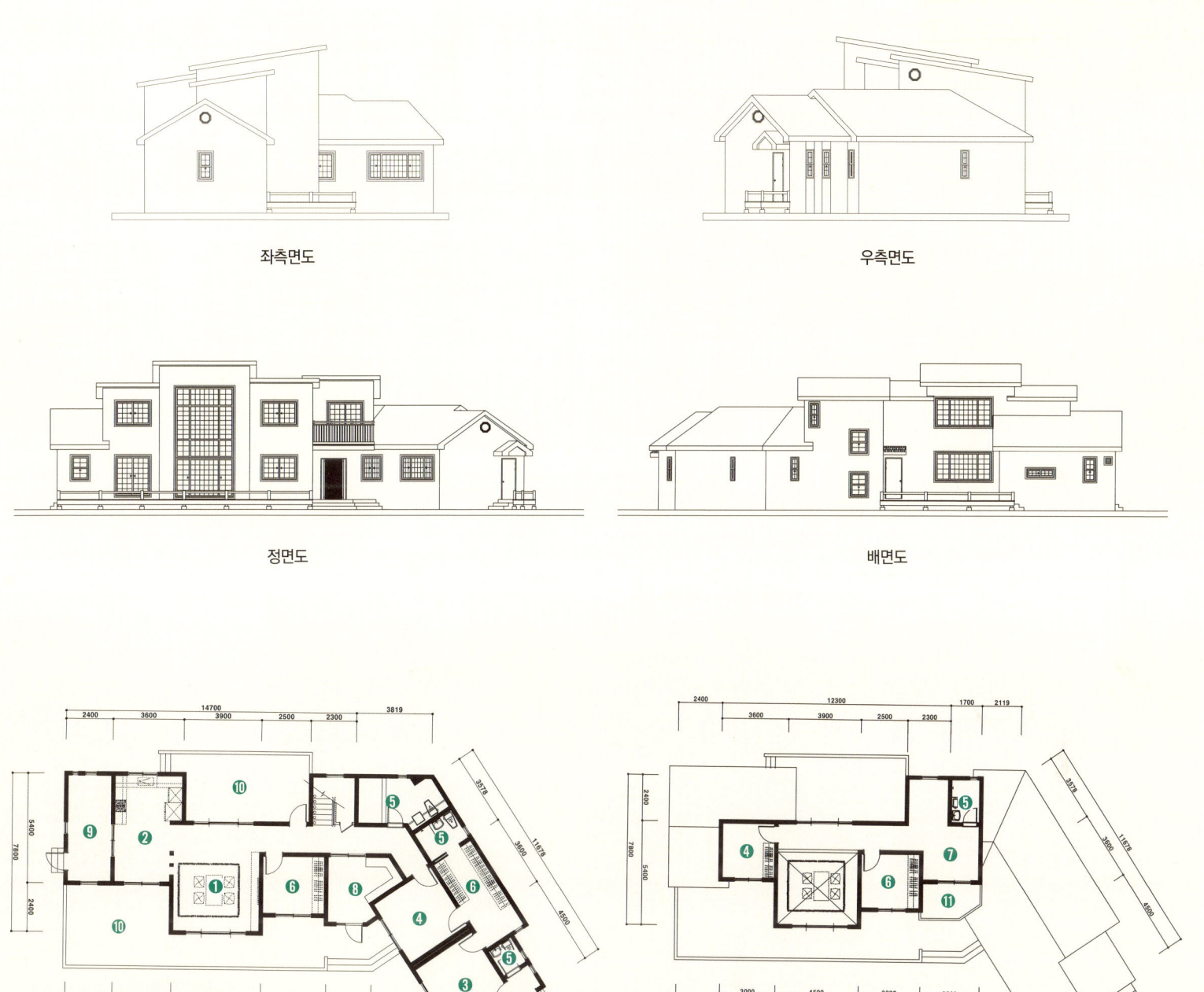

좌측면도

우측면도

정면도

배면도

1층 평면도

2층 평면도

❶ 거실 ❷ 주방 및 식당 ❸ 안방 ❹ 침실 ❺ 욕실 ❻ 드레스룸 ❼ 가족실 ❽ 현관 ❾ 다용도실 ❿ 데크 ⓫ 베란다

62py
206.31㎡

목조주택

103 균형과 불규칙의 예술작품 같은 주택

비율과 높낮이가 다른 사각형의 매스들이 적절히 조화를 이루어 입체감이 뛰어난 주택이다. 얼핏 보면 규칙적인 배열로 보이지만 자세히 보면 불규칙한 균형을 이루며 세련미를 나타낸다. 중앙부 두 개의 검은색 매스를 양쪽에서 흰색 스타코플렉스의 매스가 감싸주며 전체적으로 안정된 구도를 이루었다. 한쪽에 조형물 같은 가벽을 세워 마치 하나의 예술작품을 보는 듯한 집이다.

설계개요

건축면적	148.41㎡(44.89py)
연 면 적	206.31㎡(62.41py)
1층 면적	138.69㎡(41.95py)
2층 면적	57.9㎡(17.51py)
부속동 면적	9.72㎡(2.94py)

구 조	일반목구조
외부마감	스타코플렉스, 적삼목사이딩, 하디패널사이딩
설 계	엔디건축사(주)
시 공	엔디하임(주)

설계포인트

1 각 실을 저 마다 형태와 크기가 다른 매스로 분절하여 외관미와 입체감을 주고자 하였다.
2 사적인 공간과 공적인 공간을 철저하게 분리하였다.
3 조리실과 다용도실은 가사도우미만 사용할 수 있도록 욕실을 따로 두고 동선을 분리해 독립적인 공간으로 구성하였다.
4 재택근무 하는 건축주를 위해 2층에 별도의 사무공간을 마련하였다.

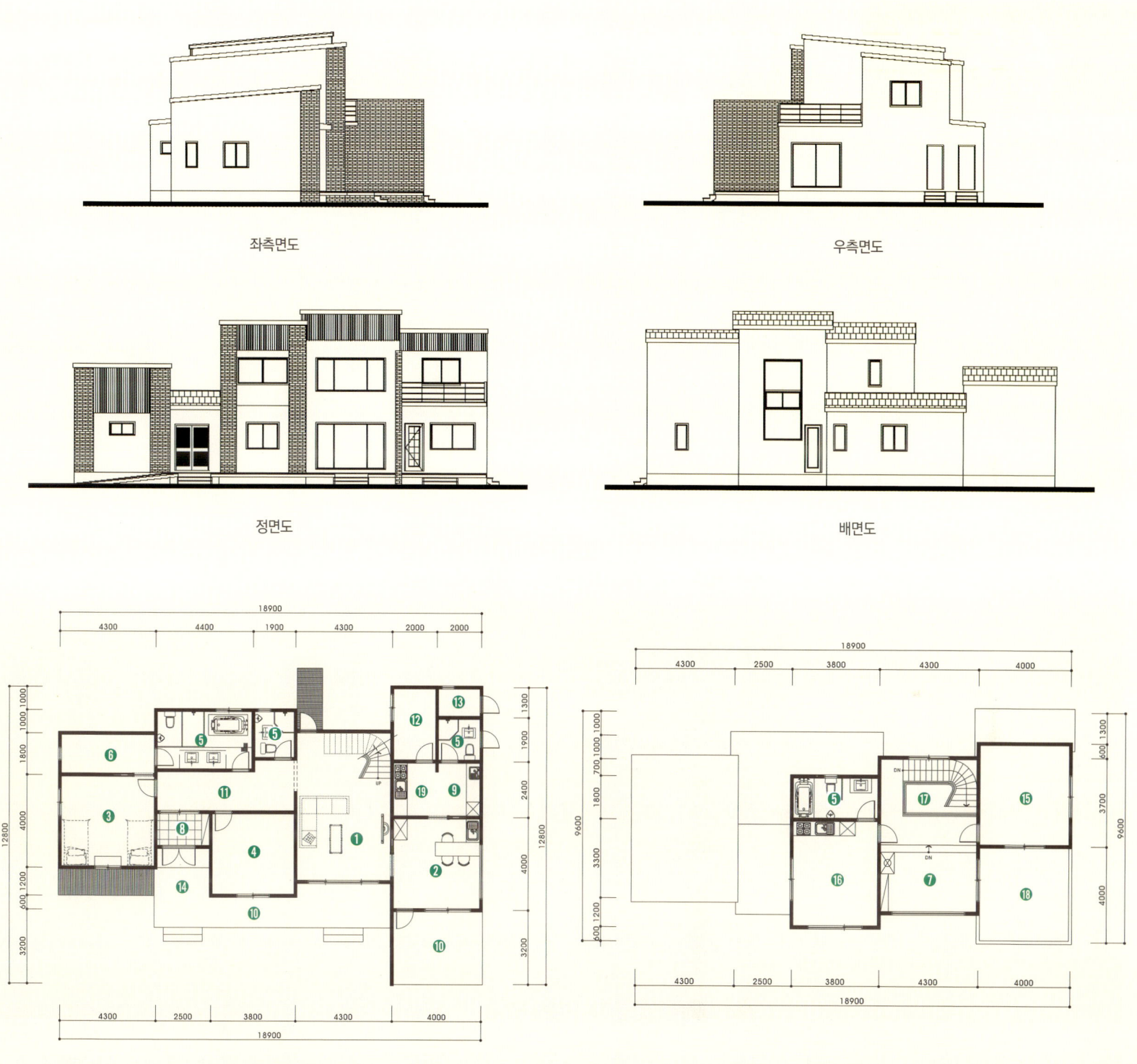

좌측면도

우측면도

정면도

배면도

1층 평면도

2층 평면도

1 거실 **2** 주방 및 식당 **3** 안방 **4** 방 **5** 욕실 **6** 드레스룸 **7** 가족실 **8** 현관 **9** 다용도실 **10** 데크
11 복도 **12** 가사도우미방 **13** 보일러실 **14** 포치 **15** 홈오피스 **16** 다목적실 **17** 홀 **18** 테라스 **19** 조리실

104 갤러리를 연상케하는 ㄱ자형 주택

철근콘크리트주택

화이트 톤의 스타코플렉스에 블랙의 파벽돌로 포인트를 주어 모던한 분위기의 주택이다. 현대적인 감각을 강조하기 위해 박스형 매스로 구성하고, 조망과 채광효과의 극대화를 위해 ㄱ자형으로 배치하고 합성목재로 부분적인 포인트를 주어 차가운 느낌을 완화하였다. ㄱ자형 주택의 평면은 복도가 길어지는 특징이 있는데 그림을 걸어 놓는 등 갤러리와 같은 공간으로 꾸미기에는 안성맞춤이다.

설계개요		
건축면적	152.22㎡(46.05py)	
연 면 적	214.28㎡(64.82py)	
1층 면적	128.36㎡(38.83py)	
2층 면적	85.92㎡(25.99py)	
구 조	철근콘크리트	

외부마감	스타코플렉스, 합성목재, 파벽돌
설 계	엔디건축사(주)
시 공	엔디하임(주)

설계 포인트

1 모던함을 강조하기 위해 박스형 매스로 구성하고 조망과 채광효과의 극대화를 위해 ㄱ자형으로 배치하였다.

2 거실과 주방 공간을 양쪽으로 분리해 기능별 영역을 분명히 하고 방을 가운데 배치해 동선을 최적화하였다.

3 화초를 기르기 위한 온실을 별도로 설치하고 거실 갤러리와 연결하여 또 하나의 감성공간을 구성하였다.

4 2층에 침실을 배치하고 가족실을 별도로 구성하여 취미실 겸 사용할 수 있게 하였다.

좌측면도   우측면도

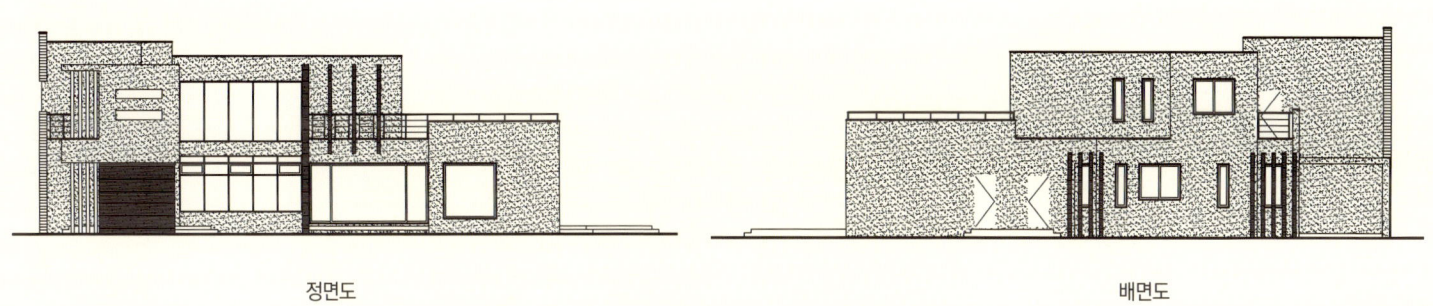

정면도   배면도

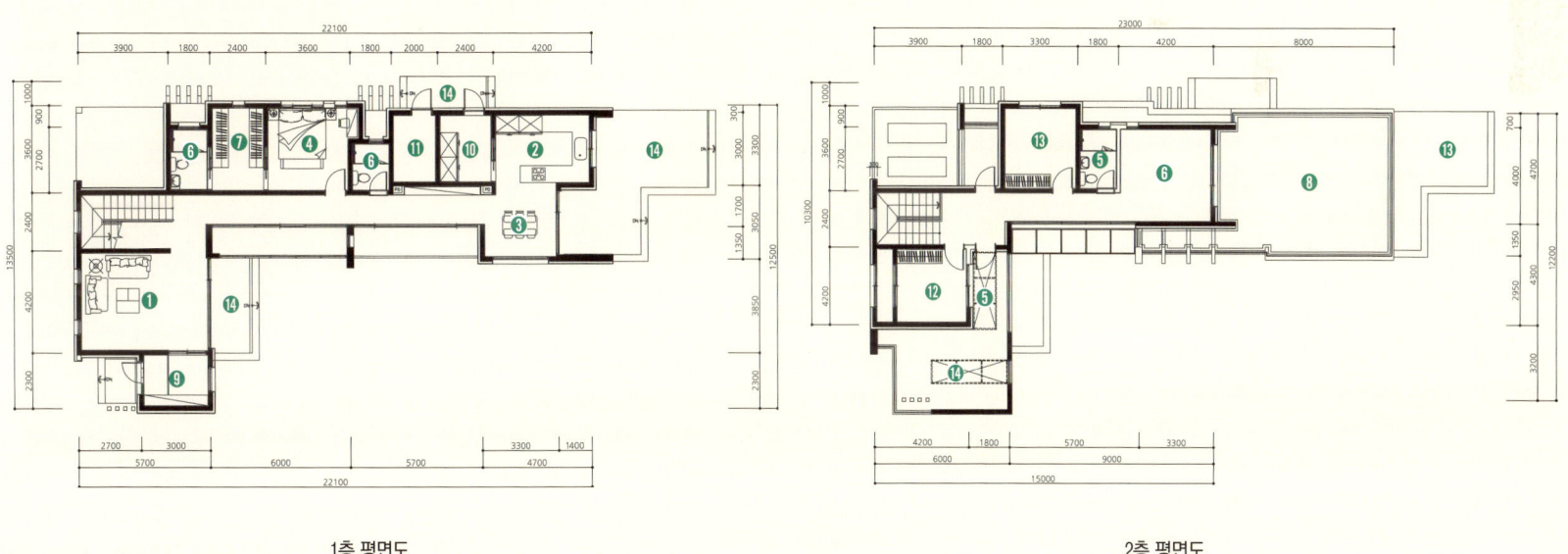

1층 평면도   2층 평면도

① 거실 ② 주방 ③ 식당 ④ 안방 ⑤ 침실 ⑥ 욕실 ⑦ 드레스룸 ⑧ 가족실 ⑨ 현관 ⑩ 다용도실 ⑪ 보일러실 ⑫ 발코니 ⑬ 테라스 ⑭ 데크

65 py 216.16㎡

105 목조주택
두 세대의 독립생활을 위한 맞춤형 주택

건축주 부부와 자녀 세대 간의 독립적인 생활을 유지하고 활동하는 데 불편함이 없도록 1, 2층을 두 세대 맞춤형 공간으로 분리한 주택이다. 외부에서 2층으로 바로 진입할 수 있는 계단을 설치하여 1층 생활에 방해되지 않도록 하였다. 1, 2층에 아치형 포치와 발코니를 설치하여 입체감을 살리고 파벽돌로 포인트를 주어 건물의 균형과 색감의 조화를 이룬 차분하고 정갈한 분위기의 주택이다.

설계개요

| 건축면적 | 109.23㎡(33.04py)
| 연 면 적 | 216.16㎡(65.39py)
| 1층 면적 | 109.23㎡(33.04py)
| 2층 면적 | 106.93㎡(32.35py)
| 구   조 | 일반목구조

| 외부마감 | 스타코플렉스, 적삼목사이딩, 파벽돌
| 설   계 | 엔디건축사(주)
| 시   공 | 엔디하임(주)

설계포인트

1 1층은 현관을 사이에 두고 거실과 주방 및 식당공간을 분리하고자 하였다.
2 외부에서 2층으로 올라가는 계단을 별도로 배치하여 두 세대 간의 독립적인 생활공간이 되도록 하였다.
3 지붕을 징크로 마감한 클래식한 외관에 모던함을 더하고, 파벽돌과 적삼목사이딩으로 안정감을 실었다.
4 2층 위로는 다락을 만들어 아기자기한 감성적인 공간을 구성하였다.

좌측면도

우측면도

정면도

배면도

1층 평면도

2층 평면도

① 거실 ② 주방 및 식당 ③ 안방 ④ 침실 ⑤ 욕실 ⑥ 드레스룸 ⑦ 게스트룸
⑧ 현관 ⑨ 다용도실 ⑩ 보일러실 ⑪ 창고 ⑫ 홀 ⑬ 발코니 ⑭ 포치 ⑮ 외부계단 ⑯ 베란다

목조주택+철근콘크리트주택

106 필로티로 띄워 조망감과 효율성을 높인 집

경사진 대지를 이용하여 1층을 철근콘크리트구조의 필로티 공법으로 띄워서 대지의 효율성과 조망감을 높이고, 박공지붕을 변색기와로 마감해 클래식한 분위기를 표현한 주택이다. 1층이 필로티 구조로 되어 있어 전체적으로는 3층 규모로 연면적에 비해 웅장한 느낌이 있다. 마치 구름 위를 거니는 듯한 기분으로 외부 조망을 최대한 즐길 수 있게 설계한 주택이다.

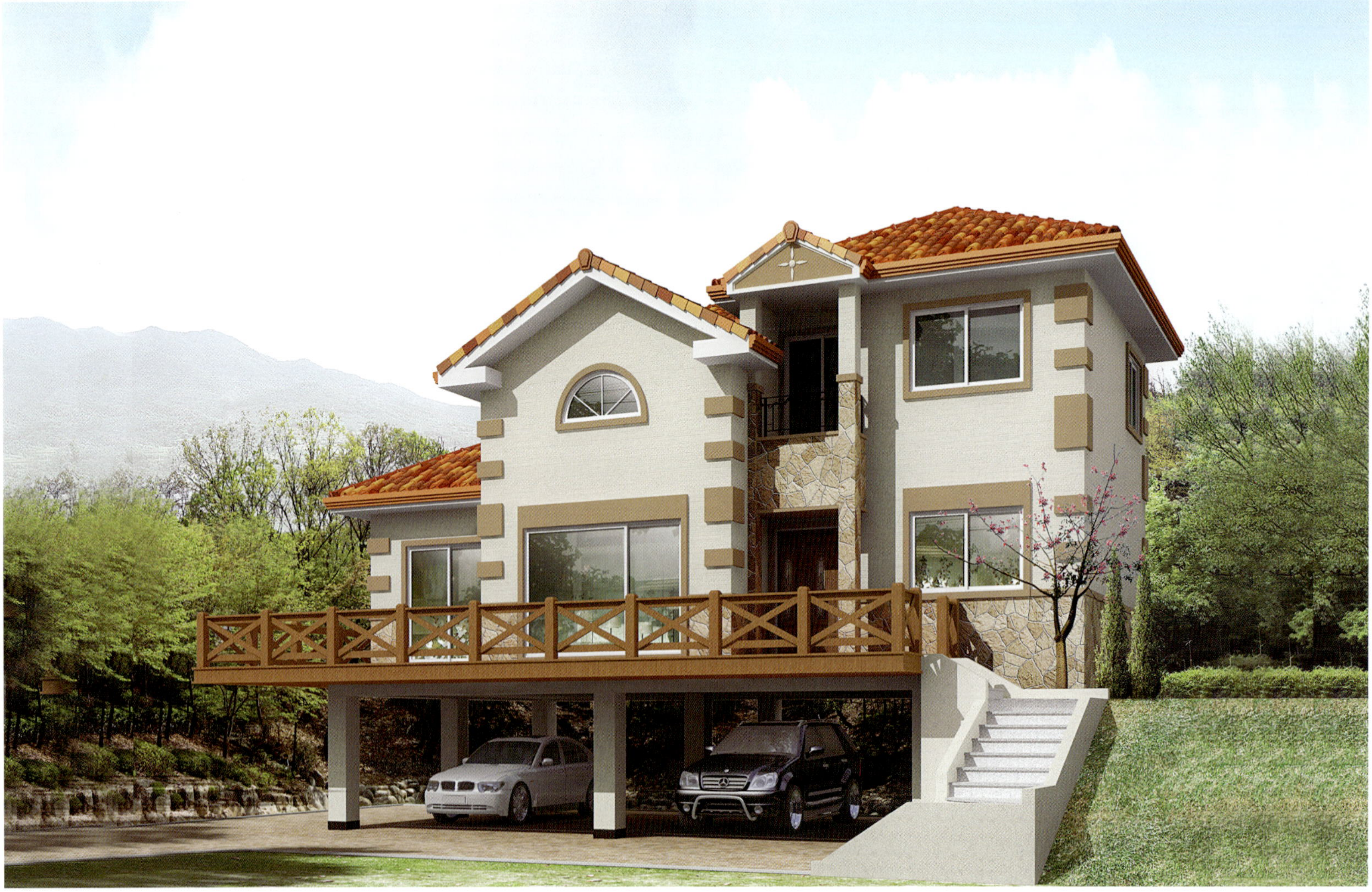

설계개요

건축면적	128.63㎡(38.91py)
연 면 적	221.93㎡(67.13py)
1층 면적	95.71㎡(28.95py), 주차장
2층 면적	85.67㎡(25.92py), 데크 포함
3층 면적	40.55㎡(12.27py)

구 조	일반목구조, 철근콘크리트
외부마감	스타코플렉스, 인조석
설 계	엔디건축사(주)
시 공	엔디하임(주)

설계포인트

1 구름 위를 거니는 듯한 조망감이 뛰어난 주택이다.
2 연면적에 비해 웅장한 외관을 보이는 클래식한 주택이다.
3 필로티 공법으로 1층에 넓은 주차장을 확보하여 대지의 활용도를 높였다.
4 주택 하부를 파벽돌로 마감하여 안정감을 실었다.

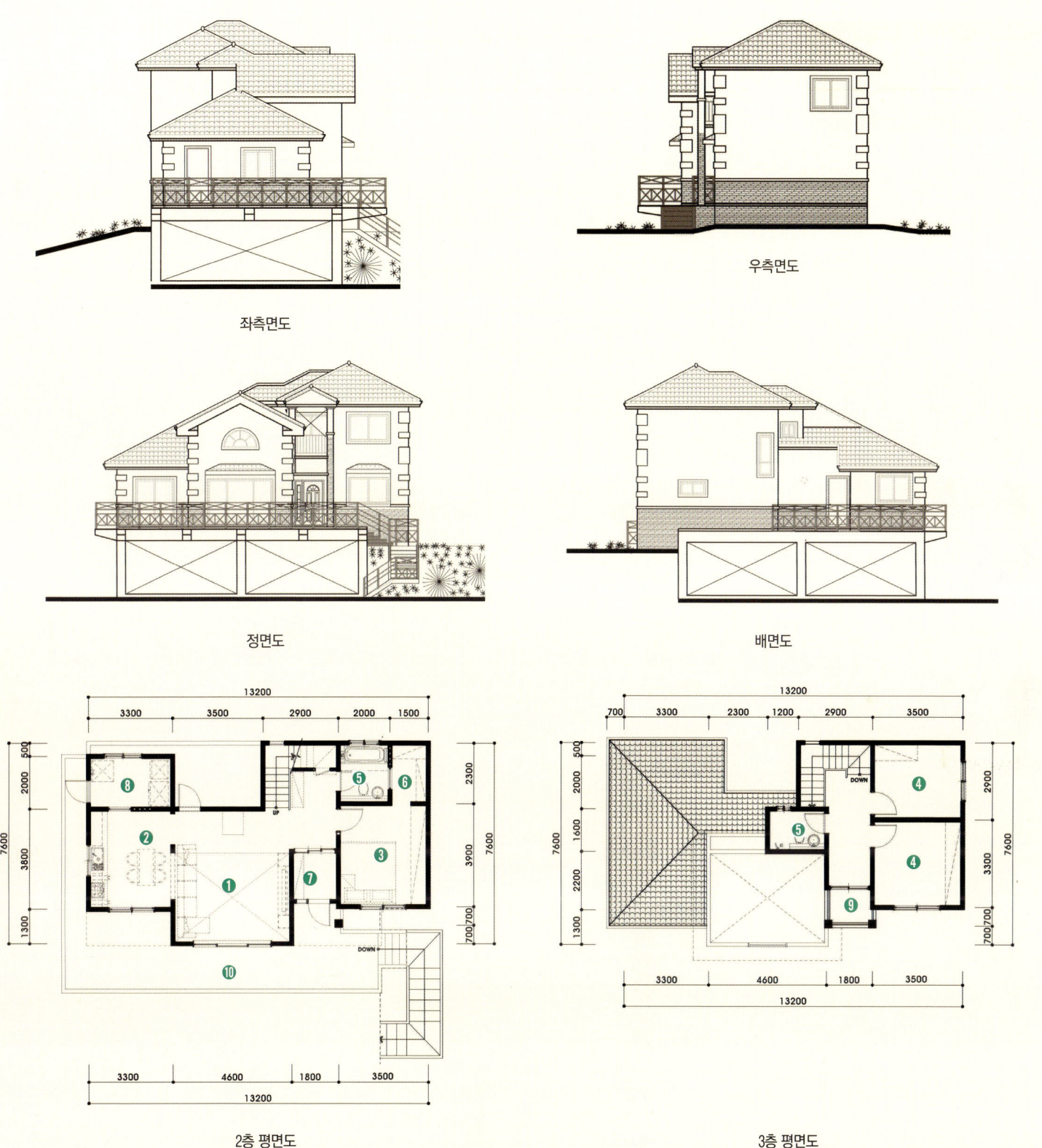

좌측면도

우측면도

정면도

배면도

2층 평면도

3층 평면도

① 거실 ② 주방 및 식당 ③ 안방 ④ 침실 ⑤ 욕실 ⑥ 파우더룸 ⑦ 현관 ⑧ 다용도실 ⑨ 발코니 ⑩ 데크

71py
236.05㎡

107 목조주택
공간의 실용성을 강조한 주택

층간 공간의 실용성을 강조한 세미모던 스타일의 주택이다. 남향으로 배치한 건물은 모던함을 강조하기 위해 처마를 내지 않고 벽면과 일체화되도록 마감하여 각 실과 거실의 채광효과를 극대화하였다. 각 층의 프라이버시를 보호하면서 두 세대가 함께 거주할 수 있도록 설계하였다. 서로 잘 어우러지는 마감재의 선택과 사용이 현대적 감각의 세련된 외관을 완성하는 데 많은 도움이 된 사례이다.

설계개요

건축면적	129.88㎡(39.29py)
연 면 적	236.05㎡(71.41py)
1층 면적	123.78㎡(37.44py)
2층 면적	112.27㎡(33.96py)
구 조	일반목구조
외부마감	스타코플렉스, 징크, 파벽돌
설 계	엔디건축사(주)
시 공	엔디하임(주)

설계포인트

1 징크와 파벽돌로 포인트로 주어 무게감을 싣고 스타코플렉스로 깔끔함을 연출하였다.

2 거실을 중심으로 각 실의 분리를 계획하고 거실과 식당을 하나의 공간으로 구획하여 개방감을 높이고자 하였다.

3 층별로 주방을 배치하여 두 세대가 불편없이 생활할 수 있는 공간으로 구성하였다.

4 다락도 두 개를 설치하여 실로 사용하거나 다목적 공간으로 활용할 수 있도록 하였다.

좌측면도

우측면도

정면도

배면도

1층 평면도

2층 평면도

① 거실　**②** 주방 및 식당　**③** 안방　**④** 침실　**⑤** 욕실　**⑥** 드레스룸　**⑦** 다용도실　**⑧** 베란다　**⑨** 현관　**⑩** 데크　**⑪** 보일러실

72 py 238.52㎡

108 몬드리안의 작품을 떠올리게 하는 주택
목조주택

모든 실에서 정남향의 훌륭한 경관을 조망할 수 있도록 실들을 전면 배치하고 실내·외 사이에 썬룸과 데크, 발코니의 완충공간을 두어 자연스럽게 내·외부의 공간적, 시각적 연결을 유도하였다. 전체적인 외형은 선과 면 그리고 수평을 강조한 사각 매스로 계획하여 안정감을 주고, 거실을 돌출하여 건물의 입체감을 강조하면서 평면상의 기능도 또한 고려하였다. 최근 많이 쓰이는 자재와 따뜻한 느낌의 적삼목사이딩으로 조화를 이루었다.

설계 개요

| 건축면적 | 152.58㎡(46.16py)
| 연 면 적 | 238.52㎡(72.15py)
| 1층 면적 | 148.97㎡(45.06py)
| 2층 면적 | 89.55㎡(27.09py)
| 구   조 | 일반목구조

| 외부마감 | 스타코플렉스, 징크, 적삼목사이딩
| 설   계 | 엔디건축사(주)
| 시   공 | 엔디하임(주)

설계 포인트

1 정남향의 훌륭한 경관을 조망할 수 있도록 실들을 전면 배치하였다.

2 중앙 몬드리안 무늬의 전창과 수평적 매스가 어우러져 모던하고 세련된 느낌으로 디자인 하였다.

3 전면에 데크를 두어 내·외부의 완충공간으로써 자연스럽게 시각적, 공간적인 연결을 유도하였다.

4 외부를 감싸는 자재를 무채색으로 계획하고 속살은 붉은 톤의 적삼목사이딩으로 마감하여 대비를 통한 감각적인 효과를 주었다.

좌측면도

우측면도

정면도

배면도

1층 평면도

2층 평면도

① 거실 ② 주방 ③ 식당 ④ 안방 ⑤ 침실 ⑥ 욕실 ⑦ 드레스룸 ⑧ 가족실 ⑨ 현관 ⑩ 다용도실 ⑪ 데크 ⑫ 발코니 ⑬ 보일러실 ⑭ 창고 ⑮ 썬룸 ⑯ 간이주방 ⑰ 오픈천장

76 py 251.65㎡

목조주택

109 비정형 평면구성으로 이루어진 주택

주택 외관은 좌·우대칭을 피하고 거실과 주방이 서로 마주 보이지 않도록 대각선 방향으로 배치하여 한옥의 비정형 평면구성을 이룬 주택이다. 진한 녹색의 기와와 미색의 벽체, 그리고 성곽처럼 솟아있는 인조석 마감으로 마치 중세시대 굳건한 성 같은 중후한 멋과 안정감이 느껴지는 주택이다. 목조주택이지만 그린 계열의 정돈된 색감과 디자인으로 철근콘크리트주택보다 더 튼튼해 보이는 주택이다.

설계 개요

| 건축면적 | 190.4㎡(57.6py)
| 연 면 적 | 251.65㎡(76.12py)
| 1층 면적 | 190.4㎡(57.6py)
| 2층 면적 | 61.25㎡(18.53py)
| 구   조 | 일반목구조

| 외부마감 | 스타코플렉스
| 설   계 | 엔디건축사(주)
| 시   공 | 엔디하임(주)

설계 포인트

1 좌·우대칭이 아닌 비정형의 평면구성으로 이루어진 집이다.

2 다크 그린 톤의 기와와 외벽 마감재의 색감이 잘 조화를 이루어 세련미가 느껴지게 하였다.

3 거실과 주방은 서로 대각선 방향으로 배치하여 마주 보이지 않게 배치하였다.

4 주방과 식당을 거쳐 정원에 이르기까지 시원한 시야를 확보할 수 있도록 계획하였다.

좌측면도

우측면도

정면도

배면도

1층 평면도

2층 평면도

① 거실 ② 주방 ③ 식당 ④ 안방 ⑤ 침실 ⑥ 욕실 ⑦ 드레스룸 ⑧ 현관 ⑨ 다용도실 ⑩ 보일러실 ⑪ 홀 ⑫ 창고 ⑬ 오픈천장 ⑭ 발코니 ⑮ 베란다

77py
253.44㎡

110 목조주택
종교건물과 같이 숭고한 멋이 있는 주택

목가풍의 단아한 멋과 순결한 품위가 묻어나는 주택이다. 매스를 크게 두 개로 구분하여 오른쪽은 공용공간으로 왼쪽은 프라이버시를 강조한 사적 공간으로 계획하였다. 주변의 시선을 차단한 사적 공간은 별채 느낌이 나는 곳으로 편안하고 행복한 보금자리가 되도록 구성하였다. 붉은 톤의 테릴점토기와와 순백의 스타코플렉스, 파벽돌, 그리고 현관의 포치가 서로 어우러져 마치 유럽의 아담한 종교건물 같은 숭고한 멋이 느껴지는 주택이다.

 **설계 개요**

| 건축면적 | 190.67㎡(57.68py)
| 연 면 적 | 253.44㎡(76.67py)
| 1층 면적 | 190.67㎡(57.68py)
| 2층 면적 | 62.77㎡(18.99py)
| 구   조 | 일반목구조

| 외부마감 | 스타코플렉스, 적삼목사이딩, 점토벽돌
| 설   계 | 엔디건축사(주)
| 시   공 | 엔디하임(주)

 **설계 포인트**

1 목가풍의 단아한 멋이 묻어나는 디자인으로 매스를 크게 둘로 나누어 공용공간과 사적 공간으로 분리하였다.

2 대지의 특성상 전망이 좋은 남동쪽으로 거실과 식당을 배치하였다.

3 주 침실은 전망보다는 일조에 유리한 남향배치를 하고 복도로 연결하여 프라이버시를 확보하였다.

4 난방효율을 높이기 위해 계단실과 2층 가족실에 접이식 문을 설치하여 필요 시 개폐할 수 있게 하였다.

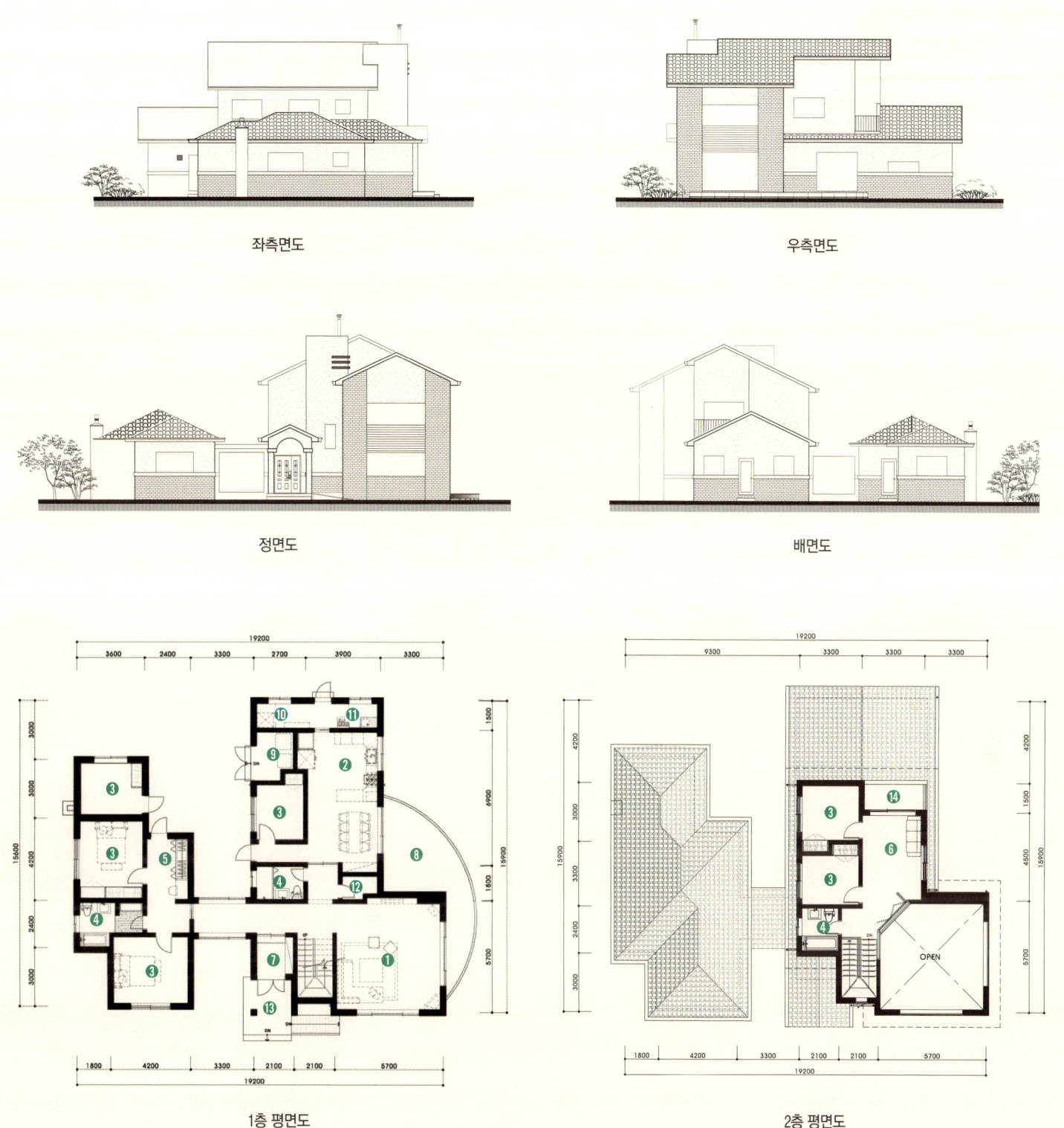

좌측면도

우측면도

정면도

배면도

1층 평면도

2층 평면도

① 거실 ② 주방 및 식당 ③ 침실 ④ 욕실 ⑤ 드레스룸 ⑥ 가족실 ⑦ 현관 ⑧ 데크 ⑨ 보일러실 ⑩ 세탁실 ⑪ 보조주방 ⑫ 창고 ⑬ 포치 ⑭ 발코니

90 py 298.79㎡

111 목조주택

견고하고 깔끔한 멋이 있는 유럽풍 주택

물 맑고 공기 좋은 전원주택에서 땅을 밟고 사는 것이 요즘 현대인들의 집에 대한 로망이 아닌가 한다. 갈수록 도시의 주거환경은 불규칙한 차량소음과 집단거주로 말미암은 열섬화, 산림부족 등으로 열악하게 변해가고 있다. 이러한 도시생활을 벗어나 전원생활을 꿈꿔왔던 건축주는 클래식하면서도 자연에 가까운 집을 지어 꿈을 실현하였다. 자재를 조화롭게 사용하여 마감한 깔끔하게 이미지가 마치 동화 속의 집 같은 외형을 보이는 유럽풍 주택이다.

설계개요		구조	
건축면적	125.94㎡(38.1py)	구　　조	일반목구조, 철근콘크리트(지하)
연 면 적	298.79㎡(90.38py)	외부마감	스타코플렉스, 파벽돌, 아스팔트싱글
1층 면적	116.94㎡(35.37py)	설　　계	엔디건축사(주)
2층 면적	67㎡(20.27py)	시　　공	엔디하임(주)
지하면적	114.85㎡(34.74py)		

 설계포인트

1 자재들의 쓰임이 조화롭고 깔끔하면서 균형미가 있는 유럽풍 주택으로 계획하였다.

2 가능한 생활공간은 남향에 배치하고 서비스실은 배면에 배치하여 충분한 일조와 조망을 고려하였다.

3 거실을 중심으로 각 실을 연결해 동선이 최적화될 수 있도록 설계하였다.

4 정원과 데크를 주방과 연결하여 야외생활의 편리성을 부여하였다.

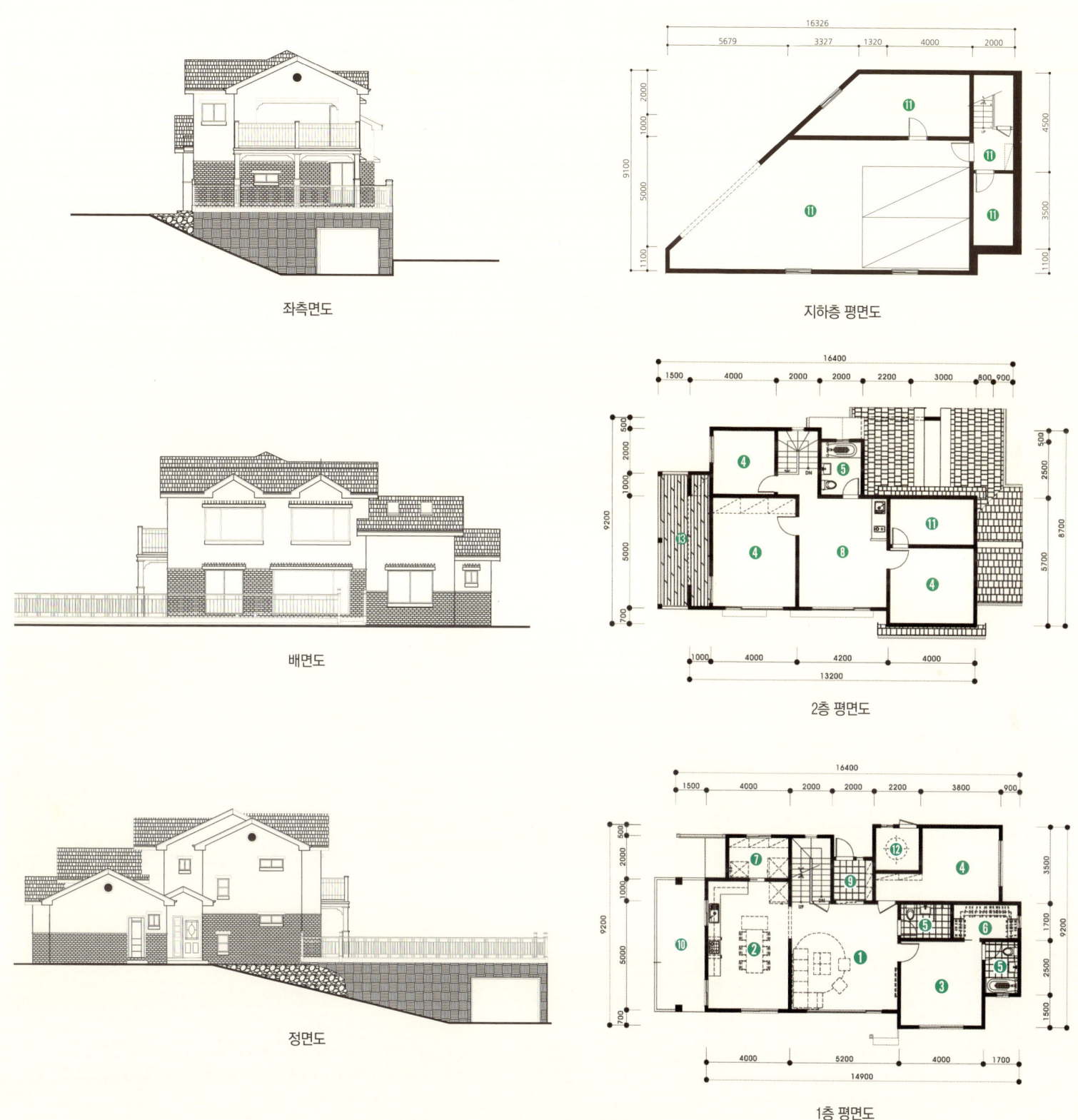

좌측면도

지하층 평면도

배면도

2층 평면도

정면도

1층 평면도

❶ 거실 ❷ 주방 및 식당 ❸ 안방 ❹ 침실 ❺ 욕실 ❻ 드레스룸 ❼ 다용도실 ❽ 가족실 ❾ 현관 ❿ 데크 ⓫ 창고 ⓬ 보일러실 ⓭ 베란다

92 py
305.45㎡

철근콘크리트주택

112 기하학적 외관을 지닌 3층 주택

1층은 콘크리트구조의 근린생활시설, 2, 3층은 경량목구조의 주거생활 시설을 갖춘 3층 주택이다. 금속 정육면체에 마치 생명을 불어넣은 듯한 개성있는 기하학적 디자인으로, 1층 바닥 부분에 인조석을 깔아 한옥의 기단과 같이 마감하고, 실마다 테라스나 베란다를 배치하여 내·외부의 유기적인 공간을 계획하였다. 전체적으로 무채색의 블랙 앤 화이트가 조화를 이루며 무게감과 안정감을 주는 주택이다.

설계개요		구조	
	건축면적	148.52㎡(44.93py)	구 조	철근콘크리트
	연 면 적	305.45㎡(92.4py)	외부마감	스타코플렉스
	1층 면적	110.62㎡(33.46py)	설 계	엔디건축사(주)
	2층 면적	123.64㎡(37.4py)	시 공	엔디하임(주)
	3층 면적	71.19㎡(21.53py)		

설계 포인트

1 콘크리트구조와 경량목구조의 두 공법을 적용한 3층 주택이다.

2 1층에 기단부라는 느낌으로 회색의 인조석으로 마감하여 무게감과 안정감을 실었다.

3 2, 3층은 흰색의 스타코플렉스로 깨끗하게 마감하고 테라스와 베란다에 검은색 띠를 둘러 포인트를 주었다.

4 2층의 거실과 주방을 베란다와 연결해 야외활동을 할 수 있게 하였다.

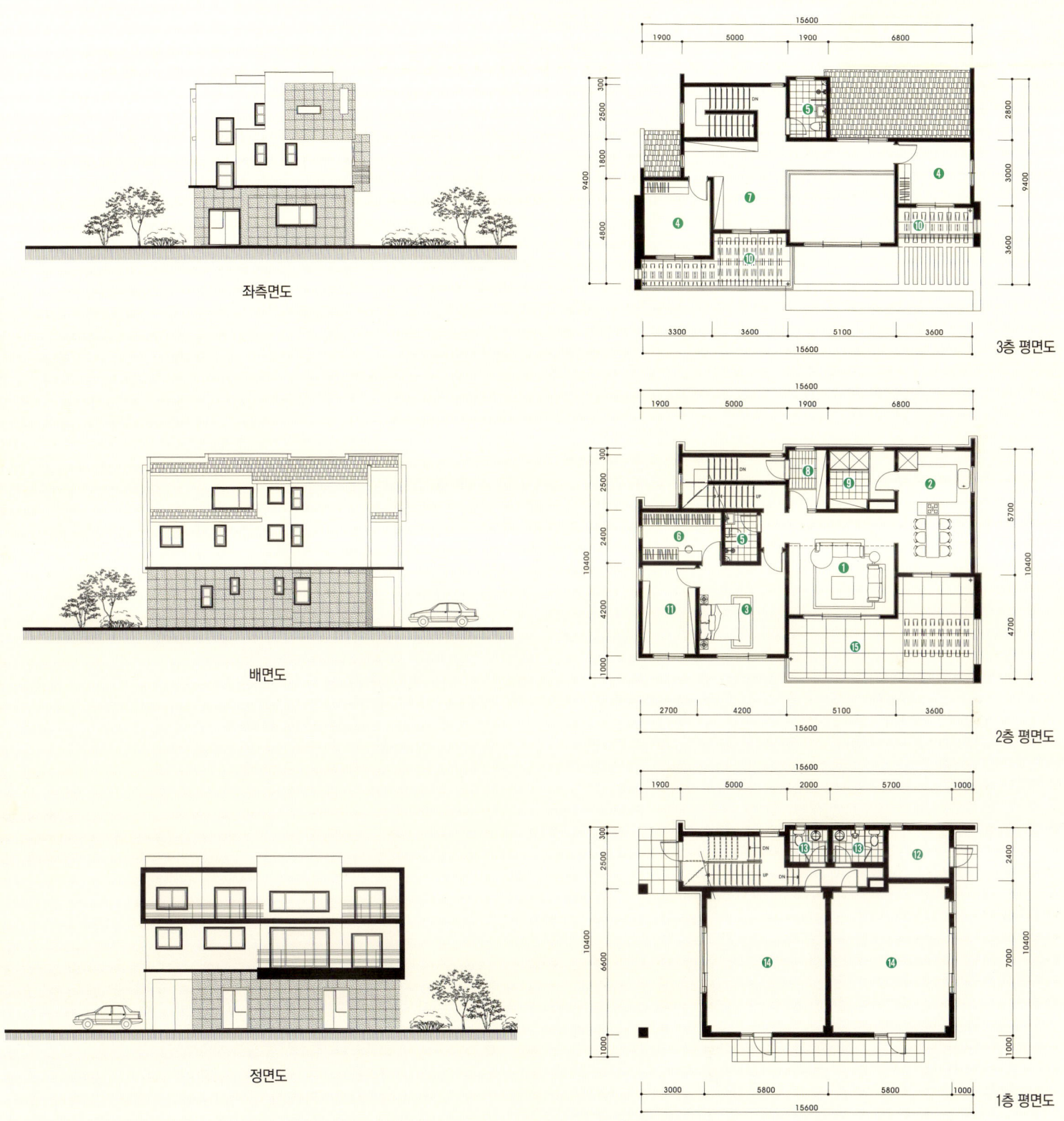

좌측면도

배면도

정면도

3층 평면도

2층 평면도

1층 평면도

① 거실 ② 주방 및 식당 ③ 안방 ④ 침실 ⑤ 욕실 ⑥ 드레스룸 ⑦ 가족실 ⑧ 현관 ⑨ 다용도실 ⑩ 베란다 ⑪ 서재 ⑫ 보일러실 ⑬ 화장실 ⑭ 근린생활시설 ⑮ 테라스

93py
308.9㎡

113
철근콘크리트주택

필로티 구조의 돌계단이 웅장한 저택

필로티 구조로 설계한 주택으로 1층 주차장에서 2층 현관으로 이어지는 돌계단을 설치해 볼륨감이 더해지면서 저택같은 웅장함이 느껴지는 주택이다. 계단 아래에 주차장 진입이 편리하도록 로터리를 만들고, 2층 거실은 오픈천장으로 설계하여 거실과 주방, 식당을 한 공간에 두어 개방감과 확장감을 부여하였다. 전체적으로 화이트 톤의 화강석으로 마감한 외벽과 주황색 지붕이 조화를 이루며 고급스러운 분위기를 나타내는 주택이다.

설계개요

건축면적	125.43㎡(37.94py)
연 면 적	308.9㎡(93.44py)
1층 면적	21.79㎡(6.59py), 계단
2층 면적	176.5㎡(53.39py)
3층 면적	110.61㎡(33.46py)

구 조	철근콘크리트
외부마감	화강석, 포천석
설 계	엔디건축사(주)
시 공	엔디하임(주)

설계포인트

1 현관으로 이어지는 돌계단을 필로티 구조로 설계하여 웅장하게 계획하였다.

2 외장재인 화강석과 점토기와의 조화로 고급스러움을 더했다.

3 2층 작은 거실을 중심으로 좌·우에 배치된 각 방에 드레스룸과 욕실을 설치하였다.

4 1층 주차장의 진출입이 쉽도록 로터리를 만들어 편리성과 고급스러운 멋을 더하였다.

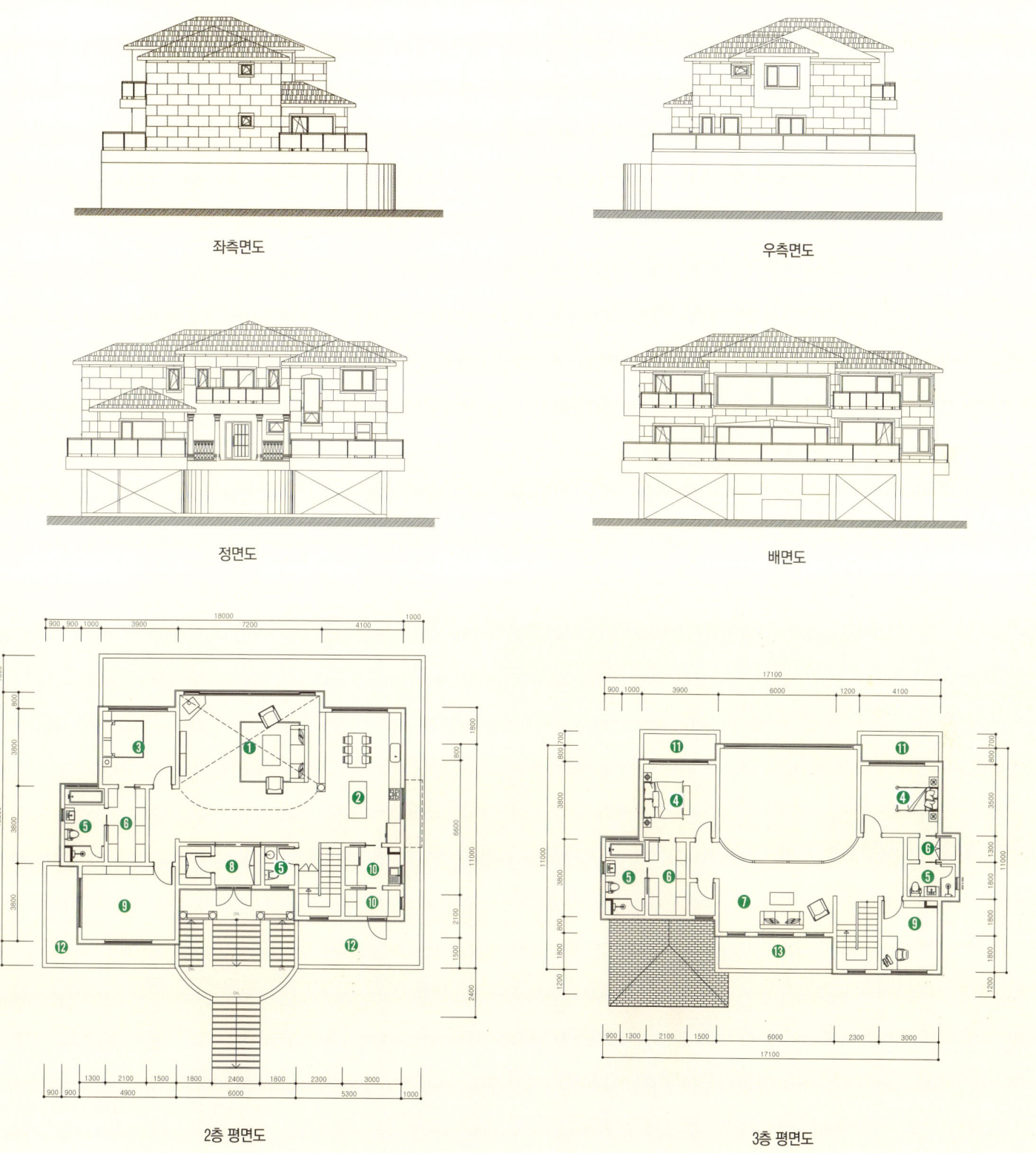

좌측면도

우측면도

정면도

배면도

2층 평면도

3층 평면도

❶ 거실 **❷** 주방 및 식당 **❸** 안방 **❹** 침실 **❺** 욕실 **❻** 드레스룸 **❼** 가족실 **❽** 현관 **❾** 서재 **❿** 다용도실 **⓫** 발코니 **⓬** 테라스 **⓭** 베란다

100py
330.9㎡

목조주택

114 작업장과 창고를 겸한 현대식 농가주택

농촌생활을 위하여 1층을 건축주의 작업장과 창고로 크게 구획하여 모던 형태로 간결하게 디자인한 농가주택이다. 건물형태의 단순한 외벽에 가벽과 가기둥의 요소를 더하여 볼륨감을 키우고, 무채색의 화이트와 그레이 톤의 스타코플렉스에 적삼목사이딩으로 포인트를 주어 깔끔하면서 모던한 느낌으로 설계한 주택이다. 작업장으로 쓰는 1층은 층고를 높여 일의 효율과 능률성을 고려하여 설계에 반영하였다.

설계개요

| 건축면적 | 177㎡(53.54py)
| 연 면 적 | 330.9㎡(100.1py)
| 1층 면적 | 177㎡(53.54py)
| 2층 면적 | 153.9㎡(46.55py)
| 구   조 | 일반목구조

| 외부마감 | 스타코플렉스, 징크, 적삼목사이딩
| 설   계 | 엔디건축사(주)
| 시   공 | 엔디하임(주)

설계포인트

1 1층은 건축주의 작업장과 창고 등으로 크게 구획하고, 2층은 주택으로 구분하여 설계하였다.
2 모던한 형태를 취한 단순한 외관에 가벽과 가기둥의 형태적 요소로 단순함을 완화하였다.
3 주방과 거실을 연결하여 확장감 있는 공간으로 연출하였다.
4 좌측과 우측으로 공적공간과 사적공간을 분리하였다.

좌측면도

우측면도

정면도

배면도

1층 평면도

2층 평면도

① 사무실 ② 작업장 ③ 출하장 ④ 거실 ⑤ 주방 및 식당 ⑥ 안방 ⑦ 침실 ⑧ 욕실 ⑨ 드레스룸 ⑩ 다용도실 ⑪ 보일러실 ⑫ 현관 ⑬ 테라스 ⑭ 계단 ⑮ 베란다

139 py
460.58㎡

115 도심의 임대 주거형태로 설계한 집
철근콘크리트주택

넓은 땅에 짓는 전원주택과 달리 도심의 임대 주거형태로 설계한 이 집은 사선제한, 이격거리 등 제한사항을 검토하여 대지면적 대비 최대한의 건축물을 지을 수 있도록 설계하였다. 지하층과 1층은 임대형으로 계획하고 2층은 건축주가 거주할 수 있도록 설계한 이 집은 쾌적한 주거환경을 조성하는 데 초점을 두었다. 편안하고 세련된 색감의 인조석과 화강석이 조화를 이루며 전체적으로 안정되고 편안한 느낌의 주택이다.

설계 개요

건축면적	161.36㎡(48.81py)
연 면 적	460.58㎡(139.33py)
지하면적	149.86㎡(45.33py)
1층 면적	156.56㎡(47.36py)
2층 면적	154.16㎡(46.63py)

구 조	철근콘크리트
외부마감	인조석, 화강석, 고강도 패널
설 계	엔디건축사(주)
시 공	엔디하임(주)

설계 포인트

1 지하층이 습하지 않고 쾌적함을 유지하도록 앞·뒤로 전실과 썬큰을 배치하였다.

2 계단을 중앙에 배치하여 공유면적을 줄이고, 각 세대의 독립성을 확보하였다.

3 주인 세대가 거주하는 2층 거실은 오픈천장과 발코니를 통해 개방감을 확보하고 고밀도 목재패널로 주택에 포인트를 주고자 하였다.

4 주방을 둘러싼 ㄱ자형 다용도실을 배치하여 보조주방으로 활용함과 동시에 부족한 수납공간을 보충하도록 하였다.

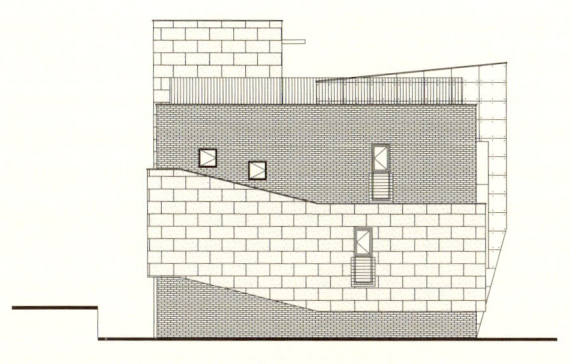

좌측면도

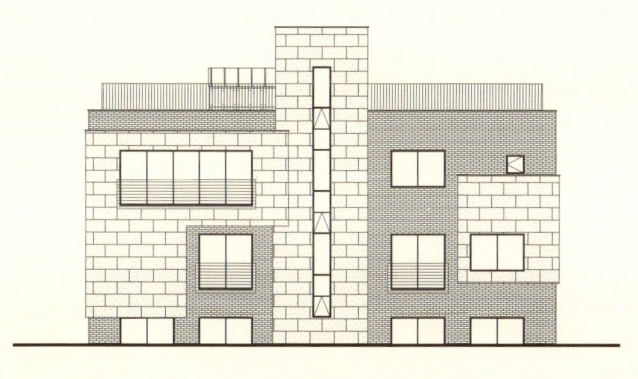

배면도

정면도

① 거실 ② 주방 및 식당 ③ 안방 ④ 침실 ⑤ 욕실 ⑥ 드레스룸 ⑦ 서재
⑧ 현관 ⑨ 다용도실 ⑩ 발코니 ⑪ 전실 ⑫ 보일러실 ⑬ 소매점 ⑭ 썬큰

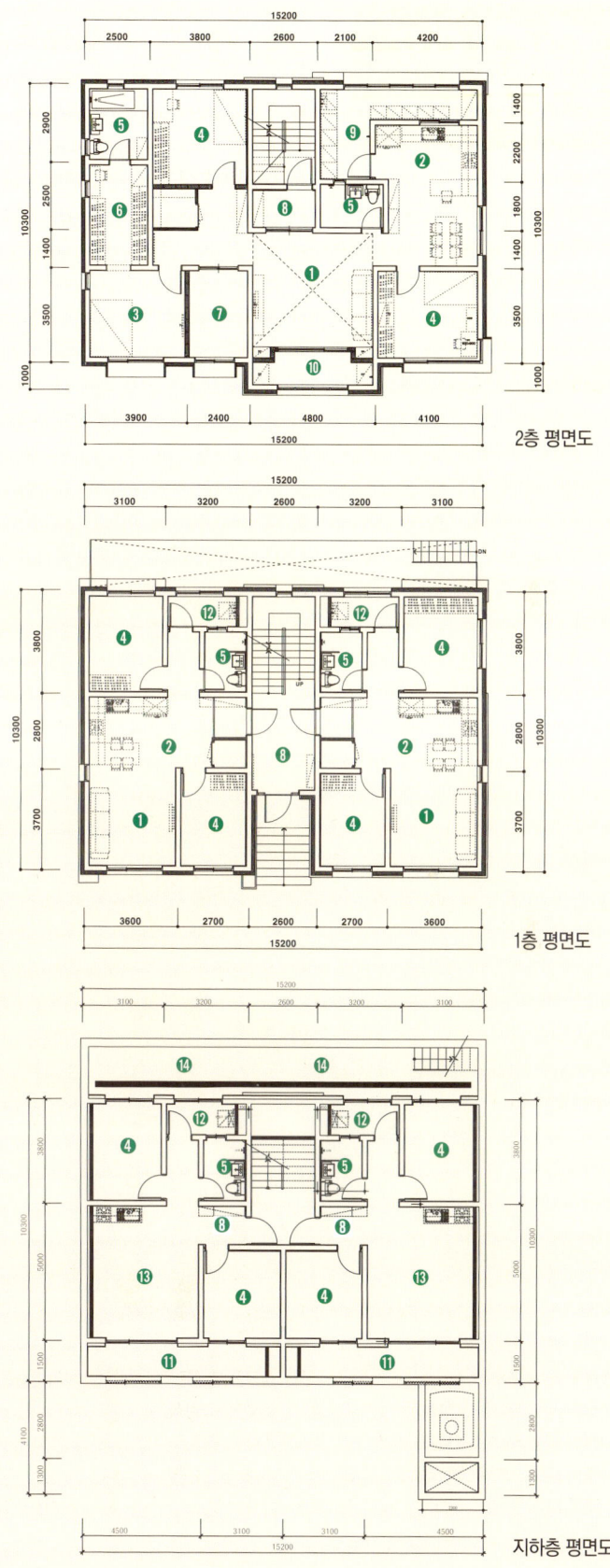

2층 평면도

1층 평면도

지하층 평면도

60 py
197.52 ㎡

목조주택

116 부부의 다른 취향을 한 데 아우른 주택

설계단계부터 건축주 부부는 서로 선호하는 주택 스타일이 달랐다. 남편은 대리석으로 치장한 웅장하고 고급스러운 집을, 아내는 깔끔한 모던 스타일을 원했다. 설계 초기에는 시대 분위기에 따라 모던스타일 쪽으로 방향을 잡았지만, 웅장하고 고급스러운 분위기도 함께 연출하기로 계획하였다. 고벽돌과 밝은 대리석을 외장재로 선택하여 중심 매스에 포인트를 주고 무게감을 실어 두 사람의 취향을 한 데 아우른 적절한 분위기의 집을 설계하였다.

설계 개요

| 건축면적 | 136.88㎡(41.41py)
| 연 면 적 | 197.52㎡(59.75py)
| 1층 면적 | 114.78㎡(34.72py)
| 2층 면적 | 82.74㎡(25.03py)
| 구　　조 | 철근콘크리트구조
| 외부마감 | 파벽돌, 대리석, 케뮤(Kmew)
| 설　　계 | 엔디건축사(주)
| 시　　공 | 엔디하임(주)

설계 포인트

1 현관을 중심으로 주방과 거실을 분리하여 남편의 주(主) 휴식공간과 아내의 주(主) 생활공간을 분리하였다.
2 주방 및 식당에 창을 두 면에 설치하여 채광과 환기에 신경을 썼다.
3 식당 앞에 데크를 설치하여 내부공간을 외부로 확장할 수 있도록 하였다.
4 오픈천장으로 채광효과를 극대화하고 계단과 연계하여 동선의 낭비를 최소화하였다.
5 2층에 자녀의 침실을 배치하고 욕실과 드레스룸, 다용도실을 별도로 구성하여 프라이버시를 보호할 수 있는 평면계획을 하였다.

❶ 거실 ❷ 주방 및 식당 ❸ 안방 ❹ 침실
❺ 욕실 ❻ 드레스룸 ❼ 현관 ❽ 다용도실
❾ 테라스 ❿ 데크 ⓫ 창고

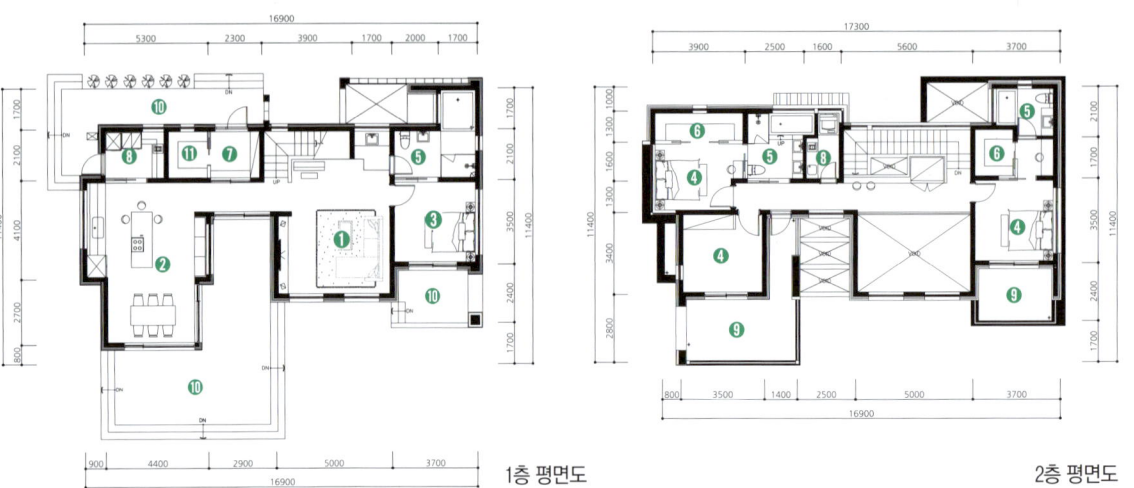

1층 평면도

2층 평면도

117 목조주택
세련미가 돋보이는 블랙 앤 화이트 주택

60py
199.08㎡

건축주의 취향과 관리의 편리성을 고려하면서 모던함을 강조하여 설계한 주택이다. 수직과 수평선의 조화, 블랙과 화이트의 어울림으로 세련되고 안정감 있게 설계하였다. 1층은 안방과 거실, 부엌을 최대한 넓게 쓸 수 있도록 계획하고 난방비 손실을 줄이기 위해 전면에 3중창을 설치하였다. 외부 차고에서 내부로의 이동 동선을 최소화하기 위해 대지 여건상 차고에서 부엌으로 이어지는 동선을 계획하였다.

설계 개요

| 건축면적 | 147.65㎡(44.66py)
| 연 면 적 | 199.08㎡(60.22py)
| 1층 면적 | 138.21㎡(41.81py)
| 2층 면적 | 60.87㎡(18.41py)
| 구   조 | 일반목구조
| 외부마감 | 스타코플렉스, 리얼징크, 케이뮤
| 설   계 | 엔디건축사(주)
| 시   공 | 엔디하임(주)

설계 포인트

1 개인의 독립성을 보장할 수 있는 설계를 계획하였다.

2 가족 간 소통의 단절, 개인주의 성향 등의 부작용을 고려하여 거실을 중심으로 실을 배치하여 모든 동선이 이어질 수 있도록 하였다.

3 1층은 안방과 거실, 부엌을 최대한 넓게 쓸 수 있도록 계획하였다.

4 난방비 손실을 줄이기 위해 전면은 3중창을 설치하였다.

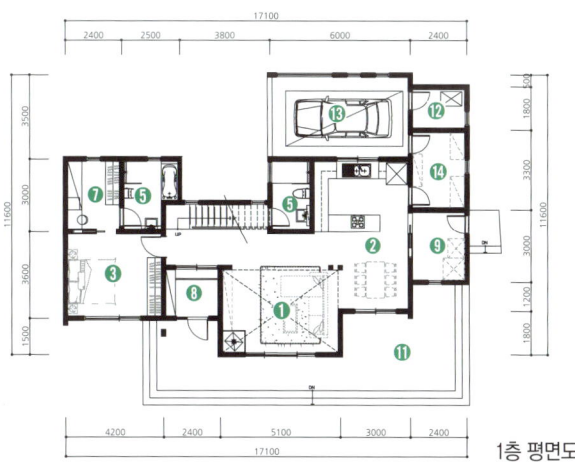

1층 평면도

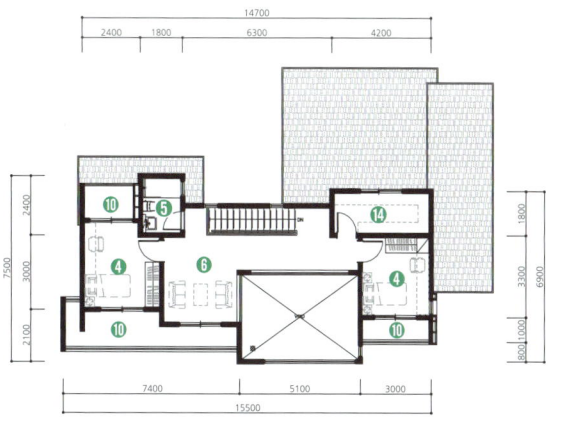

2층 평면도

❶ 거실 ❷ 주방 및 식당 ❸ 안방 ❹ 침실
❺ 욕실 ❻ 가족실 ❼ 드레스룸 ❽ 현관
❾ 다용도실 ❿ 발코니 ⓫ 데크
⓬ 보일러실 ⓭ 차고 ⓮ 창고

60py 199.17㎡

118 유럽풍을 접목한 모던한 느낌의 주택
목조주택

경북 영천지역의 모티브가 된 주택으로 색상과 외장재를 적절히 접목하여 현대와 유럽풍 분위기가 동시에 느껴지는 주택이다. 거실부의 포인트가 된 어두운 색상의 인조석과 밝은 주황색 지붕이 혼합되어 무게감이 느껴진다. 1층 현관과 2층으로 오르는 계단을 중심으로 좌측은 개인공간, 우측은 공용공간으로 명확하게 구획하여 개인의 프라이버시를 지킬 수 있도록 하고 부엌은 폴딩도어를 설치하여 개방감을 높였다.

설계 개요

| 건축면적 | 137.23㎡(41.51py)
| 연 면 적 | 199.17㎡(60.25py)
| 1층 면적 | 125.86㎡(38.07py)
| 2층 면적 | 73.31㎡(22.18py)
| 구   조 | 일반목구조
| 외부마감 | 스타코플렉스, 인조석,
　　　　　　케뮤(Kmew)
| 설   계 | 엔디건축사(주)
| 시   공 | 엔디하임(주)

설계 포인트

1 뚜렷한 공간구분, 가족들 간의 프라이버시 존중과 소통에 중점을 두고 설계하였다.
2 가족실과 테라스로 각 방 사이에 공간을 두어 개인의 프라이버시를 고려하였다.
3 1,2층의 각 실은 충분한 채광이 유입될 수 있도록 계획하여 실내 전체에 밝은 분위기를 이끌었다.
4 밝은 톤의 인조석과 스타코플렉스, 어두운 톤의 인조석과 아스팔트슁글로 조화를 이루어 무게감이 실리도록 계획하였다.

① 거실 ② 주방 및 식당 ③ 안방 ④ 침실
⑤ 욕실 ⑥ 드레스룸 ⑦ 가족실 ⑧ 현관
⑨ 다용도실 ⑩ 발코니 ⑪ 데크 ⑫ 테라스
⑬ 사우나실 ⑭ 스터디룸 ⑮ 와인바 ⑯ 창고
⑰ 베란다

1층 평면도　　　　　　2층 평면도

119 목조주택

징크 디자인이 시선을 끄는 웅장한 주택

61py
200.78㎡

깔끔한 화이트 스타코플렉스에 블랙 징크로 ㄱ자형 포인트를 준 모던하고 밝은 이미지의 목조주택이다. 외부에 ㄱ자형으로 징크를 덧대어 더욱 크고 웅장해 보이는 효과를 냈다. 조망을 위해 2층 전면과 우측에 발코니를 설치하고 그 아래 공간에는 데크를 설치하여 편안한 휴식공간이 되게 하였다. 내부는 더욱 넓은 공간감을 부여하기 위해 오픈천장과 개방형 계단으로 설계하였다.

설계 개요

| 건축면적 | 137.78㎡(41.68py)
| 연 면 적 | 200.78㎡(60.74py)
| 1층 면적 | 137.78㎡(41.68py)
| 2층 면적 | 63㎡(19.06py)
| 구   조 | 일반목구조
| 외부마감 | 스타코플렉스, 적삼목사이딩, 인조석
| 설   계 | 엔디건축사(주)
| 시   공 | 엔디하임(주)

설계 포인트

1 개방감을 주기 위해 거실을 오픈천장으로 설계하였다.

2 주방과 거실 사이에 열린 벽을 세워 두 공간의 시각적 연계성을 고려하였다.

3 다용도실을 주방과 연결해 배면으로 통하는 동선을 열어주었다.

4 2층은 침실로만 구성하여 독립적인 공간으로 계획하였다.

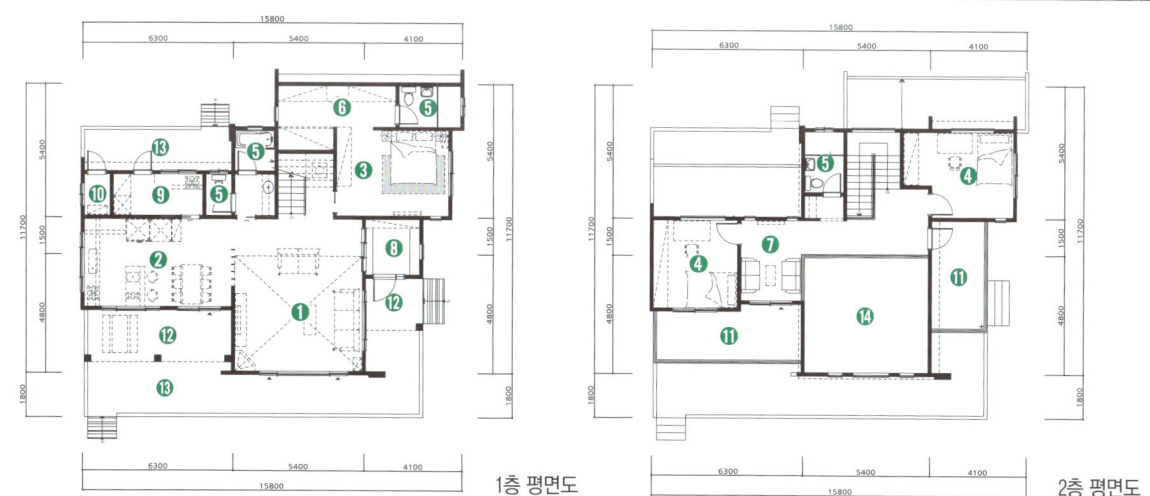

1층 평면도

2층 평면도

❶ 거실 ❷ 주방 및 식당 ❸ 안방 ❹ 방
❺ 욕실 ❻ 드레스룸 ❼ 가족실 ❽ 현관
❾ 다용도실 ❿ 보일러실 ⓫ 베란다
⓬ 포치 ⓭ 데크 ⓮ 오픈천장

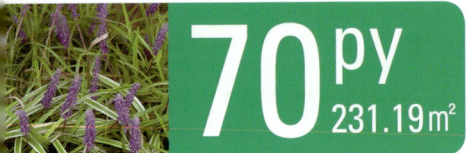

70py
231.19㎡

철근콘크리트주택

120 견고함과 입체감이 있는 철근콘크리트주택

대지 경계선을 보강토나 콘크리트 옹벽이 아닌 자연석을 쌓아 조경의 기초를 다지면서 자연스러운 건축부지를 형성하였다. 외벽을 높여 건물에 볼륨감을 더하고 고벽돌과 인조석 등을 외부마감재로 사용하여 모던한 분위기의 간결함에 무게감과 안정감을 실었다. 오른쪽 측면에 설치한 유선형 계단은 사각의 직선으로 이루어진 외관의 딱딱한 분위기에 반전을 꾀하는 부드러운 요소로 작용하였다.

설계 개요

| 건축면적 | 169.16㎡(51.17py)
| 연 면 적 | 231.19㎡(69.93py)
| 1층 면적 | 154.55㎡(46.75py)
| 2층 면적 | 76.64㎡(23.18py)
| 구   조 | 철근콘크리트
| 외부마감 | 스타코플렉스, 인조석,
　　　　　 고벽돌, 합성목재
| 설   계 | 엔디건축사(주)
| 시   공 | 엔디하임(주)

설계 포인트

1 거실 바닥을 레벨보다 50cm 밑으로 내려 작업실만의 공간감과 아늑함이 들도록 하고 동시에 천정고가 높아지는 효과로 개방감을 극대화하였다.

2 2층 서재에서 거실과 맞닿는 벽을 유리로 설치하여 서재의 독립된 공간을 확보하면서 개방감을 부여하였다.

3 전체적인 입면은 모던하우스이나 마감재로 고벽돌과 인조석 등을 주로 사용하여 무게감이 있게 디자인 하였다.

❶ 거실 ❷ 주방 및 식당 ❸ 안방 ❹ 방
❺ 욕실 ❻ 드레스룸 ❼ 현관 ❽ 가족실
❾ 서재 ❿ 하부창고 ⓫ 데크 ⓬ 보일러실
⓭ 작업실 ⓮ 다용도실 ⓯ 옥외 공간 ⓰ 오픈천장

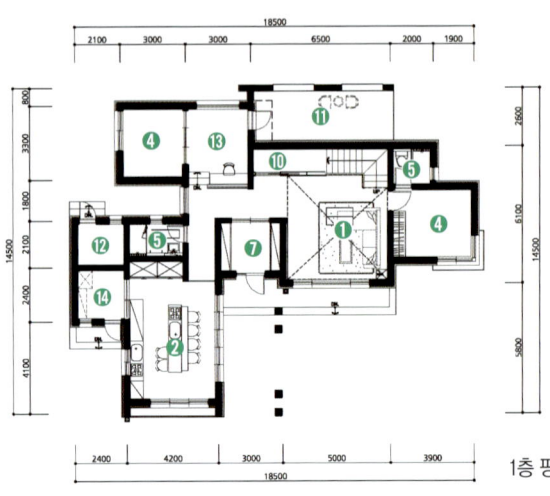

1층 평면도

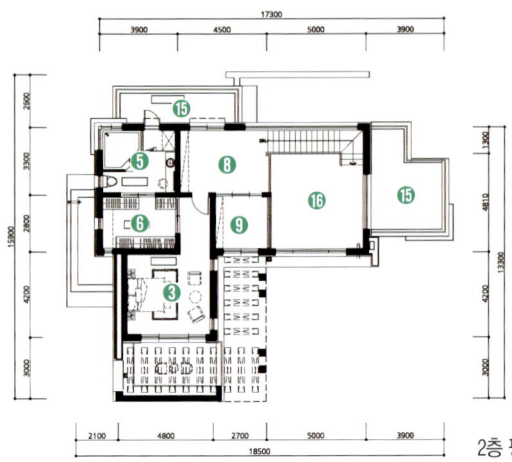

2층 평면도

121

목조주택

클래식 요소를 접목한 특색있는 모던 주택

73^{py} 241.26㎡

특색있는 디자인으로 깔끔한 외관을 갖춘 현대식 주택이다. 징크로 마감한 매스 안에 박공지붕 형태의 클래식한 모양을 디자인적 요소로 끌어와 입면을 특색있게 연출하였다. 같은 외장재라 하더라도 디자인이나 배열의 변화 등 어떻게 사용하느냐에 따라서 색다른 이미지를 전달할 수 있다. 스타코플렉스 매스에 징크로 외관을 씌운 형태로 디자인하여 평범한 매스를 시각적으로 특색있게 표현하였다.

설계 개요

| 건축면적 | 150.21㎡(45.44py)
| 연 면 적 | 241.26㎡(72.98py)
| 1층 면적 | 150.21㎡(45.44py)
| 2층 면적 | 91.05㎡(27.54py)
| 구   조 | 일반목구조
| 외부마감 | 스타코플렉스, 징크
| 설   계 | 엔디건축사(주)
| 시   공 | 엔디하임(주)

설계 포인트

1 징크로 클래식 요소를 접목하고 구성에 변화를 주어 색다른 디자인을 선보였다.
2 외부로 나가 야외활동을 즐기기에 넉넉한 데크를 전면에 배치하였다.
3 현관과 가장 가까운 곳에 계단을 놓아 동선의 편리함을 추구하였다.
4 서재의 위치를 공용공간과 개인공간 중간에 배치하여 양쪽에서 쉽게 접근할 수 있도록 하였다.

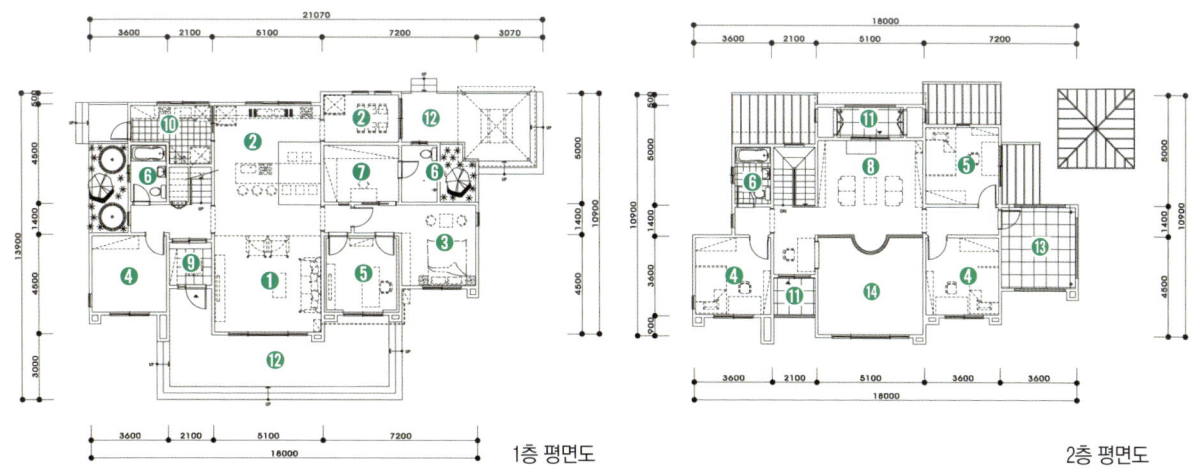

1층 평면도   2층 평면도

1 거실 2 주방 및 식당 3 안방 4 방
5 서재 6 욕실 7 드레스룸 8 가족실
9 현관 10 다용도실 11 발코니 12 데크
13 테라스 14 오픈천장

85 py
281.84㎡

목조주택
122 겹겹의 지붕이 아름다운 두 세대 주택

넓은 평수의 주택을 잘못 디자인하면 자칫 웅장하고 거대하기만 하다. 이러한 부분을 보완하기 위해 지붕을 여러 층으로 나누고 높낮이를 조절하여 오히려 건물의 볼륨감을 덜어내고 날씬하게 보이도록 디자인하였다. 곳곳에 발코니와 외장재의 변화를 통해 외형적인 구성미를 살리고, 한 지붕 아래 두 세대가 거주하는 집답게 각자 출입에 불편함이 없도록 현관 안에 또 다른 현관을 배치하기 위해 입구를 충분히 높여 넉넉한 출입공간을 구성하였다.

설계 개요

| 건축면적 | 141.19㎡(42.71py)
| 연 면 적 | 281.84㎡(85.26py)
| 1층 면적 | 140.92㎡(42.63py)
| 2층 면적 | 140.92㎡(42.63py)
| 구   조 | 일반목구조
| 외부마감 | 스타코플렉스, 파벽돌, 적삼목사이딩
| 설   계 | 엔디건축사(주)
| 시   공 | 엔디하임(주)

설계 포인트

1 지붕의 단계 층을 여러 개로 나누고 높낮이를 조절하여 건물을 날씬하게 디자인하였다.
2 발코니와 외장재의 변화를 통해 전체적인 형상을 잡았다.
3 한 지붕 아래 두 세대의 집이라 현관을 들어서면 또 다른 현관이 나오게 계획하였다.
4 주방 및 식당을 거실과 같이 개방한 LDK구조로 특별한 구획 없이 소통할 수 있게 배치하였다.

❶ 거실 ❷ 주방 및 식당 ❸ 안방 ❹ 침실
❺ 욕실 ❻ 드레스룸 ❼ 현관 ❽ 다용도실
❾ 발코니 ❿ 계단실

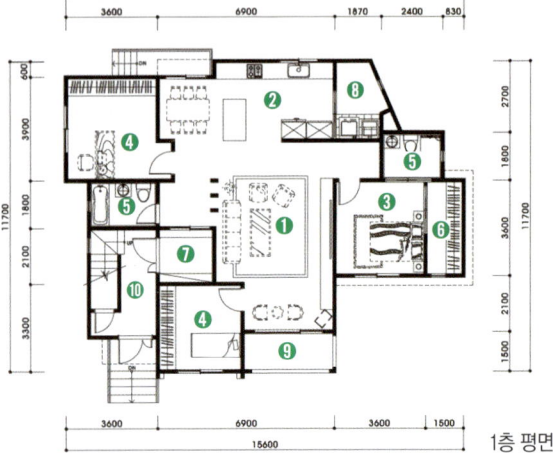

1층 평면도

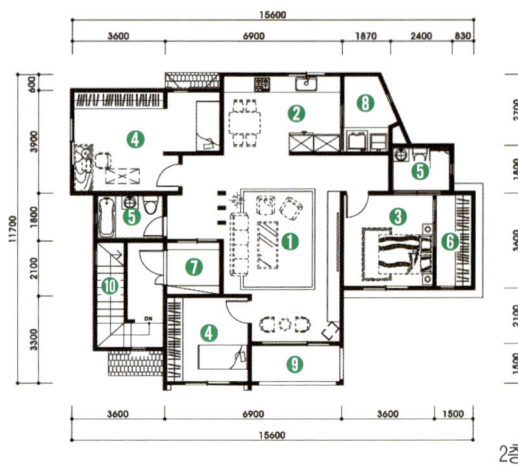

2층 평면도

123 철근콘크리트주택
직선과 곡선의 조화, 웅장한 RC주택

86^{py} 283.79㎡

직선과 곡선이 조화로운 디자인으로 넓은 평수의 웅장함을 보이는 주택이다. 블랙 앤 화이트에 컬러를 입힌 고밀도 목재 NT패널로 외부에 포인트를 주고, 거실 전면에 전창을 설치하여 채광효과를 높였다. 건물 앞의 양 모서리를 라운드 처리하여 곡선의 부드러운 이미지를 살리고, 그 위로 넓고 시원스러운 테라스를 설치해 여유있는 휴식공간을 구상하였다. 1층은 거실을 중심으로 위·아래로 개인과 공용공간으로 나누어 프라이버시를 고려하였다.

설계 개요

| 건축면적 | 198.12㎡(59.93py)
| 연 면 적 | 283.79㎡(85.85py)
| 1층 면적 | 175.02㎡(52.94py)
| 2층 면적 | 108.77㎡(32.90py)
| 구   조 | 철근콘크리트
| 외부마감 | 스타코플렉스, 징크, NT패널
| 설   계 | 엔디건축사(주)
| 시   공 | 엔디하임(주)

설계 포인트

1 대형 평수의 집으로 거실을 넓게 개방하여 열린 공간을 연출하였다.

2 안방에 드레스룸을 크게 하여 여유있는 수납공간을 만들었다.

3 2층은 실마다 베란다와 테라스로 연결하여 여유로운 휴식공간을 계획하였다.

4 계단실 중간을 개방하여 햇빛이 유입되도록 하였다.

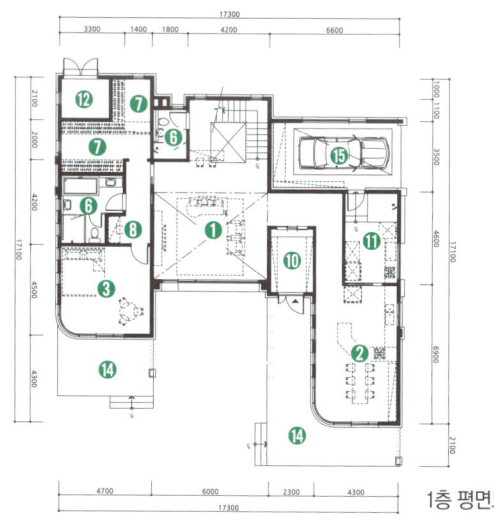

1층 평면도

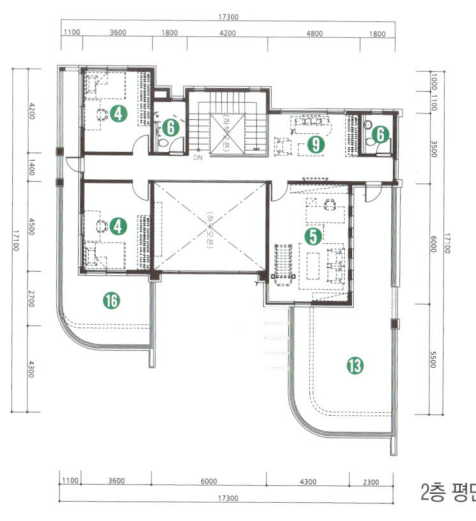

2층 평면도

❶ 거실 ❷ 주방 및 식당 ❸ 안방 ❹ 방
❺ 서재 ❻ 욕실 ❼ 드레스룸 ❽ 파우더룸
❾ 가족실 ❿ 현관 ⓫ 다용도실 ⓬ 보일러실
⓭ 테라스 ⓮ 데크 ⓯ 차고 ⓰ 베란다

88 py
290.06 m²

124 철근콘크리트주택
차경을 적극적으로 끌어안은 주택

설계의 포인트는 창을 통해 보고 느낄 수 있는 사계절 아름다운 자연풍경을 주택 내부에서도 한 눈에 담을 수 있게 하는 것이었다. 따라서 1층을 필로티 구조로 띄워 최대한 높게 계획하고, 2층 전면에 통유리와 천장에 천창을 설치하여 집안 곳곳에서 시시각각으로 변하는 외부의 풍광을 하나도 놓치지 않고 고스란히 조망할 수 있도록 설계하였다. 필로티 구조로 띄운 1층에는 차고를 배치하였다.

설계 개요

| 건축면적 | 202.71㎡(61.32py)
| 연 면 적 | 290.06㎡(87.74py)
| 1층 면적 | 122.26㎡(36.98py)
| 2층 면적 | 167.8㎡(50.76py)
| 구   조 | 철근콘크리트
| 외부마감 | 스타코플렉스, 인조석, 징크
| 설   계 | 엔디건축사(주)
| 시   공 | 엔디하임(주)

설계 포인트

1 전체 공간은 전망을 해치지 않으면서 기능적인 면을 충족할 수 있도록 계획하였다.

2 1층은 독립적인 생활이 가능하도록 배치하고, 높은 천장을 이용해 아래는 공용공간으로, 복층 상부에는 침실을 배치하였다.

3 2층은 주생활 공간으로 거실과 식당, 주방을 넓게 펼쳐 바다와 하나의 수평선을 이룰 수 있게 하였다.

4 주거기능을 담당하는 공간은 후면에 배치했다.

❶ 거실 ❷ 주방 및 식당 ❸ 안방 ❹ 침실
❺ 욕실 ❻ 가족실 ❼ 파우더룸 ❽ 현관
❾ 다용도실 ❿ 다락 ⓫ 발코니 ⓬ 데크
⓭ 보일러실 ⓮ 창고 ⓯ 드레스룸 ⓰ 차고

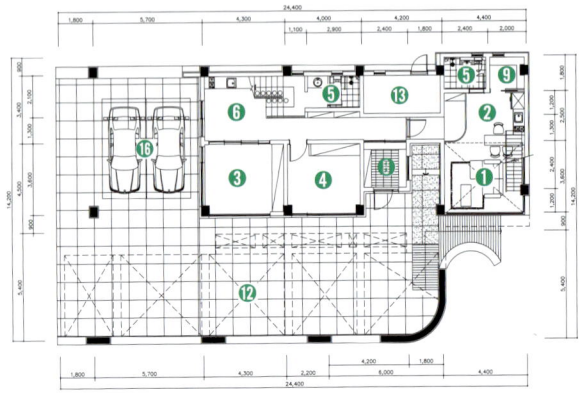

1층 평면도

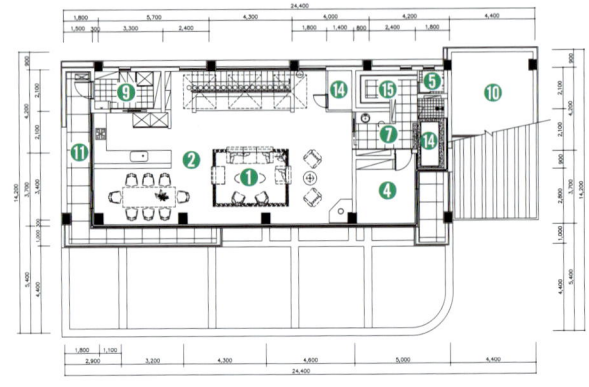

2층 평면도

125 철근콘크리트주택
협소한 대지를 알차게 활용한 주택

협소한 대지를 알차게 활용한 지하1층 지상2층 규모의 건물 형태로 미끈한 외관을 자랑하는 모던 주택이다. 평수가 크고 다세대가 거주하는 주택임을 감안하여 층별로 주방을 별도로 구성하고 프라이버시가 확보될 수 있도록 설계하였다. 집 면적이 큰 만큼 주차공간 또한 충분히 확보해야 하므로 과감하게 지하층을 주차장으로 계획하고, 겸하여 운동을 할 수 있는 공간과 오디오룸을 별도로 계획하여 여가와 문화생활을 즐길 수 있게 설계하였다.

203py
671.64㎡

설계 개요

| 건축면적 | 202.56㎡(61.27py)
| 연 면 적 | 671.64㎡(203.17py)
| 1층 면적 | 183.98㎡(55.65py)
| 2층 면적 | 180.06㎡(54.47py)
| 지하면적 | 307.6㎡(93.05py)
| 구   조 | 철근콘크리트
| 외부마감 | 노출콘크리트, 징크
| 설   계 | 엔디건축사(주)
| 시   공 | 엔디하임(주)

설계 포인트

1 지하주차장과 연계된 지하공간에 운동할 수 있는 공간과 오디오룸을 별도로 계획하여 문화생활을 할 수 있게 하였다.
2 거실을 개방한 넓은 공간을 계획하여 파티할 수 있는 홀 개념으로 설계하였다.
3 다세대가 거주하는 주택이므로 층별로 주방공간을 별도로 구성하였다.
4 공용공간을 중심에 두고 양옆으로 실을 배치하여 각 실 간의 독립성을 확보하였다.

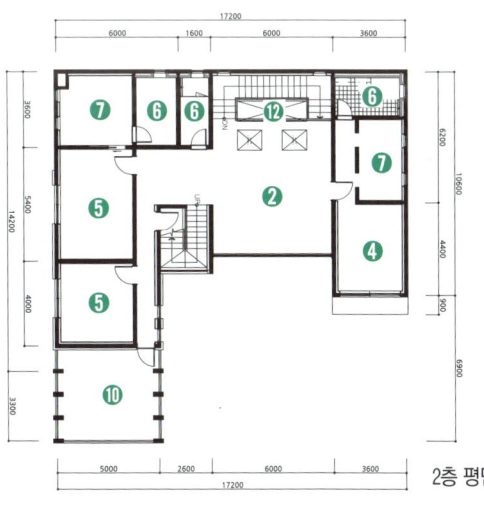

1 거실 2 주방 3 식당 4 안방 5 방
6 욕실 7 드레스룸 8 현관 9 다용도실
10 테라스 11 데크 12 화단

1층 평면도

2층 평면도

전원주택 시공사례 75선

29 py
94.37 ㎡

목조주택

126 유럽 여행지의 리조트 같은 주택

유럽의 목가적인 프로방스풍을 선호하는 건축주의 의견을 반영해 초기부터 유럽의 주택을 한국 실정에 맞게 설계한 주택이다. 다양한 크기의 격자창들과 유럽의 낭만을 담은 붉은색의 스페니쉬 점토기와, 아이보리색의 스타코플렉스, 브라운 톤의 파벽돌을 조합하여 유럽 여행지의 리조트 같은 풍모를 보이며 고즈넉한 중후함과 품위를 느끼게 하는 주택이다.

설계 개요

| 위   치 | 경기도 파주시 월롱면 덕은리
| 건축면적 | 78.85㎡(23.85py)
| 연 면 적 | 94.37㎡(28.55py)
| 1층 면적 | 56.65㎡(17.14py)
| 2층 면적 | 37.72㎡(11.41py)
| 구   조 | 일반목구조
| 외부마감 | 스타코플렉스, 파벽돌, 테릴기와
| 내부마감 | 강화마루, 실크벽지, 폴리싱타일
| 지 붕 재 | 스페니쉬기와
| 설   계 | 엔디건축사(주)
| 시   공 | 엔디하임(주)

정면도

배면도

1층 평면도

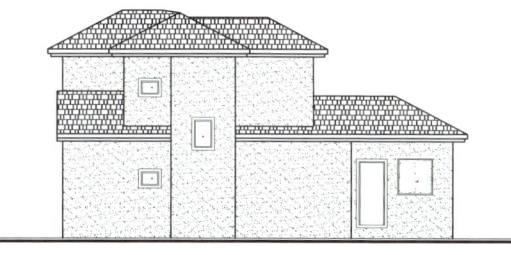

2층 평면도

사진 설명

1 유럽의 낭만을 담은 여행지의 리조트 같은 북유럽 주택의 느낌을 살렸다.

2 배면은 깔끔하게 단색으로 처리하여 시공비용을 절감했다.

3 흰 실크벽지와 강화마루 바닥 마감재로 벽과 바닥을 간결하고 깔끔하게 처리했다.

4 거실은 격자문양의 전창으로 채광효과를 극대화했다.

5 화장실은 무채색계열의 타일을 배합하여 밝고 차분한 분위기로 마감했다.

6 ㅡ자 싱크대와 식탁을 겸비한 주방이다.

7 계단은 친환경 원목으로 마감하고 하부에 수납창고를 만들었다.

❶ 거실 **❷** 주방 및 식당 **❸** 안방 **❹** 침실
❺ 욕실 **❻** 현관 **❼** 다용도실 **❽** 데크
❾ 창고 **❿** 파우더룸

30 ^{py} 98.71㎡

목조주택

127 화사하고 고풍스런 미국 스타일 주택

미국 스타일 주택을 선호하는 건축주의 요청에 따라 설계한 주택이다. 붉은색의 아스팔트슁글 지붕과 외벽 상단부의 아이보리색 스타코플렉스, 하단부의 연한 갈색 톤의 파벽돌로 색의 조합을 이루어 전체적으로 밝고 화사하면서 고풍스러운 분위기를 연출하였다. 또한, 각 실을 가늠케 하는 매스 분절로 외관에 입체감을 실어 보는 각도와 방향에 따라 다양한 모습을 느낄 수 있는 주택이다.

설계 개요

위 치	경상북도 경주시 외동면 석계리
건축면적	73.13㎡(22.12py)
연 면 적	98.71㎡(29.86py)
1층 면적	73.13㎡(22.12py)
2층 면적	25.58㎡(7.74py)
구 조	일반목구조
외부마감	스타코플렉스, 파벽돌
내부마감	강화마루, 실크벽지, 폴리싱타일
지 붕 재	아스팔트슁글
설 계	엔디건축사(주)
시 공	엔디하임(주)

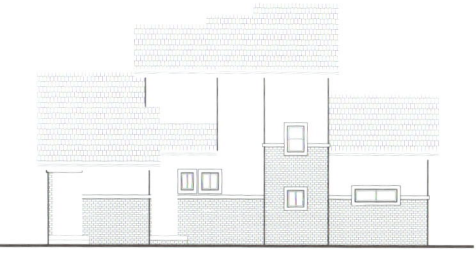

정면도

배면도

1층 평면도

2층 평면도

1 지붕은 붉은 아스팔트슁글로 마감하고, 하단부는 연붉은색의 파벽돌을 사용해 전체적인 색의 조합과 무게감을 실었다.

2 배면은 매스 분절을 통해 포인트를 주지 않더라도 다양한 입체감이 들도록 했다.

3 거실과 주방 앞에 데크를 설치하고 테이블을 놓아 편리하게 이용할 수 있도록 했다.

4 화이트 톤의 벽지와 넓은 전창을 통해 개방감을 확보했다.

5 현관 중간에 3중연동도어를 설치해 기능과 효율성을 높였다.

6 흰색과 갈색 배합으로 깨끗하고 고급스러운 분위기를 연출한 주방. ㄷ자형의 넓은 조리대를 설치해 일의 편리성을 고려했다.

7 바닥은 원목마루, 벽과 천장, 가구는 화이트 톤으로 균형을 맞추어 전체적으로 밝고 깔끔한 분위기의 인테리어이다.

① 거실 **②** 주방 및 식당 **③** 안방 **④** 계단
⑤ 욕실 **⑥** 가족실 **⑦** 현관 **⑧** 다용도실
⑨ 보일러실 **⑩** 데크 **⑪** 창고

목조주택

128 아파트 숲 속에 지은 나만의 주택

아파트 숲 속에 있어 더 빛나는 1인 주택으로 항공우주연구원으로 일하는 건축주가 조용히 연구에만 몰두하고 휴식을 취할 수 있는 구조로 설계하였다. 평면은 건축주가 원하는 대로 비교적 간결하게 꼭 필요한 공간으로 실용적인 기능을 갖춘 실들로만 구성하였다. 건축주의 빠른 의사결정과 디자인 감각 덕에 모든 공정이 순조롭게 마무리되어 깔끔하고 모던한 보금자리를 완성하였다.

설계 개요

| 위   치 | 대전광역시 유성구 노은동
| 건축면적 | 73.92㎡(22.36py)
| 연 면 적 | 99.13㎡(29.99py)
| 1층 면적 | 68.46㎡(20.71py)
| 2층 면적 | 30.67㎡(9.28py)
| 구   조 | 일반목구조
| 외부마감 | 스타코플렉스, 적삼목사이딩
| 내부마감 | 강화마루, 실크벽지
| 지 붕 재 | 징크
| 설   계 | 엔디건축사(주)
| 시   공 | 엔디하임(주)

3 4 5 6 7

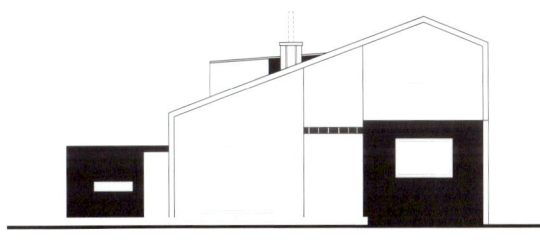

정면도

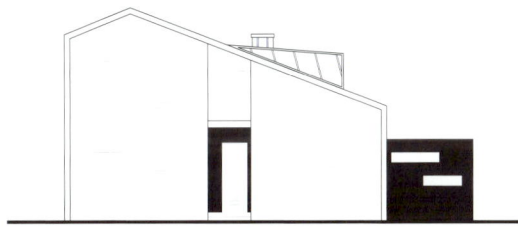

배면도

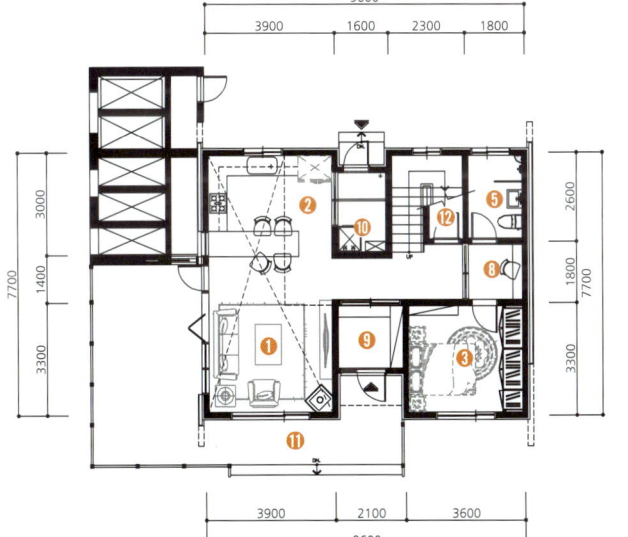

1층 평면도

2층 평면도

30py
99.23㎡

목조주택

129 조적식 주택처럼 견고해 보이는 목조주택

건물의 중앙 매스를 파벽돌로 마감하여 마치 조적식 주택처럼 견고해 보이는 목조주택이다. 전반적으로 붉은 톤이 두드러진 외장에 난간과 창문 몰딩에 녹색을 입혀 색조 대비를 보이며 산뜻하고 개성 있는 분위기를 연출하였다. 1층 포치와 2층 베란다를 중심으로 이루어진 대칭형 구조는 집에 무게감과 안정감을 주고, 좌측 데크는 안방에서도 외부로 통할 수 있게 만든 공간으로 활용성이 크다.

1

설계 개요

| 위   치 | 경기도 양평군 서종면 문호리
| 건축면적 | 83.63㎡(25.3py)
| 연 면 적 | 99.23㎡(30.02py)
| 1층 면적 | 83.63㎡(25.3py)
| 2층 면적 | 15.6㎡(4.72py)
| 구   조 | 일반목구조
| 외부마감 | 파벽돌, 시멘트사이딩
| 내부마감 | 강화마루, 실크벽지, 멀바우목재
| 지 붕 재 | 아스팔트슁글
| 설   계 | 엔디건축사(주)
| 시   공 | 엔디하임(주)

2

3

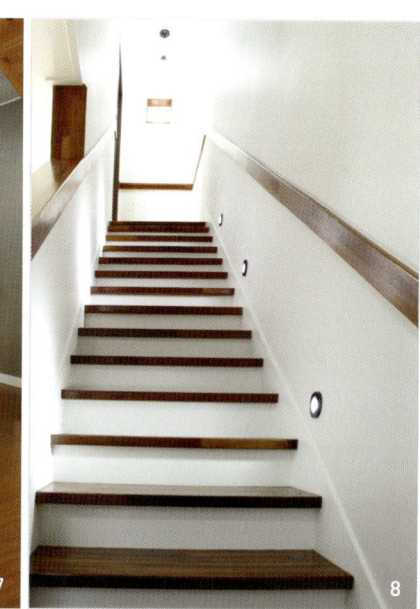

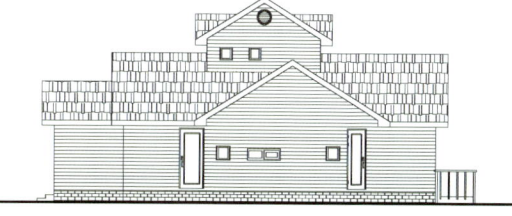

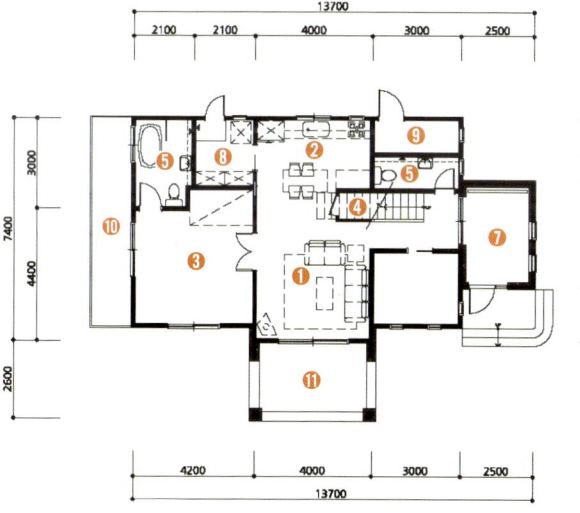

정면도

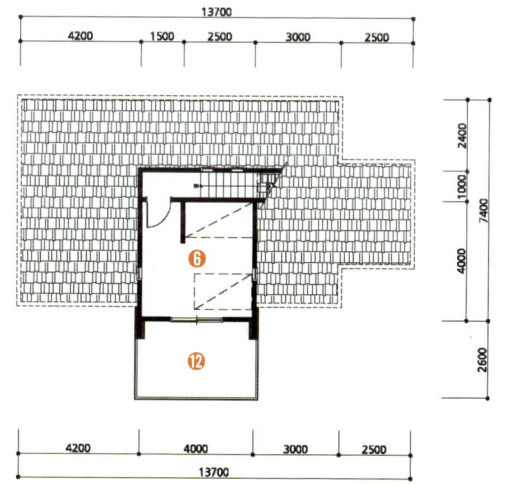

배면도

1층 평면도

2층 평면도

사진 설명

1 파벽돌과 시멘트사이딩으로 마감한 외장에 견고함이 보인다. 데크와 베란다 난간에 녹색으로 포인트를 주었다.

2 거실 앞쪽에 포치를 넓게 설치하여 공간 활용도를 높이고 웅장하게 보이는 효과를 냈다.

3 좌측에 데크를 설치하여 외부와의 연계성을 높였다.

4 거실의 벽면과 천장을 화이트 톤으로 배합하여 더욱 높고 넓게 보이는 효과를 냈다.

5 방 천장과 벽면을 각기 다른 원목과 파스텔 톤의 벽지로 변화를 주어 밝은 분위기를 연출했다.

6 거실의 내부 벽면도 외부와 같은 적색 파벽돌로 마감해 장식 효과를 냈다.

7 주방은 블루계열의 타일로 아트월과 같은 장식 효과를 내고, 화이트 톤의 가구와 노출형 볼전구 직부등으로 조화로운 분위기를 연출했다.

8 계단바닥은 멀바우로 마감하고 벽부착용 손잡이와 발목등을 설치해 안전에 대비했다.

❶ 거실 ❷ 주방 및 식당 ❸ 안방 ❹ 계단
❺ 욕실 ❻ 가족실 ❼ 현관 ❽ 다용도실
❾ 보일러실 ❿ 데크 ⓫ 포치 ⑫ 베란다

목조주택

130 팔공산 산자락에 맞추어 디자인한 집

지붕디자인을 팔공산 자락에 맞추어 설계를 의뢰할 만큼 자연과 동화하려는 건축주의 의도가 엿보이는 주택이다. 거실, 주방, 식당을 일직선상에 배치하는 단순한 구조로 하는 대신 시원한 개방감에 더 무게를 두었다. 거실은 비스듬한 지붕선을 따라 오픈천장으로 개방하고 서까래를 노출하여 한식목구조의 전통미를 더하였다. 오픈천장이 있는 거실에 앉아 밖을 보면 팔공산 자락이 금세 한눈에 들어와 자연과 쉽게 동화되는 집이다.

설계 개요

| 위   치 | 경상북도 경산시 하양읍 은호리
| 건축면적 | 76.62㎡(23.18py)
| 연 면 적 | 99.52㎡(30.1py)
| 1층 면적 | 76.62㎡(23.18py)
| 2층 면적 | 22.9㎡(6.93py)
| 구   조 | 일반목구조
| 외부마감 | 스타코플렉스
| 내부마감 | 강화마루, 실크벽지, 폴리싱타일
| 지 붕 재 | 아스팔트슁글
| 설   계 | 엔디건축사(주)
| 시   공 | 엔디하임(주)

정면도

배면도

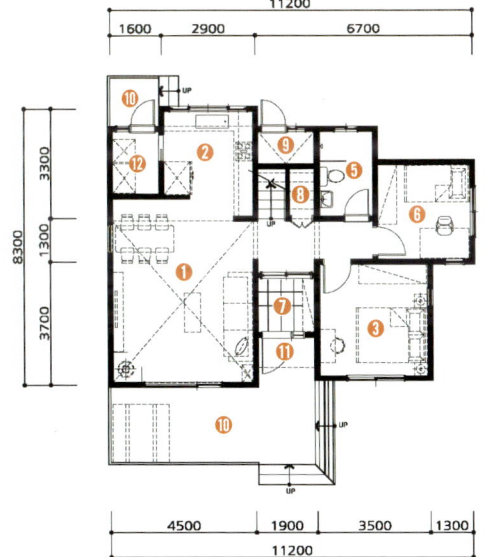

1층 평면도

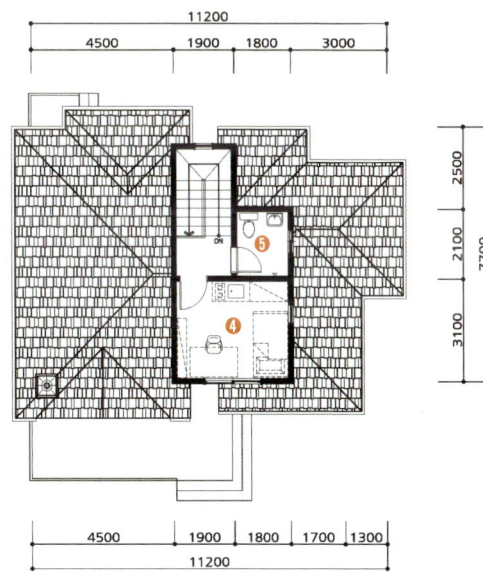

2층 평면도

사진 설명

1 팔공산 자락에 맞춰 디자인하여 자연에 거스르지 않고 주변 배경과 맞물리는 콘텍스트를 고려해 설계하였다.

2 주택 뒤쪽에 배치한 주차장이다.

3 복도를 중심으로 공간 분리를 했다.

4 거실 천장은 비스듬한 지붕선을 따라 개방하고 서까래와 같은 장식 효과를 냈다.

5 양명한 서재로 문을 열고 바라보면 팔공산 산자락이 한 눈에 들어온다.

6 계단실에 창을 두어 밝고 채광이 잘 되도록 했다.

① 거실 ② 주방 및 식당 ③ 안방 ④ 침실
⑤ 욕실 ⑥ 서재 ⑦ 현관 ⑧ 창고
⑨ 보일러실 ⑩ 데크 ⑪ 포치 ⑫ 다용도실

131 어머니를 봉양하기 위한 단층주택
목조주택

어머니를 모시기 위한 주택을 원하는 건축주의 의견을 십분 반영해 활동에 편리한 단층구조로 설계한 작지만 넓고 시원한 이미지의 단아한 주택이다. 전면부의 포인트를 최소화하고 창을 크게 내어 실 곳곳마다 햇볕이 잘 닿을 수 있게 하였다. 지붕 경사도는 나지막한 산이 있는 주변 환경과 어울리게 완만하게 하고 전면에 길고 시원한 데크를 설치해 외부공간의 활용도를 높였다.

설계 개요

위 치	충청남도 서산시 부석면 지산리
건축면적	100.93㎡(30.53py)
연 면 적	99.53㎡(30.11py)
1층 면적	99.53㎡(30.11py)
구 조	일반목구조
외부마감	스타코플렉스, 파벽돌
내부마감	강화마루, 실크벽지, 폴리싱타일
지 붕 재	아스팔트슁글
설 계	엔디건축사(주)
시 공	엔디하임(주)

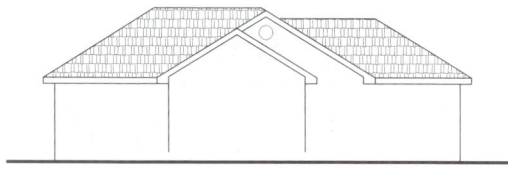

정면도

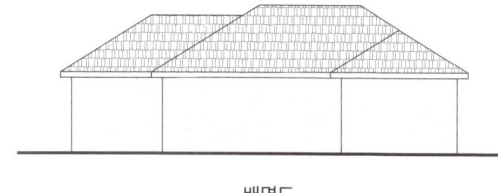

배면도

1 전면부에 박공지붕을 드러내어 단조롭지 않게 디자인한 외관이다.

2 파벽돌과 EPS몰딩을 적절히 조합하여 깔끔하고 간결함이 느껴지는 측면.

3 전면에 데크를 길게 설치해 시원한 조망과 함께 여러 가지 용도로 활용할 수 있게 했다.

4 실내 분위기를 좌우하는 거실은 오픈천장으로 개방감을 높였다.

5 ㄷ자형의 싱크대를 설치하여 일의 능률과 동선의 최적화를 이룬 주방이다.

6 중문으로 공간 활용이 좋은 미닫이문을 설치하고, 화이트와 갈색 톤의 배합으로 밝고 환한 분위기를 연출했다.

7 안방은 강화마루 바닥재와 화이트 톤의 벽지로 차분하고 편안한 느낌이다.

1층 평면도

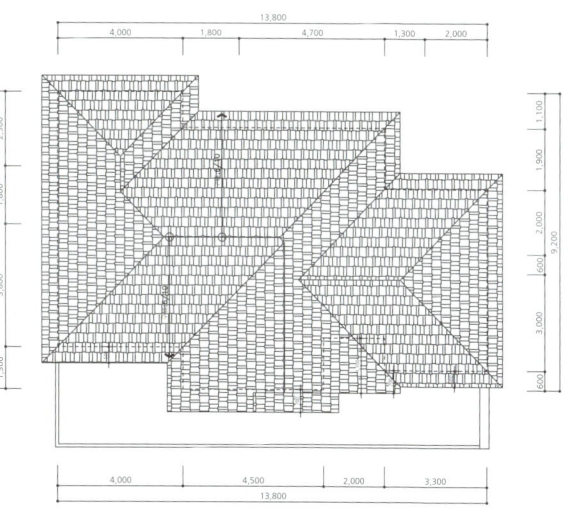

지붕 평면도

❶ 거실 ❷ 주방 및 식당 ❸ 안방 ❹ 방
❺ 욕실 ❻ 현관 ❼ 데크 ❽ 다용도실
❾ 보일러실 ❿ 드레스룸

30 py
99.6㎡

목조주택

132 리얼징크를 이용한 비정형 프레임 주택

리얼징크를 포인트 마감재로 사용한 비정형 프레임에 스타코플렉스를 적용해 모던함과 경제적인 면까지 고려한 2인 주택이다. 조망권과 향은 주변과 기존의 건축물들을 고려하여 결정하고 약간의 성토로 배수 및 안전성에 주의를 기울였다. 주방은 남향에 배치하고 효율적인 주부 동선을 고려해 불필요한 공유면적은 줄이면서 층별 분리로 프라이버시를 확보하였다.

1

설계 개요

| 위　　치 | 강원도 횡성군 둔내면 영랑리
| 건축면적 | 77.28㎡(23.38py)
| 연 면 적 | 99.6㎡(30.13py)
| 1층 면적 | 77.28㎡(23.38py)
| 2층 면적 | 22.32㎡(6.75py)
| 구　　조 | 일반목구조
| 외부마감 | 스타코플렉스, 징크, 파벽돌
| 내부마감 | 강화마루, 실크벽지, 폴리싱타일
| 지 붕 재 | 리얼징크
| 설　　계 | 엔디건축사(주)
| 시　　공 | 엔디하임(주)

2

3

4

5

6

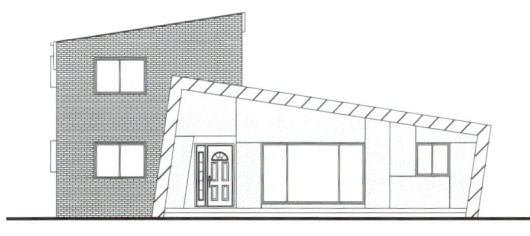

정면도

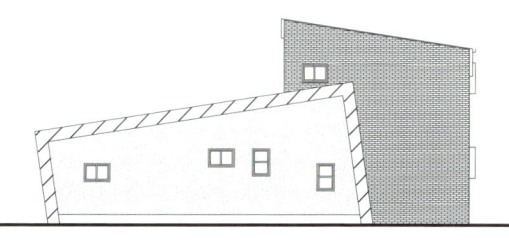

배면도

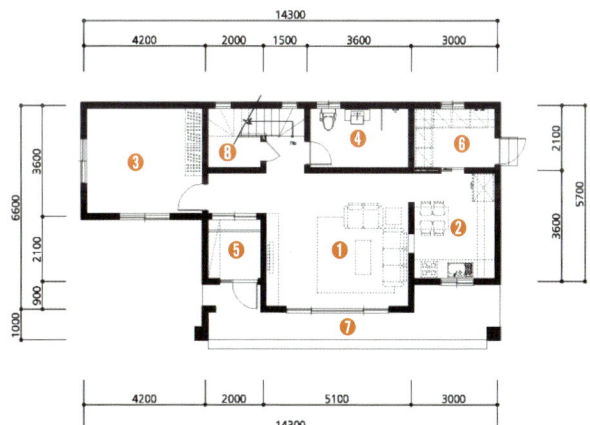

1층 평면도

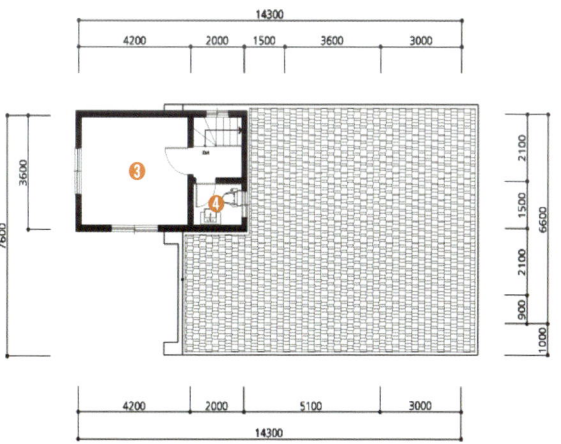

2층 평면도

1 남향으로 방과 거실, 주방을 배치하여 채광효과를 높였다.

2 리얼징크를 포인트 마감재로 사용한 비정형 프레임 디자인에 스타코플렉스를 적용하여 모던한 분위기를 연출했다.

3 ─자형 주방으로 옆에 외부 데크와 연결되는 미닫이문을 설치해 야외식사 때 편리하게 출입할 수 있도록 했다.

4 거실에 전창을 설치해 시원한 공간감을 부여했다.

5 자연미가 있는 원목 계단재를 사용했다.

6 화장실은 밝은 톤의 타일을 배합하여 간결하고 깔끔하게 마감했다.

❶ 거실 ❷ 주방 및 식당 ❸ 방 ❹ 욕실
❺ 현관 ❻ 다용도실 ❼ 데크 ❽ 창고

31 py 101.82㎡

철근콘크리트주택

133 주제별로 공간을 연출한 펜션

건축주의 의견에 따라 두 동의 건물에 콘셉트별로 세 가지 타입의 공간을 연출한 펜션이다. 첫 번째는 복층형구조로 학생들의 MT나 가족을 위한 캠핑카 같은 공간으로, 두 번째는 일반적인 원룸형으로 친구나 지인들의 친목 동호를 위한 공간으로, 세 번째는 고급형으로 다정한 연인들을 위한 사랑스러운 공간으로 나누어 디자인하였다. 박공지붕 펜션이 대세인 환경에 현대적 분위기의 펜션으로 외형의 차별화를 이루었다.

설계 개요

| 위　　치 | 경기도 포천시 신북면 삼정리
| 건축면적 | 76.06㎡(23.01py)
| 연 면 적 | 101.82㎡(30.8py)
| 1층 면적 | 76.06㎡(23.01py)
| 2층 면적 | 25.76㎡(7.79py)
| 구　　조 | 철근콘크리트
| 외부마감 | 스타코플렉스, 징크
| 내부마감 | 강화마루, 실크벽지, 폴리싱타일
| 지 붕 재 | 리얼징크
| 설　　계 | 엔디건축사(주)
| 시　　공 | 엔디하임(주)

4

5

6

7

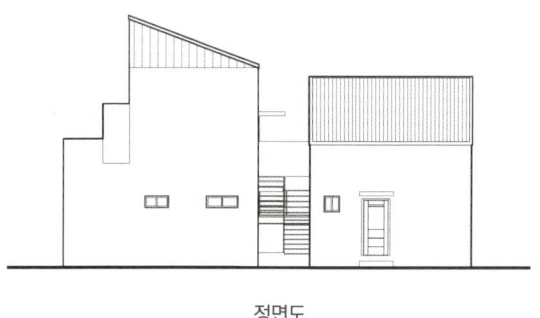

정면도

배면도

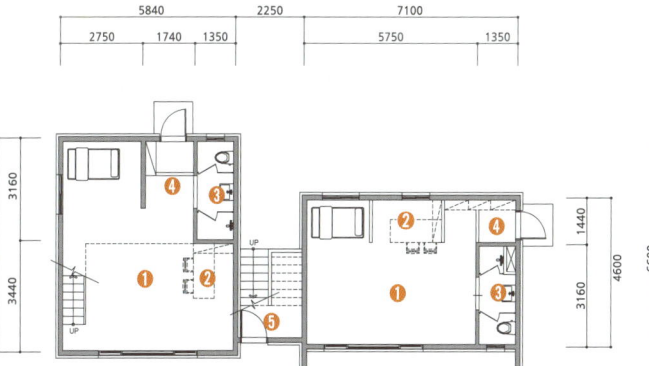

1층 평면도

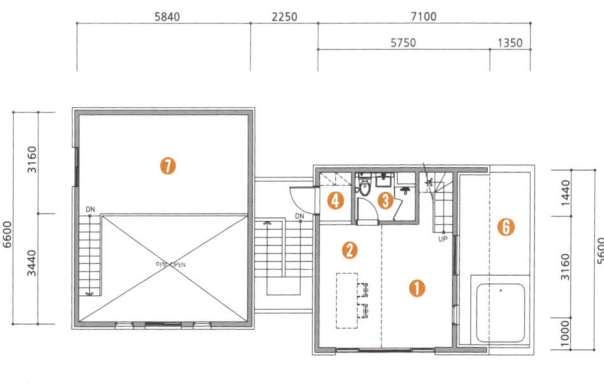

2층 평면도

1, 2 두 동의 건물을 복층형, 원룸형, 고급형 세 가지 타입의 공간으로 설계했다. 지붕은 징크, 외벽은 화이트 색상의 스타코 플렉스로 마감해 전체적으로 모던스타일의 깔끔함을 강조했다.

3 지붕재로 쓰인 징크는 세련된 색상과 절단, 절곡, 접합이 쉬워 건축물의 다양한 디자인을 실현할 수 있다.

4 주방에 식탁, 홈바 등 다용도로 사용할 수 있는 아일랜드 테이블을 설치하고 고깔등을 달았다.

5 복층으로 이어지는 계단에 철제단조 난간으로 개방감과 공간 활용성을 높였다.

6 전체적으로 밝은 화이트 톤에 주방은 돌 모자이크 타일제품을 사용했다.

7 외부에 거실의 큰 문과 통하는 넓은 테라스는 실·내외의 완충 역할을 한다.

❶ 거실 겸 침실 ❷ 주방 및 식당 ❸ 욕실
❹ 현관 ❺ 보일러실 ❻ 테라스 ❼ 다락방

목조주택

134 유럽 작은 마을의 성당 같은 주택

유럽의 어느 작은 마을에 있는 성당 같은 분위기의 아담한 주택으로 모던하고 클래식한 개념을 적절히 섞어 디자인하였다. 이런 작은 규모의 집에 가장 중요하게 대두되는 외관의 입체감은 오밀조밀하게 고저 차를 둠으로써 효과를 거두었다. 고저 차가 나는 매스는 3가지 외장재만 사용해 복잡함을 줄이고, 내부 천장은 삼림욕 효과가 큰 편백나무로 마감하였다.

설계 개요

위 치	인천광역시 강화군 길상면 초지리
건축면적	149㎡(45.07py)
연 면 적	106.1㎡(32.1py)
1층 면적	77㎡(23.29py)
2층 면적	29.1㎡(8.8py)
구 조	일반목구조
외부마감	스타코플렉스, 파벽돌, CRC보드
내부마감	강화마루, 편백나무, 폴리싱타일, 실크벽지
지 붕 재	아스팔트싱글
설 계	엔디건축사(주)
시 공	엔디하임(주)

정면도

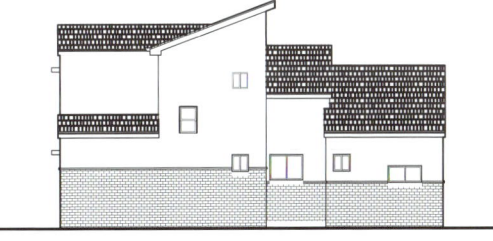

배면도

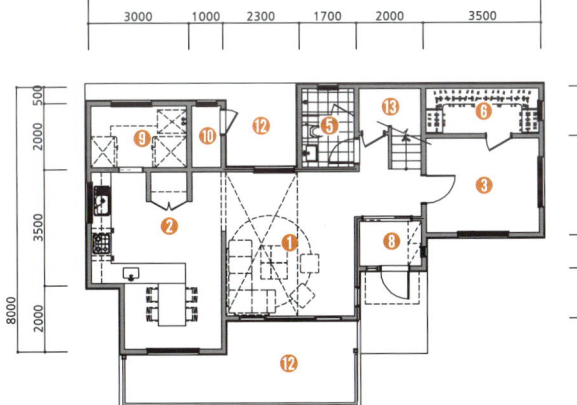

1층 평면도

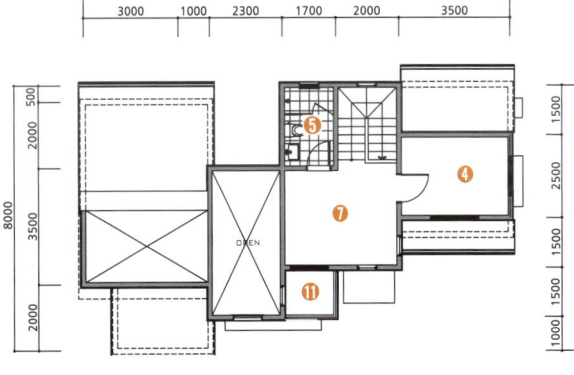

2층 평면도

1 흰색 톤의 외장재로 모던한 느낌을 살리고 CRC보드로 포인트를 주었다.

2 외관의 하단은 불규칙한 스타일로 투박함과 무게감을 주는 까치석으로 마감했다.

3 대리석 장식의 아트월.

4 천장은 삼림욕과 항균효과가 있고 오염물질을 정화해 주는 편백나무로 마감했다.

5 높은 천장에 흰색과 갈색 톤의 배합으로 고상하고 안정감 있는 주방.

6 디자인과 단열을 고려한 단열스틸도어로 고온에서 전기도금하여 녹이 슬지 않고 강하며 보안성능이 뛰어나다.

7 다용도실 또한 주방과 같은 폴리싱 타일로 마감하여 통일감을 주었다.

8 시스템 옷장으로 짜 맞춘 드레스룸.

❶ 거실 ❷ 주방 및 식당 ❸ 안방 ❹ 방
❺ 욕실 ❻ 드레스룸 ❼ 가족실 ❽ 현관
❾ 다용도실 ❿ 보일러실 ⓫ 베란다
⓬ 데크 ⓭ 창고

목조주택

135 산을 닮은 자연미가 있는 주택

동선의 연계성은 유지하되 서로 간섭함이 없도록 각 실의 프라이버시에 비중을 둔 것이 이 주택의 특징이다. 대지의 일조량이 풍부한 지형조건을 잘 살려 실마다 충분한 햇빛이 유입될 수 있도록 하고, 가운데에 중정 역할을 대신하는 데크를 설치함으로써 밖에서 가족과 함께 할 수 있는 공간을 마련하여 독립성이 강한 내부공간을 중화시켰다.

1

설계 개요

| 위 치 | 충청남도 아산시 음봉면 신휴리
| 건축면적 | 108㎡(32.67py)
| 연 면 적 | 108㎡(32.67py)
| 1층 면적 | 108㎡(32.67py)
| 구 조 | 일반목구조
| 외부마감 | 스타코플렉스, 파벽돌, 적삼목사이딩
| 내부마감 | 실크벽지, 강화마루
| 지 붕 재 | 아스팔트슁글
| 설 계 | 엔디건축사(주)
| 시 공 | 엔디하임(주)

2

3

정면도

배면도

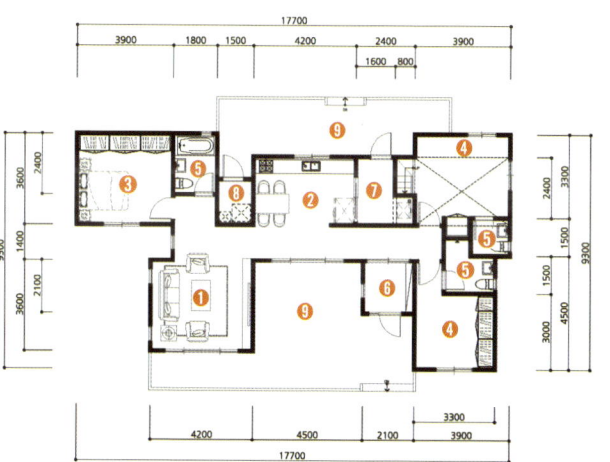

1층 평면도

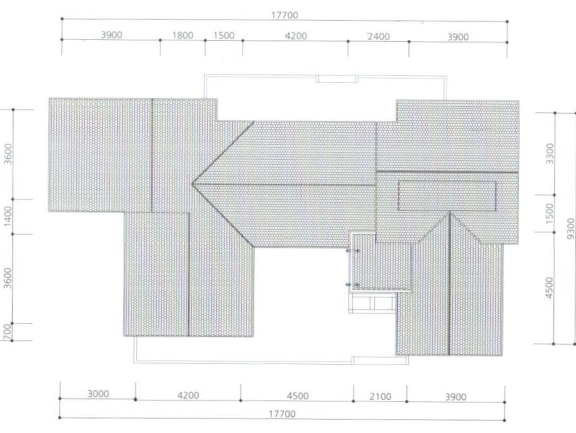

지붕 평면도

33 py
110.04㎡

목조주택

136 세 딸을 위한 러브하우스

건물형태는 중앙 매스에 포인트를 주면서 간결하고 깔끔하게 디자인한 세 딸을 위한 러브하우스이다. 마당의 활용도를 생각해 건물을 최대한 뒤편으로 배치하고, 침실은 채광과 환기를 고려해 전면에 배치하여 앞·뒤에 창호를 설치하였다. 부부와 자녀 공간을 1,2층으로 분리하고, 2층에 자녀들의 놀이와 취미공간을 위한 다락방을 만들어 천창을 통해 하늘이 보이는 감성적인 공간으로 연출하였다.

1

설계 개요

| 위   치 | 경기도 안성시 원곡면 내가천리
| 건축면적 | 76.59㎡(23.17py)
| 연 면 적 | 110.04㎡(33.29py)
| 1층 면적 | 73.59㎡(22.26py)
| 2층 면적 | 36.45㎡(11.03py)
| 구   조 | 일반목구조
| 외부마감 | 스타코플렉스, 적삼목사이딩
| 내부마감 | 실크벽지, 강화마루
| 지 붕 재 | 아스팔트슁글
| 설   계 | 엔디건축사(주)
| 시   공 | 엔디하임(주)

2

3

정면도

배면도

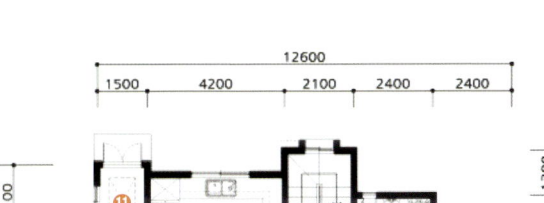

1층 평면도

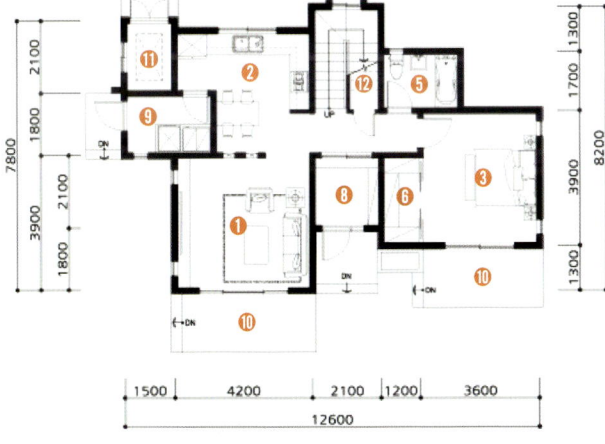

2층 평면도

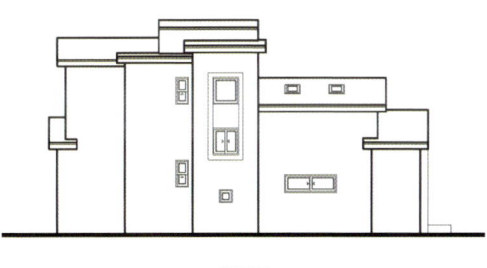

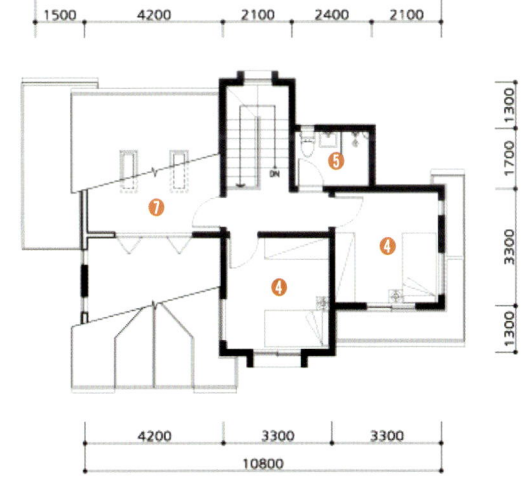

1 스타코플렉스를 기본으로 하고 경제적이고 시공법이 간단한 우드사이딩을 덧대어 자연스러운 분위기이다.

2 리얼징크와 비슷한 색상의 아연강판 후레슁으로 비용절감과 시각적인 효과를 거두었다.

3 두 딸의 놀이와 취미공간을 위한 다락방. 원활한 채광과 환기를 위해 앞·뒤에 창호를 설치했다.

4 스타일과 단열을 고려해 선정한 단열 스틸도어이다.

5 거실을 3.7m 높이까지 올리고 다채로운 입체감을 주었다.

7 회색과 화이트 톤의 욕실. 채광과 환기를 위한 창을 냈다.

6 계단. 계단 밑의 데드스페이스를 활용해 창고를 만들었다.

❶ 거실 ❷ 주방 및 식당 ❸ 안방 ❹ 침실
❺ 욕실 ❻ 드레스룸 ❼ 다락 ❽ 현관
❾ 다용도실 ❿ 데크 ⓫ 보일러실 ⓬ 창고

34 py
113.58 ㎡

목조주택

137 미학을 담은 전통한옥 스타일 주택

건축주의 의견에 따라 고창의 미학을 담은 전통한옥 스타일로 완성한 주택이다. 한식기와 지붕과 전돌 느낌의 파벽돌을 접목한 한옥스타일의 외관에 연등천장으로 개방감을 더하고, 서까래를 노출한 인테리어로 전통의 멋을 살렸다. 세월의 때가 묻은 고풍스러운 소재를 사용하여 우아한 남성의 한복 같은 멋을 살려 새집이지만 마치 오래된 전통한옥 같은 느낌의 주택이다.

설계 개요

위 치	전라북도 고창군 고창읍 신월리
건축면적	113.58㎡(34.36py)
연 면 적	113.58㎡(34.36py)
1층 면적	113.58㎡(34.36py)
구 조	일반목구조
외부마감	스타코플렉스, 파벽돌
내부마감	강화마루, 실크벽지, 인조석
지 붕 재	한식기와
설 계	엔디건축사(주)
시 공	엔디하임(주)

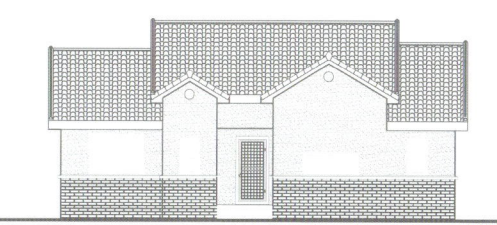

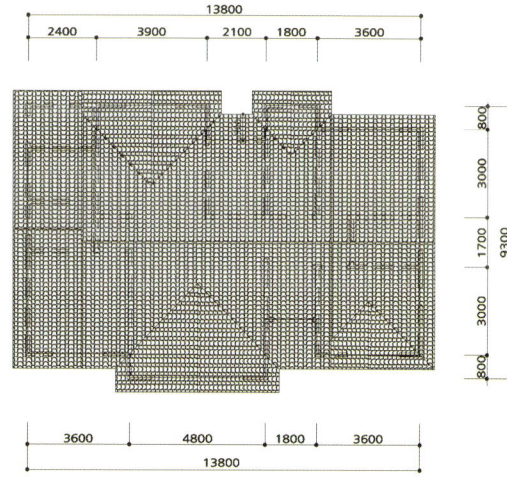

정면도

배면도

1층 평면도

지붕 평면도

목조주택

138 팀버프레임의 중후함과 무게감이 있는 주택

전통적인 방식을 적용해 목재를 못으로 고정하지 않고 나무와 나무를 끼우거나 구멍을 뚫어 목심으로 고정해 짜 맞추는 팀버프레임공법으로 내·외부에서 중목구조의 무게감과 중후함이 느껴지는 주택이다. 전통한옥과 유사한 축조 방식으로 내부는 서까래가 노출되어 특별한 인테리어 없이도 아름다운 실내를 꾸미고 나무의 향도 느낄 수 있다. 중목구조 자체의 질감과 중후함을 살리기 위해 건물형태는 단순하게 설계했다.

설계 개요

| 위   치 | 전라남도 구례군 산동면 위안리
| 건축면적 | 115.71㎡(35py)
| 연 면 적 | 115.71㎡(35py)
| 1층 면적 | 115.71㎡(35py)
| 구   조 | 일반목구조
| 외부마감 | 적삼목사이딩, 더글라스
| 내부마감 | 더글라스, 화이트 도장
| 지 붕 재 | 테릴기와
| 설   계 | 엔디건축사(주)
| 시   공 | 엔디하임(주)

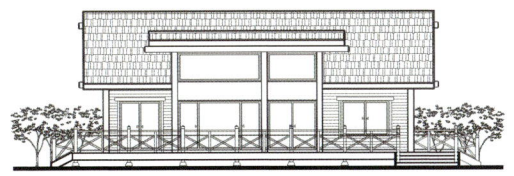

정면도

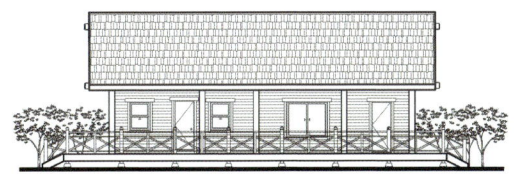

배면도

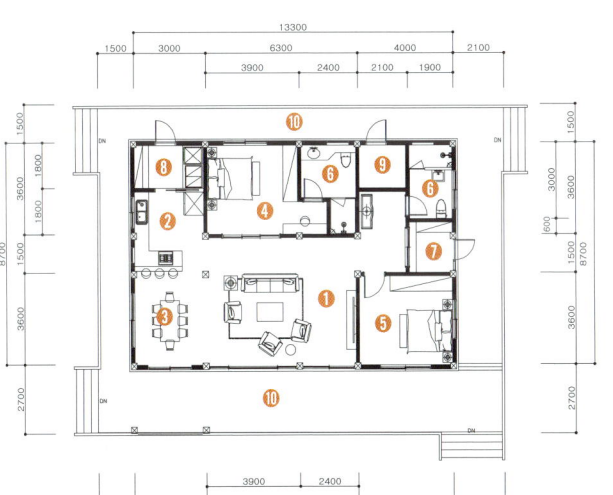

1층 평면도

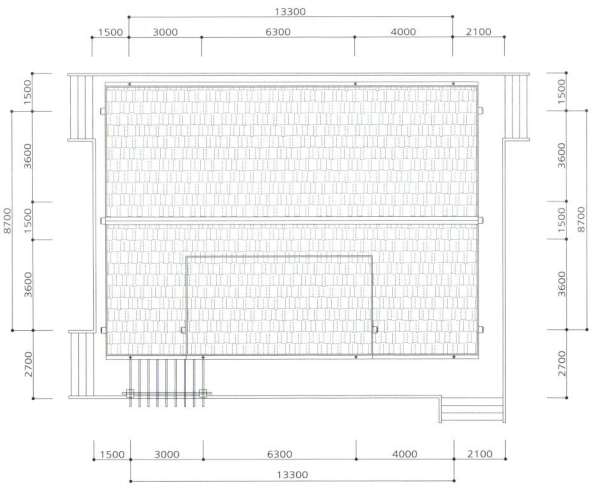

지붕 평면도

1 전통한옥과 유사한 방식으로 목재를 짜 맞춰 지은 팀버프레임으로 외·내부에서 중목구조의 무게감과 중후함이 느껴진다.

2 더글러스 목재는 물이나 습기에 대한 내구성이 강하고 결의 느낌이 도드라지는 엔틱한 느낌으로 건축에 널리 이용된다. 시간이 지남에 따라 색이 더욱 뚜렷하게 붉은색을 띤다.

3 서까래가 노출된 중목구조의 내부공간은 특별한 인테리어 없이도 아름다운 실내를 연출할 수 있다.

4 거실에 LED 전등을 설치해 원목 천장의 느낌을 그대로 살리면서 눈부심 방지와 장식 효과를 냈다.

5 화이트 톤의 T자형 싱크대를 설치한 주방.

6 욕실. 타일로 가벽을 세워 샤워공간을 분리했다.

7 사방에서 쉽게 이용할 수 있도록 건물을 둘러 데크를 설치했다.

1 거실 **2** 주방 **3** 식당 **4** 안방 **5** 방
6 욕실 **7** 현관 **8** 다용도실 **9** 보일러실
10 데크

139

목조주택

오밀조밀한 지붕으로 사면이 아름다운 주택

높낮이와 방향이 각기 다른 지붕의 오밀조밀한 구도가 사면의 어느 곳에서 보아도 돋보이는 주택이다. 지붕과 외벽, 담벼락 등 갈색 톤의 조합으로 아담하면서 구성미가 느껴지는 디자인이다. 담 위에 나지막하게 설치한 단조 휀스와 대문은 주택에 고급스러운 이미지를 더해준다. 현관과 1층 창문 위에는 어닝을 설치하거나 지붕 처마선을 길게 빼내어 비나 직사광선을 차단할 수 있게 하였다.

설계 개요

위 치	경상남도 양산시 삼호동
건축면적	87.57㎡(26.49py)
연 면 적	116.85㎡(35.35py)
1층 면적	87.57㎡(26.49py)
2층 면적	29.28㎡(8.86py)
구 조	일반목구조
외부마감	스타코플렉스, 파벽돌, 적삼목사이딩
지 붕 재	아스팔트슁글
설 계	엔디건축사(주)
시 공	엔디하임(주)

4

5

6

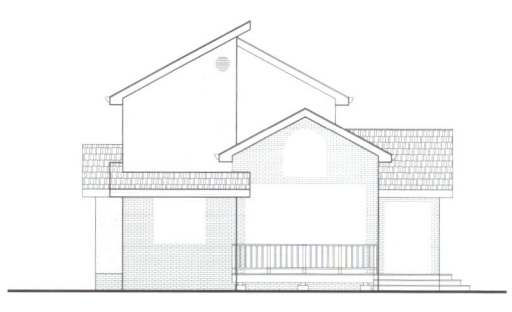
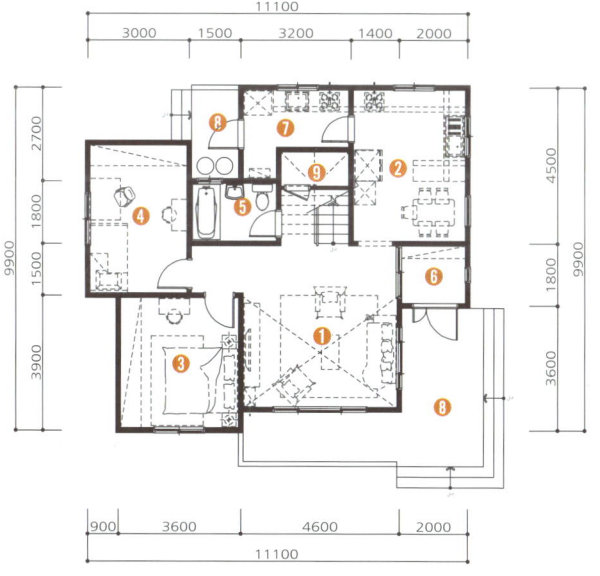
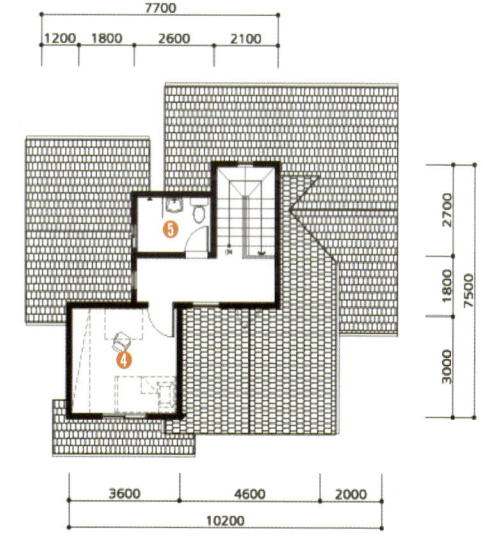

7

정면도

배면도

11100

3000 1500 3200 1400 2000

2700 1800 1500 3900

9900

4500 1800 3600

9900

900 3600 4600 2000

11100

1층 평면도

7700

1200 1800 2600 2100

1100 1800 1500 3300

7700

2700 1800 3000

7500

3600 4600 2000

10200

2층 평면도

사진 설명

1 높낮이와 방향을 달리하며 아기자기하게 디자인한 주택 외관이 주변 환경과 조화를 이룬다.

2 현관은 데크와 연결하고 지붕 처마선을 길게 빼내 포치를 대신했다.

3 계단실 아래를 개방하여 운치 있는 공간으로 꾸몄다.

4 주방은 공간 활용성이 높은 ㄱ자형 싱크대를 설치했다.

5 아트월과 천장의 간접조명으로 한층 더 고조된 거실 분위기.

6 천장이 낮은 다락에 창을 내어 햇빛이 잘 드는 양명한 공부방으로 꾸몄다.

7 정원 한 켠의 비닐하우스에서 키우는 다육식물들.

❶ 거실 **❷** 주방 및 식당 **❸** 안방 **❹** 방
❺ 욕실 **❻** 현관 **❼** 다용도실 **❽** 데크
❾ 창고

35 ^{py} 116.9㎡

35py 116.9㎡

목조주택

140 딸과 노부모 위주로 평면구성을 한 집

건축주는 딸과 노부모를 모시기 위해 기능적이고 효율적인 평면구성으로 활동하는 데 불편함이 없도록 설계의 초점을 본인보다는 가족에 맞추었다. 독특한 감각의 외관은 이채로움과 클래식이 공존하는 세미모던을 지향한다. 내부는 현대식 구조로 ㄷ자형 주방과 아일랜드 식당을 분리하여 비교적 작은 규모임에도 다양한 구성을 갖추었다. 2층은 간이주방이 딸린 가족실과 함께 딸만을 위한 공간으로 편리하게 꾸몄다.

1

설계 개요

| 위 | 치 | 충청북도 음성군 생극면 신양리
| 건축면적 | 86.97㎡(26.31py)
| 연 면 적 | 116.9㎡(35.36py)
| 1층 면적 | 86.13㎡(26.05py)
| 2층 면적 | 30.77㎡(9.31py)
| 구 조 | 일반목구조
| 외부마감 | 스타코플렉스, 파벽돌, 적삼목사이딩
| 내부마감 | 강화마루, 실크벽지
| 지 붕 재 | 아스팔트싱글
| 설 계 | 엔디건축사(주)
| 시 공 | 엔디하임(주)

2

3

배면도

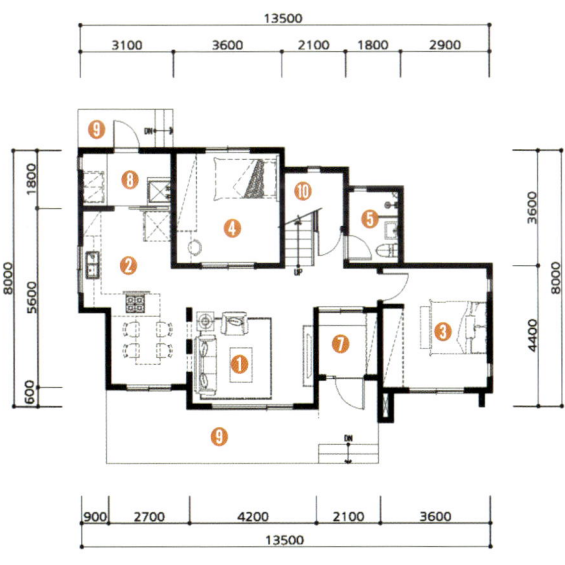

1층 평면도

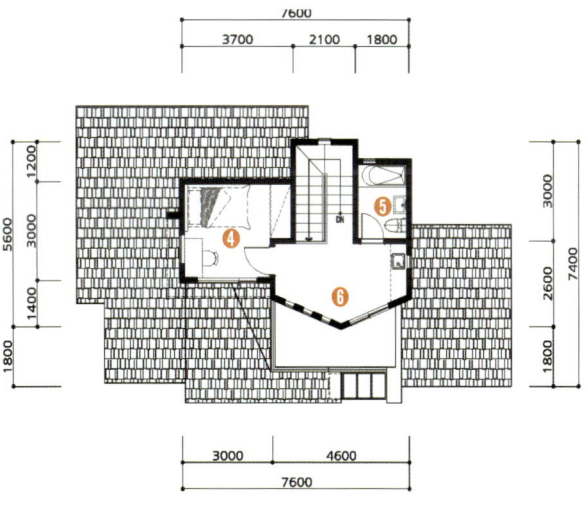

2층 평면도

36 ^{py} 118.17㎡

141 목조주택
시멘트사이딩의 대칭 구조를 이룬 주택

좌·우 대칭 구조에 화이트 시멘트사이딩으로 마감하여 소박하고 절제미가 느껴지는 미국식 목조주택이다. 시멘트 사이딩은 가격대비 효율성과 내구성이 좋고 해충에 강하여 부식하거나 질 저하 현상이 없고 색상도 자유롭게 바꿀 수 있어 많이 사용되는 건축재이다. 깔끔하고 단순한 분위기에 파벽돌이나 목재데크를 접목해 사용하면 더욱 더 클래식한 분위기를 연출할 수 있다.

설계 개요

위 치	경기도 여주군 산북면 용담리
건축면적	64.11㎡(19.39py)
연 면 적	118.17㎡(35.75py)
1층 면적	64.11㎡(19.39py)
2층 면적	54.06㎡(16.35py)
구 조	일반목구조
외부마감	시멘트사이딩, 파벽돌
내부마감	강화마루, 실크벽지, 폴리싱타일
지 붕 재	아스팔트싱글
설 계	엔디건축사(주)
시 공	엔디하임(주)

정면도

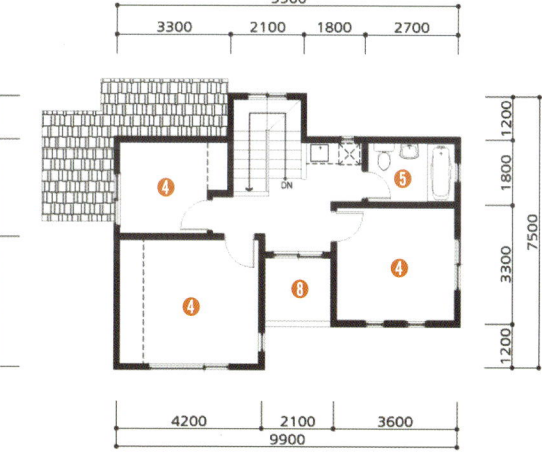

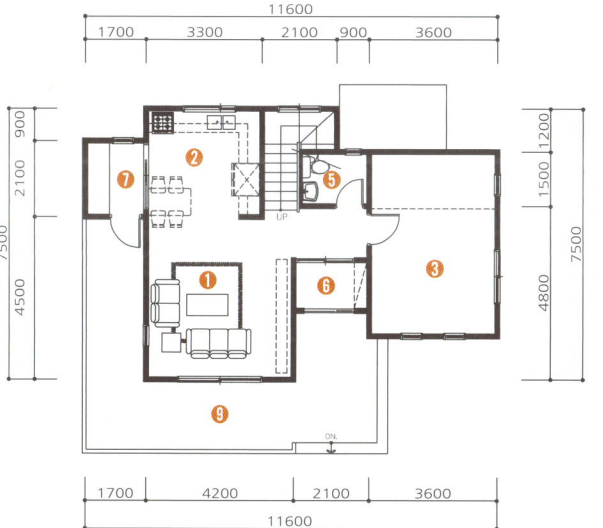

배면도

1층 평면도

2층 평면도

사진 설명

1 흰색의 시멘트사이딩을 마감재로 쓴 세미모던 스타일의 미국식 목조주택이다.

3 흰색 싱크대와 벽지에 엔틱한 목재식탁이 돋보이는 주방.

3 화이트 가구와 그린 톤의 벽지로 색감을 조합해 단정하고 깔끔하게 꾸민 침실.

4 흰색 조의 벽지와 원목 몰딩, 고풍스러운 가구로 장식한 차분하고 엔틱한 분위기의 거실.

5 용자살 미닫이창을 설치해 햇살이 가득한 따뜻하고 밝은 분위기의 계단.

6 현관과 거실 사이에 설치된 미닫이 중문.

❶ 거실 **❷** 주방 및 식당 **❸** 안방 **❹** 침실
❺ 욕실 **❻** 현관 **❼** 다용도실 **❽** 베란다
❾ 데크

36py 118.86㎡

목조주택

142 큐브 형태로 특색을 살린 주택

주택단지에 랜드마크를 세우기 위해 동네에서 가장 돋보이는 주택을 계획하여 지은 큐브 형태의 주택이다. 심플한 외관에 모던함을 강조하기 위해 화이트 앤 블랙으로 대비되는 스타코플렉스와 리얼징크로 마감했다. 건축주의 개성을 엿볼 수 있는 젊은 분위기의 주택으로 거실은 시원한 개방감이 있는 오픈천장을 적용하고, 2층에 단조 난간의 발코니를 설치해 세련미를 더하였다.

설계 개요

| 위   치 | 경기도 파주시 탄현면 법흥리
| 건축면적 | 79.71㎡(24.11py)
| 연 면 적 | 118.86㎡(35.96py)
| 1층 면적 | 73.86㎡(22.34py)
| 2층 면적 | 45㎡(13.61py)
| 구   조 | 일반목구조
| 외부마감 | 스타코플렉스, 리얼징크, 적삼목사이딩
| 내부마감 | 강화마루, 실크벽지, 폴리싱타일
| 지 붕 재 | 리얼징크
| 설   계 | 엔디건축사(주)
| 시   공 | 엔디하임(주)

정면도

배면도

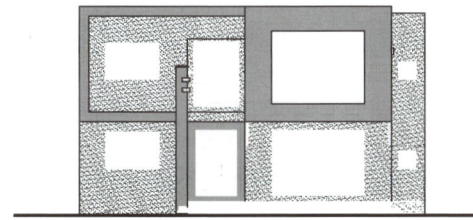

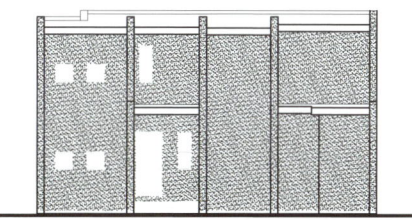

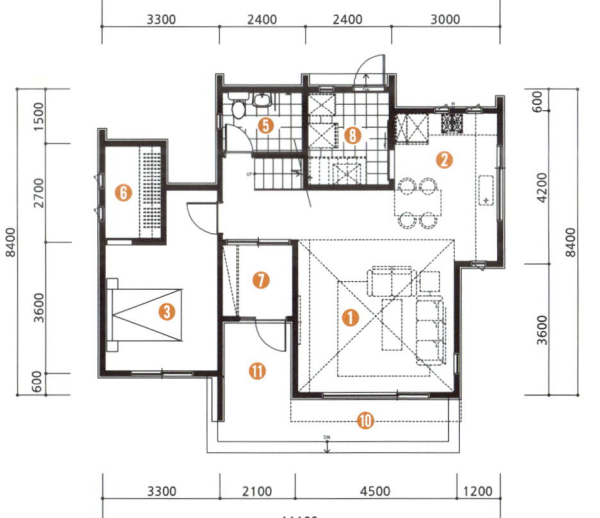

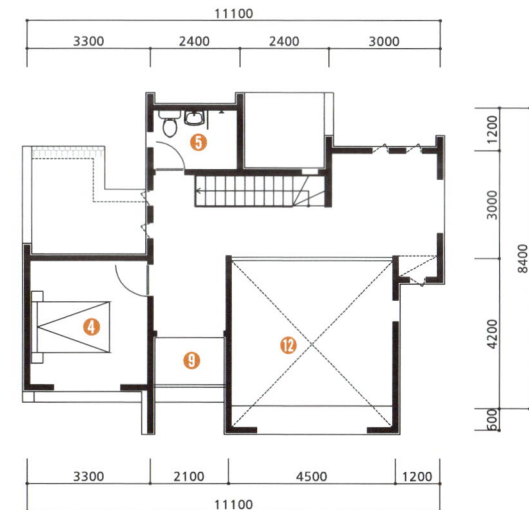

1층 평면도

2층 평면도

36 py
119.51㎡

목조주택
143 산등성이를 따라 지붕라인을 맞춘 주택

산 좋고 물 좋은 곳에 산등성이를 따라 지붕을 디자인해 집과 주변 경관이 일체감을 보이는 주택이다. 돌 회색의 이중그림자싱글 지붕재로 가벼워 보일 수 있는 미색의 스타코플렉스 외벽과 조화를 이루며 전체적인 안정감을 보인다. 2층까지 높게 개방한 거실에 위·아래로 넓은 전면창을 설치해 실내에 충분한 햇빛이 유입되게 하였다.

설계 개요

위 치	경상북도 의성군 다인면 달제리
건축면적	163.2㎡(49.37py)
연 면 적	119.51㎡(36.15py)
1층 면적	98.55㎡(29.81py)
2층 면적	20.96㎡(6.34py)
구 조	일반목구조
외부마감	스타코플렉스, 파벽돌
내부마감	강화마루, 실크벽지
지 붕 재	이중그림자싱글
설 계	엔디건축사(주)
시 공	엔디하임(주)

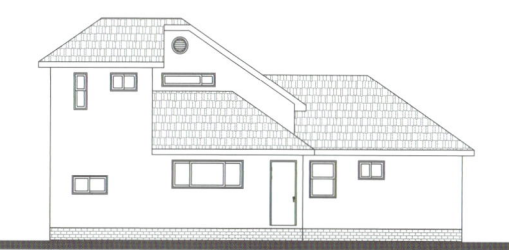

정면도

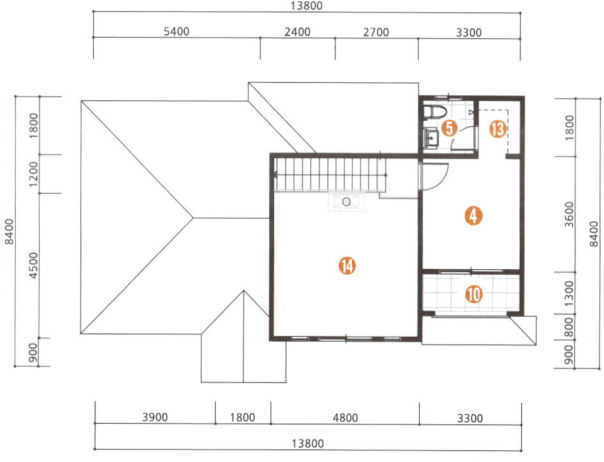

배면도

1 집 뒤의 산등성이를 따라 지붕라인을 디자인하여 주변 경관과 일체감을 보이는 주택이다.

2 흰색 싱크대와 이탈리아 타일로 마감한 벽면, 펜던트 조명 등이 서로 조화를 이루는 아늑하고 온화한 주방이다.

3 오픈천장과 박공지붕 선을 따라 노출한 보와 서까래, 화려한 샹들리에가 함께 어우러진 고급스러운 분위기의 거실.

4 우물천장에 나무 향이 가득한 히노끼 루버로 마감한 따듯한 분위기의 황토방.

5 계단실을 구성미 있게 시공하여 집에 포인트를 주었다.

6 블랙 앤 화이트 톤의 타일로 마감한 정돈된 욕실.

1층 평면도

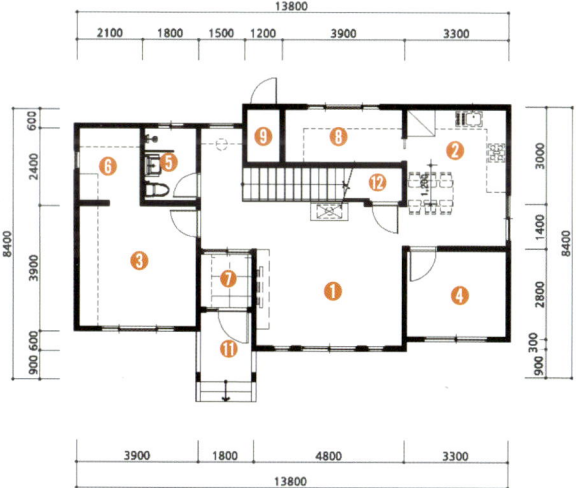

2층 평면도

1 거실 2 주방 및 식당 3 안방 4 침실
5 욕실 6 드레스룸 7 현관 8 다용도실
9 보일러실 10 발코니 11 포치 12 창고
13 파우더룸 14 오픈천장

36 py
120.05㎡

144 자연풍광을 배경으로 한 클래식한 주택
목조주택

전원주택에서 가장 널리 쓰이는 자재들로 시공한 평범한 집이지만 주택을 포근하게 둘러싼 뒷산과 외벽의 안정된 비례에서 편안함이 느껴지는 클래식한 주택이다. 스타코플렉스와 기단부의 인조석 그리고 경제적인 아스팔트싱글로 마감한 지붕, 깔끔한 격자무늬 창들이 한데 어우러져 아기자기한 갈색의 온화한 분위기를 나타내며 편안함을 전해주는 주택이다.

설계 개요
| 위 치 | 경기도 양평군 서종면 서후리
| 건축면적 | 80.92㎡(24.48py)
| 연 면 적 | 120.05㎡(36.32py)
| 1층 면적 | 80.92㎡(24.48py)
| 2층 면적 | 39.13㎡(11.84py)
| 구 조 | 일반목구조
| 외부마감 | 스타코플렉스, 파벽돌
| 내부마감 | 강화마루, 실크벽지, 인조대리석, 미송
| 지 붕 재 | 아스팔트싱글
| 설 계 | 엔디건축사(주)
| 시 공 | 엔디하임(주)

정면도

배면도

1층 평면도

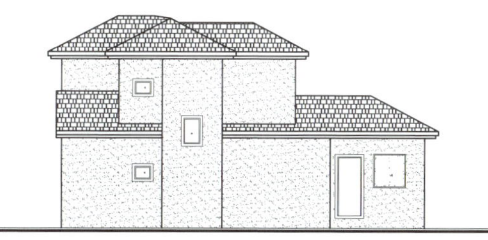

2층 평면도

37 py 122.51㎡

목조주택

145 일자형 배치로 일조와 조망을 해결한 집

징크와 적삼목사이딩, 파벽돌로 조합하여 모던하고 세련된 외관에 데크와 발코니, 휀스를 단조로 통일하여 고급스러움을 더한 주택이다. 시선을 끄는 현관과 포치, 2층 발코니는 경사지붕으로 강조해 저택의 느낌을 연출하고, 1층 홀과 ㄴ자형 계단으로 1, 2층의 개방감을 높였다. 남향에 3층 높이의 기존주택이 있어 일조량이 고민이었던 부지는 건물을 一자형으로 배치함으로써 일조와 조망을 동시에 해결하였다.

설계 개요

| 위　　치 | 충청북도 제천시 장락동
| 건축면적 | 74.32㎡(22.48py)
| 연 면 적 | 122.51㎡(37.06py)
| 1층 면적 | 74.65㎡(22.58py)
| 2층 면적 | 47.86㎡(14.48py)
| 구　　조 | 일반목구조
| 외부마감 | 스타코플렉스, 파벽돌
| 지 붕 재 | 징크
| 설　　계 | 엔디건축사(주)
| 시　　공 | 엔디하임(주)

정면도

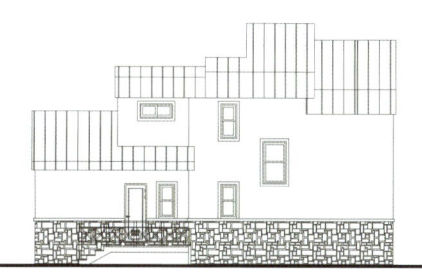

배면도

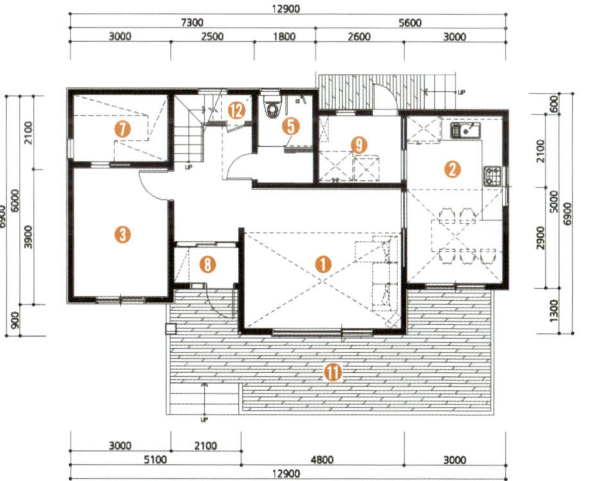

1층 평면도

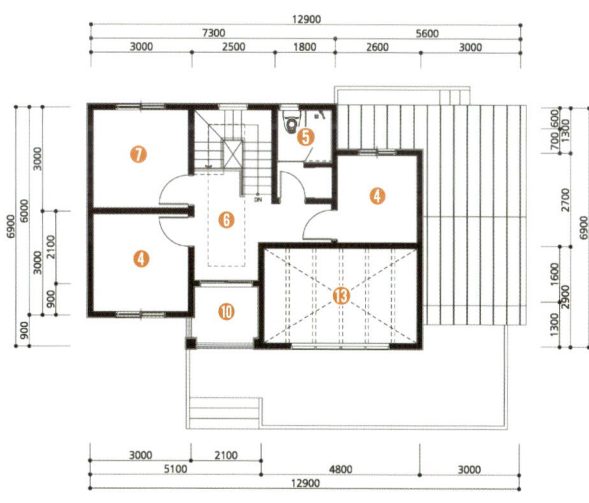

2층 평면도

목조주택

146 로맨틱한 감성과 낭만이 있는 주말주택

남쪽으로 넓게 트인 창을 통해 계절마다 화폭이 되어 변하는 양평의 남한강과 산자락이 보이는 자연을 품은 주택이다. 주말주택이라 실용적인 면보다는 감성과 낭만적인 측면에 무게를 두고 구상하였다. 1층은 필로티를 넓게 하여 날씨와 무관하게 야외활동과 바베큐 파티를 즐길 수 있는 장소로, 2층은 미니주방을 두고 언제든지 베란다로 나가 전망을 즐기며 낭만적인 시간을 보낼 수 있도록 하였다.

1

2

3

설계 개요

| 위　　치 | 경기도 양평군 양서면 복포리
| 건축면적 | 109㎡(32.97py)
| 연 면 적 | 130.49㎡(39.47py)
| 1층 면적 | 71.83㎡(21.73py)
| 2층 면적 | 58.66㎡(17.74py)
| 구　　조 | 일반목구조
| 외부마감 | 스타코플렉스, 인조석
| 내부마감 | 강화마루, 실크벽지, 단조난간
| 지 붕 재 | 아스팔트슁글
| 설　　계 | 엔디건축사(주)
| 시　　공 | 엔디하임(주)

정면도

배면도

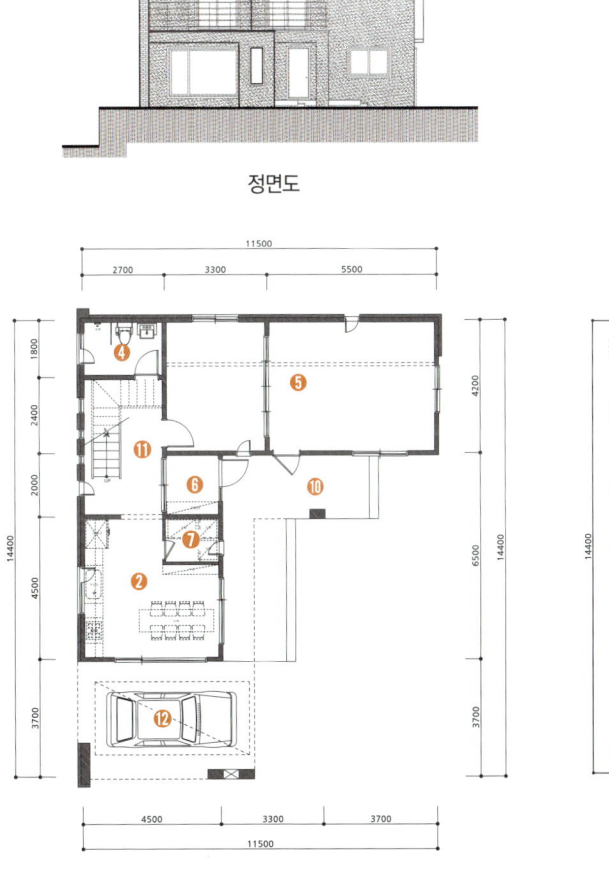

1층 평면도

2층 평면도

사진 설명

1 어느 곳에서나 탁 트인 전망을 감상할 수 있도록 ㄱ자형으로 건물을 배치하고 지붕의 높낮이로 입체감을 살렸다.

2 기본 외장재는 모던한 느낌에 단열성이 뛰어난 스타코플렉스로 하고 인조석으로 건물 기둥의 질감을 살렸다.

3 필로티 공간을 넓게 하여 언제든지 야외 활동이 가능토록 하고, 주방을 옆에 배치해 야외 바베큐 파티 때 이용의 편리성을 고려했다.

4 주방과 필로티를 연계하여 필요 할 때 외부공간으로의 확장성을 고려했다.

5 수직 이동을 위한 계단을 오픈천장으로 설계해 갤러리와 같은 시원한 분위기이다.

6 2층 거실은 한쪽에 미니주방을 두고 베란다로 나가 전망을 바라보며 낭만을 즐길 수 있도록 갖추었다.

❶ 거실 ❷ 주방 및 식당 ❸ 방 ❹ 욕실
❺ 가족실 ❻ 현관 ❼ 다용도실 ❽ 베란다
❾ 발코니 ❿ 포치 ⓫ 홀 ⓬ 차고

40py 132.22㎡

목조주택

147 폴리카보네이트 차양으로 외관을 강조한 주택

산기슭 아래 건축주의 개성이 엿보이는 화이트 톤의 깔끔하고 간결함을 강조한 주택이다. 흰색의 스타코플렉스로 외벽 전체를 마감하고 검은 기둥과 폴리카보네이트 차양으로 외관에 포인트를 주었다. 거실 창은 크게, 턱은 낮게 하여 외부로의 소통을 자유롭게 하고 1층 전면에 낮은 데크를 놓아 공간의 확장을 꾀하였다. 다양한 크기의 창문들은 외관 디자인에 한 몫을 하는 중요한 요소이다.

설계 개요

| 위   치 | 경기도 포천시 화현면 화현리
| 건축면적 | 94.73㎡(28.66py)
| 연 면 적 | 132.22㎡(40)
| 1층 면적 | 83.62㎡(25.3py)
| 2층 면적 | 48.6㎡(14.7py)
| 구   조 | ALC블럭
| 외부마감 | 스타코플렉스, 리얼징크, 적삼목사이딩
| 내부마감 | 강화마루, 실크벽지, 폴리싱타일
| 지 붕 재 | 평지붕
| 설   계 | 엔디건축사(주)
| 시   공 | 엔디하임(주)

정면도

배면도

1층 평면도

2층 평면도

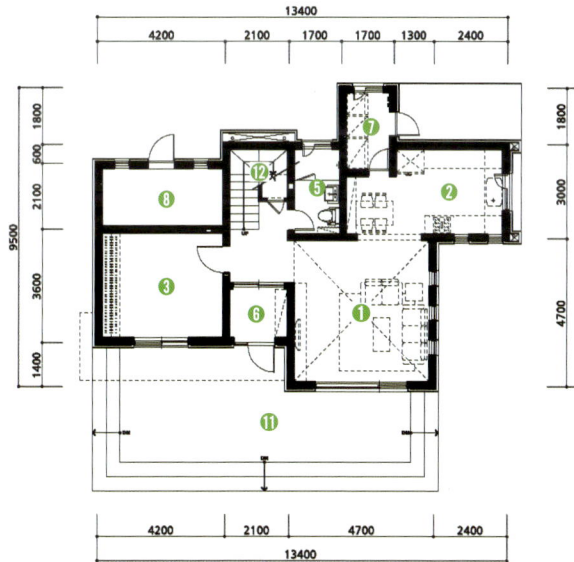

40 py
133.76㎡

목조주택

148 자연과 함께 힐링을 위한 목조주택

장독대나 장작같이 정감 있는 물건들과 잘 어울리는 집을 지어 도시생활로 지친 심신의 피로를 풀기 위한 힐링 목적의 주택이다. 데크와 포치를 넓게 설치해 현관까지 진입 동선을 편리하게 하고, 2층 발코니를 만들어 주택의 입체감과 외관미를 더하였다. 배면과 측면에 큰 창 대신 작은 창들을 많이 내어 외부의 시선을 어느 정도 차단 효과를 냈다.

설계 개요

| 위   치 | 경상북도 울진군 원남면 금매리
| 건축면적 | 110.74㎡(33.5py)
| 연 면 적 | 133.76㎡(40.46py)
| 1층 면적 | 110.74㎡(33.5py)
| 2층 면적 | 23.02㎡(6.96py)
| 구   조 | 일반목구조
| 외부마감 | 스타코플렉스, 파벽돌, 적삼목사이딩
| 내부마감 | 강화마루, 실크벽지
| 지 붕 재 | 아스팔트싱글
| 설   계 | 엔디건축사(주)
| 시   공 | 엔디하임(주)

정면도

배면도

1층 평면도

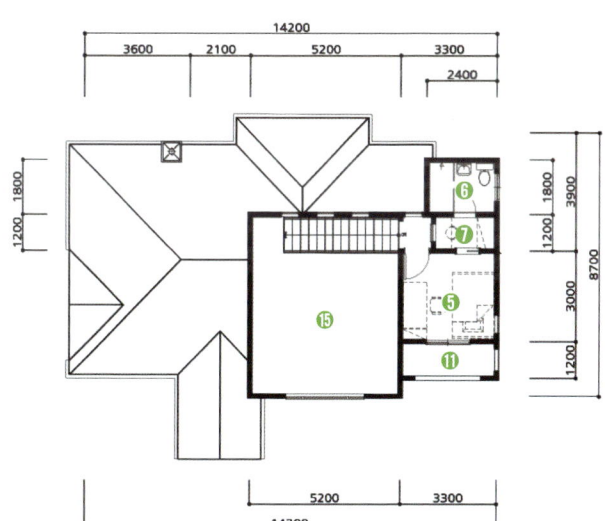

2층 평면도

사진 설명

1 포치를 넓게 배치하여 현관까지 진입동선을 편하게 하고, 2층 발코니로 외형에 입체감을 더했다.

2 따뜻한 느낌의 주택 분위기가 데크와 장독대와 같은 정감 있는 물건들과 조화를 이룬다.

3 주방은 동선을 최적화하고 보조 키친카운터를 놓아 다용도로 사용할 수 있게 했다.

4 거실은 외부 분위기와 통일감을 주기 위해 나무색상과 잘 어울리는 자재를 선택해 시공했다.

5 거실의 벽난로는 보조난방의 기능과 실내장식 효과가 있다.

6 2층으로 오르는 계단에 난간 대신 가벽으로 안정감을 주었다.

7 2층 자녀 방 전면의 발코니.

1 거실 **2** 주방 **3** 식당 **4** 안방 **5** 침실
6 욕실 **7** 드레스룸 **8** 현관 **9** 다용도실
10 보일러실 **11** 발코니 **12** 데크 **13** 포치
14 창고 **15** 오픈천장

42py 137.61㎡

목조주택

149 외쪽지붕 라인을 강조한 모던 주택

세련된 모던스타일의 주택을 원하는 건축주의 개성을 반영해 클래식한 이미지는 배제하고 단순하면서도 강한 느낌의 외쪽지붕으로 실용성을 강조한 주택이다. 주택의 미관에 큰 영향을 주는 요소 중 하나가 지붕이므로 최대한 사선의 지붕라인을 조화롭게 살려 모던한 이미지를 부각하고, 전면부의 큰 창들과 프레임도 개성 있게 디자인하여 모던한 분위기를 더하였다.

설계 개요

| 위   치 | 강원도 평창군 진부면 간평리
| 건축면적 | 98.98㎡(29.94py)
| 연 면 적 | 137.61㎡(41.63py)
| 1층 면적 | 98.98㎡(29.94py)
| 2층 면적 | 38.63㎡(11.69py)
| 구   조 | 일반목구조
| 외부마감 | 스타코플렉스, 적삼목사이딩, 파벽돌
| 내부마감 | 강화마루, 실크벽지, 폴리싱타일
| 지 붕 재 | 아스팔트슁글
| 설   계 | 엔디건축사(주)
| 시   공 | 엔디하임(주)

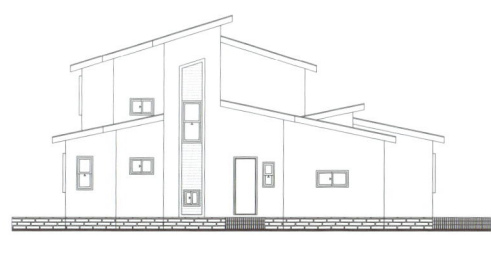

정면도

배면도

1층 평면도

2층 평면도

사진 설명

1 단순하면서도 강해 보이는 외쪽지붕 라인을 조화롭게 디자인한 모던 스타일의 주택이다.

2 사선 지붕 라인이 두드러진 깔끔하고 간결한 스타일로 개성적인 배면의 모습.

3 발코니를 통해 외부의 시원한 조망을 내려다볼 수 있다.

4 지붕 라인을 살려 오픈천장으로 시원하게 개방한 거실.

5 전체적인 집 분위기에 맞추어 침실도 화이트 톤으로 마감해 통일감을 주었다.

6 깨끗한 흰색의 一자형 주방에 홈바, 식탁, 조리대 등 다목적으로 활용할 수 있는 키친카운터를 설치했다.

7 2층으로 올라가는 계단으로 친환경적인 원목을 사용했다.

1 거실 **2** 주방 및 식당 **3** 안방 **4** 침실
5 욕실 **6** 드레스룸 **7** 현관 **8** 다용도실
9 보일러실 **10** 발코니 **11** 데크

목조주택

150 가족 개개인을 위한 맞춤형 주택

가족 수가 많은 건축주의 요청에 따라 가족 구성원 모두가 개별적으로 1개의 방을 사용할 수 있게 하는 데 초점을 두어 설계 시공한 주택이다. 공용공간으로의 거실은 되도록 크게 하고 주방과 식당의 디자인에도 세심한 주의를 기울였다. 데크 주변으로는 키가 낮은 꽃과 나무들을 심어 자연스럽고 아름답게 꾸민 조경으로 생기있는 분위기를 연출하고, 창과 데크 위의 햇빛을 차단해 주는 녹색 어닝으로 포인트를 주었다.

설계 개요

위 치	경기도 여주군 점동면 청안리
건축면적	97.28㎡(29.43py)
연 면 적	137.92㎡(41.72py)
1층 면적	93.68㎡(28.34py)
2층 면적	44.24㎡(13.38py)
구 조	일반목구조
외부마감	스타코플렉스, 파벽돌, 적삼목사이딩
내부마감	강화마루, 실크벽지
지 붕 재	아스팔트쉥글
설 계	엔디건축사(주)
시 공	엔디하임(주)

5   6   7   8

정면도

배면도

11700
1700 1600 2100 2400 3900

3200
2700
2700
900

9500

11
5
12
3
7
5
13
8
4
1
2
10

3300 4500 3900
11700

1층 평면도

11700
1700 1600 2100 2400 3300 600

3200
2700
2700
900

9500

4
5
4
6
9

1600
2600
2400
2300
600

9500

3300 4500 3300 600
11700

2층 평면도

42py
138.72㎡

151
목조주택
밀집된 주거지역의 전형적인 박공지붕 주택

ㄱ자 형태로 꺾인 전형적인 박공지붕으로 1,2층을 매스로 구분하여 흥미로운 외관을 보이는 주택이다. 밀집된 주변 환경을 잘 극복할 수 있는 형태로 매스를 상·하로 구분하여 각 실의 전망이 최대한 막히지 않게 하였다. 1층 거실 전면 창은 전통한옥의 만살 문양으로, 오픈천장은 서까래로 멋을 살리고, 뒤편의 2층에는 발코니를 만들어 밀집지역에서의 전망을 최대한 확보하였다.

설계 개요

| 위   치 | 경상북도 영양군 영양읍 서부리
| 건축면적 | 97.58㎡(29.52py)
| 연 면 적 | 138.72㎡(41.96py)
| 1층 면적 | 97.58㎡(29.52py)
| 2층 면적 | 41.14㎡(12.44py)
| 구   조 | 일반목구조
| 외부마감 | 파벽돌, 적삼목사이딩, 시멘트사이딩
| 지 붕 재 | 아스팔트쉬글
| 설   계 | 엔디건축사(주)
| 시   공 | 엔디하임(주)

정면도

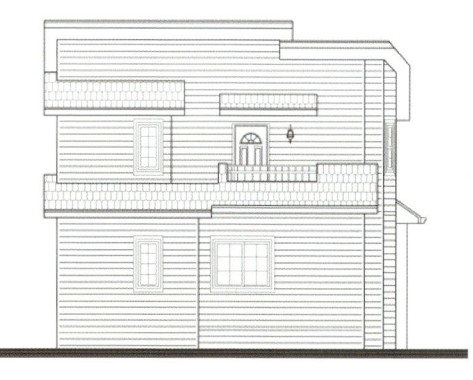

배면도

1층 평면도

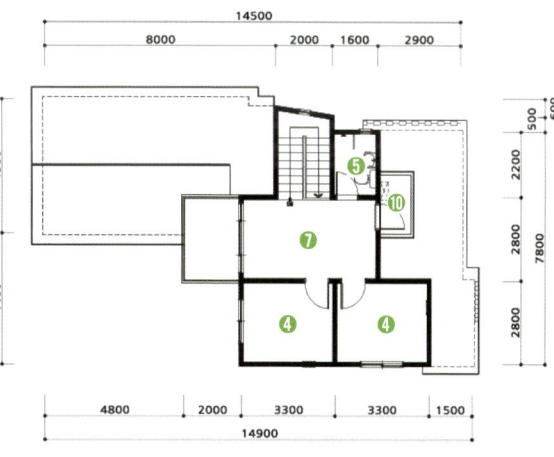

2층 평면도

1 전형적인 박공지붕으로 1, 2층으로 구분된 매스로 구성미 있는 외관을 나타냈다.

2 거실 전면의 창을 전통한옥에서 볼 수 있는 만살문양으로 처리했다.

3 눈길이 잘 닿지 않는 배면은 경제성을 고려해 시멘트사이딩으로 마감했다.

4 주방. 화이트 톤의 깔끔한 ㄱ자형에 조리대 벽면을 핑크 톤의 타일로 포인트를 주었다.

5 거실 픈천장을 서까래 형태로 마감해 목조주택의 인테리어 효과를 높였다.

6 벽에 개구부를 뚫고 아트박스를 만들어 장식했다.

7 여러가지 색상의 타일로 깔끔하게 마감한 욕실.

❶ 거실 ❷ 주방 및 식당 ❸ 안방 ❹ 침실
❺ 욕실 ❻ 드레스룸 ❼ 가족실 ❽ 현관
❾ 다용도실 ❿ 발코니

42 py 138.8㎡

목조주택
152 푸른 밭에 자녀의 꿈을 이룬 드림하우스

농작물을 키우던 넓은 밭에 건물 크기에 맞게 대지를 조성하고 두 딸의 꿈을 위한 드림하우스를 지었다. 건물 외부를 파벽돌과 밝은 톤의 스타코플렉스로 주요 마감하고, 노랑과 연두색으로 포인트를 준 산뜻한 느낌의 주택이다. 건물을 대지 경계선에 최대한 가깝게 배치하여 아이들이 자유로이 뛰어놀 수 있는 넓은 마당과 건축주의 작업실을 위한 건물 확장 공간을 염두에 두고 설계하였다.

설계 개요

| 위 치 | 전라남도 고흥군 풍양면 송정리
| 건축면적 | 94.84㎡(28.69py)
| 연 면 적 | 138.8㎡(41.99py)
| 1층 면적 | 93.76㎡(28.36py)
| 2층 면적 | 45.04㎡(13.62py)
| 구 조 | 일반목구조
| 외부마감 | 스타코플렉스, 파벽돌
| 내부마감 | 실크벽지, 강화마루
| 지 붕 재 | 아스팔트슁글
| 설 계 | 엔디건축사(주)
| 시 공 | 엔디하임(주)

4　　　5　　　6

정면도

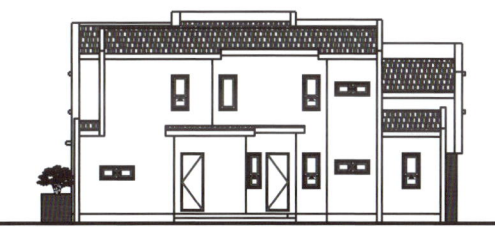

배면도

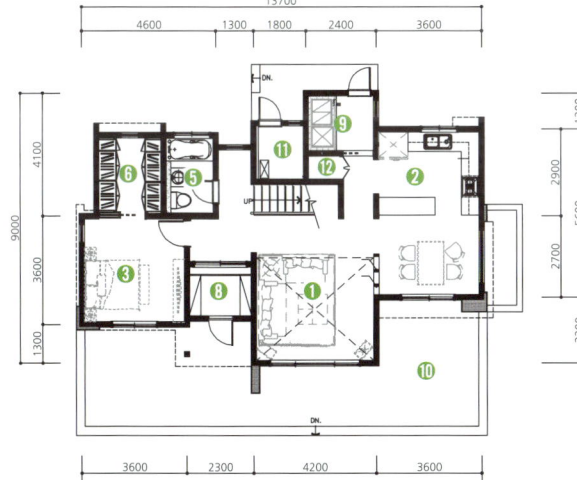

1층 평면도

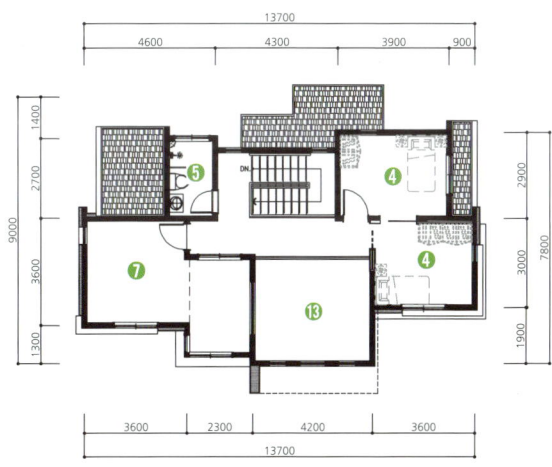

2층 평면도

❶ 거실　**❷** 주방 및 식당　**❸** 안방　**❹** 침실
❺ 욕실　**❻** 드레스룸　**❼** 다락　**❽** 현관
❾ 다용도실　**❿** 데크　**⓫** 보일러실　**⓬** 창고
⓭ 오픈천장

43py 141.66㎡

목조주택
153 지붕 경사면에 태양광 집열판을 설치한 주택

외관은 전형적인 클래식 스타일로 전기에너지 절약을 위해 박공지붕의 경사면에 태양광 집열판을 설치한 주택이다. 외벽 중심에 인조석으로 포인트를 주고 나머지 부분은 내구성이 강한 스타코플렉스로 말끔하게 마감하였다. 집 안 곳곳에 여유 있는 수납공간과 넓은 드레스룸 그리고 주방의 다용도실에도 충분한 면적을 할애해 설계하였다.

설계 개요

| 위   치 | 강원도 홍천군 홍천읍 연봉리
| 건축면적 | 96.18㎡(29.09py)
| 연 면 적 | 141.66㎡(42.85py)
| 1층 면적 | 96.18㎡(29.09py)
| 2층 면적 | 45.48㎡(13.76py)
| 구   조 | 일반목구조
| 외부마감 | 스타코플렉스, 인조석
| 내부마감 | 강화마루, 실크벽지
| 지 붕 재 | 아스팔트싱글
| 설   계 | 엔디건축사(주)
| 시   공 | 엔디하임(주)

정면도

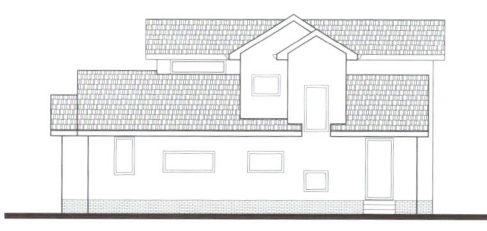

배면도

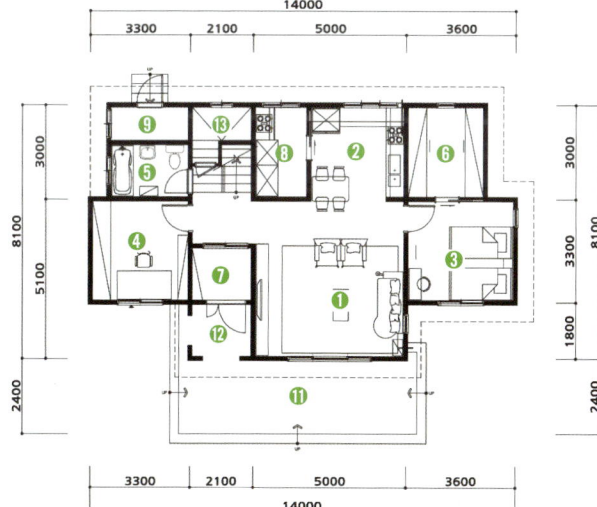

1층 평면도

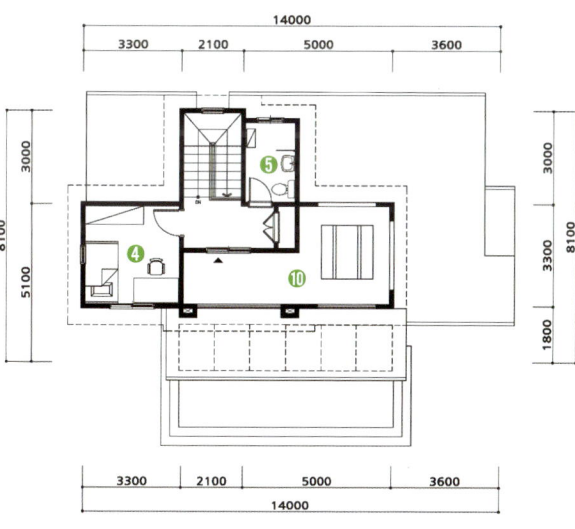

2층 평면도

43py 141.96㎡

154 목조주택
파벽돌을 외부마감재로 무게감을 실은 주택

스타코플렉스의 가벼운 느낌을 탈피하고자 과감하게 파벽돌을 외장재로 선택해 안정적이면서 무게감이 실린 중후한 멋이 느껴지는 주택이다. 데크를 널찍하게 설치해 주방과 거실 어디서든지 동선이 이어질 수 있게 하여 내·외부의 공간적 경계를 허물었다. 프라이버시를 중요시하여 안방을 과감하게 2층으로 올리고 드레스룸과 화장실, 서재로 사용할 다락까지 구성하여 생활에 불편함이 없도록 하였다.

1

2

3

설계 개요

| 위 치 | 충청남도 서산시 지곡면 중왕리
| 건축면적 | 172.75㎡(52.26py)
| 연 면 적 | 141.96㎡(42.94py)
| 1층 면적 | 96.95㎡(29.33py)
| 2층 면적 | 45.01㎡(13.62py)
| 구 조 | 일반목구조
| 외부마감 | 파벽돌, 적삼목사이딩
| 내부마감 | 강화마루, 실크벽지
| 지 붕 재 | 아스팔트쉬글
| 설 계 | 엔디건축사(주)
| 시 공 | 엔디하임(주)

정면도

배면도

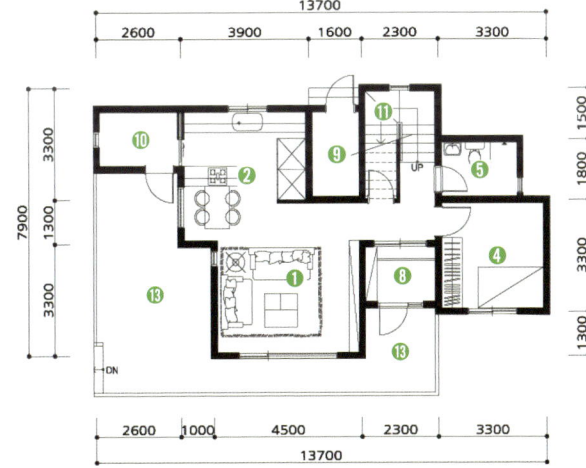

1층 평면도

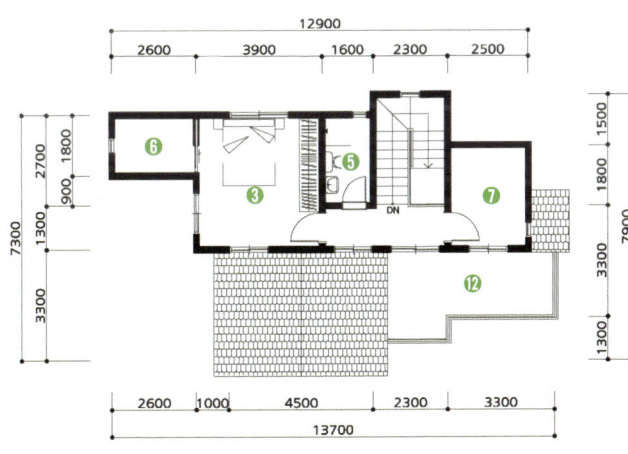

2층 평면도

43py 143.4㎡

목조주택

155 2층의 웅장한 큐빅 발코니가 독특한 주택

배산임수 터에 자리 잡은 이 주택은 1층에는 지붕 처마를 길게 내달은 넓은 데크를, 2층에는 시선을 끄는 웅장한 발코니를 두어 비나 눈을 피하고, 언제든지 외부 조망을 즐길 수 있는 전천후 휴식공간을 마련하였다. 집 주변에는 싱싱한 웰빙 식단의 공급원이 될 아기자기한 텃밭을 조성하여 전원주택의 정겨운 분위기를 한층 더 고조시켰다.

설계 개요

| 위   치 | 충청북도 청원군 오창읍 구룡리
| 건축면적 | 92.34㎡(27.93py)
| 연 면 적 | 143.4㎡(43.38py)
| 1층 면적 | 92.34㎡(27.93py)
| 2층 면적 | 51.06㎡(15.45py)
| 구   조 | 일반목구조
| 외부마감 | 스타코플렉스, 파벽돌
| 내부마감 | 강화마루, 실크벽지
| 지 붕 재 | 이중그림자싱글
| 설   계 | 엔디건축사(주)
| 시   공 | 엔디하임(주)

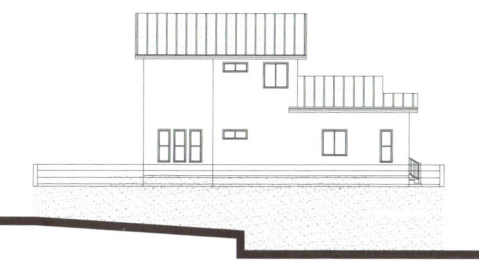

정면도

배면도

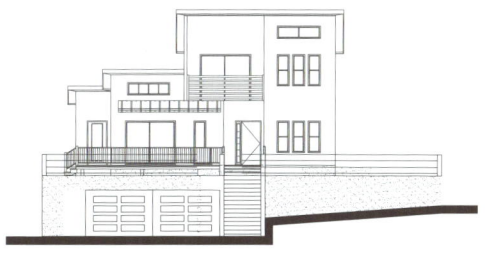

1층 평면도

2층 평면도

1 외부마감재인 스타코플렉스와 목재몰딩 포인트, 마당의 울타리가 한데 어우러져 자연스러운 조화를 이룬다.

2 거실 천장은 지붕 경사도를 이용해 단차의 변화를 주고, 전면과 측면에 많은 창을 내어 시원한 개방감을 높였다.

3 곳곳에 다운라이트 조명을 설치하여 은은한 분위기를 연출했다.

4 옹벽을 만들어 조망을 확보하고 석축을 쌓아 진입로의 고저 차를 해결하여 자연석 계단을 놓았다.

5 블랙 앤 화이트 톤의 주방으로 천정의 역동적인 물결무늬 인테리어가 인상적이다.

6 백색의 벽지로 마무리한 복도 끝에 강한 포인트를 주어 마감한 녹색 아트월이 시선을 끈다.

7 하늘을 연상케 하는 스카이블루 색상으로 매끈하게 장식한 방.

❶ 거실 ❷ 주방 및 식당 ❸ 안방 ❹ 방
❺ 욕실 ❻ 드레스룸 ❼ 현관 ❽ 다용도실
❾ 테라스 ❿ 데크 ⓫ 창고

44 **py**
146.46㎡

목조주택

156 석재데크의 조경블록이 시선을 끄는 집

15대에 걸쳐 내려온 땅에 100여 년 된 구옥을 철거하고 지은 주택으로 외부는 스타코플렉스, 파벽돌, 적삼목사이딩으로 마감하였다. 데크 바닥은 목재 대신 규격화한 석재, 난간은 성곽 같은 느낌의 자연스러운 조경블록을 사용해 내구성과 관리의 편리성을 고려하였다. 사용빈도가 가장 높은 거실과 주방은 전면 창 위에 자동개폐식 어닝을 설치해 눈·비를 피하거나 일조량을 조절할 수 있게 하였다.

설계 개요

| 위   치 | 경기도 화성시 정남면 신리
| 건축면적 | 154.62㎡(46.77py)
| 연 면 적 | 146.46㎡(44.3py)
| 1층 면적 | 96.3㎡(29.13py)
| 2층 면적 | 50.16㎡(15.17py)
| 구   조 | 일반목구조
| 외부마감 | 스타코플렉스, 파벽돌
| 내부마감 | 실크벽지, 강화마루
| 지 붕 재 | 아스팔트슁글
| 설   계 | 엔디건축사(주)
| 시   공 | 엔디하임(주)

4

5

6

정면도

배면도

1층 평면도

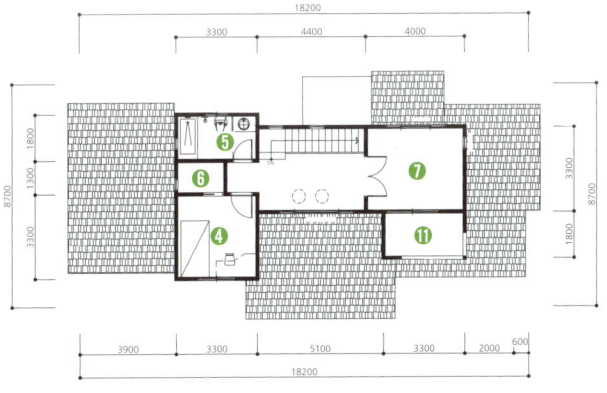

2층 평면도

44py
147.08㎡

목조주택

157 산을 배경으로 한 수채화 같은 전원주택

직선으로 이루어진 지붕 한쪽에 사선으로 변화를 주고, 밝고 옅은 색의 마감재를 사용해 푸른 자연과 함께 수채화 같은 이미지를 나타내는 모던 스타일의 주택이다. 잔디마당은 아이들이 마음껏 뛰어놀 수 있도록 넓게 조성하고, 함께 모여 즐거운 시간을 보낼 수 있는 가족실은 카페 분위기처럼 살려 가족이 꿈꿔왔던 전원생활의 즐거움과 행복을 만끽할 수 있도록 하였다.

설계 개요

| 위   치 | 경기도 양평군 개군면 주읍리
| 건축면적 | 152.18㎡(46.03py)
| 연 면 적 | 147.08㎡(44.49py)
| 1층 면적 | 92.78㎡(28.07py)
| 2층 면적 | 54.3㎡(16.43py)
| 구   조 | 일반목구조
| 외부마감 | 스타코플렉스, 파벽돌,
             적삼목사이딩
| 내부마감 | 강화마루, 실크벽지
| 지 붕 재 | 이중그림자슁글
| 설   계 | 엔디건축사(주)
| 시   공 | 엔디하임(주)

정면도

배면도

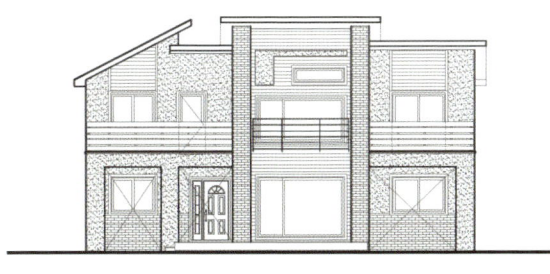

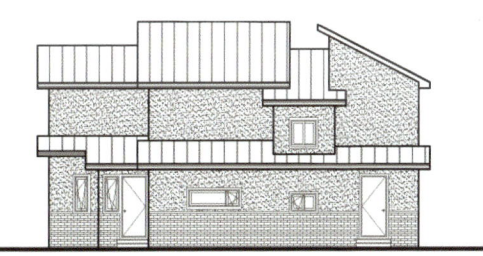

1층 평면도

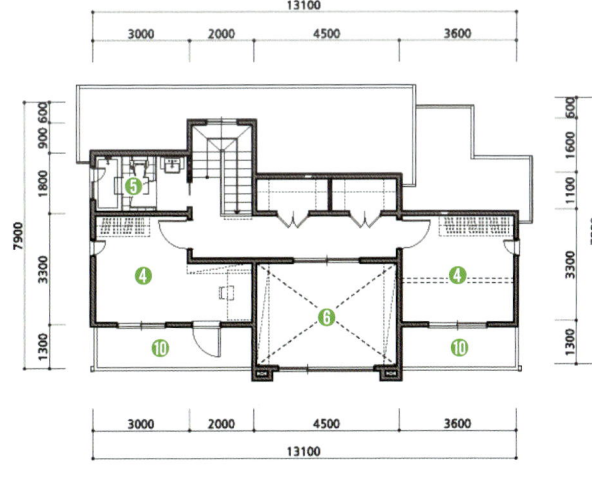

2층 평면도

45 py 147.39㎡

158 목조주택
프로방스풍의 붉은색 점토기와 지붕의 전원주택

프랑스 프로방스지방의 고풍스러운 전원마을을 선호하는 건축주의 취향을 반영해 주택의 외관과 입면을 프로방스풍으로 설계·디자인하였다. 프로방스풍 주택의 대표적 특징이라고 하면 두 가지 톤의 주황색 유럽형 점토기와이다. 주황 톤의 우진각지붕과 하단부의 파벽돌, 미색의 스타코플렉스 외벽을 조화로운 색감으로 매치하여 부드럽고 고풍스러운 프로방스풍 분위기를 보여주는 주택이다.

설계 개요

위　　치	전라북도 김제시 금산면 청도리
건축면적	104.05㎡(31.48py)
연 면 적	147.39㎡(44.59py)
1층 면적	104.05㎡(31.48py)
2층 면적	43.34㎡(13.11py)
구　　조	일반목구조
외부마감	스타코플렉스, 파벽돌
내부마감	강화마루, 실크벽지, 폴리싱타일
지 붕 재	스페니쉬기와
설　　계	엔디건축사(주)
시　　공	엔디하임(주)

정면도

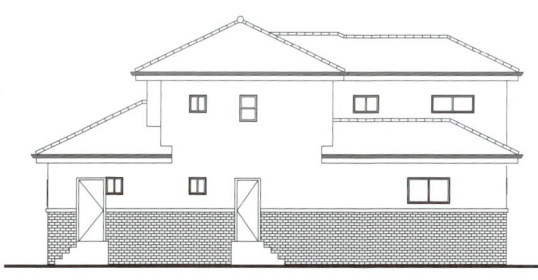

배면도

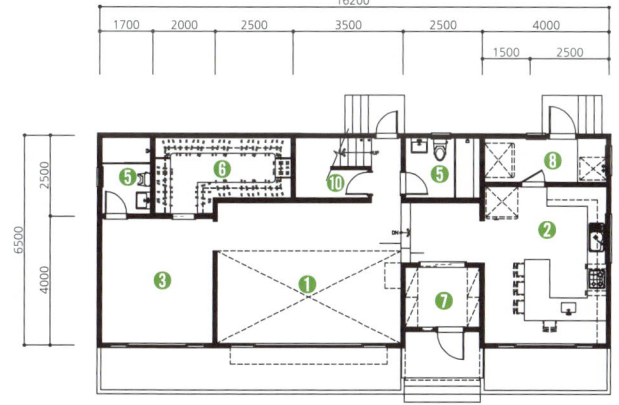

1층 평면도

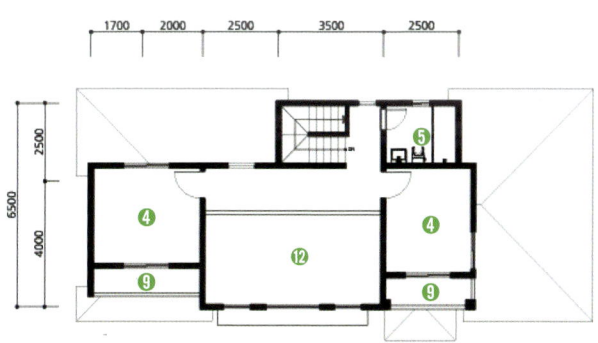

2층 평면도

1 거실　2 주방 및 식당　3 안방　4 방
5 욕실　6 드레스룸　7 현관　8 다용도실
9 발코니　10 창고　11 데크　12 오픈천장

목조주택

159 세부적인 평면구성으로 짜임새 있는 주택

오밀조밀 컴팩트하게 평면구성을 하고 각 실을 구분하는 매스 분절을 통해 외관의 개성을 살렸다. 깔끔한 스타코플렉스를 기본 마감재로 사용하고, 2층에 적삼목사이딩과 징크로 포인트 마감을 하였다. 발코니 난간이 설치된 부부침실 측면에 적삼목사이딩으로 외벽을 감싸 균형감을 더하고, 현관의 수납장과 계단 밑 하부창고, 다락방 등 넉넉한 수납공간을 활용할 수 있게 하였다.

설계 개요

| 위   치 | 전북 전주시 완산구 효자동
| 건축면적 | 82.39㎡(24.92py)
| 연 면 적 | 148.19㎡(44.83py)
| 1층 면적 | 79.69㎡(24.11py)
| 2층 면적 | 68.5㎡(20.72py)
| 구   조 | 일반목구조
| 외부마감 | 스타코플렉스, 적삼목사이딩, 징크
| 내부마감 | 강화마루, 실크벽지, 미송목재
| 지 붕 재 | 아스팔트쉼글
| 설   계 | 엔디건축사(주)
| 시   공 | 엔디하임(주)

정면도

배면도

1층 평면도

2층 평면도

45 py
148.52㎡

목조주택

160 자연풍광이 한눈에 펼쳐지는 휴양지 같은 주택

사방팔방 어디를 내려다보아도 시원스런 전망이 한 눈에 들어오는 자연 속의 휴양지 같은 주택이다. 대지형태의 이점을 최대한 살려 집 어디서든 자연풍광을 즐길 수 있도록 좌·우로 넓게 펼쳐진 구조로 설계하였다. 외관은 우진각 지붕에 스페니쉬기와를 얹어 단아하면서 중후한 분위기를 연출하고, 데크는 집 구조에 맞춰 낮게, 잔디마당은 넓게 조성해 주변 자연환경과 일체감이 들도록 하였다.

설계 개요

| 위　　치 | 강원도 평창군 방림면 계촌리
| 건축면적 | 108.19㎡(32.73py)
| 연 면 적 | 148.52㎡(44.93py)
| 1층 면적 | 108.19㎡(32.73py)
| 2층 면적 | 40.33㎡(12.2py)
| 구　　조 | 일반목구조
| 외부마감 | 스타코플렉스, 파벽돌
| 내부마감 | 강화마루, 실크벽지, 대리석
| 지 붕 재 | 스페니쉬기와(테릴기와)
| 설　　계 | 엔디건축사(주)
| 시　　공 | 엔디하임(주)

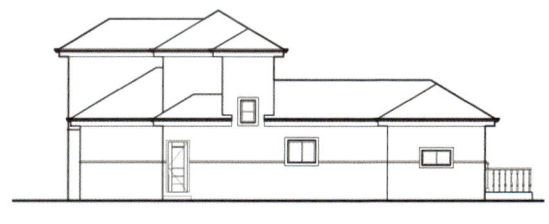

정면도

배면도

1층 평면도

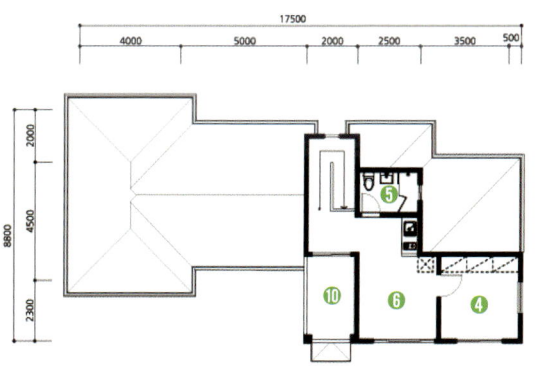

지붕 평면도

사진 설명

1, 2 스타코플렉스와 스페니쉬기와, 파벽돌로 마감해 중후하고 품위가 느껴지는 휴양지 같은 목조주택이다.

3 데크는 주변과 주택의 모양새에 맞게 낮게 설치하고 어두운 색상으로 시각적인 안정감을 주었다.

4 입면을 아치 형태로 디자인한 시원스런 2층 발코니. 어두운 방부목 바닥재와 기둥의 인조석을 매치하여 안정감을 주었다.

5 현관 입구의 벽체 하단부는 인조석, 문은 천연 원목도어를 설치해 고급스러운 자연미를 더했다.

6 부드러운 곡선 문양의 대리석 아트월, 흰색과 브라운 톤이 조화로운 차분하고 단아한 분위기의 거실이다.

1 거실 **2** 주방 및 식당 **3** 안방 **4** 침실
5 욕실 **6** 가족실 **7** 드레스룸 **8** 현관
9 다용도실 **10** 발코니 **11** 데크 **12** 보일러실

45py 149.77㎡

목조주택

161 오래된 농촌 주택지에 새롭게 선보인 전원주택

농촌 주택지에 주변의 아름다운 자연을 배경으로 편안하고 안락한 주택을 짓고 자연과 하나 되고 싶은 건축주의 꿈을 실현한 단아한 주택이다. 산등성이 스카이라인을 따라 집의 외형을 디자인하고 스타코플렉스와 함께 비교적 넓은 면적을 파벽돌로 마감해 내구성과 외관미를 함께 갖추었다. 박공지붕의 경사면을 따라 서까래를 노출해 목조주택의 아름다움을 한껏 드러내어 전통미가 느껴지는 인테리어를 하였다.

설계 개요

위　　치	충청남도 보령시 남포면 소송리
건축면적	101.77㎡(30.79py)
연 면 적	149.77㎡(45.31py)
1층 면적	101.77㎡(30.79py)
2층 면적	48㎡(14.52py)
구　　조	일반목구조
외부마감	스타코플렉스, 파벽돌
내부마감	강화마루, 실크벽지
지 붕 재	이중그림자싱글
설　　계	엔디건축사(주)
시　　공	엔디하임(주)

정면도

배면도

1층 평면도

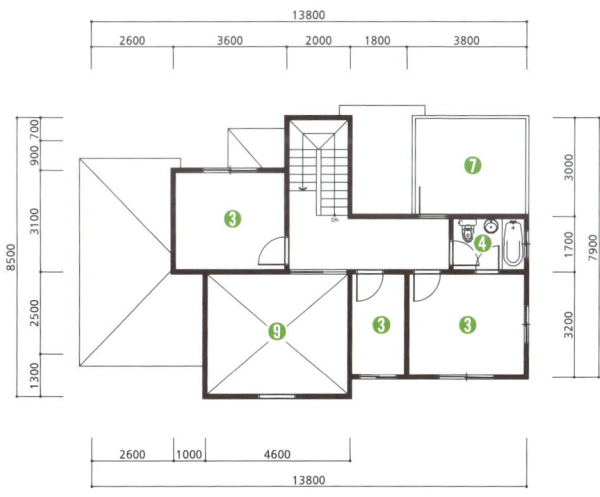

2층 평면도

사진 설명

1 스타코플렉스와 파벽돌을 균형감 있게 조합한 디자인으로 견고성과 외관미를 갖춘 주택이다.

2 높은 오픈 연등천장의 보와 서까래 문양과 아트월로 장식한 목재프레임이 전통미를 느끼게 하는 거실.

3 주방은 ㄱ자형 싱크대와 아일랜드 테이블을 배치하고, 수납장을 최대한 많이 설치해 공간의 효율성을 높였다.

4 전면에 좌·우로 길게 설치한 목재 데크. 양쪽으로 계단을 내어 편리하게 이동할 수 있게 했다.

5 현관에는 공간 활용도가 높은 3중연동 중문을 설치했다.

6 2층으로 올라가는 계단. 블라인드와 스트라이프 무늬 벽지, 팬던트등으로 조화로운 분위기를 연출했다.

7 클래식한 문양이 들어간 타일로 포인트를 준 차분하고 고상한 분위기의 욕실.

① 거실 ② 주방 및 식당 ③ 방 ④ 욕실
⑤ 현관 ⑥ 다용도실 ⑦ 테라스 ⑧ 창고
⑨ 오픈천장

45py 150.10㎡

목조주택
162 독특하게 디자인한 전면창이 매력적인 집

깔끔하고 웅장한 느낌의 주택을 원하는 건축주의 의견을 반영해 설계한 주택이다. 거실 전면에 크고 작은 많은 창을 내어 특색 있게 디자인한 거실이 매력 포인트이다. 큰 대형 평형대는 아니지만 오픈천장과 시원스런 전면창, 그 앞에 툇마루와 같은 데크를 두어 실평수 보다 넓게 보이는 효과를 냈다. 북유럽의 고급스러움과 미국의 실용성을 접목하여 안정감 있고 고풍스러운 분위기로 완성한 주택이다.

설계 개요

위 치	충청남도 당진시 정미면 봉성리
건축면적	100.32㎡(30.35py)
연 면 적	150.1㎡(45.41py)
1층 면적	100.32㎡(30.35py)
2층 면적	49.78㎡(15.06py)
구 조	일반목구조
외부마감	스타코플렉스, 파벽돌
내부마감	강화마루, 실크벽지, 폴리싱타일
지 붕 재	아스팔트슁글
설 계	엔디건축사(주)
시 공	엔디하임(주)

정면도

배면도

1층 평면도

2층 평면도

46 py
152.28 m²

목조주택
163 은퇴 후 제2의 인생을 대비해 마련한 주택

은퇴를 계획하고 건축주는 미리 제2의 인생을 준비하기 위해 저탄소 사회의 라이프스타일을 기반으로 한 모던 스타일의 주택을 짓고자 하였다. 은퇴에 대비한 주택임에도 박공지붕의 중후함보다는 외쪽지붕 형태로 젊고 역동적인 이미지를 살려 이채롭고 개성적인 스타일로 설계하였다. 중앙 복도를 중심으로 개인공간과 공용공간을 나누어 배치하고 2층에는 자녀 방과 손님 방을 들었다.

설계 개요

위 치	경기도 여주군 산북면 후리
건축면적	110.17㎡(33.33py)
연 면 적	152.28㎡(46.06py)
1층 면적	110.17㎡(33.33py)
2층 면적	42.11㎡(12.74py)
구 조	일반목구조
외부마감	스타코플렉스, 파벽돌, 적삼목사이딩
내부마감	편백나무, 실크벽지, 강화마루
지 붕 재	아스팔트슁글
설 계	엔디건축사(주)
시 공	엔디하임(주)

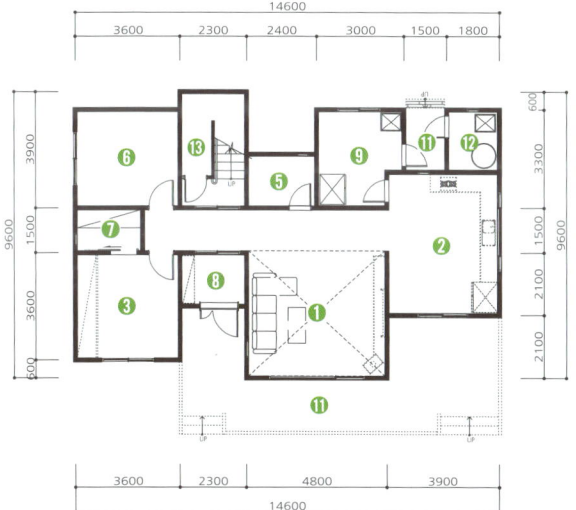

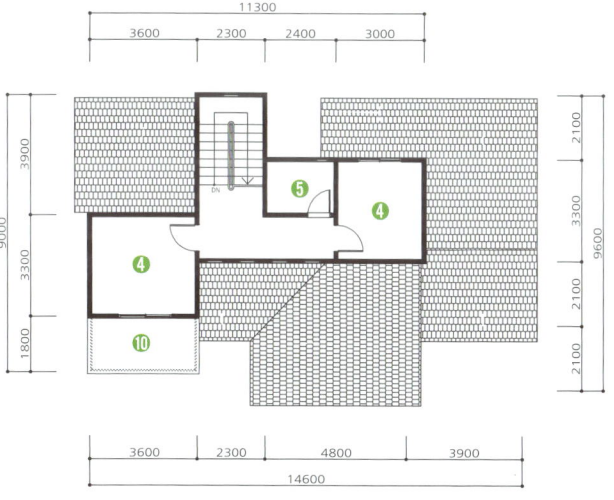

정면도

배면도

1층 평면도

2층 평면도

사진 설명

1 박공지붕의 중후함보다는 외쪽지붕 형태를 선택하여 개성적이고 현대적인 디자인으로 설계했다.

2 아기자기한 변화를 준 외쪽지붕은 보는 각도와 방향에 따라 입면의 다양한 모습이 나타난다.

3 2층에 전망대와 같은 테라스를 만들어 주변 자연풍광을 만끽할 수 있게 했다.

4 싱크대와 식탁을 세트로 맞추어 밝고 깔끔하게 마감한 주방.

5 중후한 멋이 느껴지는 거실 전경. 서까래가 노출된 연등천장은 공간이 넓어 보이는 효과가 있다.

6 건축주의 서재를 겸한 작업공간으로 다른 방보다 넓은 창과 규모로 답답함을 해소했다.

7 복도. 강화마루는 긁히거나 충격에 강하고 낙서나 오염물질을 쉽게 제거할 수 있어 마루재로 많이 쓴다.

① 거실 ② 주방 및 식당 ③ 안방 ④ 침실
⑤ 욕실 ⑥ 서재 ⑦ 드레스룸 ⑧ 현관
⑨ 다용도실 ⑩ 테라스 ⑪ 데크 ⑫ 보일러실
⑬ 창고

46 **py** 153.09㎡

목조주택

164 가족의 건강을 위한 친환경 목조주택

건축주가 목조주택을 선호한 가장 큰 이유가 건강이었으므로, 단란하고 행복한 가정을 위해 친환경 목조주택을 계획하였다. 동남향으로 넓게 개방된 공간이 확보된 상태에서 가능한 이를 그대로 활용할 수 있는 ㄱ자형의 건물형태를 계획하고, 전면부에는 거실을, 거실 상부에는 아이들이 좋아하는 다락방을 배치하였다. 또한, 태양열 집열판과 지열보일러를 설치해 단가 상승이 우려되는 석탄이나 전기에너지에 미리 대비하였다.

설계 개요

| 위   치 | 울산광역시 북구 천곡동
| 건축면적 | 99㎡(29.95py)
| 연 면 적 | 153.09㎡(46.31py)
| 1층 면적 | 99㎡(29.95py)
| 2층 면적 | 54.09㎡(16.36py)
| 구   조 | 일반목구조
| 외부마감 | 스타코플렉스, 파벽돌
| 내부마감 | 편백나무, 강화마루, 실크벽지
| 지 붕 재 | 칼라강판
| 설   계 | 엔디건축사(주)
| 시   공 | 엔디하임(주)

정면도

배면도

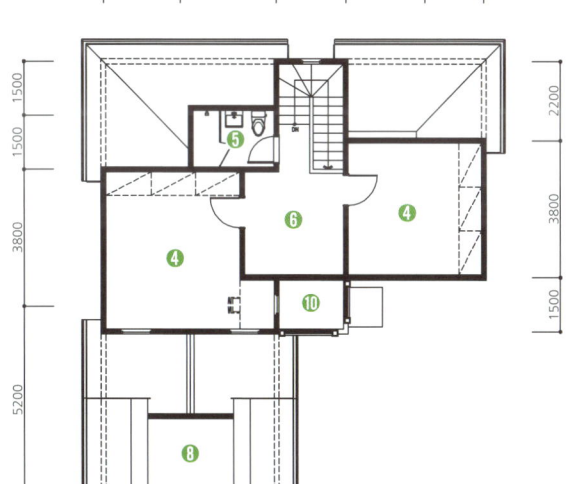

11000
2200 2800 2000 2300 1700

1500 1500 3800 5200

1층 평면도

11000
2200 2800 2000 2300 1700

1500 1500 3800 5200

2층 평면도

사진 설명

1 칼라강판으로 마감한 지붕 위에 태양열 집열판을 설치해 미래에너지를 준비했다.

2 동남향으로 개방된 넓은 공간에 맞추어 ㄱ자형으로 건물을 안정감 있게 배치했다.

3 정면 앞쪽으로 목재데크를 설치하고 내구성 증가를 위해 오일스테인을 발랐다.

4 나무 향이 가득한 편백나무로 마감한 계단식 우물천장.

5 편백나무 몰딩 장식으로 꾸민 유럽형 디자인인 웨인스코팅 인테리어가 특징이다.

6 삼면을 열어 조망권을 확보한 발코니는 집의 전망대가 된다.

7 거실과 주방을 하나의 공간으로 개방하여 공간감을 높이고, 주방 천장 주변을 인테리어필름으로 포인트를 주었다.

❶ 거실 **❷** 주방 및 식당 **❸** 안방 **❹** 침실
❺ 욕실 **❻** 가족실 **❼** 드레스룸 **❽** 다락
❾ 현관 **❿** 발코니 **⓫** 보일러실 **⓬** 창고
⓭ 다용도실

목조주택

165 취미생활을 위한 다목적 온실을 둔 주택

정갈하고 간결한 느낌의 주택을 원하는 건축주의 의견에 따라 설계·시공한 실용적인 주택이다. 외부 전체를 흰색의 스타코플렉스로 마감하고 하단부만 약간의 파벽돌을 사용해 마치 언덕 위의 하얀 집을 연상케 한다. 화초 가꾸기를 좋아하는 건축주의 취미생활을 위해 건물 우측에 전원생활에서 쓰임새가 많은 온실을 만들고 월동에 대비하거나 분갈이 등 작업공간으로 활용할 수 있게 하였다.

설계 개요

| 위 치 | 경기도 이천시 모가면 소사리
| 건축면적 | 116.32㎡(35.19py)
| 연 면 적 | 154.31㎡(46.68py)
| 1층 면적 | 116.32㎡(35.19py)
| 2층 면적 | 37.99㎡(11.49py)
| 구 조 | 일반목구조
| 외부마감 | 스타코플렉스, 파벽돌
| 내부마감 | 강화마루, 실크벽지, 폴리싱타일
| 지 붕 재 | 아스팔트쉬글
| 설 계 | 엔디건축사(주)
| 시 공 | 엔디하임(주)

정면도

배면도

1층 평면도

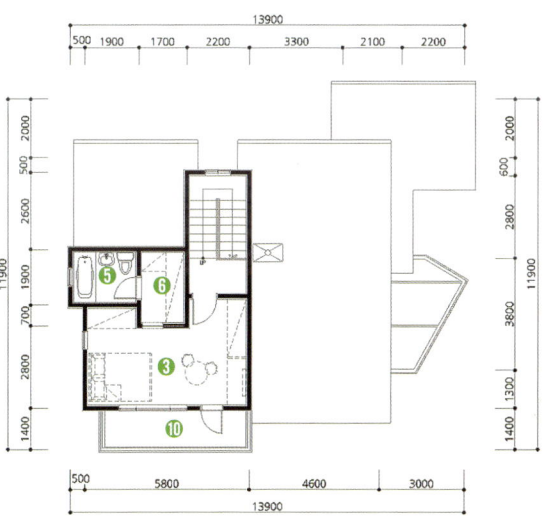

2층 평면도

348 —— 349

사진 설명

1 흰색 외벽에 창과 발코니로 간결하게 디자인한 단아한 주택이다.

2 거실, 식당, 주방으로 이어지는 LDK구조로 넓은 공간감과 이동의 편리성을 추구했다.

3 3개의 창으로 유입되는 햇빛으로 밝고 환한 분위기의 침실.

4 높고 시원스레 개방한 거실에서 한눈에 외부 조망을 즐길 수 있는 것은 전원주택에서만 누릴 수 있는 일종의 특권이다.

5 ㄱ자형 싱크대와 식탁 겸용의 아일랜드 테이블을 설치해 최적의 동선을 확보한 주방.

6 화초 가꾸기를 좋아하는 건축주를 위해 건물 우측에 쓰임새가 많은 온실을 만들어 화초를 관리하거나 작업장으로 활용할 수 있게 했다.

❶ 거실 ❷ 주방 및 식당 ❸ 안방 ❹ 방
❺ 욕실 ❻ 드레스룸 ❼ 현관 ❽ 다용도실
❾ 보일러실 ❿ 베란다 ⓫ 데크 ⓬ 포치
⓭ 온실 ⓮ 차고

48 py 158.88㎡

목조주택

166 오름스톤으로 마감한 이색적인 주택

오름스톤 외부마감이 이색적인 분위기를 나타내는 주택이다. 남향의 1,2층 전면에 많은 창을 내어 햇빛의 충분한 유입으로 실내 분위기를 밝게 유도하고 창틀은 EPS몰딩으로 특색 있게 디자인하였다. 지붕은 외벽 색감과 잘 어울리는 그레이 톤의 아스팔트슁글로 마감하고, 데크와 데크 난간은 내구성이 강한 아이비블록으로 시공하여 전체적으로 돌의 질감과 색감이 많이 느껴지는 주택이다.

설계 개요

| 위 　 치 | 경기도 남양주시 수동면 지둔리
| 건축면적 | 155.82㎡(47.14py)
| 연 면 적 | 158.88㎡(48.06py)
| 1층 면적 | 102.42㎡(30.98py)
| 2층 면적 | 56.46㎡(17.08py)
| 구 　 조 | 일반목구조
| 외부마감 | 스타코플렉스, 오름스톤
| 내부마감 | 강화마루, 실크벽지
| 지 붕 재 | 이중그림자슁글
| 설 　 계 | 엔디건축사(주)
| 시 　 공 | 엔디하임(주)

정면도

배면도

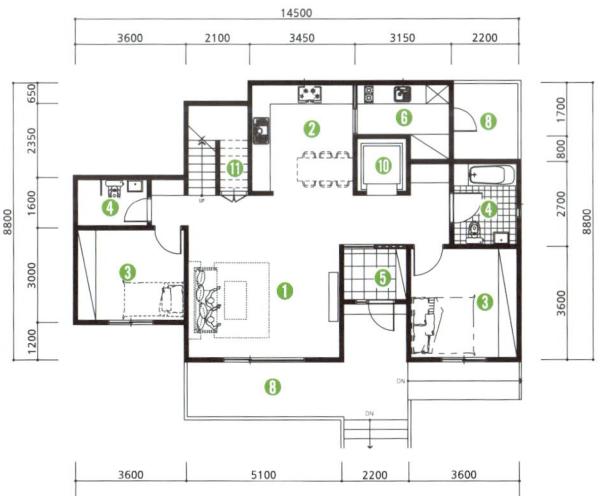

1층 평면도

2층 평면도

48py 159.02㎡

목조주택

167 아이비블럭의 데크와 난간이 시선을 끄는 주택

전체적으로 밝고 화사한 분위기로 디자인한 주택에 반영구적인 아이비블럭으로 시공한 데크와 난간이 눈에 띄는 주택이다. 아이비블록은 시간이 지나도 낡거나 뒤틀림, 갈라짐 등이 없어 관리가 매우 쉽고, 색감이나 질감이 고급스럽고 자연스러워 건축재나 조경재로 많이 쓴다. 거실과 현관 포치, 발코니로 이어지는 외벽은 화사한 색감의 파벽돌로 입면에 포인트를 주었다.

설계 개요

| 위   치 | 충청남도 서천군 종천면 지석리
| 건축면적 | 108.35㎡(32.78py)
| 연 면 적 | 159.02㎡(48.1py)
| 1층 면적 | 108.35㎡(32.78py)
| 2층 면적 | 50.67㎡(15.33py)
| 구   조 | 일반목구조
| 외부마감 | 스타코플렉스, 파벽돌
| 지 붕 재 | 스페니쉬기와
| 설   계 | 엔디건축사(주)
| 시   공 | 엔디하임(주)

정면도

배면도

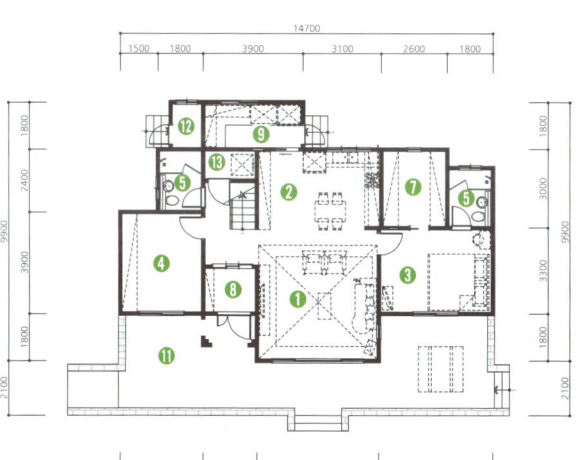
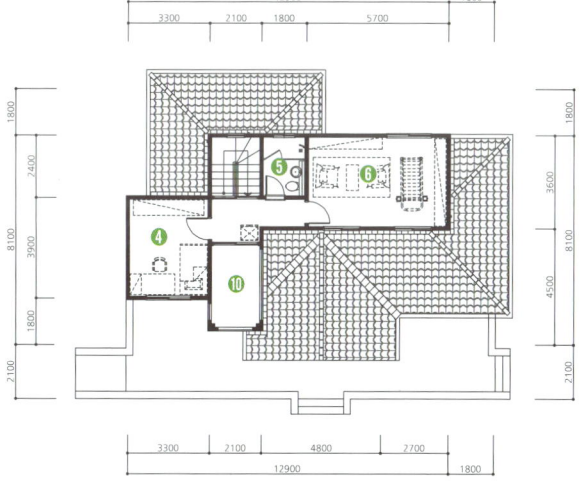

1층 평면도

2층 평면도

사진 설명

1, 2 화사하고 따뜻한 느낌의 주택으로 외벽 중앙부에 스페니쉬기와와 색감을 맞춘 파벽돌로 포인트를 주었다.

3 데크와 난간은 형태나 크기를 다양하게 만들 수 있는 인조석 아이비블록으로 시공했다.

4 박공지붕의 형태를 살려 서까래 인테리어로 전통미가 느껴지는 거실.

5 아치형의 주방 입구를 황토색 시트로 마감하여 공간에 포인트를 주었다.

6 2층 발코니에 창문을 설치하고 실내공간처럼 활용할 수 있게 했다.

7 브러운 색감의 타일들로 단장한 고급스럽고 차분한 분위기의 욕실.

① 거실 ② 주방 및 식당 ③ 안방 ④ 침실
⑤ 욕실 ⑥ 가족실 겸 서재 ⑦ 드레스룸
⑧ 현관 ⑨ 다용도실 ⑩ 발코니 ⑪ 데크
⑫ 보일러실 ⑬ 세탁실

49py 160.64㎡

목조주택
168 실의 활용도가 높은 3bay 형태의 주택

외부는 실의 활용도가 높은 3bay 형태로, 내부는 기능 위주로 설계·디자인하였다. 스타코플렉스와 징크로 마감한 모던한 주택으로 징크 라인이 마치 사람의 눈썹처럼 집 전체를 자연스럽게 이어주고, 미색의 스타코플렉스는 화장한 얼굴처럼 건물을 부드럽게 해준다. 하단부는 경쾌하고 밝은 색의 파벽돌을 선택하여 기능적인 측면을 고려하면서 전체적인 밝은 분위기에 어울리도록 마무리하였다.

설계 개요

| 위   치 | 강원도 원주시 소초면 수암리
| 건축면적 | 103.5㎡(31.31py)
| 연 면 적 | 160.64㎡(48.59py)
| 1층 면적 | 103.5㎡(31.31py)
| 2층 면적 | 57.14㎡(17.28py)
| 구   조 | 일반목구조
| 외부마감 | 스타코플렉스, 파벽돌
| 내부마감 | 강화마루, 실크벽지, 멀바우 목재
| 지 붕 재 | 아스팔트쉬글
| 설   계 | 엔디건축사(주)
| 시   공 | 엔디하임(주)

정면도

배면도

1, 2 지붕은 아스팔트슁글, 처마 후레슁은 징크로 처리하여 저비용으로 디자인 효과를 거두었다.

3 현무암 재질의 석재로 디자인한 아트월에 재치있게 색을 넣어 거실을 꾸몄다.

4, 5 멀바우 목재로 디자인한 오픈천장과 실크벽지, 적절한 조명으로 마무리한 거실 공간.

6 2층으로 향하는 계단은 좌측에 가벽을 세워 욕실 쪽 공간과 분리했다.

7 나무향이 가득한 원목의 ㅡ자형 싱크대와 식탁을 배치해 자연스럽고 말끔하게 마감한 주방.

8 거실 위의 높은 창을 통해 유입되는 햇살로 양명한 2층 복도 공간.

1층 평면도

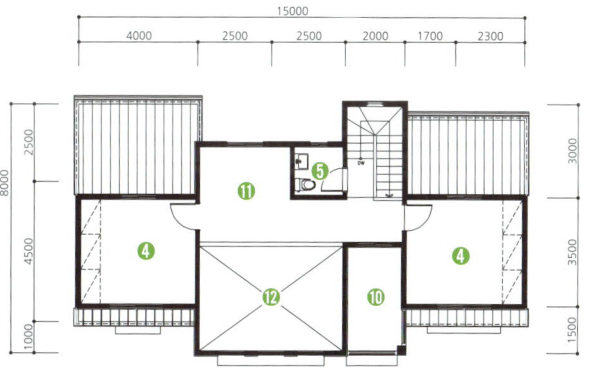

2층 평면도

❶ 거실 ❷ 주방 및 식당 ❸ 안방 ❹ 방
❺ 욕실 ❻ 드레스룸 ❼ 현관 ❽ 다용도실
❾ 데크 ❿ 황토방 ⓫ 가족실 ⓬ 오픈천장
⓭ 창고 ⓮ 보일러실

51 py
167.86 m²

169 목조주택
목가적인 전원 속의 농가주택

농사를 지으며 살아가는 농경지에 전원 속의 농가주택으로 지어진 집이다. 2층 발코니와 현관을 중심으로 좌·우측으로 나누어진 박공지붕과 경사지붕은 클래식과 모던함을 나타낸다. 베이지색의 메인 스타코플렉스와 파벽돌로 마감한 외벽, 디자인적 요소가 된 세로, 가로 형태의 세련된 창들이 어우러져 밝고 화사한 느낌을 전한다. 바깥 활동이 잦은 건축주를 위해 다용도실을 주택 후면에 배치하여 밖에서도 언제든지 편리하게 사용할 수 있게 하였다.

설계 개요

| 위 치 | 경기도 화성시 서신면 광평리
| 건축면적 | 108.17㎡(32.72py)
| 연 면 적 | 167.86㎡(50.78py)
| 1층 면적 | 108.17㎡(32.72py)
| 2층 면적 | 59.69㎡(18.06py)
| 구 조 | 일반목구조
| 외부마감 | 스타코플렉스, 파벽돌
| 내부마감 | 강화마루, 실크벽지, 대리석
| 지 붕 재 | 아스팔트슁글
| 설 계 | 엔디건축사(주)
| 시 공 | 엔디하임(주)

정면도

배면도

1층 평면도

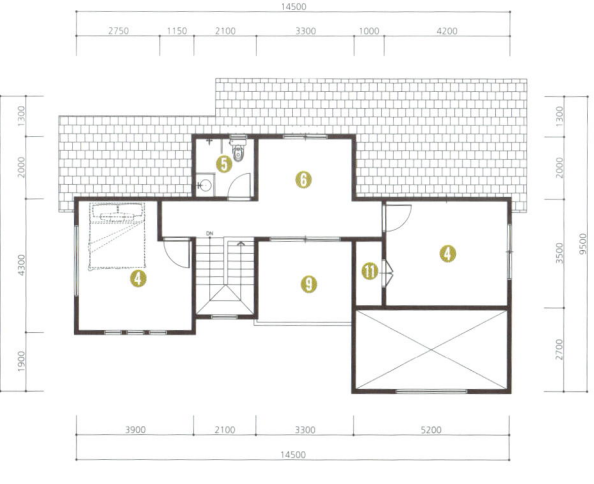

2층 평면도

사진 설명

1 2층 발코니와 현관을 중심으로 박공지붕과 경사지붕이 대조를 이룬다.

2 농사를 지으면서 살아가는 농가주택으로 베이지 톤의 메인 외벽에 파벽돌로 포인트를 주어 화사하게 마감했다.

3 목재 난간과 데크재를 깐 2층 발코니에 편안한 휴게공간을 만들었다.

4 긴 형태의 화장실에 턱을 주어 습식과 건식으로 반반씩 시공했다.

5 밝은 인테리어에 어두운색의 가구들을 배치하여 밝고 차분하게 꾸민 탁 트인 거실 전경.

6 2층으로 올라가는 계단실에 세로로 긴 창을 설치해 채광과 조망을 확보했다.

7 계단실 옆을 활용해 만든 창고에 갤러리 문을 설치했다.

❶ 거실 ❷ 주방 및 식당 ❸ 안방 ❹ 침실
❺ 욕실 ❻ 가족실 ❼ 현관 ❽ 다용도실
❾ 베란다 ❿ 데크 ⓫ 창고

51 py
167.88㎡

목조주택

170 지중해풍 이미지의 이국적인 주택

무게감이 있는 스페니쉬기와의 붉은 지붕과 스타코플렉스로 마감한 순백의 외벽, 현관의 아치형 포치와 검은색 단 조난간을 두른 발코니 등, 시원스러운 지중해풍 이미지를 전하는 요소들로 이루어진 이국적인 주택이다. 대지 여건 상 현관을 우측면에 배치하여 전면의 데크와 연결하고, 본채 옆에 취미실을 별도로 두어 자유롭게 취미생활을 즐길 수 있게 하였다.

1

설계 개요

| 위   치 | 경기도 여주시 강촌면 부평리
| 건축면적 | 140.27㎡(42.43py)
| 연 면 적 | 167.88㎡(50.78py)
| 1층 면적 | 105.27㎡(31.84py)
| 2층 면적 | 62.61㎡(18.94py)
| 구   조 | 일반목구조
| 외부마감 | 스타코플렉스
| 내부마감 | 강화마루, 실크벽지, 멀바우 목재
| 지 붕 재 | 스페니쉬기와, 아스팔트싱글
| 설   계 | 엔디건축사(주)
| 시   공 | 엔디하임(주)

2

3

정면도

배면도

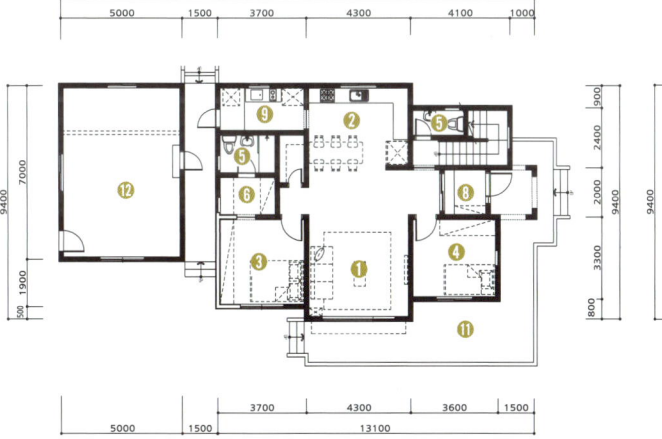

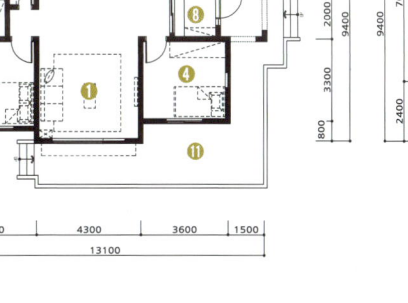

1층 평면도

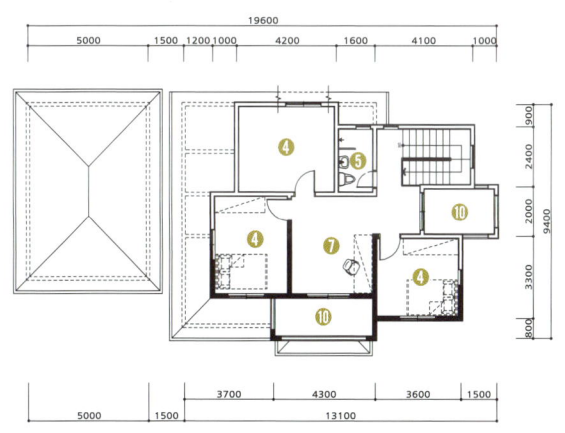

2층 평면도

51 py 168.14㎡

목조주택

171 3대 대가족 구성원에 맞추어 설계한 주택

한 지붕 대가족으로 부모님과 건축주 부부, 3명의 자녀들로 구성된 가족을 위한 집이다. 파벽돌과 시멘트사이딩, 적삼목사이딩으로 적절하게 나누어 디자인한 외형에서 아기자기한 멋이 묻어난다. 농어촌 관련 지원을 받아 2층 박공지붕 경사면에 일부 필요한 전기를 충당할 수 있는 태양광 집열판을 설치하기로 계획하고, 지붕각도를 미리 설계에 반영하여 집열판 설치에 문제가 생기지 않도록 하였다.

설계 개요

| 위   치 | 경기도 평택시 고덕면 방축리
| 건축면적 | 99.94㎡(30.23py)
| 연 면 적 | 168.14㎡(50.86py)
| 1층 면적 | 99.94㎡(30.23py)
| 2층 면적 | 68.2㎡(20.63py)
| 구   조 | 일반목구조
| 외부마감 | 파벽돌, 적삼목사이딩, 시멘트사이딩
| 내부마감 | 실크벽지, 강화마루
| 지 붕 재 | 아스팔트슁글
| 설   계 | 엔디건축사(주)
| 시   공 | 엔디하임(주)

4   5   6   7

정면도

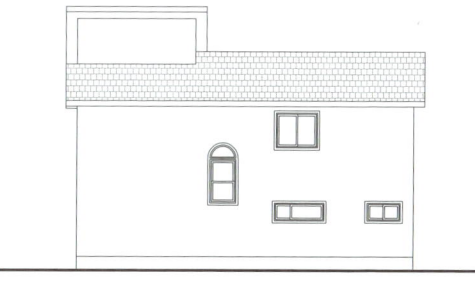

배면도

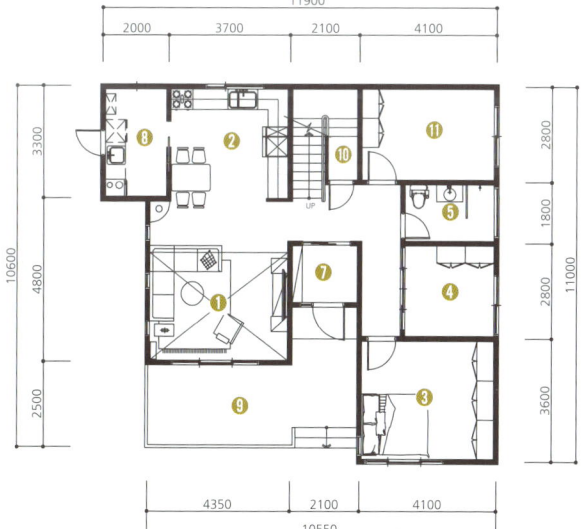

1층 평면도

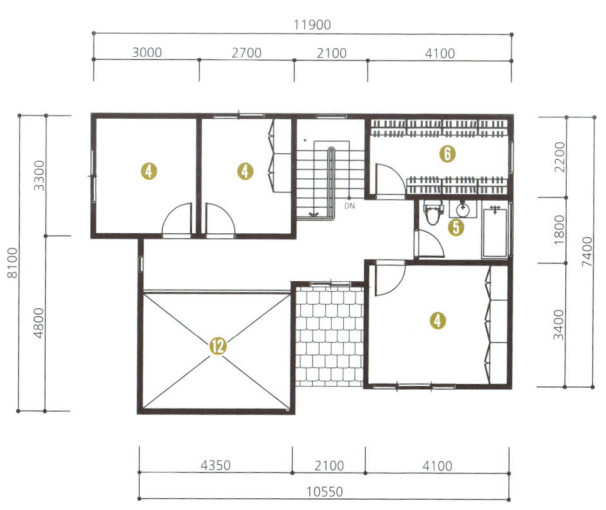

2층 평면도

사진 설명

1 2층 지붕 경사면에 태양광 집열판을 설치해 가정에 필요한 전기를 일부 충당하고 있다.

2 주택 배면은 시멘트사이딩으로 간결하게 마감했다.

3 2층 복도는 답답함을 최소화할 수 있도록 전면부에 창을 두고, 측면에 오픈천장과 발코니를 연계해 개방감을 높였다.

4 모든 공간의 동선이 집결되는 복도는 가능한 시야가 막히지 않도록 설계했다.

5 시스템 붙박이장을 설치할 공간을 고려해 설계단계에서부터 창의 위치를 알맞게 계획했다.

6 자녀들이 선택한 핑크빛 벽지로 꾸민 화사한 방.

7 욕조 없이 샤워부스 면적을 넓게 할애하고, 아이보리 계열의 타일들을 감각 있게 매치하여 은은하고 밝은 욕실이다.

❶ 거실 ❷ 주방 및 식당 ❸ 안방 ❹ 방
❺ 욕실 ❻ 드레스룸 ❼ 현관 ❽ 다용도실
❾ 데크 ❿ 창고 ⓫ 아이방 ⓬ 오픈천장

52 py
170.49 m²

172 언덕 위에 지은 아름다운 붉은 기와집

목조주택

언덕 위에 있는 대지로 주변의 아름다운 자연경관과 수려한 전망을 자랑하는 곳이다. 그렇기에 건축주는 높게 집을 지어 이곳의 모든 전망을 오롯이 담고 싶어 하였고, 이런 건축주의 의중을 잘 반영해 언덕 위의 붉은 기와집을 완성하였다. 1층은 필로티 구조로 띄워 차고와 취미실로 꾸미고 2층에 메인 주거공간을 배치하였으며, 오픈천장의 거실에 가능한 모든 면에 큰 창을 내어 거실 어디서든 한눈에 자연풍광을 담을 수 있게 하였다.

1

2

설계 개요

| 위　　치 | 경상북도 칠곡군 가산면 송학리
| 건축면적 | 170.49㎡(51.57py)
| 연 면 적 | 170.49㎡(51.57py)
| 1층 면적 | 170.49㎡(51.57py)
| 구　　조 | 일반목구조
| 외부마감 | 파벽돌, 화산석
| 내부마감 | 강화마루, 실크벽지, 대리석
| 지 붕 재 | 기와
| 설　　계 | 엔디건축사(주)
| 시　　공 | 엔디하임(주)

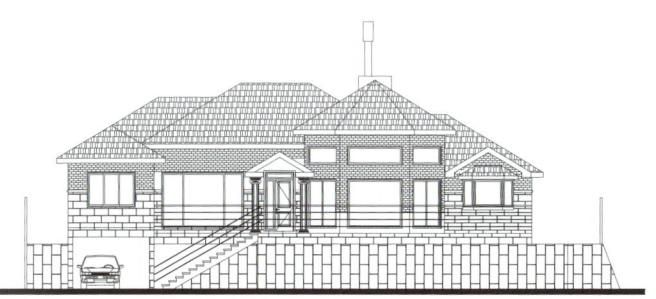

정면도

배면도

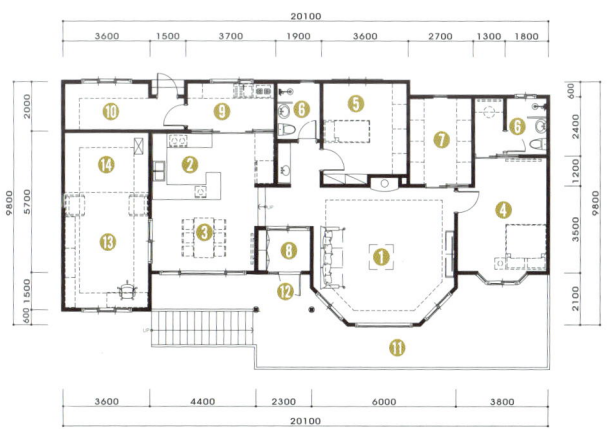

1층 평면도

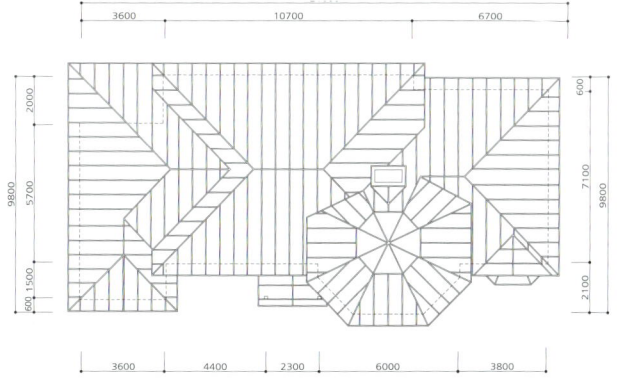

지붕 평면도

사진 설명

1, 2 전면에 펼쳐진 전망을 고려해 1층을 필로티공법으로 띄우고 주거 메인공간은 전망 좋은 2층에 배치했다.

3 많은 전면창이 설치된 거실은 양명하기 그지없고 전망을 담기에 거칠 것 없이 시원스럽다.

4 많은 수납공간과 동선을 최적화시켜 아늑하고 실용적인 ㅁ자형 주방.

5 좌·우에 현관으로 진입하는 계단을 설치해 대문입구와 마당에서 쉽게 접근할 수 있게 했다.

6 양쪽에 하이그로시 슬라이딩 붙박이장을 설치해 많은 수납공간을 확보한 드레스룸.

7 필로티 구조로 띄운 1층에는 차고와 취미실을 두었다.

❶ 거실 ❷ 주방 ❸ 식당 ❹ 안방 ❺ 방
❻ 욕실 ❼ 드레스룸 ❽ 현관 ❾ 다용도실
❿ 창고 및 보일러실 ⓫ 데크 ⓬ 포치 ⓭ 서재
⓮ 골프연습장

52py 172.11㎡

목조주택

173 단열문제를 중점으로 창을 설계한 주택

박공지붕 형태에 징크 지붕재로 마감하여 클래식 지붕모양과 현대적 자재가 공존하는 ㄱ자형 주택이다. 단열문제를 우선으로 다루어 전창을 크게 설치하는 대신 적절한 곳에 환기를 위한 창만으로 축소하였다. 대지 좌측에 1층, 우측에 2층을 설계해 전체적으로 자연스러운 균형감을 유지하고, 검은색 지붕과 흰색 외벽, 하단에 낮게 마감한 유색의 파벽돌로 조화를 이루어 말끔하고 고즈넉해 보이는 집이다.

설계 개요

| 위   치 | 전라북도 완주군 구이면 원기리
| 건축면적 | 120.21㎡(36.36py)
| 연 면 적 | 172.11㎡(52.06py)
| 1층 면적 | 120.21㎡(36.36py)
| 2층 면적 | 51.9㎡(15.7py)
| 구   조 | 일반목구조
| 외부마감 | 스타코플렉스, 파벽돌, 적삼목사이딩
| 내부마감 | 강화마루, 복합타일,
　　　　　산호석타일, 멀바우
| 지 붕 재 | 징크
| 설   계 | 엔디건축사(주)
| 시   공 | 엔디하임(주)

정면도

배면도

1층 평면도

2층 평면도

1 클래식한 박공지붕에 징크로 마감한 세미모던 스타일의 주택으로, 단열을 고려해 환기를 위한 창만을 설치하였다.

2 좌·우를 단층과 2층 건물로 구분하여 설계하였다.

3 말끔하고 확장된 공간감을 보여주는 一자형 주방으로, 측면의 데크와 연결해 필요할 때 편리하게 이동할 수 있도록 했다.

4 거실은 우물천장으로 높게 개방하고 위쪽의 높은 창을 통해 극적인 실내 분위기를 연출했다.

5 현관에 강화유리 3중연동 중문을 설치해 공간설계와 단열에 많은 신경을 썼다.

6 2층으로 향하는 견고한 계단. 계단재로 사용한 멀바우는 미송보다 단단하고 내구성이 강하며 진한 색상이 특징이다.

❶ 거실 ❷ 주방 및 식당 ❸ 안방 ❹ 방
❺ 욕실 ❻ 드레스룸 ❼ 가족실 ❽ 현관
❾ 보일러실 ❿ 발코니 ⓫ 데크 ⓬ 창고
⓭ 다용도실 ⓮ 파우더룸

54 ^{py} 177.06㎡

174 목조주택
도심 속 세련된 현대풍의 힐링하우스

대지는 단독주택 밀집지역에 3면이 주택으로 둘러싸여 있었으므로, 다소 개방된 남쪽 전면과 공용주차장이 있는 서쪽 도로의 조망을 최대한 살리기로 계획하고, 진입방향을 서쪽으로 두어 건물이 돋보이도록 하였다. 다른 주택과는 달리 금속재로 포인트를 주고 벽체 또한 인조석을 사용해 중후하고 세련미 넘치는 건물로 태어난 도심 속 힐링하우스이다. 마당 전체에 아름다운 조경을 아기자기하게 꾸며 건물에 자연의 생동감과 활력을 불어넣었다.

설계 개요

위　　치	경기도 부천시 오정구 작동
건축면적	100.03㎡(30.26py)
연 면 적	177.06㎡(53.56py)
1층 면적	100.03㎡(30.26py)
2층 면적	77.03㎡(23.3py)
구　　조	일반목구조
외부마감	스타코플렉스, 징크, 인조석
내부마감	대리석, 강화마루, 실크벽지
지 붕 재	아스팔트슁글
설　　계	엔디건축사(주)
시　　공	엔디하임(주)

4

5

6

7

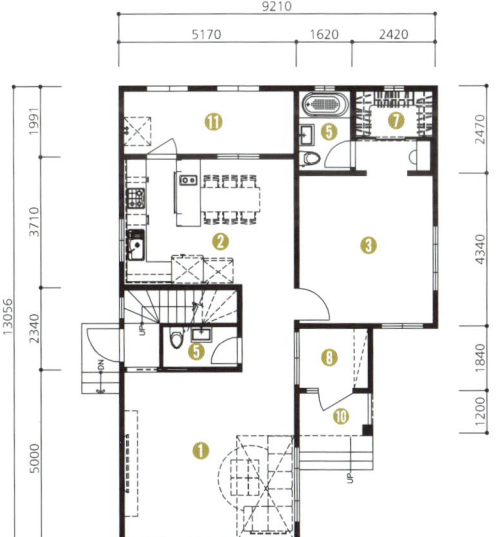

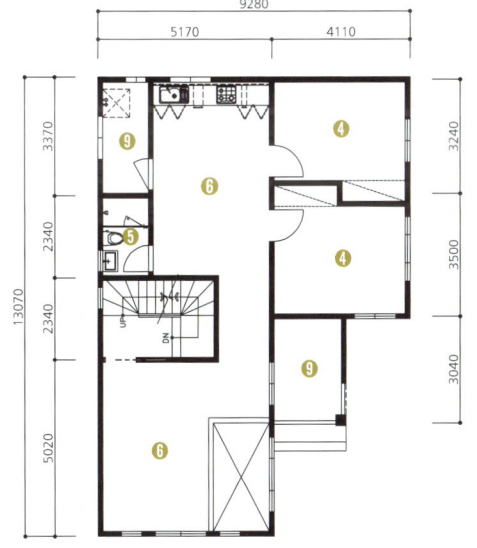

정면도

우측면도

1층 평면도

2층 평면도

54 py
178.14㎡

175 철근콘크리트주택
직업 특성을 살려 설계에 반영한 주택

가족구성원은 적고 손님은 많은 건축주의 직업특성을 최대한 반영해 철근콘크리트 공법으로 설계하고 시공한 주택이다. 손님 접대가 많은 1층에 거실과 주방, 게스트룸을 배치하고, 2층에 안방과 가족실을 두어 공적공간과 사적공간을 분리하였다. 거실과 주방을 하나의 공간으로 널찍하게 구획하고, 실마다 욕실을 별도로 배치해 가족은 물론 손님까지 배려한 설계를 하였다.

설계 개요

위 치	경기도 안성시 금광면 석하리
건축면적	165.52㎡(50.07py)
연 면 적	178.14㎡(53.89py)
1층 면적	103.02㎡(31.16py)
2층 면적	75.12㎡(22.72py)
구 조	철근콘크리트
외부마감	스타코플렉스, 적삼목사이딩, 리얼징크
내부마감	강화마루, 실크벽지
지 붕 재	평지붕
설 계	엔디건축사(주)
시 공	엔디하임(주)

정면도

배면도

2층 평면도

1층 평면도

54 py
178.66㎡

176 목조주택
대지 형태에 맞춰 특색 있게 디자인한 주택

갈색과 흰색의 조합, 현대적 감각이 물씬 배어나는 특색 있는 디자인이 눈길을 끄는 주택이다. 실을 구분하는 여러 개의 매스들을 조합해 변화를 주어 자칫 복잡하게 느껴질 수 있는 외형을 두, 세 가지 톤의 자재로만 마감하여 오히려 지루함을 없앤 절제된 세련미를 갖추었다. 위·아래로 길게 형성된 대지 모양에 맞춰 스킵플로어(skip floor) 형태를 적용해 최적의 평면을 구성하고, 게스트룸의 계단을 외부에 설치해 독립적인 활동에 불편함이 없도록 하였다.

설계 개요

위　　치	경기도 양평군 서종면 수입리
건축면적	143.61㎡(43.44py)
연 면 적	178.66㎡(54.04py)
1층 면적	136.77㎡(41.37py)
2층 면적	41.89㎡(12.67py)
구　　조	일반목구조
외부마감	스타코플렉스, 적삼목사이딩
내부마감	실크벽지, 강화마루
지 붕 재	징크
설　　계	엔디건축사(주)
시　　공	엔디하임(주)

정면도

배면도

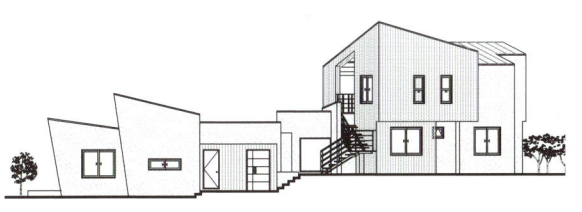

1층 평면도

2층 평면도

55 _{py} 182.63㎡

목조주택

177 임대를 목적으로 설계한 2층 주택

급경사로 이루어져 있는 2단형 필지의 주택으로 위는 주택부지, 아래는 텃밭으로 활용하고 있다. 건물 1층은 생활 공간으로, 2층은 임대를 놓을 수 있는 구조로 계획하고, 1, 2층을 통하게 하여 임대가 없을 때에는 게스트룸으로 활용하는 등, 상황에 따라서 가변적 공간으로 사용할 수 있게 하였다. 서재 위는 어린 손주를 위한 다락방을 들여 천창을 설치하고 생동감 있는 벽지로 마감하였다.

설계 개요

위 치	경기도 양평군 서종면 문호리
건축면적	119.43㎡(36.13py)
연 면 적	182.63㎡(55.25py)
1층 면적	119.43㎡(36.13py)
2층 면적	63.2㎡(19.12py)
구 조	일반목구조
외부마감	스타코플렉스, 인조석
내부마감	실크벽지, 강화마루
지 붕 재	아스팔트쉥글
설 계	엔디건축사(주)
시 공	엔디하임(주)

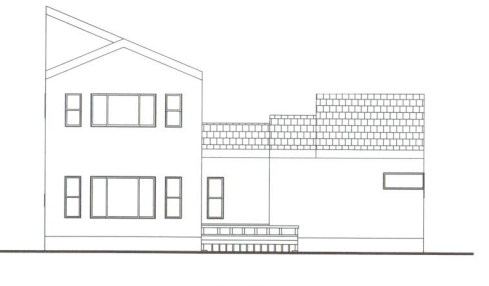

정면도

배면도

1층 평면도

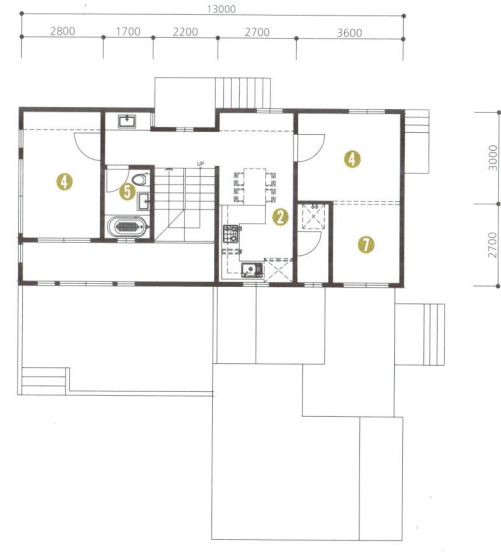

2층 평면도

56 py
185.37 ㎡

철근콘크리트주택
178 옥상을 적극적으로 활용한 도심 주택

깔끔한 현대풍 스타일을 선호하는 건축주의 의견을 적극적으로 반영하였다. 노출콘크리트패널과 징크 그리고 적삼목사이딩을 외관의 포인트로 마감하여 모던하고 고급스러운 도심 주택의 면모를 갖추었다. 주택의 배면은 깔끔한 화이트 톤의 스타코플렉스로 마감하고 좌·우측의 테라스와 중앙의 계단실로 입면을 강조하였다. 철근콘크리트 주택의 장점 중 하나인 옥상을 적극적으로 활용해 텃밭과 창고, 테라스를 만들었다.

설계 개요

| 위 치 | 부산광역시 기장군 기장읍 내리
| 건축면적 | 99.9㎡(30.22py)
| 연 면 적 | 185.37㎡(56.07py)
| 1층 면적 | 97.56㎡(29.51py)
| 2층 면적 | 66.48㎡(20.1py)
| 3층 면적 | 21.33㎡(6.45py)
| 구 조 | 철근콘크리트구조
| 외부마감 | 스타코플렉스, 노출콘크리트, 적삼목사이딩
| 지 붕 재 | 징크
| 설 계 | 엔디건축사(주)
| 시 공 | 엔디하임(주)

4   5   6

정면도

3층 평면도

1층 평면도

2층 평면도

사진 설명

1 노출콘크리트와 징크로 외관을 마감한 도심 주택으로 모던 스타일의 고급스러운 주택이다.

2 노출콘크리트와 스타코플렉스로 마감한 주택의 배면.

3 주택의 배면은 스타코플렉스로 마감하고 좌·우측의 테라스와 중앙의 계단실로 입면을 강조했다.

4 H빔과 방부목으로 대문과 담장을 예술적으로 표현해 현대적인 멋을 더했다.

5 징크와 적삼목사이딩, 노출콘크리트로 마감한 현관 입구.

6 테라스를 휴식과 강아지를 위한 공간으로 활용하고 있다.

1 거실 2 주방 및 식당 3 안방 4 침실
5 욕실 6 서재 7 가족실 8 드레스룸
9 현관 10 다용도실 11 테라스 12 데크
13 창고 14 세탁실 15 옥상텃밭

56 py
185.58㎡

철근콘크리트주택

179 수평선이 강조된 유니크한 RC주택

지붕은 평지붕, 외형은 단순하고 모던한 형태로 디자인하고 우드패널로 수직과 수평을 마감해 수평선을 강조한 유니크한 RC주택이다. 우드패널로 철근콘크리트의 이미지를 희석하고 넓은 목재 데크와 함께 따뜻한 이미지를 연출하였다. 2층의 테라스가 이 집의 매력 포인트라 할 수 있는데, 기능적인 면뿐만 아니라 디자인적으로도 멋진 형태로 완성하였다. 계단실 후면에는 후정을 두어 안방과 식당에 조경으로 자연의 멋을 연출하였다.

설계 개요

| 위   치 | 경기도 양평군 서종면 수입리
| 건축면적 | 120.81㎡(36.55py)
| 연 면 적 | 185.58㎡(56.14py)
| 1층 면적 | 101.4㎡(30.67py)
| 2층 면적 | 64.77㎡(19.59py)
| 구   조 | 철근콘크리트
| 외부마감 | 스타코플렉스, 우드패널
| 내부마감 | 실크벽지, 강화마루
| 지 붕 재 | 평지붕마감
| 설   계 | 엔디건축사(주)
| 시   공 | 엔디하임(주)

정면도

배면도

1층 평면도

2층 평면도

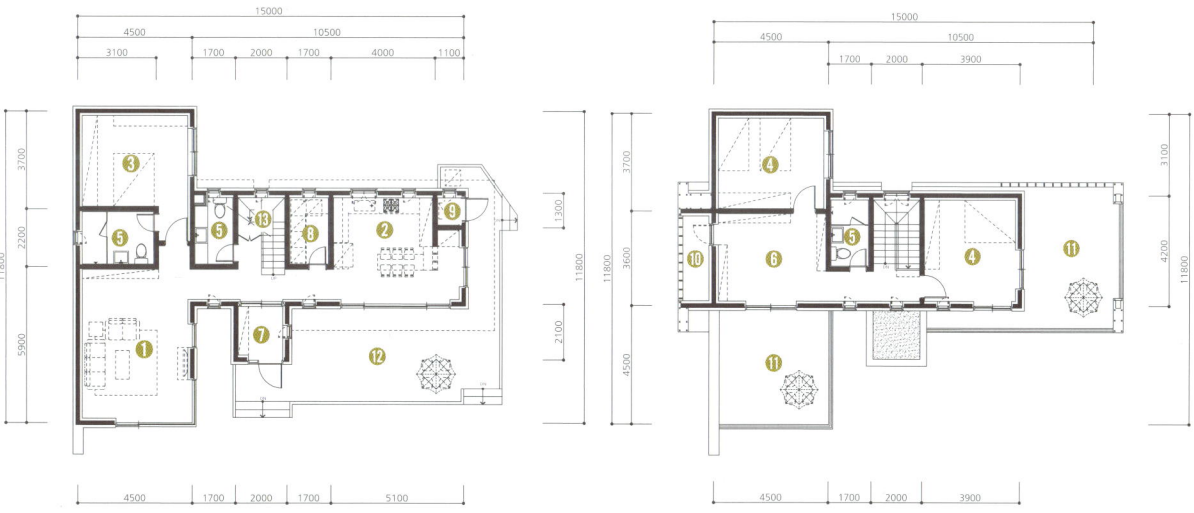

사진 설명

1 지붕은 평지붕의 단순한 모던 형태로 계획하고, 외벽은 스타코플렉스와 우드패널을 사용해 수직, 수평으로 특색 있게 마감했다.

2 주방과 식당에 전면창을 크게 설치하고 정원으로 이어지는 넓은 데크를 깔아 완충 공간을 만들었다.

3 2층의 웅장한 규모로 시공한 매스는 모든 면에서 주택의 시선을 집중시킨다.

4 파고라를 설치한 2층 테라스가 이 집의 매력 포인트 공간이다.

5 부드러운 톤의 강화마루와 흰색의 벽지로 단아하게 표현한 복도.

6 대리석으로 마감한 현관. 좌측 신발장의 거울 문은 현관이 더욱 넓어 보이는 효과가 크다.

❶ 거실 ❷ 주방 및 식당 ❸ 안방 ❹ 방
❺ 욕실 ❻ 가족실 ❼ 현관 ❽ 다용도실
❾ 보일러실 ❿ 테라스 ⓫ 테라스
⓬ 데크 ⓭ 창고

57py
189.54㎡

목조주택

180 아치형 열주가 있는 그리스 신전 같은 주택

그리스 신전과 같이 웅장하게 늘어선 기둥과 2층의 발코니가 포인트인 주택으로 아치형의 기둥은 유럽풍 디자인으로 이색적인 멋이 있고 종교건물과 같은 경건한 분위기를 느끼게 한다. 주인과 세입자가 서로의 프라이버시를 지키며 살아갈 수 있는 3가구 주택으로 배면에 출입 동선을 달리한 독립적인 계단을 설치하여 이용할 수 있게 하였다. 전면에 늘어선 열주는 미적으로도 아름답고 비나 직사광선을 피할 수 있는 포치를 형성한다.

설계 개요

위　　치	경상북도 안동시 풍산읍 마애리
건축면적	119.94㎡(36.28py)
연 면 적	189.54㎡(57.34py)
1층 면적	115.44㎡(34.92py)
2층 면적	74.1㎡(22.42py)
구　　조	일반목구조
외부마감	스타코플렉스, 파벽돌
내부마감	강화마루, 실크벽지
지 붕 재	아스팔트슁글
설　　계	엔디건축사(주)
시　　공	엔디하임(주)

정면도

배면도

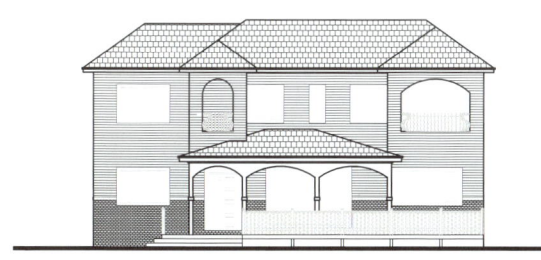

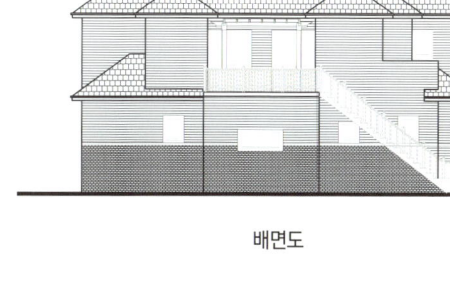

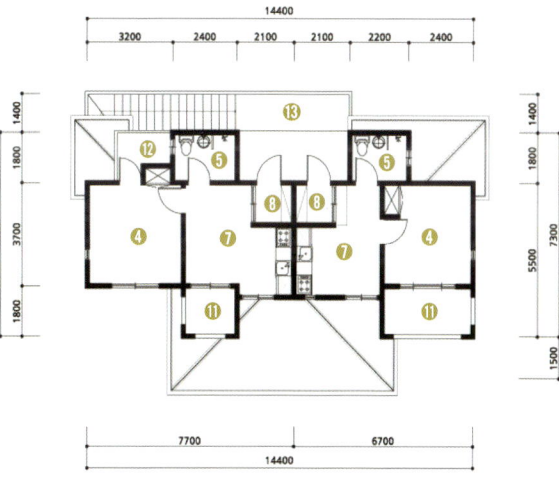

1층 평면도

2층 평면도

목조주택

181 층간 분리로 독립성을 확보한 집

3대 가족 구성원을 위한 주택으로 층간 분리로 독립성을 확보하였다. 1층은 부모님의 침실과 사랑방, 공용공간인 거실과 식당을 배치하고, 2층은 부부와 어린 자녀를 위한 공간과 별도의 가족실을 배치하였다. 외관은 점토기와와 스타코플렉스에 흰색과 갈색톤의 파벽돌로 포인트를 주고 포치와 거실, 2층 침실의 지붕 모양을 박공 형태로 통일하여 입면을 강조하였다.

설계 개요

위 치	경기도 평택시 유천동
건축면적	109.48㎡(33.12py)
연 면 적	190.88㎡(57.74py)
1층 면적	109.48㎡(33.12py)
2층 면적	81.4㎡(24.62py)
구 조	일반목구조
외부마감	스타코플렉스, 파벽돌
지 붕 재	스페니쉬기와
설 계	엔디건축사(주)
시 공	엔디하임(주)

정면도

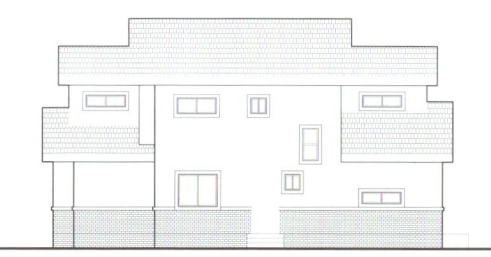

배면도

1층 평면도

2층 평면도

1 거실 **2** 주방 및 식당 **3** 안방 **4** 침실
5 욕실 **6** 가족실 **7** 사랑방 **8** 현관
9 다용도실 **10** 보일러실 **11** 파우더룸
12 포치

58 py 190.9㎡

철근콘크리트주택

182 베이스패널 마감이 조화로운 모던 주택

3면의 인접 대지와 1면의 도로부지로 동향에 1층 높이의 기존 주택이 있어 남서향으로 열린 ㄷ자형의 배치로 진입로와 앞마당의 외부공간을 계획하였다. 건물은 최대의 일조량을 위해 정남향으로 배치하고 조망을 위해 경치가 가장 좋은 남서향으로 창을 개방하였다. 현대적 분위기를 선호하는 건축주의 의견을 반영해 강도가 높고 차음, 내화, 단열성이 우수한 내구성 자재인 베이스패널을 세로로 시공하여 안정감과 강인함이 보이는 모던 주택이다.

설계 개요

| 위   치 | 강원도 강릉시 왕산면 도마리
| 건축면적 | 132.44㎡(40.06py)
| 연 면 적 | 190.9㎡(57.75py)
| 1층 면적 | 132.44㎡(40.06py)
| 2층 면적 | 58.46㎡(17.68py)
| 구   조 | 철근콘크리트구조
| 외부마감 | 베이스패널
| 내부마감 | 강화마루, 실크벽지, 폴리싱타일
| 지 붕 재 | 평지붕
| 설   계 | 엔디건축사(주)
| 시   공 | 엔디하임(주)

정면도

배면도

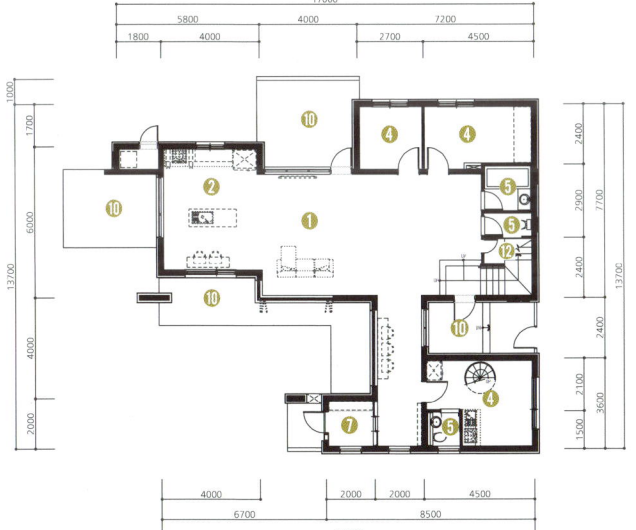

1층 평면도

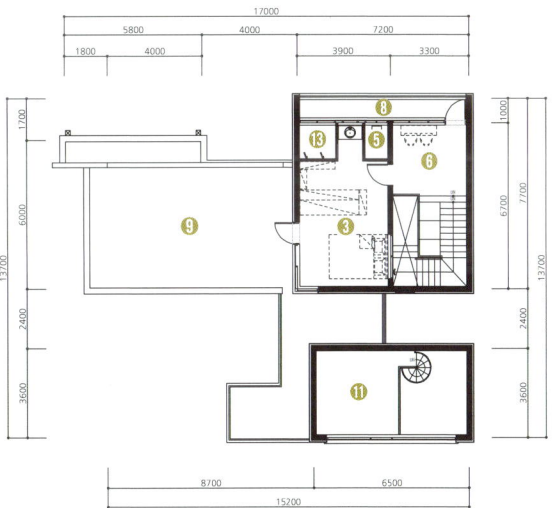

2층 평면도

59 **py** 195.53㎡

목조주택

183 주택과 정원이 조화를 이룬 집

주택과 정원이 조화를 이루고 거실 전면의 통유리 미니 온실을 포함해 크고 작은 창을 내어 채광을 중요시 한 모던 스타일의 주택이다. 다양한 크기의 창과 매스들이 조화를 이루는 깔끔한 형태의 지붕으로, 제임스하디패널과 징크 등의 마감재로 시공하여 모던함을 강조하였다. 넓고 긴 데크 아래 아기자기한 연못을 꾸미고 데크와 이어지는 파고라를 설치해 연못과 조화를 이루며 아름다운 정원의 여유로운 휴식공간을 조성하였다.

설계 개요

| 위   치 | 인천광역시 강화군 양도면 인산리
| 건축면적 | 147.66㎡(44.67py)
| 연 면 적 | 195.53㎡(59.15py)
| 1층 면적 | 128.22㎡(38.79py)
| 2층 면적 | 67.31㎡(20.36py)
| 구   조 | 일반목구조
| 외부마감 | 스타코플렉스, 제임스하디패널
| 지 붕 재 | 징크
| 설   계 | 엔디건축사(주)
| 시   공 | 엔디하임(주)

정면도

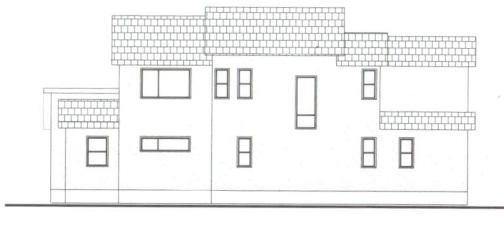

배면도

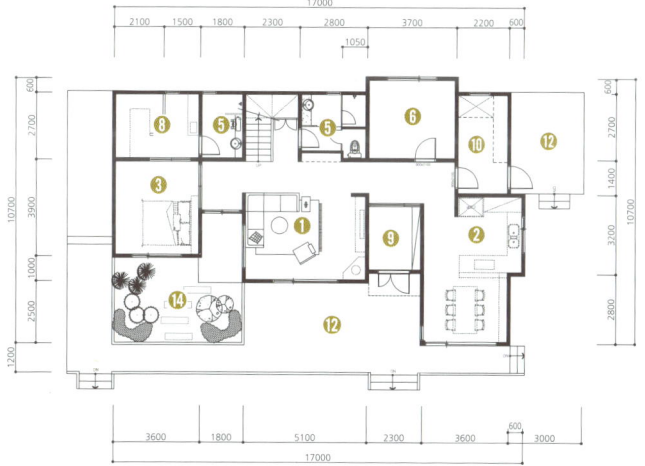

1층 평면도

2층 평면도

사진 설명

1 외부에 제임스하디패널과 스타코플렉스로 색상변화를 주고 지붕은 징크로 깔끔하게 시공했다.

2 각기 다른 경사와 방향으로 지붕을 시공해 입체감과 모던함을 강조했다.

3 계단실을 발목등과 단조난간으로 고급스럽게 마감했다.

4 안방 안의 드레스룸에 접이식도어를 설치해 열면 하나의 공간으로 개방할 수 있게 했다.

5 베이지 톤의 인테리어와 오픈천장, 가구들이 조화를 이루며 고급스럽고 품격있는 시원한 거실 전경.

6 무채색 가구로 모던하고 세련된 분위기를 연출한 주방과 식당.

7 거실 앞에 통유리로 만든 온실은 식물을 기르고 관리하는 것은 물론 열손실을 막아주는 기능적인 면도 가지고 있다.

① 거실 ② 주방 및 식당 ③ 안방 ④ 침실
⑤ 욕실 ⑥ 서재 ⑦ 가족실 ⑧ 드레스룸
⑨ 현관 ⑩ 다용도실 ⑪ 발코니 ⑫ 데크
⑬ 오픈천장 ⑭ 연못

ALC주택

184 경사지를 이용한 웅장한 주택

경사지의 고저 차를 이용한 주택으로 석축을 쌓아 조성한 앞마당의 넓은 조경과 함께 웅장한 이미지를 나타낸다. 전면의 탁 트인 시원한 전망과 석축에서 오는 안정감과 무게감을 이용하여 좀 더 웅장한 느낌이 들도록 설계하였다. 건물 외부마감은 장식적 요소를 배제하고 중심 부분에만 적삼목사이딩으로 포인트로 주어 간결한 모던함을 강조하였으며, 내부의 1층 거실을 2층까지 개방하여 채광과 환기, 조망감을 높였다.

설계 개요

| 위   치 | 경상북도 경산시 와촌면 음양리
| 건축면적 | 129.46㎡(39.16py)
| 연 면 적 | 198.6㎡(60.08py)
| 1층 면적 | 129.46㎡(39.16py)
| 2층 면적 | 69.14㎡(20.91py)
| 구   조 | ALC블럭구조
| 외부마감 | 스타코플렉스, 적삼목사이딩, 인조석
| 내부마감 | 강화마루, 실크벽지, 철제단조
| 지 붕 재 | 이중그림자쉥글
| 설   계 | 엔디건축사(주)
| 시   공 | 엔디하임(주)

정면도

배면도

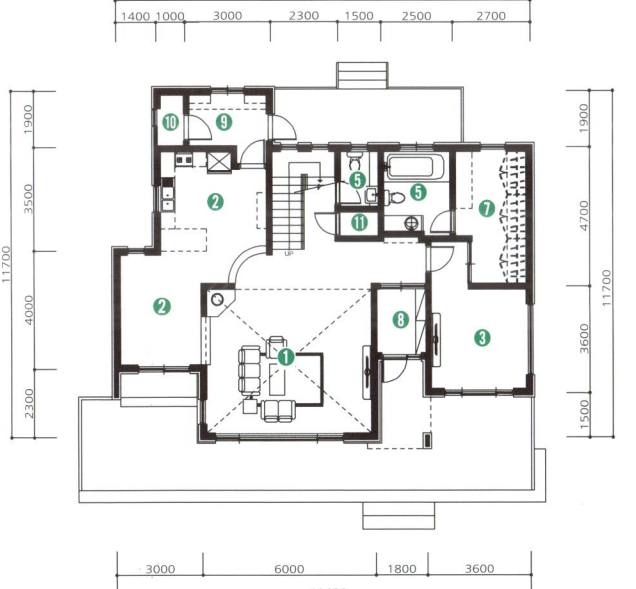

1층 평면도

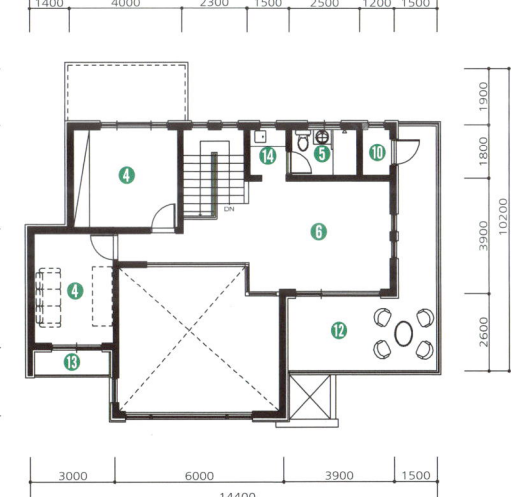

2층 평면도

사진 설명

1, 2 자연 지형 조건을 잘 이용하여 석축을 쌓고 조성한 앞마당 조경과 집이 잘 어우러져 웅장한 저택 분위기를 나타낸다.

3 방에 작은 책상을 배치해 서재로 활용하고 있다.

4 은은한 파스텔 톤의 벽지로 꾸민 침실.

5 1층 거실을 2층까지 개방하여 채광과 환기 및 조망을 고려했다.

6 2층 복도 끝에 있는 가족실은 테라스와 연결하여 시원한 바깥 전망을 즐길 수 있게 하였다.

7 화이트 앤 블랙 주방가구가 눈길을 끄는 ㄷ자형의 주방이다.

8 2층으로 오르는 계단.

❶ 거실 ❷ 주방 및 식당 ❸ 안방 ❹ 침실
❺ 욕실 ❻ 가족실 ❼ 드레스룸 ❽ 현관
❾ 다용도실 ❿ 보일러실 ⓫ 창고
⓬ 테라스 ⓭ 발코니 ⓮ 파우더룸

목조주택

185 견고해 보이는 쌍둥이 박공지붕 주택

누가 봐도 한눈에 딱 들어오는 쌍둥이 박공지붕으로 1층 외벽 중심을 브라운 톤의 파벽돌로 마감하여 견고해 보이면서 안정감이 느껴지는 주택이다. 거실과 주방에서 나오자마자 외부의 넓은 마당을 활용할 수 있도록 데크를 넓게 설치해 연결하였다. 또한, 거실과 주방 사이에 중정을 두어 취미실로 활용하고, 중정 위에 2층의 테라스로 설치하여 전망을 즐길 수 있게 하였다.

설계 개요

위 치	강원도 동해시 주암동
건축면적	141.81㎡(42.9py)
연 면 적	198.9㎡(60.17py)
1층 면적	130.31㎡(39.42py)
2층 면적	68.59㎡(20.75py)
구 조	일반목구조
외부마감	스타코플렉스, 파벽돌
내부마감	강화마루, 실크벽지
지 붕 재	이중그림자쉥글
설 계	엔디건축사(주)
시 공	엔디하임(주)

정면도

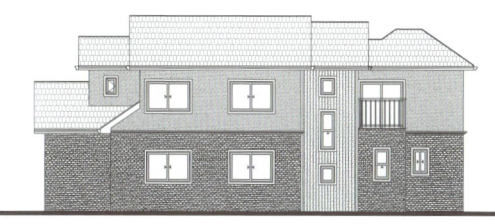

배면도

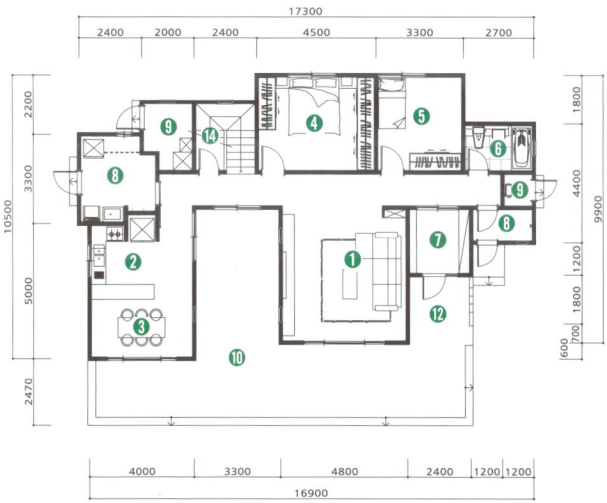

1층 평면도

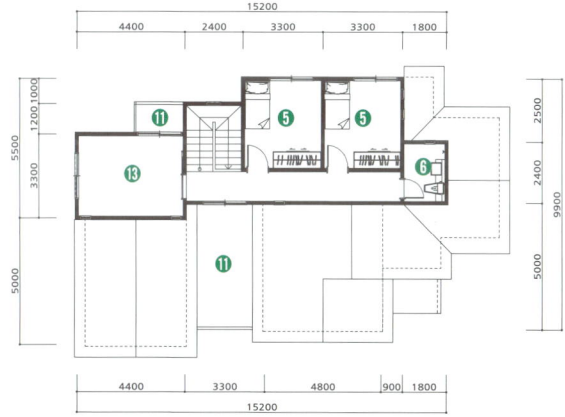

2층 평면도

60 py 199.49㎡

목조주택
186 일체감과 균형감을 중요시 한 집

모임지붕과 우진각지붕의 형태로 웅장하면서도 절제된 세련미를 지닌 주택이다. 이 주택의 포인트라 할 수 있는 거실의 중앙 매스에 지붕과 같은 톤의 파벽돌로 시공하여 일체감을 부여하고, 2층의 좌·우로 형성된 발코니를 통해 균형감 있게 표현하였다. 발코니의 난간을 데크와 현관문의 색상과 유사한 색으로 시공하여 전체적인 색감을 중요시 하였다. 2층 높이로 개방한 거실로 실내의 공간감을 높이고 외부에 웅장감을 더하였다.

설계 개요

위 치	대구광역시 달성군 하빈면 동곡리
건축면적	133.15㎡(40.28py)
연 면 적	199.49㎡(60.35py)
1층 면적	133.15㎡(40.28py)
2층 면적	66.34㎡(20.07py)
구 조	일반목구조
외부마감	스타코플렉스, 파벽돌
지 붕 재	스페니쉬기와
설 계	엔디건축사(주)
시 공	엔디하임(주)

정면도

배면도

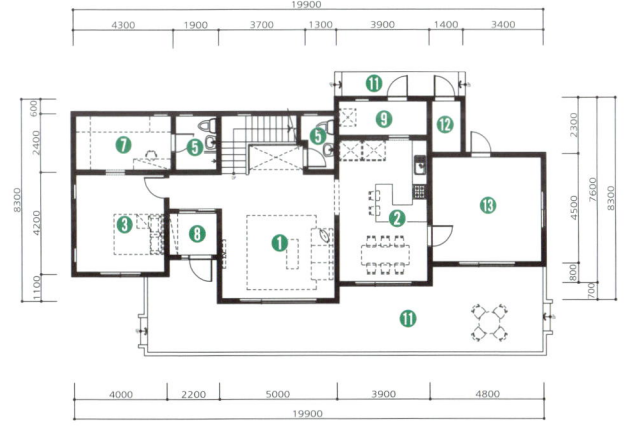

1층 평면도

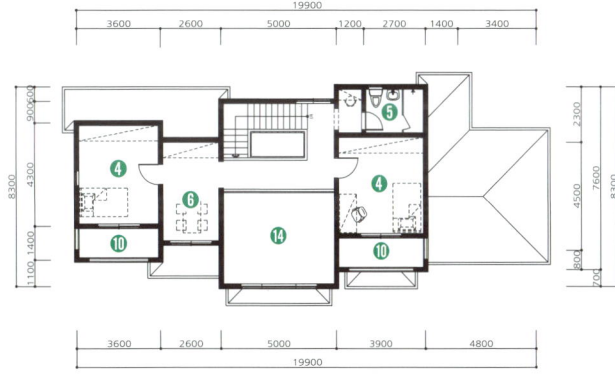

2층 평면도

사진 설명

1 발코니의 난간을 데크, 현관문과 유사한 색으로 조화를 이루어 전체적인 색감을 중요시 하였다.

2 주택 배면의 보일러실까지 데크로 연결하였다.

3 2층으로 향하는 목재계단. 벽면을 루버로 마감하여 자연미를 더했다.

4 나무로 모양을 낸 발코니 난간.

5 오픈천장으로 개방감을 살리고 라운드 창과 다운라이트로 고급스러움과 은은한 분위기를 연출한 거실.

6 화이트 톤의 벽지와 목재 몰딩, 2층 난간이 자연스러운 조화를 이룬다.

7 2층의 가족실은 서까래 형태를 그대로 살린 인테리어로 전통미가 살렸다.

① 거실 **②** 주방 및 식당 **③** 안방 **④** 침실
⑤ 욕실 **⑥** 가족실 **⑦** 드레스룸 **⑧** 현관
⑨ 다용도실 **⑩** 발코니 **⑪** 데크
⑫ 보일러실 **⑬** 창고 **⑭** 오픈천장

62^{py} 204.87㎡

187 목조주택
따뜻함을 고려한 미국식 목조주택

건물 전면이 남향의 햇살을 최대한 받을 수 있도록 가로로 길게 설계했으며, 거실과 각 방의 구성 또한 남향으로 배치하여 따뜻함을 강조한 목조주택이다. 좁은 공간의 활용성을 높이기 위해 미닫이문(Sliding Door)으로 시공하면서 문턱을 없애는 배리어 프리 디자인 (Barrier Free Design)을 적용하여 이동에 불편함이 없도록 하였다. 2층은 가족실 겸 취미실로 이용하면서 미니주방까지 두어 건축주의 취향까지 고려한 감성 목조주택이다.

설계 개요

위 치	경상북도 상주시 남장동
건축면적	150.36㎡(45.48py)
연 면 적	204.87㎡(61.97py)
1층 면적	117.36㎡(35.5py)
2층 면적	54.51㎡(16.49py)
창고면적	33㎡(9.98py)
구 조	일반목구조
외부마감	스타코플렉스, 파벽돌
내부마감	강화마루, 실크벽지
지 붕 재	아스팔트싱글
설 계	엔디건축사(주)
시 공	엔디하임(주)

정면도

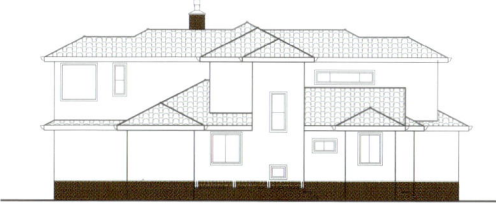

배면도

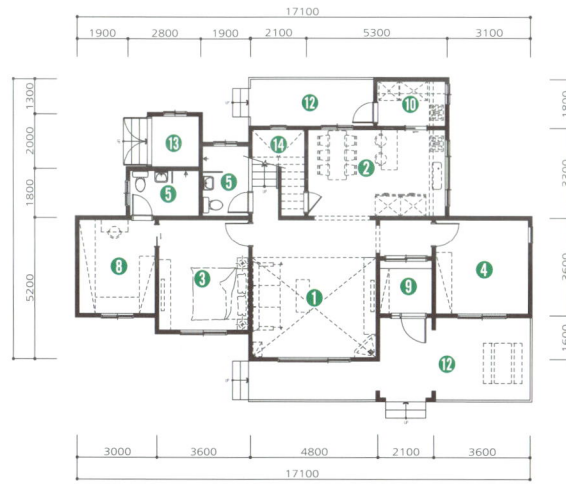

1층 평면도

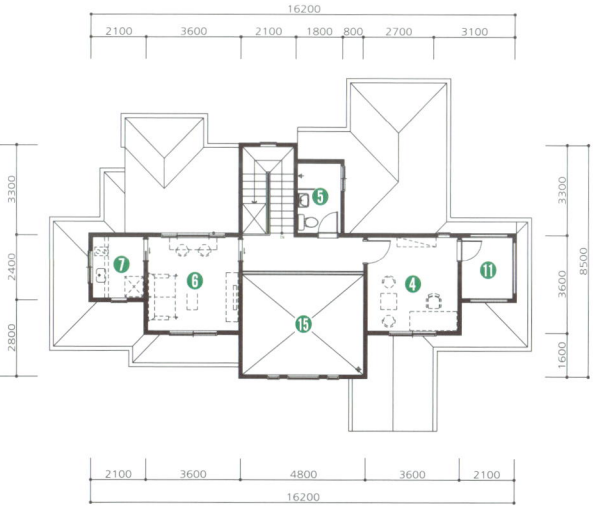

2층 평면도

65py
214.11㎡

목조주택
188 선과 선, 블랙과 화이트 조합의 현대적 주택

전형적인 전원주택의 분위기와는 다소 벗어난 듯한 블랙 앤 화이트 톤의 개성 넘치는 모던한 주택으로 콘크리트주택 같은 느낌의 목조주택이다. 지붕 기울기의 변화만 보더라도 목조주택을 모던 형태로 디자인할 수 있다는 것을 잘 보여준 사례다. 징크와 케뮤 자재를 적절히 혼합해 질감의 변화를 주고 흰색 스타코플렉스와 조합하여 안정감을 주었다.

설계 개요

| 위 치 | 경기도 광주시 퇴촌면 원당리
| 건축면적 | 116.37㎡(35.2py)
| 연 면 적 | 214.11㎡(64.77py)
| 1층 면적 | 116.37㎡(35.2py)
| 2층 면적 | 62.1㎡(18.79py)
| 구 조 | 일반목구조
| 외부마감 | 스타코플렉스, 징크, 케뮤(kmew)
| 내부마감 | 강화마루, 실크벽지, 폴리싱타일
| 지 붕 재 | 징크
| 설 계 | 엔디건축사(주)
| 시 공 | 엔디하임(주)

5

6

7

정면도

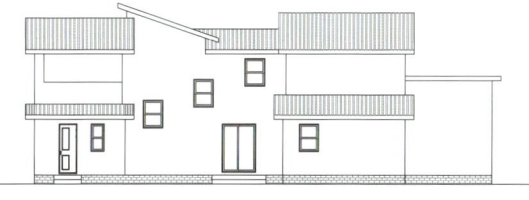

배면도

1층 평면도

2층 평면도

사진 설명

1 도시 풍모를 풍기는 모던한 전원주택으로 콘크리트주택처럼 지어진 목조주택이다.

2 블랙 앤 화이트 톤의 주택에 맞추어 그레이 톤의 석재데크를 설치해 반영구적으로 사용할 수 있게 했다.

3 현관은 고급스럽고 세련미가 살아 있는 케뮤(kmew)로 마감했다.

4 좁은 공간에 슬라이딩 붙박이장을 설치해 공간의 효율성을 높인 드레스룸.

5 스크래치나 충격에 강한 강화마루와 실크벽지로 말끔하게 마감한 거실 전경.

6 사용빈도가 높은 주방을 거실 바로 옆에 배치해 손쉽게 드나들며 사용할 수 있게 했다.

7 밝은색의 집성목으로 만든 내부 계단으로 벽부에 발목등을 설치해 안전을 고려했다.

❶ 거실 ❷ 주방 및 식당 ❸ 안방 ❹ 침실
❺ 욕실 ❻ 드레스룸 ❼ 가족실 ❽ 현관
❾ 다용도실 ❿ 베란다 ⓫ 데크 ⓬ 테라스
⓭ 서재

65py 216.16㎡

목조주택

189 관리를 고려한 징크지붕의 주택

도심 속 단독주택 필지에 지은 목조주택으로 전면에 적삼목사이딩으로 포인트를 주고 단조로울 수 있는 입면에 포치를 설치하여 입체감을 더하였다. 또한, 관리적인 측면을 고려하여 지붕을 징크로 마감하였다. 징크는 순도 99.95%의 아연과 소량의 티타늄 및 구리로 합금한 제품으로 세련된 색상과 절단, 절곡, 접합이 쉽고 평면, 곡면, 삼차원 곡면 등의 처리가 가능하여 건축물의 다양한 디테일에서 최적의 디자인을 실현할 수 있다.

설계 개요

| 위   치 | 경상남도 김해시 관동동
| 건축면적 | 109.23㎡(33.04py)
| 연 면 적 | 216.16㎡(65.39py)
| 1층 면적 | 109.23㎡(33.04py)
| 2층 면적 | 106.93㎡(32.35py)
| 구   조 | 일반목구조
| 외부마감 | 스타코플렉스, 적삼목사이딩, 인조석
| 내부마감 | 강화마루, 실크벽지, 폴리싱타일
| 지 붕 재 | 아스팔트슁글
| 설   계 | 엔디건축사(주)
| 시   공 | 엔디하임(주)

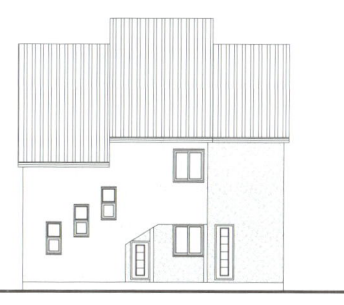

정면도

배면도

1층 평면도

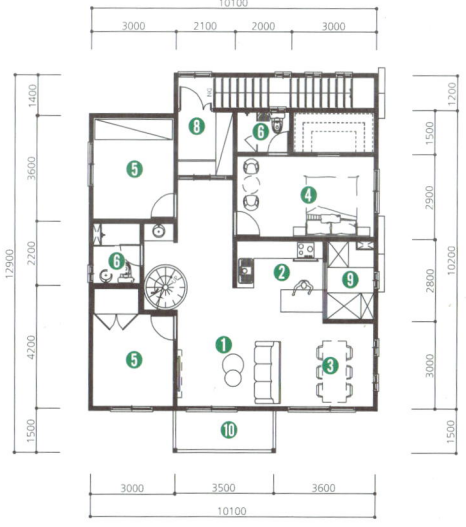

2층 평면도

190 테라스에 중점을 둔 집
ALC주택

연립주택의 테라스하우스 개념으로 옥상 테라스에 화단을 꾸미거나 나무를 심어 정원처럼 사용할 수 있도록 디자인하였다. 실제로 테라스 좌우로 화단을 배치하여 휴식과 조망을 겸할 수 있게 하였다. 모던하고 세련된 디자인에 어두운 계열의 베이스패널과 파벽돌로 외부를 마감하여 중후한 외관미가 있으며, 1층의 조경과 테라스의 조경수로 포인트를 주어 고급스럽게 시공한 주택이다.

설계 개요

위 치	경상남도 거제시 아주동
건축면적	138.99㎡(42.04py)
연 면 적	220.17㎡(66.6py)
1층 면적	138.99㎡(42.04py)
2층 면적	81.18㎡(24.56py)
구 조	ALC블록
외부마감	베이스패널
지 붕 재	아스팔트쉬글
설 계	엔디건축사(주)
시 공	엔디하임(주)

정면도

배면도

1층 평면도

2층 평면도

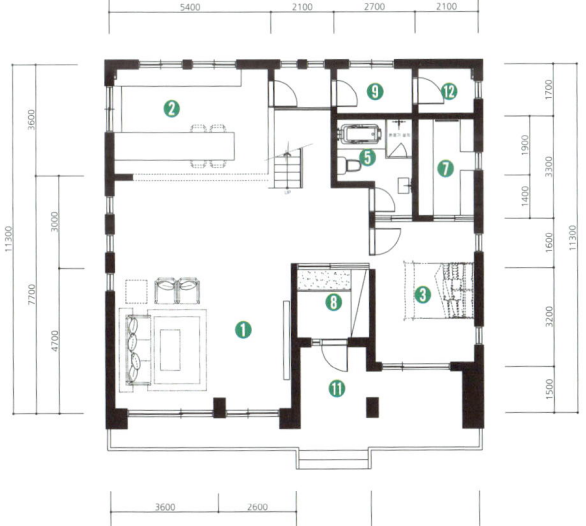

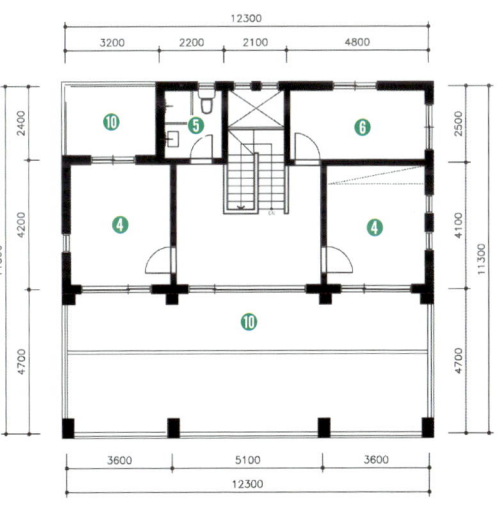

191 목조주택 + 철근콘크리트주택

1층을 필로티로 띄워 창고로 활용한 집

건축주는 경치 좋은 마을 속에 기와로 된 북유럽풍의 차분한 주택을 짓고 싶어 하였다. 집의 전망을 살리기 위해 1층은 필로티로 띄워 창고로 활용하고 2층은 베란다를 확장하여 테라스로 활용할 수 있게 했다. 2층 거실에서 나오는 순간 넓은 마당 같은 테라스가 펼쳐진다. 3층에 올라서서 내려다보면 주변 경관을 한눈에 볼 수 있는 발코니를 포치 위에 만들고 엔틱한 유럽풍의 단조난간을 설치해 포인트를 주었다.

설계 개요

| 위 치 | 충청북도 청원군 남이면 석판리
| 건축면적 | 128.63㎡(38.91py)
| 연 면 적 | 221.93㎡(67.13py)
| 1층 면적 | 95.71㎡(28.95py)
| 2층 면적 | 85.67㎡(25.92py)
| 3층 면적 | 40.55㎡(12.27py)
| 구 조 | 일반목구조, 철근콘크리트
| 외부마감 | 스타코플렉스, 파벽돌
| 내부마감 | 강화마루, 실크벽지
| 지 붕 재 | 스페니쉬기와
| 설 계 | 엔디건축사(주)
| 시 공 | 엔디하임(주)

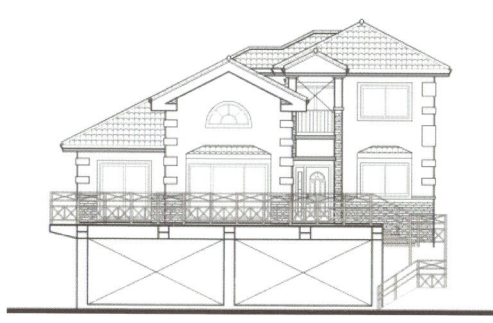

정면도

3층 평면도

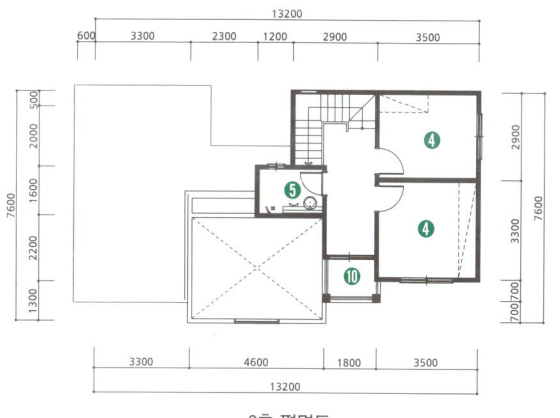

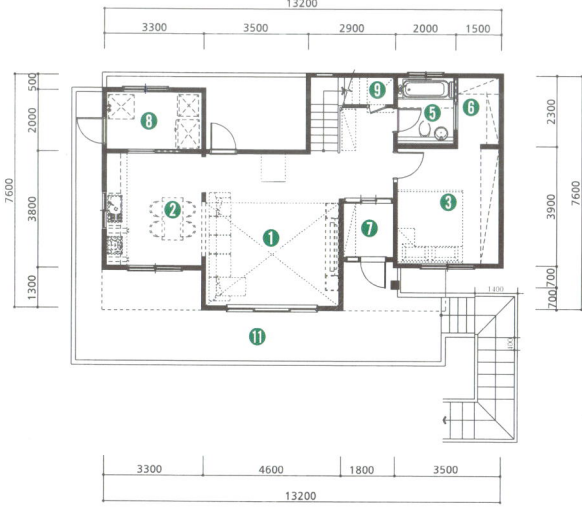

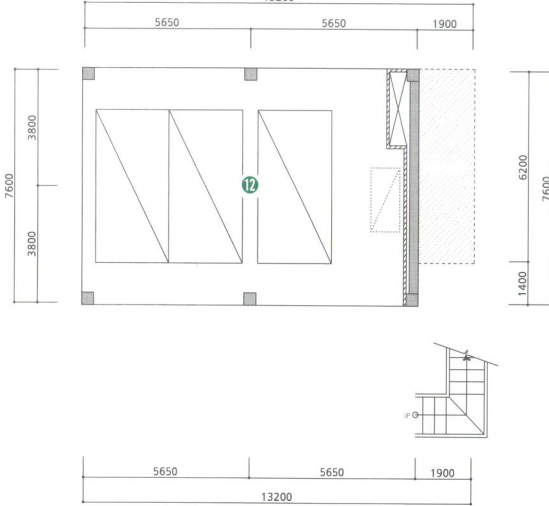

2층 평면도

1층 평면도

사진 설명

1 2층부터 주거공간으로 설계하여, 주변 경관을 즐길 수 있도록 계획했다.

2 외관은 전체적으로 화이트 톤의 스타코 플렉스와 파벽돌로 하단부를 마감하고, 지붕은 스페니시기와를 얹어 안정감 있는 주택을 계획했다.

3 거실 아트월의 테두리는 더글러스 원목으로 두르고 전면은 복합 대리석타일로 마감했다.

4 거실 천장을 박공지붕의 경사면을 따라 서까래 모양으로 디자인해 웅장하면서 시원스런 느낌이다.

5 안방은 베이지 색상의 벽지로 마감하여 붙박이장과 조화를 이루며 심플함을 강조했다.

6 양쪽에 ─자형 주방을 배치하고 그레이 톤의 타일과 베이지 톤의 벽으로 모던한 분위기를 연출했다.

7 계단실의 벽면을 화이트 합지 벽지로 마감하여 자연스럽게 표현했다.

8 욕실은 벽과 바닥에 동일패턴의 타일로 마감해 일체감을 주었다.

❶ 거실 **❷** 주방 및 식당 **❸** 안방 **❹** 방
❺ 욕실 **❻** 파우더룸 **❼** 현관 **❽** 다용도실
❾ 창고 **❿** 발코니 **⓫** 테라스 **⓬** 차고

192

목조주택

3세대가 거주하는 독립적인 구조의 주택

이 주택은 클래식한 외관에 좌·우로 길게 형성되어 웅장함이 느껴진다. 현관을 중앙에 배치하고 1층과 2층의 2세대를 분리하여 3세대 가족을 위한 평면을 구성한 것이 특징이다. 2층으로 이어지는 계단을 별도로 두어 외부에서도 출입할 수 있게 하였다. 옅은 색의 파벽돌과 베이지색의 스타코플렉스 마감으로 건물 전체를 일체감 있게 표현하고, 2층 발코니의 단조난간과 현관의 아치형 포치에 포인트를 주었다.

설계 개요

위 치	경상남도 하동군 악양면 정서리
건축면적	155.61㎡(47.07py)
연 면 적	222.84㎡(67.41py)
1층 면적	125.01㎡(37.82py)
2층 면적	97.83㎡(29.59py)
구 조	일반목구조
외부마감	스타코플렉스
지 붕 재	아스팔트쉰글
설 계	엔디건축사(주)
시 공	엔디하임(주)

정면도

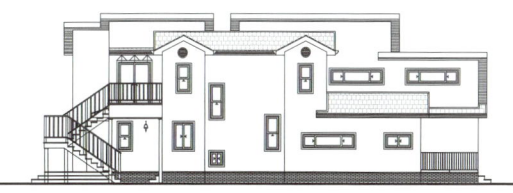

배면도

1층 평면도

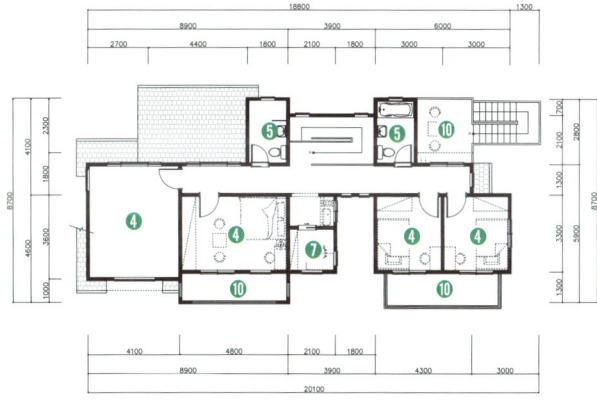

2층 평면도

193 목조주택
독립한 침실을 브릿지로 연결한 주택

두 개의 건물을 연결해 놓은 형태로 가로로 긴 웅장한 외관이다. 필로티를 설치해 공간 활용도를 높이고 베란다와 발코니를 블랙색상으로 마감하여 전체적으로 세련미가 있다. 완전히 독립하여 배치한 2층 침실을 브릿지로 연결하여 주택이지만 고급호텔과 같은 평면구성을 하였다. 큰 원을 그리며 다락까지 연결된 유선형 계단은 오픈천장과 만나 분위기를 극대화 시키면서 전체적인 인테리어에 중요한 요소로 작용하였다.

설계 개요

위 치	경기도 양평군 서종면 수입리
건축면적	147.97㎡(44.76py)
연 면 적	232.73㎡(70.4py)
1층 면적	147.97㎡(44.76py)
2층 면적	84.76㎡(25.64py)
구 조	일반목구조
외부마감	스타코플렉스, 리얼징크
내부마감	강화마루, 대리석타일, 산호석, 적삼목 루버
지 붕 재	아스팔트슁글
설 계	엔디건축사(주)
시 공	엔디하임(주)

정면도

배면도

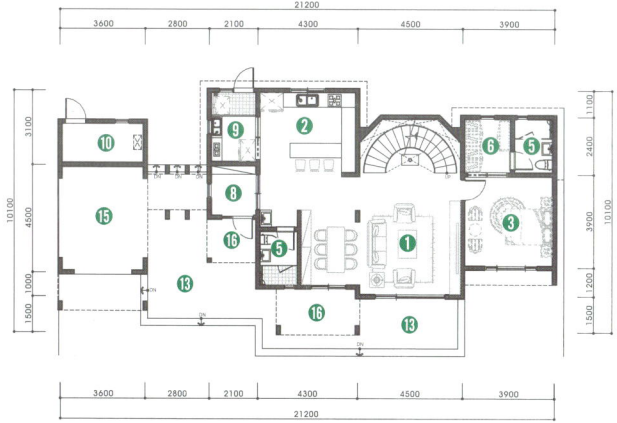

1층 평면도

2층 평면도

71 py 234.54㎡

목조주택

194 박물관 같은 이미지가 연상되는 주택

전체적으로 일본식 전원주택의 깔끔한 이미지를 반영한 모던주택으로 70평형대의 주택이지만 전면에 수평과 수직의 매스 구성을 다채롭게 하여 박물관 같은 이미지가 연상되는 주택이다. 인조석과 적삼목사이딩을 포인트로 사용하고, 외부 2층 난간의 목재를 수평으로 설치하여 일본식 주택의 느낌이 더 든다. 내부평면은 두 세대가 함께 생활하는 공간이므로 공간별 프라이버시를 지키면서 실속 있는 공간구성에 중점을 두었다.

설계 개요

| 위   치 | 경상북도 문경시 호계면 봉서리
| 건축면적 | 129.3㎡(39.11py)
| 연 면 적 | 234.54㎡(70.95py)
| 1층 면적 | 122.97㎡(37.2py)
| 2층 면적 | 111.57㎡(33.75py)
| 구   조 | 일반목구조
| 외부마감 | 스타코플렉스, 파벽돌, 적삼목사이딩
| 내부마감 | 실크벽지, 강화마루
| 지 붕 재 | 아스팔트쉥글
| 설   계 | 엔디건축사(주)
| 시   공 | 엔디하임(주)

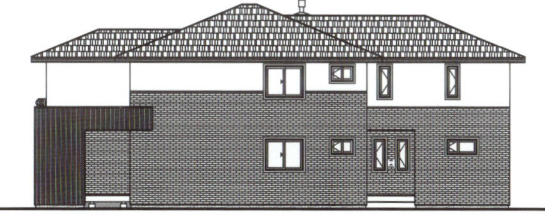

정면도

배면도

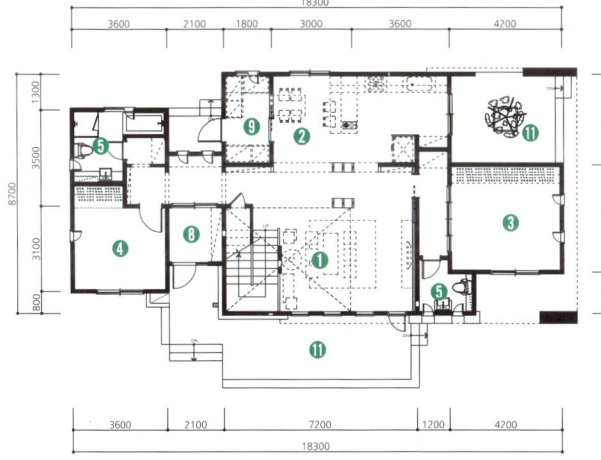

1층 평면도

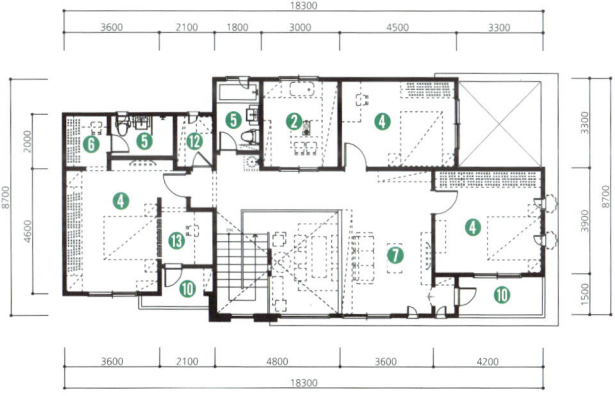

2층 평면도

사진 설명

1 수평과 수직의 매스 구성을 다채롭게 주어 박물관과 같은 이미지가 연상되는 모던한 일본식 전원주택이다.

2 외장재의 기초 자재를 스타코플렉스로 하고 포인트로 인조석과 적삼목사이딩을 적절히 사용하여 담장과 조화를 이룬다.

3 일정한 규칙으로 배열된 창들로 정돈된 멋과 깔끔함이 느껴진다.

4 주방과 연결된 별도의 데크를 설치하여 외부에서 바베큐 파티를 할 수 있는 실속 있는 공간이다.

5 아이 방과 안방 사이에 위치한 복도와 가족실은 공용공간과 개인공간을 나누는 오픈 벽이다.

6 흰색 톤의 대리석으로 마감한 깔끔한 느낌의 아트월과 건축주가 정성스럽게 가꾼 식물들이 거실에 생동감을 불어넣는다.

7 1층이 고풍스러운 느낌이라면 2층은 모던한 느낌이다. 2층을 완벽한 독립공간으로 구성하기 위해 별도의 주방과 가족실, 세탁실을 배치했다.

❶ 거실 ❷ 주방 및 식당 ❸ 안방 ❹ 방
❺ 욕실 ❻ 파우더룸 ❼ 가족실 ❽ 현관
❾ 다용도실 ❿ 발코니 ⓫ 데크 ⓬ 세탁실
⓭ 서재

71 py 234.89㎡

목조주택

195 실내·외에 정원을 둔 양명한 주택

이 집의 콘셉트는 채광과 실내정원으로 실내 어느 곳에 있든 밝은 채광 아래서 독서를 즐기기에 좋은 양명한 주택으로 실내·외에 정원까지 만들어 생동감이 살아 있는 집이다. 폴딩도어를 설치한 발코니는 계절별로 다양하게 이용할 수 있는 공간으로, 겨울철은 실내온실과 같이 활용하고 여름철에는 폴딩도어를 개방하여 야외정원처럼 사용할 수 있다. 거실 앞에 설치한 석재데크는 시간이 지나도 낡거나 하자가 없는 반영구적 건축재이다.

설계 개요

| 위   치 | 광주광역시 광산구 수완동
| 건축면적 | 145.04㎡(43.87py)
| 연 면 적 | 234.89㎡(71.05py)
| 1층 면적 | 132.56㎡(40.1py)
| 2층 면적 | 102.33㎡(30.95py)
| 구   조 | 일반목구조
| 외부마감 | 스타코플렉스, 화강암, 징크
| 내부마감 | 폴리싱타일, 대리석, 실크벽지, 강화마루
| 지 붕 재 | 징크
| 설   계 | 엔디건축사(주)
| 시   공 | 엔디하임(주)

정면도

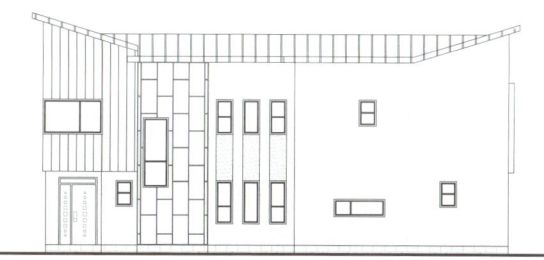

배면도

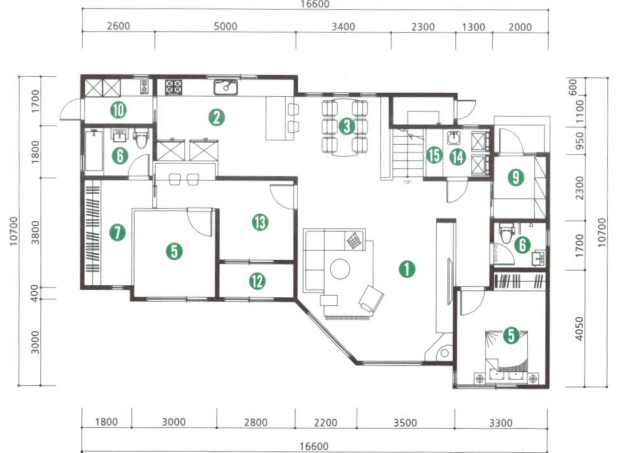

1층 평면도

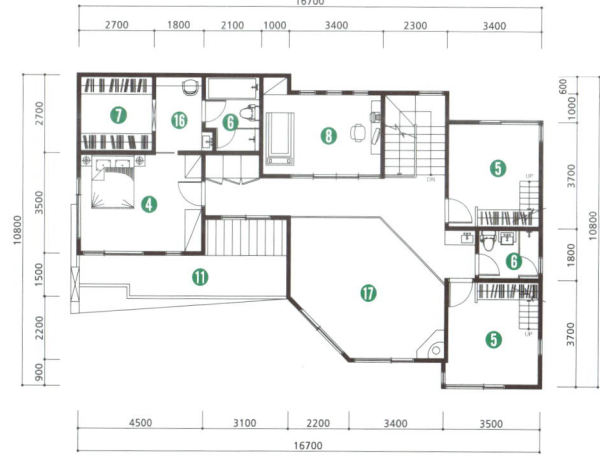

2층 평면도

사진 설명

1 집의 포인트는 실내정원이 있는 2층 발코니로 사각매스에 이 공간만 포인트를 주어 재치 있게 징크로 마감했다.

2 시간이 지나도 낡거나 하자 위험이 크지 않은 반영구적 석재데크를 설치하여 조경과 어우러지게 계획했다.

3 배면의 모습으로 지붕을 날아가는 새의 날개형상을 하여 묵직하면서도 경쾌하게 외관을 디자인했다.

4 외장재는 스타코플렉스와 징크 그리고 포인트로 화강암 판석을 이용하여 고급스럽고 현대적으로 디자인했다. 한쪽 매스는 색감이 다양한 패널로 포인트를 주어 세련미를 더했다.

5 오픈천장으로 설계한 거실에 보조난방으로 노출형 벽난로를 설치했다.

6 거실을 흰색 톤으로 처리하고 거실 위 난간대도 간결한 철제난간으로 통일감을 주었다.

7 계단에 안전을 위해 발목등을 설치했다.

❶ 거실 **❷** 주방 **❸** 식당 **❹** 안방 **❺** 침실
❻ 욕실 **❼** 드레스룸 **❽** 가족실 **❾** 현관
❿ 다용도실 **⓫** 발코니 **⓬** 발코니 **⓭** 응접실
⓮ 세탁실 **⓯** 창고 **⓰** 파우더룸 **⓱** 오픈천장

목조주택

196 옛집을 철거한 후 새로 신축한 도심 속 주택

건축주의 부모가 거주하던 옛집을 철거한 후 새로 신축한 80평대의 도심 속 목조주택이다. 이 집의 콘셉트는 부모님과 건축주 부부가 함께 어울려 생활하며 개인의 사생활을 존중해 줄 수 있는 구조이다. 1층 현관 앞 공간을 계단실로 활용하여 늦은 귀가에도 1층에 계시는 부모님께 피해가 가지 않도록 하고 층간 열손실도 최소화할 수 있는 구조로 계획하였다. 도심 속 주택이지만 현관 앞을 꾸미고 발코니를 설치하여 개방감을 최대한 살렸다.

설계 개요

| 위   치 | 경기도 고양시 일산서구 대화동
| 건축면적 | 141.19㎡(42.71py)
| 연 면 적 | 281.84㎡(85.26py)
| 1층 면적 | 140.92㎡(42.63py)
| 2층 면적 | 140.92㎡(42.63py)
| 구   조 | 일반목구조
| 외부마감 | 스타코플렉스, 적삼목사이딩, 징크, 인조석
| 내부마감 | 실크벽지, 강화마루
| 지 붕 재 | 아스팔트슁글
| 설   계 | 엔디건축사(주)
| 시   공 | 엔디하임(주)

정면도

배면도

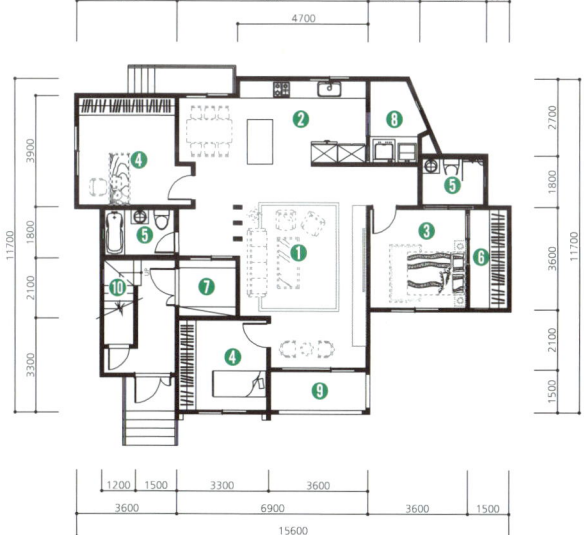

1층 평면도

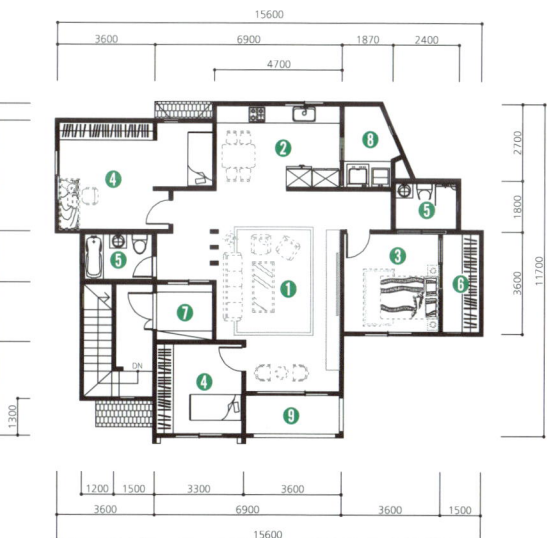

2층 평면도

92py 305.45㎡

197 RC + 목조주택
두 공법을 적용한 하이브리드 모던하우스

1층은 근린생활시설인 학원으로 2,3층은 건축주의 가족이 사는 단독주택으로 전체 3층으로 이루어진 주택이다. 목조주택의 구조 설계상 3층도 가능하지만, 건축주의 요구로 1층은 철근콘크리트구조로 하고 2,3층은 일반목구조로 이루어진 하이브리드 모던하우스이다. 거실의 벽면과 오픈천장을 화이트 톤으로 더욱 넓어 보이게 통일감을 주고 주방은 아일랜드 테이블을 겸한 ㄷ자형의 싱크대로 작업공간을 넓게 활용할 수 있게 인테리어에도 세심한 신경을 썼다.

설계 개요

위 치	충청남도 서산시 인지면 둔당리
건축면적	148.52㎡(44.93py)
연 면 적	305.45㎡(92.4py)
1층 면적	110.62㎡(33.46py)
2층 면적	123.64㎡(37.4py)
3층 면적	71.19㎡(21.53py)
구 조	RC+일반목구조
외부마감	스타코플렉스, 인조석
내부마감	폴리싱타일, 강화마루, 에폭시, 실크벽지
지 붕 재	아스팔트싱글
설 계	엔디건축사(주)
시 공	엔디하임(주)

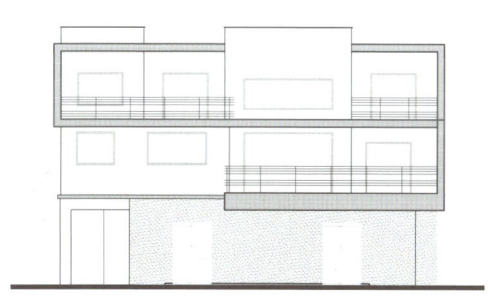
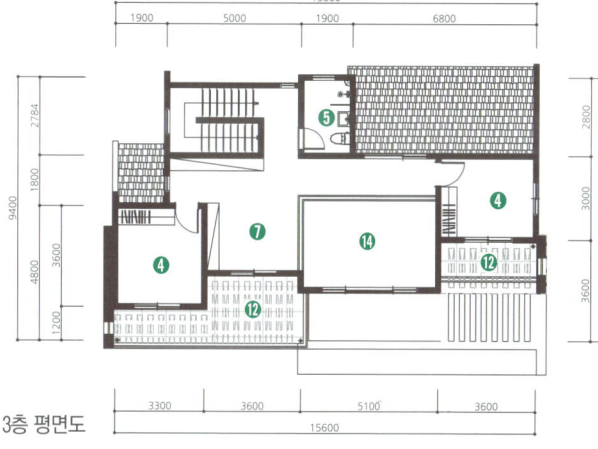
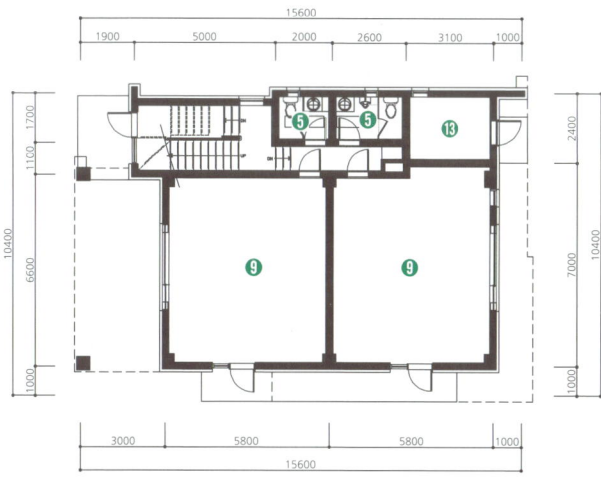
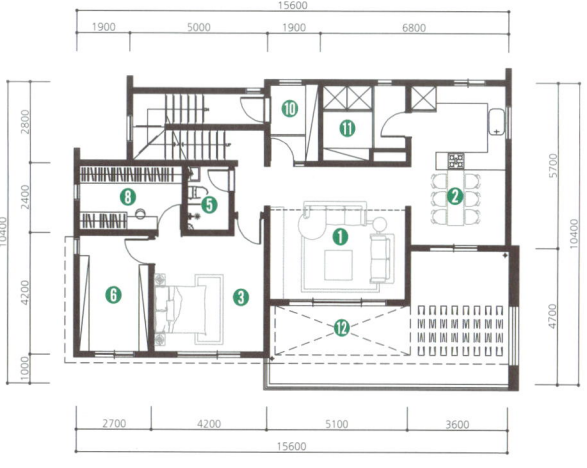

정면도

3층 평면도

1층 평면도

2층 평면도

93 py
308.9㎡

198 철근콘크리트주택
강과 산이 내려다 보이는 고급주택

거실에 들어서면 강과 산이 한눈에 펼쳐지는 전망 좋은 곳, 북한강이 내려다보이는 천혜의 자연환경을 갖춘 지중해 풍의 웅장한 외관을 자랑하는 집이다. 고급주택의 포인트인 로터리, 필로티 공법으로 띄운 건물 1층에 5대 이상 수용이 가능한 주차장 시설, 2층으로 올라가는 대리석 계단 등이 저택의 분위기를 자아낸다. 주택 배면에는 북한강 전망을 위한 커다란 창과 베란다를 배치해 깔끔하면서 고급스럽게 마감한 주택이다.

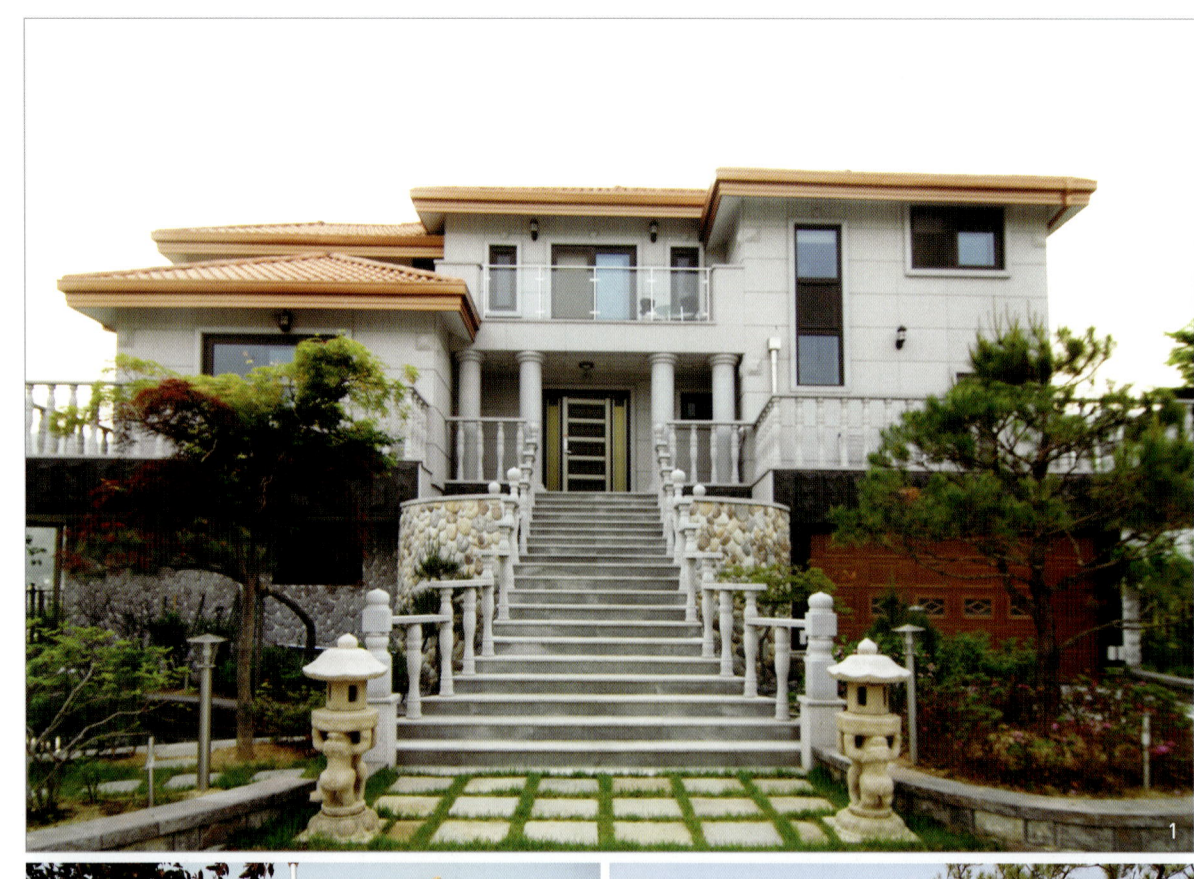

설계 개요

| 위　　치 | 경기도 양평군 서종면 문호리
| 건축면적 | 275.15㎡(83.23py)
| 연 면 적 | 308.9㎡(93.44py)
| 1층 면적 | 21.79㎡(6.59py)
| 2층 면적 | 176.5㎡(53.39py)
| 3층 면적 | 110.61㎡(33.46py)
| 구　　조 | 철근콘크리트
| 외부마감 | 화강석, 포천석
| 지 붕 재 | 스페니쉬기와
| 설　　계 | 엔디건축사(주)
| 시　　공 | 엔디하임(주)

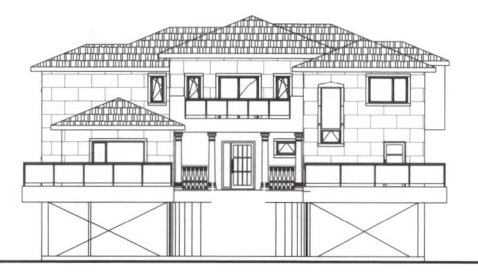

정면도

배면도

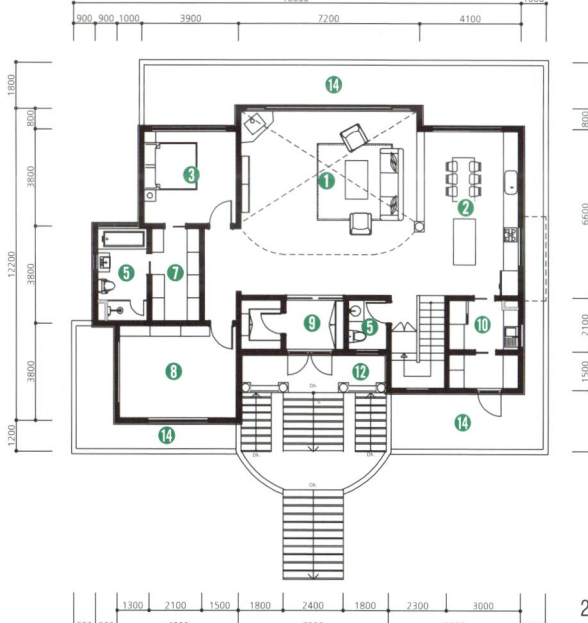

2층 평면도

3층 평면도

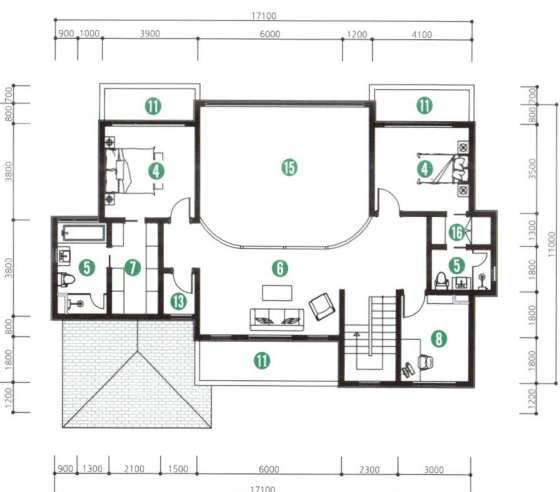

98py 324.39㎡

ALC주택

199 넓은 대지를 활용하여 지은 모던하우스

넓은 대지에 가로로 길게 지은 모던하우스이다. 각 매스마다 지붕 경사각을 달리하여 입면을 강조하고, 스타코플렉스와 징크로만 마감하여 모던 분위기의 간결하고 깔끔한 이미지를 더하였다. 두 가지 톤으로 시공한 현무암 돌계단과 중앙에 적삼목사이딩으로 특색있게 시공한 넓은 데크는 주택의 볼륨감과 고급스러움을 더한다. 확장한 취미실에는 작은 무대를 만들어 악기연주는 물론 영화감상까지 겸할 수 있는 시설을 갖추었다.

설계 개요

| 위   치 | 경상남도 양산시 하북면 삼수리
| 건축면적 | 278.82㎡(84.34py)
| 연 면 적 | 324.39㎡(98.13py)
| 1층 면적 | 278.82㎡(84.34py)
| 2층 면적 | 45.57㎡(13.78py)
| 구   조 | ALC블럭
| 외부마감 | 스타코플렉스
| 지 붕 재 | 아연도강판
| 설   계 | 엔디건축사(주)
| 시   공 | 엔디하임(주)

정면도

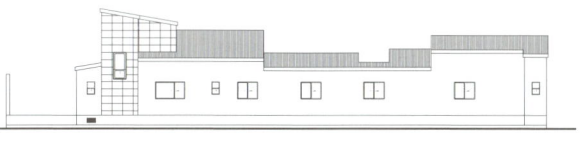

배면도

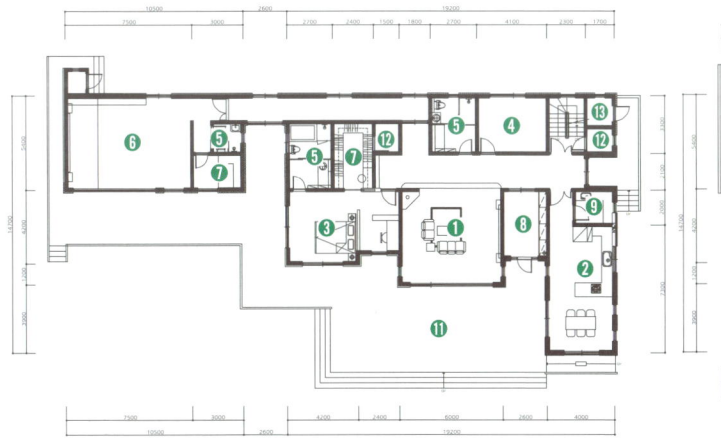

1층 평면도

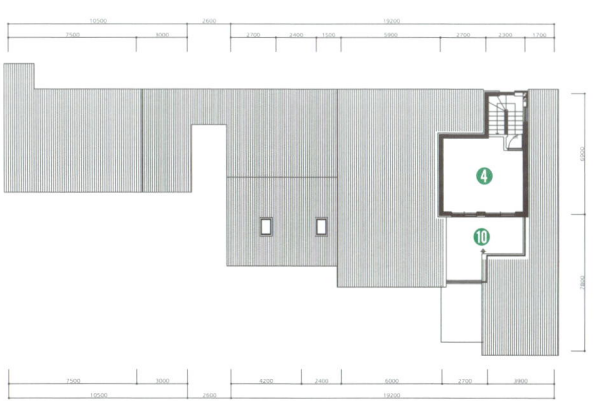

2층 평면도

사진 설명

1 길게 펼쳐진 크고 작은 매스들이 다양한 지붕의 경사각을 이루고 있고 징크로 포인트를 주어 모던함을 강조했다.

2 두 가지 톤으로 시공한 현무암 돌계단과 중앙에 적삼목사이딩으로 마감한 넓은 데크는 주택에 고급스러움을 더한다.

3 대리석과 양각타일로 아트월을 시공하고 경사를 이용한 천장에 LED 간접조명으로 고급스럽게 표현했다.

4 2층 높이로 오픈한 천장과 전면에 위·아래로 설치한 와이드 창으로 안에 있으면서도 밖에 있는 듯, 개방감이 느껴지는 거실이다.

5 작은 무대를 만들어 악기연주는 물론 영화감상까지 겸할 수 있는 취미실이다.

6 나무 향이 가득한 편백나무로 전체를 마감하여 힐링 공간을 만들었다.

❶ 거실 ❷ 주방 및 식당 ❸ 안방 ❹ 침실
❺ 욕실 ❻ 가족실 ❼ 드레스룸 ❽ 현관
❾ 다용도실 ❿ 테라스 ⓫ 데크 ⓬ 창고
⓭ 보일러실

126py 415.38㎡

철근콘크리트주택

200 바다가 한눈에 들어오는 테라스 펜션

바다가 한눈에 들어오는 높은 지역의 땅에 120평 규모로 13개의 실을 갖춘 펜션을 지었다. 이 펜션은 큐브 형태의 모던한 디자인으로 설계하였으며 필로티 구조로 1층에 주차공간을 확보하면서 조망을 살릴 수 있도록 계획하였다. 전망 좋은 곳에 있는 대지의 이점을 충분히 살려 실마다 복층 구조에 개별 테라스를 배치하고 조망을 확보하면서, 객실 간의 시선을 차단하고 독립성을 확보하여 스파를 즐길 수 있는 낭만적인 공간으로 연출하였다.

설계 개요

위 　　치	경상남도 거제시 동부면 학동리
건축면적	266.17㎡(80.52py)
연 면 적	415.38㎡(125.65py)
2층 면적	266.17㎡(80.52py)
3층 면적	149.21㎡(45.14py)
구 　　조	철근콘크리트
외부마감	화강석, 드라이비트
내부마감	VP도장, 폴리싱타일
설 　　계	엔디건축사(주)
시 　　공	엔디하임(주)

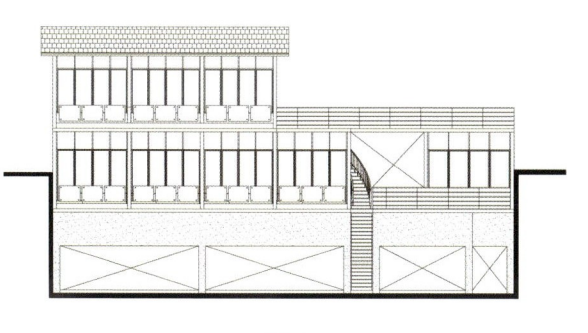

정면도

배면도

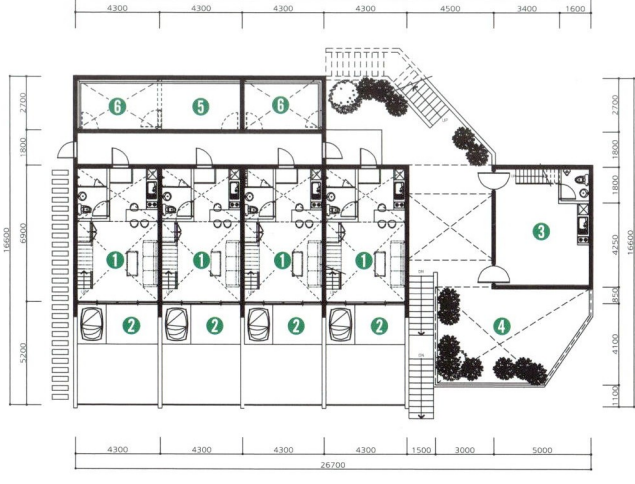

2층 평면도

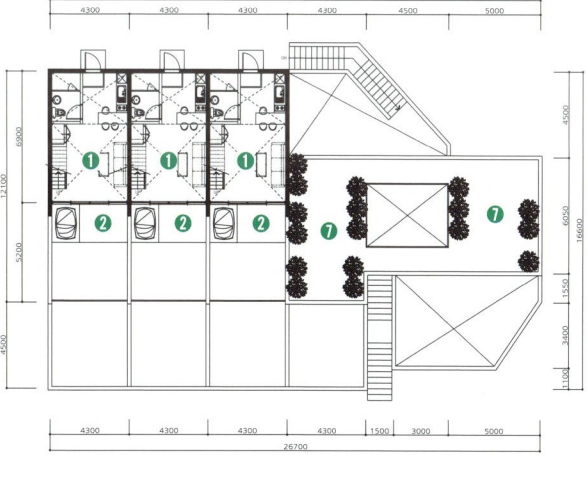

3층 평면도

사진 설명

1 필로티 구조로 1층은 주차공간을 확보하면서 조망을 살릴 수 있도록 계획했다. 본 건물로 이어지는 동선을 다양하게 하고자 중앙과 좌·우에 계단을 배치했다.

2 각 실의 테라스에 개별적으로 스파를 설치하여 낭만적인 공간을 연출했다.

3 각 실의 전면은 커튼월 창호를 설치해 바다 전망을 살렸다.

4 구성미가 있는 원형계단으로 공간 활용도를 높이고 실의 개성을 살렸다.

5 다락에 침대를 배치하고 유리난간을 설치해 바다 조망을 확보했다.

6 오픈된 계단에 검은색 철제난간으로 포인트를 주었다.

7 타일의 강렬한 색상대비로 디자인한 욕실에 개성미가 넘친다.

❶ 객실 ❷ 테라스 ❸ 소매점 ❹ 바베큐장
❺ 창고 ❻ 보일러실 ❼ 데크 전망대